Mathematik
8. Schuljahr

Herausgegeben von Oberstudiendirektor Wilhelm Kuypers
Professor Dr. Josef Lauter
Oberstudiendirektor Hans Wuttke

Erarbeitet von Dr. Josef Lauter
Dr. Gisela Bielig-Schulz
Dr. Klaus Dormanns
Dr. Thomas Jahnke
Wilhelm Kuypers
Gerhard Lowinski
Hans Wuttke

unter Mitarbeit der Verlagsredaktion

Cornelsen

Zum Titelbild

Über die Mathematikerin Sophia Wassiljewna Kowalewskaja

Sophia Kowalewskaja wurde am 15. 1. 1850 als jüngstes Kind der Familie des Generals Wassiljewitsch Korwin-Krukowsky in Moskau geboren. Sonja – wie sie sich selbst lieber nannte – verbrachte ihre Kindheit auf dem väterlichen Gut bei Moskau. Nach einer Anekdote waren beim Einrichten des neuen Hauses in Palibino nicht genügend Tapeten vorhanden. Die Wände des Kinderzimmers wurden deshalb mit alten mathematischen Vorlesungsmitschriften beklebt. Sonja soll sie eifrig studiert und ihre späteren Lehrer mit ihrem Wissen verblüfft haben.

Um sich das Studium an einer Universität zu ermöglichen, ging die 17-jährige Sonja gegen den Willen der Eltern eine Scheinehe mit dem Studenten Wladimir Onufrijewitsch Kowalewsky ein. Das Paar lebte und studierte zunächst in Petersburg, verließ dann 1869 Rußland und Sonja setzte in Heidelberg und später in Berlin ihr Studium fort. Frauen waren damals an Universitäten nicht offiziell zugelassen. In Berlin erhielt Sonja Kowalewskaja in den Jahren 1870 bis 1874 Privatunterricht bei ihrem Lehrer und Freund Karl Weierstraß. 1874 wurde Sonja Kowalewskaja für ihre besonderen Leistungen in Göttingen der Doktortitel verliehen. Aber trotz der nachgewiesenen hohen Fähigkeiten erhielt sie erst 1889 in Stockholm eine Professur; sie war damit die erste Inhaberin eines Lehrstuhls an einer europäischen Universität.
Sonja Kowalewskaja verstarb am 10. 2. 1891 in Stockholm.

Zum Inhalt des Titelbildes

Bis in das 20. Jahrhundert hinein bestand die Auffassung, dass Frauen in der Mathematik und den Naturwissenschaften nichts Bedeutendes leisten können. Ihnen wurde deshalb der Zugang zum Universitätsstudium meist verwehrt. So ist es auch zu erklären, dass es im 19. Jahrhundert nur eine bekannte Mathematikerin gab: Sonja Kowalewskaja. Sie erreichte es, als erste Frau an einer europäischen Universität eine ordentliche Professur zu erhalten. In „Professorenkreisen" gab es dagegen viele Vorbehalte.

Redaktion: Dr. Jürgen Wolff
Herstellung: Wolf-Dieter Stark
Einbandgestaltung: Wenzel Schmidt, Essen
Illustrationen und Titelbild: Bettina Wölfel, Walluf
Technische Zeichnungen: Wolfgang Mattern, Bochum
Satz: Universitätsdruckerei H. Stürtz AG, Würzburg

Cornelsen online http://www.cornelsen.de

1. Auflage € Druck 10 9 8 7 Jahr 05 04 03 02

Alle Drucke dieser Auflage können im Unterricht nebeneinander verwendet werden.

Druck: CS-Druck CornelsenStürtz, Berlin

ISBN 3-464-54108-8

Bestellnummer 541088

Gedruckt auf säurefreiem Papier, umweltschonend hergestellt aus chlorfrei gebleichten Faserstoffen.

Inhaltsverzeichnis

Vorbemerkungen

1) Das Buch ist in Paragraphen, Abschnitte (römische Ziffern) und Unterabschnitte (arabische Ziffern) gegliedert. Um die Benutzung des Buches zu erleichtern, sind auch alle Unterabschnitte mit eigenen Überschriften versehen.

2) Die Abschnitte beginnen unter der Überschrift **„1. Zur Einführung“** durchweg mit einem Beispiel aus einer Anwendungssituation, das in die jeweilige Thematik einführt. Der Lehrtext knüpft in der Regel an dieses Beispiel an.
Um den Lehrer nicht an das einführende Beispiel zu binden, ist ergänzend hierzu bei den an den Lehrtext anschließenden „Aufgaben und Beispielen“ unter der Überschrift **„Zum Einstieg“** meistens ein **alternatives Einführungsbeispiel** angegeben.

3) Außer den Beispielen, an denen die jeweilige Thematik entfaltet wird, enthält das Buch – sowohl im Lehrtext wie bei den Aufgaben – **Beispiele**, die durch einen grünen Rahmen gekennzeichnet sind. Diese Beispiele sollen der Einübung von Rechenverfahren und von Lösungsmethoden dienen. Sie sind insbesondere als **Hilfen für die Bearbeitung von Aufgaben** gedacht.

4) **Mathematische Sätze** sind rot, **Definitionen** sind blau, **Regeln** sind grün unterlegt.

5) Die **Aufgaben** sind durch Zwischenüberschriften nach Inhalt und Art gegliedert.

6) Dem Lehrtext für das 8. Schuljahr sind sechs Seiten **Wiederholungsaufgaben** vorangestellt, die sich überwiegend auf das Rechnen mit Bruchzahlen und mit rationalen Zahlen beziehen.

7) Der **Wegweiser** auf den Seiten 6 und 7 soll Anhaltspunkte für eine individuelle Auswahl des Stoffes und der Aufgaben geben. Er ist nach den folgenden Gesichtspunkten gegliedert.

Kernstücke	Kernstücke des Aufbaus
Ergänzungen I	Wichtige Ergänzungen und Vertiefungen zur Auswahl
Ergänzungen II	Zusätzliche Ergänzungen und Vertiefungen

Hinsichtlich der Einordnung der Aufgaben ist zu beachten, dass das Anspruchsniveau und der Schwierigkeitsgrad einer Aufgabe wesentlich durch das Thema des betreffenden Abschnittes bestimmt sind. Dies hat zur Folge, dass die Aufgaben in jeder der drei Spalten von Abschnitt zu Abschnitt von unterschiedlicher Schwierigkeit sein können.

Wegweiser

Kernstücke	Ergänzungen I	Ergänzungen II
§ 1: Gleichungen und Ungleichungen I – V ohne die angegebenen Ergänzungen	§ 1, II, Aufg. 4	
	§ 1, III, Aufg. 4, 6	§ 1, III, Aufg. 5
	§ 1, IV, Aufg. 5 – 7; 12 – 14	§ 1, IV, Aufg. 15
	§ 1, V, Beweise; Aufg. 5 – 7	
§ 2: Terme und Termumformungen I – IV ohne die angegebenen Ergänzungen	§ 2, I, Aufg. 7; 10; 12a, b	§ 2, I, Aufg. 3; 4; 8; 9; 12c
	§ 2, II, Aufg. 3f	
	§ 2, III, Aufg. 8	§ 2, III, Aufg. 10
§ 3: Lösungsverfahren für Gleichungen und für Ungleichungen I – IV ohne die angegebenen Ergänzungen	§ 3, I, **3.**, Aufg. 2; 7; 8; 11; 12	§ 3, I, Aufg. 10; 13; 14
	§ 3, II, **4.**, **6.**, **7.** (Beweis), Aufg. 3; 10; 11	§ 3, II, Aufg. 4c; 6
	§ 3, III, **5.**, Aufg. 2; 3; 7; 8	§ 3, III, Aufg. 9; 10
	§ 3, IV, **4.**, Aufg. 6; 7	§ 3, IV, Aufg. 8
§ 4: Textaufgaben I, II ohne die angegebenen Ergänzungen	§ 4, II, **5.**, Aufg. 4; 19; 23; 27 – 31; 38 – 42; 47 – 49; 51; 55; 57 – 65	§ 4, II, **6.**, Aufg. 43 – 45; 50; 53; 54; 56
	§ 4, III: **Planungs- und Entscheidungsprobleme**	§ 4, III, Aufg. 11 – 14
§ 5: Funktionen I – III ohne die angegebenen Ergänzungen	§ 5, I, Aufg. 8a, b; Aufg. 9 – 16	§ 5, I, Aufg. 8c
	§ 5, II, **6.**, Aufg. 2; 4; 5	
	§ 5, III, **4.** und **7.** (Beweise), Aufg. 10 – 12; 14; 16; 17; 19	§ 5, III, Aufg. 9; 15
	§ 5, IV: **Untersuchung von Messreihen**	
§ 6: Lineare Gleichungssysteme mit zwei Variablen I – IV ohne die angegebenen Ergänzungen	§ 6, I, Aufg. 3; 4; 13 – 16	
	§ 6, II, Aufg. 5 – 8	§ 6, II, Aufg. 9; 10
	§ 6, III, Aufg. 5; 6; 10	
	§ 6, IV, **2.**, Aufg. 4	§ 6, IV, Aufg. 5; 7; 8

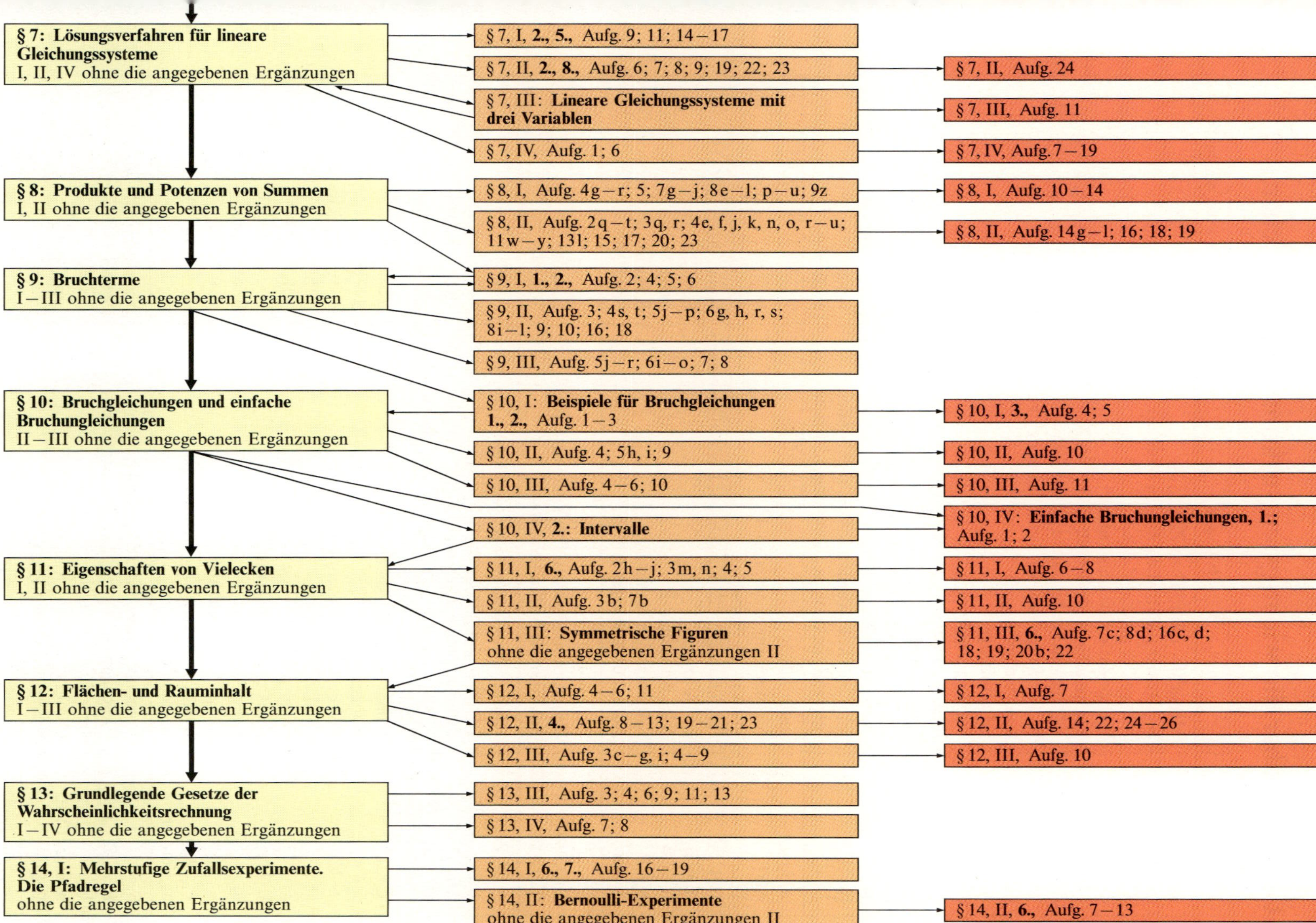
§ 7: Lösungsverfahren für lineare Gleichungssysteme
I, II, IV ohne die angegebenen Ergänzungen
§ 7, I, 2., 5., Aufg. 9; 11; 14 – 17
§ 7, II, 2., 8., Aufg. 6; 7; 8; 9; 19; 22; 23
§ 7, II, Aufg. 24
§ 7, III: Lineare Gleichungssysteme mit drei Variablen
§ 7, III, Aufg. 11
§ 7, IV, Aufg. 1; 6
§ 7, IV, Aufg. 7 – 19
§ 8: Produkte und Potenzen von Summen
I, II ohne die angegebenen Ergänzungen
§ 8, I, Aufg. 4g – r; 5; 7g – j; 8e – l; p – u; 9z
§ 8, I, Aufg. 10 – 14
§ 8, II, Aufg. 2q – t; 3q, r; 4e, f, j, k, n, o, r – u; 11w – y; 13l; 15; 17; 20; 23
§ 8, II, Aufg. 14g – l; 16; 18; 19
§ 9: Bruchterme
I – III ohne die angegebenen Ergänzungen
§ 9, I, 1., 2., Aufg. 2; 4; 5; 6
§ 9, II, Aufg. 3; 4s, t; 5j – p; 6g, h, r, s; 8i – l; 9; 10; 16; 18
§ 9, III, Aufg. 5j – r; 6i – o; 7; 8
§ 10: Bruchgleichungen und einfache Bruchungleichungen
II – III ohne die angegebenen Ergänzungen
§ 10, I: Beispiele für Bruchgleichungen 1., 2., Aufg. 1 – 3
§ 10, I, 3., Aufg. 4; 5
§ 10, II, Aufg. 4; 5h, i; 9
§ 10, II, Aufg. 10
§ 10, III, Aufg. 4 – 6; 10
§ 10, III, Aufg. 11
§ 10, IV: Einfache Bruchungleichungen, 1.; Aufg. 1; 2
§ 10, IV, 2.: Intervalle
§ 11: Eigenschaften von Vielecken
I, II ohne die angegebenen Ergänzungen
§ 11, I, 6., Aufg. 2h – j; 3m, n; 4; 5
§ 11, I, Aufg. 6 – 8
§ 11, II, Aufg. 3b; 7b
§ 11, II, Aufg. 10
§ 11, III: Symmetrische Figuren ohne die angegebenen Ergänzungen II
§ 11, III, 6., Aufg. 7c; 8d; 16c, d; 18; 19; 20b; 22
§ 12: Flächen- und Rauminhalt
I – III ohne die angegebenen Ergänzungen
§ 12, I, Aufg. 4 – 6; 11
§ 12, I, Aufg. 7
§ 12, II, 4., Aufg. 8 – 13; 19 – 21; 23
§ 12, II, Aufg. 14; 22; 24 – 26
§ 12, III, Aufg. 3c – g, i; 4 – 9
§ 12, III, Aufg. 10
§ 13: Grundlegende Gesetze der Wahrscheinlichkeitsrechnung
I – IV ohne die angegebenen Ergänzungen
§ 13, III, Aufg. 3; 4; 6; 9; 11; 13
§ 13, IV, Aufg. 7; 8
§ 14, I: Mehrstufige Zufallsexperimente. Die Pfadregel
ohne die angegebenen Ergänzungen
§ 14, I, 6., 7., Aufg. 16 – 19
§ 14, II: Bernoulli-Experimente ohne die angegebenen Ergänzungen II
§ 14, II, 6., Aufg. 7 – 13

Übersicht über die wichtigsten vorkommenden Zeichen

Zeichen	Bedeutung	Hinweis/Beispiel
$\mathbb{N}$	Menge der natürlichen Zahlen	$\mathbb{N} = \{0; 1; 2; \ldots\}$
$\mathbb{N}^*$	Menge der natürlichen Zahlen ohne die Zahl 0	$\mathbb{N}^* = \{1; 2; 3; \ldots\}$
$\mathbb{Z}$	Menge der ganzen Zahlen	$\mathbb{Z} = \{0; 1; -1; 2; -2; \ldots\}$
$\mathbb{Q}$	Menge der rationalen Zahlen	–
$\{x \mid A(x)\}$	Menge aller x, für die gilt: A(x)	$\{x \mid x^2 = 4\} = \{2; -2\}$
$\in; \notin$	ist Element von; ist nicht Element von	Seite 21
$\subseteq; \nsubseteq$	ist Teilmenge von; ist nicht Teilmenge von	Seite 21
$\emptyset; \{\,\}$	leere Menge	–
$A \cap B$	Schnittmenge	Seite 132
$A \cup B$	Vereinigungsmenge	Seite 200
$A \setminus B$	Restmenge	Seite 177
$(x \mid y); (x \mid y \mid z)$	Paar; Tripel	Seite 37; Seite 254
$[a; b]$	(beiderseits) abgeschlossenes Intervall	Seite 204
$]a; b[$	(beiderseits) offenes Intervall	Seite 204
$[a; b[$	Intervall; links abgeschlossen, rechts offen	Seite 204
$]a; b]$	Intervall; links offen, rechts abgeschlossen	Seite 204
w; f	wahr; falsch	–
A(x)	Aussageform in der Variablen x	$x^2 = 9; 2x + 3 < 7$
T(x)	Term in der Variablen x	$5x - 7; 3 - x^2$
G; L; D	Grundmenge; Lösungsmenge; Definitionsmenge	Seiten 20, 21, 176, 193
$A \Rightarrow B$	aus A folgt B	Seite 28
$A \Leftrightarrow B$	A ist äquivalent B	Seite 29
$A \wedge B$	Konjunktion: A und B	Seite 131
$A \vee B$	Adjunktion: A oder B	Seite 200
f, g, …	Funktionen	–
D(f); W(f)	Definitionsmenge von f; Wertemenge von f	Seite 96
f(2); f(x)	Funktionswert; Funktionsterm	Seite 97
A, B; $P(x \mid y)$	Punkte; Punkt mit den Koordinaten x und y	$P(5 \mid 2)$
g, h; g(A, B)	Geraden; Gerade durch A und B	–
$\overline{AB}$; $\lvert\overline{AB}\rvert$	Strecke; Länge der Strecke $\overline{AB}$	$\lvert\overline{AB}\rvert = 2{,}5$ cm
$\sphericalangle(s, t)$; $\sphericalangle(ASB)$	Winkel mit dem Scheitelpunkt S und den Schenkeln s(S, A) und t(S, B)	–
a, b, c, …	Länge einer Strecke, einer Seite	a = 7 cm
$\alpha, \beta, \gamma, \ldots$	Winkelmaße	$\alpha = 35°$
A; V	Flächeninhalt; Rauminhalt	Seite 228; Seite 235
$\parallel; \perp$	parallel; senkrecht	$g \parallel h; r \perp s$
$\cong$	kongruent	$ABC \cong DEF$
K(M; r)	Kreis um M mit Radius r	–
$h_a; h_b; h_c$	Länge der Höhe	$h_c = 3{,}6$ cm
$s_a; s_b; s_c$	Länge der Seitenhalbierenden	$s_b = 4{,}5$ cm
$w_\alpha; w_\beta; w_\gamma$	Länge der Winkelhalbierenden	$w_\alpha = 5$ cm
$m_a; m_b; m_c$	Mittelsenkrechte	$m_a \perp BC$
S	Ergebnismenge, sicheres Ereignis	Seite 239, Seite 247
E, A, B, …	Ereignisse	Seite 239
$\bar{E}$	Gegenereignis zu E	Seite 250
n(E); h(E)	absolute; relative Häufigkeit von E	Seite 240
P(E)	Wahrscheinlichkeit von E	Seite 240

Aufgaben zur Wiederholung

Rechnen mit Näherungswerten

Für das Rechnen mit Näherungswerten gelten die folgenden Regeln:

Sind **Näherungswerte** zu **addieren** (zu **subtrahieren**), so rundet man das Ergebnis auf die Stelle, auf die der Summand mit dem größtmöglichen Fehler gerundet ist.

Beispiele

1)

$$\begin{array}{r} 15{,}32 \\ +\,4{,}682 \\ +\,3{,}4 \\ \hline 23{,}402 \\ \approx \underline{\underline{23{,}4}} \end{array}$$

Wegen des Summanden 3,4 ist das Ergebnis auf die Zehntelstelle zu runden.

2)

$$\begin{array}{r} 27{,}538 \\ -\,5{,}84 \\ -\,7{,}93 \\ \hline 13{,}768 \\ \approx \underline{\underline{13{,}77}} \end{array}$$

Wegen der beiden Subtrahenden (5,84 und 7,93) ist das Ergebnis auf die Hundertstelstelle zu runden.

Sind **Näherungswerte** zu **multiplizieren** (zu **dividieren**), so rundet man das Ergebnis auf so viele geltende Ziffern, wie der Faktor (Dividend, Divisor) mit den wenigsten geltenden Ziffern besitzt.

Beispiele

1) $2{,}584 \cdot 1{,}83 = 4{,}72872 \approx \underline{\underline{4{,}73}}$

Der Faktor 1,83 hat die wenigsten geltenden Ziffern, nämlich 3. Also ist das Ergebnis auf 3 geltende Ziffern zu runden.

2) $18{,}5 : 2{,}312 = 8{,}00173\ldots \approx \underline{\underline{8{,}00}}$

Der Dividend 18,5 hat die wenigsten geltenden Ziffern, nämlich 3. Also ist das Ergebnis auf drei geltende Ziffern zu runden.

1. Die gegebenen Zahlen sind Näherungswerte.

a) $4{,}71 + 7{,}848 + 3{,}46$
b) $15{,}23 + 14{,}8 + 9{,}175$
c) $6{,}8459 + 2{,}47 + 3{,}624 + 2{,}21$
d) $24{,}874 - 13{,}52 - 3{,}87 - 1{,}001$
e) $6{,}29 + 1{,}4728 - 2{,}637 + 3{,}51$
f) $7{,}038 - 2{,}37 + 3{,}461 - 4{,}011$
g) $14{,}684 + 3{,}7258 + 12{,}56 + 7{,}843 + 5{,}671$
h) $2{,}693 - 1{,}4345 + 3{,}782 - 2{,}6151 + 0{,}3464$

2. Die gegebenen Zahlen sind Näherungswerte.

a) $5{,}634 \cdot 2{,}82$ **b)** $7{,}46 \cdot 0{,}9375$
c) $14{,}8 \cdot 7{,}2854$ **d)** $3{,}8945 \cdot 2{,}382$
e) $0{,}452 \cdot 3{,}7846$ **f)** $25{,}6 \cdot 0{,}087$
g) $5{,}836 \cdot 0{,}3$ **h)** $0{,}053 \cdot 0{,}0278$
i) $14{,}67 : 2{,}53$ **j)** $3{,}08 : 2{,}147$
k) $27{,}63 : 15{,}7$ **l)** $0{,}039 : 2{,}56$
m) $8{,}742 : 3{,}21$ **n)** $3{,}957 : 0{,}443$
o) $50{,}46 : 0{,}111$ **p)** $0{,}36203 : 0{,}048$

Addition und Subtraktion von Bruchzahlen

3. Kürze das Ergebnis!

a) $\frac{3}{7}+\frac{4}{7}$ **b)** $\frac{2}{3}+\frac{7}{3}$ **c)** $\frac{5}{6}+\frac{11}{6}$
d) $\frac{3}{4}+\frac{7}{4}$ **e)** $\frac{9}{10}+\frac{3}{10}$ **f)** $\frac{5}{12}+\frac{11}{12}$
g) $\frac{11}{5}-\frac{6}{5}$ **h)** $\frac{9}{8}-\frac{5}{8}$ **i)** $\frac{11}{9}-\frac{8}{9}$
j) $\frac{7}{6}-\frac{5}{6}$ **k)** $\frac{11}{12}-\frac{7}{12}$ **l)** $\frac{9}{14}-\frac{3}{14}$

4. Berechne!

a) $\frac{5}{6}+\frac{2}{3}$ **b)** $\frac{5}{4}+\frac{7}{2}$ **c)** $\frac{5}{8}+\frac{1}{4}$
d) $\frac{4}{3}+\frac{2}{9}$ **e)** $\frac{7}{12}+\frac{3}{4}$ **f)** $\frac{3}{5}+\frac{2}{15}$
g) $\frac{3}{2}-\frac{5}{8}$ **b)** $\frac{5}{3}-\frac{7}{12}$ **i)** $\frac{11}{15}-\frac{2}{5}$
j) $\frac{17}{18}-\frac{5}{6}$ **k)** $\frac{7}{16}-\frac{1}{4}$ **l)** $\frac{17}{21}-\frac{4}{7}$

5. Berechne!

a) $\frac{2}{3}+\frac{1}{4}$ **b)** $\frac{3}{5}+\frac{1}{2}$ **c)** $\frac{4}{7}+\frac{5}{6}$
d) $\frac{5}{3}-\frac{3}{5}$ **e)** $\frac{5}{4}-\frac{2}{7}$ **f)** $\frac{4}{9}-\frac{3}{8}$
g) $\frac{7}{12}+\frac{3}{8}$ **h)** $\frac{7}{10}+\frac{4}{15}$ **i)** $\frac{7}{16}+\frac{5}{12}$
j) $\frac{8}{9}-\frac{2}{15}$ **k)** $\frac{9}{14}-\frac{4}{21}$ **l)** $\frac{7}{8}-\frac{3}{20}$

6. Bestimme den Hauptnenner und die Erweiterungsfaktoren durch Zerlegung der Nenner in Primfaktoren!

Beispiele

1) $\frac{5}{12}+\frac{7}{15}+\frac{9}{20}$

$12 = 2\cdot2\cdot3$	$E_1 = 5$
$15 = \quad\quad 3\cdot5$	$E_2 = 2\cdot2 = 4$
$20 = 2\cdot2 \quad \cdot5$	$E_3 = 3$

$H = 2\cdot2\cdot3\cdot5 = 60$

$\frac{5}{12}+\frac{7}{15}+\frac{9}{20}=\frac{5\cdot5+7\cdot4+9\cdot3}{60}=\frac{80}{60}=\frac{4}{3}=\underline{\underline{1\frac{1}{3}}}$

2) $\frac{3}{4}-\frac{5}{18}+\frac{7}{10}-\frac{8}{15}$

$4 = 2\cdot2$	$E_1 = 3\cdot3\cdot5 = 45$
$18 = 2 \quad \cdot3\cdot3$	$E_2 = 2\cdot5 \quad = 10$
$10 = 2 \quad\quad\quad \cdot5$	$E_3 = 2\cdot3\cdot3 = 18$
$15 = \quad\quad 3 \quad \cdot5$	$E_4 = 2\cdot2\cdot3 = 12$

$H = 2\cdot2\cdot3\cdot3\cdot5 = 180$

$\frac{3}{4}-\frac{5}{18}+\frac{7}{10}-\frac{8}{15}=\frac{3\cdot45-5\cdot10+7\cdot18-8\cdot12}{180}$

$=\frac{135-50+126-96}{180}=\frac{115}{180}=\underline{\underline{\frac{23}{36}}}$

a) $\frac{5}{12}+\frac{7}{15}$ **b)** $\frac{3}{8}+\frac{11}{18}$ **c)** $\frac{3}{20}+\frac{7}{12}$
d) $\frac{7}{25}+\frac{9}{20}$ **e)** $\frac{11}{24}+\frac{5}{18}$ **f)** $\frac{7}{15}+\frac{4}{21}$
g) $\frac{7}{12}-\frac{2}{15}$ **h)** $\frac{5}{8}-\frac{7}{12}$ **i)** $\frac{8}{15}-\frac{2}{9}$
j) $\frac{7}{6}-\frac{5}{21}$ **k)** $\frac{9}{16}-\frac{7}{18}$ **l)** $\frac{13}{20}-\frac{3}{14}$
m) $\frac{3}{4}-\frac{5}{6}+\frac{2}{15}$ **n)** $\frac{5}{12}-\frac{3}{20}+\frac{7}{25}$
o) $\frac{3}{14}-\frac{8}{21}+\frac{6}{35}$ **p)** $\frac{11}{12}-\frac{7}{18}-\frac{5}{24}$
q) $\frac{7}{10}-\frac{3}{14}-\frac{4}{9}$ **r)** $\frac{5}{12}-\frac{3}{14}+\frac{1}{21}$
s) $\frac{5}{6}-\frac{4}{9}+\frac{8}{15}-\frac{9}{20}$ **t)** $\frac{7}{20}-\frac{4}{15}-\frac{8}{25}+\frac{11}{30}$
u) $\frac{3}{8}+\frac{5}{12}-\frac{4}{15}+\frac{7}{20}$ **v)** $\frac{5}{6}-\frac{5}{9}+\frac{3}{14}-\frac{8}{21}$

7. Berechne!

a) $(\frac{2}{3}-\frac{1}{6})+(\frac{3}{8}-\frac{1}{4})$ **b)** $(\frac{7}{12}+\frac{3}{4})-(\frac{5}{6}-\frac{1}{3})$
c) $(\frac{8}{15}-\frac{3}{10})+(3-\frac{4}{5})$ **d)** $(\frac{13}{18}-\frac{2}{9})-(\frac{11}{15}-\frac{2}{5})$
e) $(\frac{7}{8}-\frac{5}{12})-(\frac{9}{16}-\frac{1}{2})$ **f)** $(\frac{7}{12}-\frac{3}{8})-(\frac{5}{6}-\frac{3}{4})$
g) $(\frac{5}{9}-\frac{2}{15})-(\frac{7}{10}-\frac{1}{2})$ **h)** $(\frac{7}{12}-\frac{2}{9})-(\frac{3}{4}-\frac{5}{8})$

8. Berechne!

a) $3\frac{1}{6}+2\frac{2}{3}$ **b)** $2\frac{1}{4}+1\frac{2}{5}$ **c)** $5\frac{3}{8}+2\frac{5}{12}$
d) $2\frac{3}{4}+4\frac{2}{3}$ **e)** $4\frac{7}{15}+5\frac{9}{10}$ **f)** $1\frac{1}{2}+7\frac{5}{9}$
g) $4\frac{1}{3}+2\frac{3}{4}+3\frac{5}{12}$ **h)** $5\frac{3}{8}+2\frac{5}{12}+1\frac{5}{6}$
i) $2\frac{4}{9}+4\frac{7}{15}+3\frac{7}{10}$ **j)** $5\frac{7}{12}+3\frac{1}{6}+7\frac{5}{9}$
k) $2\frac{3}{4}+3\frac{7}{10}+1\frac{9}{20}$ **l)** $3\frac{1}{14}+1\frac{2}{21}+2\frac{3}{10}$

9. Berechne!

Beispiele

1) $2\frac{3}{5}-1\frac{1}{10}=(2-1)+(\frac{3}{5}-\frac{1}{10})=1+\frac{5}{10}=1\frac{1}{2}$
2) $5\frac{1}{3}-2\frac{5}{6}=4\frac{4}{3}-2\frac{5}{6}=(4-2)+\frac{8-5}{6}=2\frac{1}{2}$

a) $4\frac{7}{8}-2\frac{3}{4}$ **b)** $3\frac{7}{12}-1\frac{1}{6}$ **c)** $3\frac{7}{10}-1\frac{1}{4}$
d) $5\frac{3}{8}-2\frac{7}{12}$ **e)** $6\frac{1}{4}-3\frac{3}{10}$ **f)** $4\frac{2}{5}-1\frac{5}{8}$

Größenvergleich von Bruchzahlen

10. Welche Bruchzahl ist größer?

a) $\frac{4}{7}$; $\frac{5}{8}$ **b)** $\frac{9}{11}$; $\frac{5}{6}$ **c)** $\frac{7}{16}$; $\frac{4}{7}$
d) $\frac{13}{18}$; $\frac{17}{24}$ **e)** $\frac{11}{15}$; $\frac{12}{17}$ **f)** $\frac{5}{9}$; $\frac{9}{16}$

11. Ordne die Bruchzahlen der Größe nach!

a) $\frac{5}{9}$; $\frac{7}{12}$; $\frac{11}{20}$ **b)** $\frac{5}{6}$; $\frac{13}{15}$; $\frac{14}{17}$
c) $\frac{7}{9}$; $\frac{11}{14}$; $\frac{8}{11}$; $\frac{13}{17}$ **d)** $\frac{5}{12}$; $\frac{7}{15}$; $\frac{8}{17}$; $\frac{6}{13}$

Multiplikation von Bruchzahlen

12. Berechne!

a) $\frac{2}{5} \cdot \frac{3}{7}$ **b)** $\frac{4}{3} \cdot \frac{5}{6}$ **c)** $\frac{3}{4} \cdot \frac{2}{9}$ **d)** $\frac{6}{7} \cdot \frac{4}{15}$

e) $4 \cdot \frac{5}{12}$ **f)** $\frac{7}{15} \cdot 3$ **g)** $\frac{7}{12} \cdot \frac{9}{14}$ **h)** $\frac{14}{15} \cdot \frac{10}{21}$

i) $\frac{3}{5} \cdot \frac{7}{9} \cdot \frac{10}{21}$ **j)** $\frac{4}{3} \cdot \frac{5}{8} \cdot \frac{9}{10}$ **k)** $\frac{6}{7} \cdot \frac{11}{10} \cdot \frac{14}{33}$

l) $\frac{6}{7} \cdot \frac{5}{9} \cdot \frac{3}{10} \cdot \frac{14}{11}$ **m)** $\frac{4}{9} \cdot \frac{5}{12} \cdot \frac{8}{15} \cdot \frac{5}{16}$

13. Berechne auf zwei Weisen! Welches Verfahren ist im jeweiligen Beispiel das günstigere?

Beispiele

1) a) $\frac{3}{5} \cdot (\frac{5}{3} + \frac{7}{12}) = \frac{3}{5} \cdot \frac{20+7}{12} = \frac{3}{5} \cdot \frac{27}{12} = \frac{27}{20} = 1\frac{7}{20}$

b) $\frac{3}{5} \cdot (\frac{5}{3} + \frac{7}{12}) = \frac{3}{5} \cdot \frac{5}{3} + \frac{3}{5} \cdot \frac{7}{12} = 1 + \frac{7}{20} = 1\frac{7}{20}$

Die Anwendung des Distributivgesetzes unter b) ist hier das einfachere Verfahren

2) $(\frac{4}{3} + \frac{2}{5}) \cdot \frac{5}{13} = \frac{20+6}{15} \cdot \frac{5}{13} = \frac{26}{15} \cdot \frac{5}{13} = \frac{2}{3}$

Bei diesem Beispiel wäre die Anwendung des Distributivgesetzes ungünstiger.

a) $\frac{4}{7} \cdot (\frac{3}{8} + \frac{7}{2})$ **b)** $(\frac{8}{3} + \frac{2}{5}) \cdot \frac{3}{4}$ **c)** $\frac{8}{7} \cdot (\frac{5}{8} + \frac{3}{5})$

d) $\frac{5}{8} \cdot (\frac{3}{10} + \frac{4}{5})$ **e)** $(\frac{2}{5} + \frac{3}{10}) \cdot \frac{5}{3}$ **f)** $\frac{7}{10} \cdot (\frac{5}{4} + \frac{20}{7})$

g) $\frac{7}{3} \cdot (\frac{9}{7} - \frac{5}{14})$ **h)** $(\frac{3}{4} - \frac{1}{3}) \cdot \frac{4}{5}$ **i)** $\frac{4}{5} \cdot (\frac{17}{6} - \frac{5}{2})$

j) $\frac{3}{7} \cdot (\frac{5}{9} - \frac{1}{6})$ **k)** $(\frac{3}{2} - \frac{6}{7}) \cdot \frac{7}{3}$ **l)** $\frac{5}{6} \cdot (\frac{12}{5} - \frac{3}{4})$

14. Benutze das Distributivgesetz!

Beispiele

1) $3 \cdot 7\frac{2}{3} = 3 \cdot (7 + \frac{2}{3}) = 3 \cdot 7 + 3 \cdot \frac{2}{3} = 21 + 2 = 23$

2) $4\frac{3}{4} \cdot 8 = (4 + \frac{3}{4}) \cdot 8 = 4 \cdot 8 + \frac{3}{4} \cdot 8 = 32 + 6 = 38$

a) $4 \cdot 6\frac{1}{4}$ **b)** $12 \cdot 5\frac{1}{2}$ **c)** $14 \cdot 3\frac{2}{7}$ **d)** $15 \cdot 4\frac{2}{3}$

e) $5\frac{1}{3} \cdot 9$ **f)** $3\frac{4}{5} \cdot 10$ **g)** $2\frac{2}{3} \cdot 6$ **h)** $3\frac{5}{8} \cdot 16$

15. Berechne!

Beispiel

$$4\frac{3}{8} \cdot 1\frac{3}{7} = \frac{35}{8} \cdot \frac{10}{7} = \frac{5 \cdot 5}{4 \cdot 1} = \frac{25}{4} = 6\frac{1}{4}$$

a) $2\frac{4}{9} \cdot 1\frac{4}{11}$ **b)** $5\frac{1}{3} \cdot 2\frac{1}{4}$ **c)** $4\frac{2}{7} \cdot 1\frac{5}{6}$ **d)** $4\frac{1}{5} \cdot 4\frac{1}{6}$

e) $1\frac{1}{8} \cdot 2\frac{2}{15}$ **f)** $3\frac{3}{7} \cdot 2\frac{3}{8}$ **g)** $2\frac{2}{9} \cdot 1\frac{1}{5}$ **h)** $3\frac{5}{9} \cdot 2\frac{7}{10}$

Division von Bruchzahlen

16. Berechne!

a) $\frac{3}{4} : \frac{2}{5}$ **b)** $\frac{7}{3} : \frac{5}{6}$ **c)** $\frac{2}{7} : \frac{4}{9}$ **d)** $\frac{5}{4} : \frac{3}{8}$

e) $\frac{10}{3} : 15$ **f)** $12 : \frac{4}{5}$ **g)** $\frac{9}{2} : 24$ **h)** $6 : \frac{12}{7}$

17. Berechne!

a) $(\frac{4}{5} : \frac{2}{7}) : \frac{14}{15}$ **b)** $(\frac{3}{4} : \frac{15}{8}) : \frac{6}{5}$ **c)** $\frac{3}{4} : (\frac{15}{8} : \frac{6}{5})$

d) $\frac{12}{7} : (\frac{8}{5} : \frac{14}{9})$ **e)** $\frac{3}{16} : (\frac{9}{4} : \frac{8}{3})$ **f)** $(\frac{3}{16} : \frac{9}{4}) : \frac{8}{3}$

g) $(\frac{8}{15} : \frac{9}{7}) : (\frac{14}{25} : \frac{3}{4})$ **h)** $(\frac{22}{7} : \frac{4}{3}) : (\frac{10}{21} : \frac{5}{33})$

18. Berechne auf zwei Weisen!

Beispiele

1) $(\frac{4}{3} + \frac{1}{2}) : \frac{2}{3} = (\frac{8}{6} + \frac{3}{6}) \cdot \frac{3}{2} = \frac{11}{6} \cdot \frac{3}{2} = \frac{11}{4} = 2\frac{3}{4}$

2) $(\frac{4}{3} + \frac{1}{2}) : \frac{2}{3} = (\frac{4}{3} + \frac{1}{2}) \cdot \frac{3}{2} = \frac{4}{3} \cdot \frac{3}{2} + \frac{1}{2} \cdot \frac{3}{2} = 2\frac{3}{4}$

a) $(\frac{5}{4} + \frac{2}{3}) : \frac{5}{8}$ **b)** $(\frac{3}{8} + \frac{4}{7}) : \frac{2}{7}$ **c)** $(\frac{5}{6} + \frac{3}{4}) : \frac{5}{6}$

d) $(\frac{5}{7} - \frac{1}{3}) : \frac{5}{7}$ **e)** $(\frac{5}{3} - \frac{4}{5}) : \frac{2}{5}$ **f)** $(\frac{9}{10} - \frac{3}{4}) : \frac{1}{4}$

19. Berechne!

a) $\frac{5}{8} : (\frac{3}{4} + \frac{2}{3})$ **b)** $\frac{4}{15} : (\frac{1}{2} + \frac{3}{5})$ **c)** $\frac{3}{4} : (\frac{5}{12} + \frac{1}{8})$

d) $\frac{2}{9} : (\frac{5}{6} - \frac{1}{2})$ **e)** $\frac{5}{4} : (\frac{7}{12} - \frac{3}{8})$ **f)** $\frac{2}{3} : (\frac{8}{15} - \frac{1}{5})$

20. Berechne!

a) $(\frac{2}{3} + \frac{4}{5}) : (\frac{3}{5} + \frac{1}{2})$ **b)** $(\frac{3}{8} + \frac{2}{3}) : (\frac{5}{6} - \frac{3}{4})$

c) $(\frac{5}{4} - \frac{5}{6}) : (\frac{7}{12} - \frac{3}{8})$ **d)** $(\frac{4}{3} - \frac{3}{5}) : (\frac{7}{10} - \frac{2}{3})$

21. Berechne!

Beispiel

$$5\frac{1}{3} : 3\frac{5}{9} = \frac{16}{3} : \frac{32}{9} = \frac{16}{3} \cdot \frac{9}{32} = \frac{3}{2}$$

a) $4\frac{1}{2} : 5\frac{1}{4}$ **b)** $2\frac{2}{5} : 2\frac{7}{10}$ **c)** $6\frac{2}{3} : 4\frac{2}{7}$ **d)** $5\frac{1}{8} : 4\frac{1}{6}$

e) $5\frac{2}{5} : 5\frac{1}{7}$ **f)** $3\frac{3}{8} : 2\frac{13}{16}$ **g)** $2\frac{7}{9} : 2\frac{11}{12}$ **h)** $4\frac{2}{3} : 4\frac{1}{12}$

22. Berechne!

a) $\frac{3}{4} : \frac{5}{2} + \frac{4}{5} : \frac{3}{2}$ **b)** $\frac{7}{12} : \frac{2}{3} + \frac{3}{10} : \frac{12}{5}$

c) $\frac{5}{2} : \frac{7}{6} - \frac{4}{7} : \frac{6}{5}$ **d)** $\frac{5}{9} : \frac{7}{12} - \frac{2}{5} : \frac{7}{15}$

23. Berechne!

a) $(3\frac{1}{6} + 1\frac{1}{3}) : 3\frac{1}{2}$ **b)** $(4\frac{1}{2} + 5\frac{1}{4}) : 2\frac{1}{6}$

c) $(3\frac{3}{4} - 1\frac{2}{3}) : 1\frac{7}{8}$ **d)** $(3\frac{1}{2} - 2\frac{5}{6}) : 1\frac{5}{9}$

Rationale Zahlen

24. Welche Zahlen sind dargestellt?

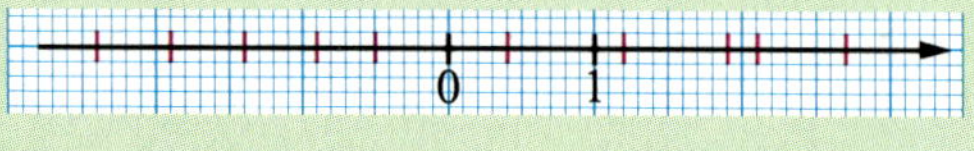

25. Stelle die folgenden Zahlen auf einer Zahlengeraden dar!

a) 0,6; −0,8; 1,4; −1,6; 2,4; −2,5; 3,2; −3,7; −4,2

b) $\frac{1}{2}$; $-\frac{2}{3}$; $\frac{5}{4}$; $-\frac{7}{4}$; $\frac{7}{3}$; $-\frac{7}{2}$; $\frac{11}{3}$; $-\frac{13}{4}$

26. Bestimme die Koordinaten der Punkte!

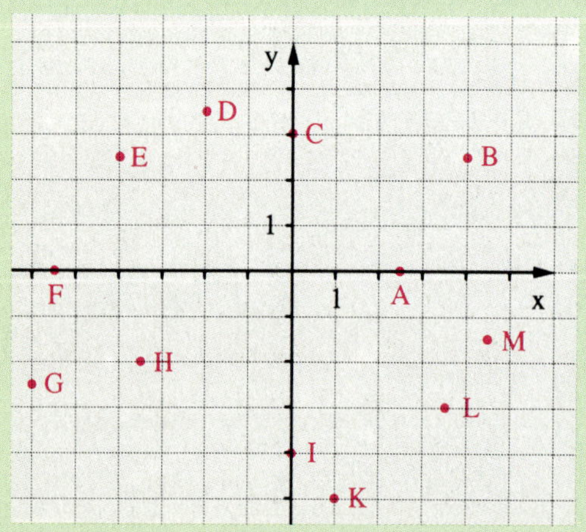

27. Trage die folgenden Punkte in ein Koordinatensystem ein!
A(3|0); B(1,5|3); C(0|3,5); D(−2|1); E(−4|2,5); F(−3|0); G(−4|−1,5); H(−2|−3); I(0|−2,5); K(1,5|−2,5); L(1,5|−1,5); M(3,5|−2)

28. Ordne die folgenden Zahlen der Größe nach!

a) −3,7; 5,4; −2,8; 3,2; −1,6; −0,9; 2,7

b) $-\frac{3}{4}$; $-\frac{4}{5}$; $-\frac{5}{6}$; $-\frac{5}{8}$; $-\frac{7}{10}$; $-\frac{8}{13}$; $-\frac{9}{15}$

c) $2\frac{1}{3}$; $-4\frac{3}{4}$; $-2\frac{1}{8}$; $-4\frac{5}{8}$; $3\frac{2}{3}$; $-3\frac{1}{4}$; $-\frac{5}{9}$

29. Suche drei rationale Zahlen, die zwischen den angegebenen Zahlen liegen!

a) −3,6; −4 **b)** −0,2; −0,4

c) −1,74; −1,77 **d)** $-\frac{3}{4}$; $-\frac{7}{8}$

30. Welche Zahlen haben den Betrag 3 ($\frac{4}{5}$; 3,2; 0)?

Addition und Subtraktion rationaler Zahlen

31. Berechne!

Beispiele

1) $(-5)+(-7) = -(5+7) = -12$
2) $8+(-3) = 8-3 = 5$
3) $5+(-9) = -(9-5) = -4$

a) $(-3)+(-11)$ **b)** $(-15)+(-7)$
c) $10+(-3)$ **d)** $4+(-13)$
e) $(-4)+17$ **f)** $(-11)+2$
g) $(-2{,}7)+(-5{,}4)$ **h)** $3{,}8+(-2{,}1)$
i) $(-4{,}8)+(-3{,}7)$ **j)** $(-8{,}73)+5{,}21$
k) $(-3{,}42)+(-0{,}86)$ **l)** $4{,}28+(-3{,}91)$
m) $(-\frac{3}{8})+(-\frac{5}{6})$ **n)** $(-\frac{5}{6})+\frac{7}{12}$
o) $2\frac{3}{4}+(-4\frac{1}{3})$ **p)** $(-2\frac{2}{3})+(-3\frac{4}{5})$

32. Berechne!

Beispiele

1) $(-5)-8=(-5)+(-8)=-(5+8)=-13$
2) $(-7)-(-3)=(-7)+3=-(7-3)=-4$

a) $6-13$ **b)** $7-(-5)$
c) $(-19)-5$ **d)** $(-11)-(-24)$
e) $3{,}7-5{,}2$ **f)** $(-4{,}52)-3{,}88$
g) $(-4{,}28)-(-3{,}72)$ **h)** $5{,}58-(-2{,}76)$
i) $3\frac{1}{4}-5\frac{3}{8}$ **j)** $(-2\frac{1}{2})-(-5\frac{1}{6})$

33. Berechne!

a) $43-28-39$ **b)** $-9{,}7+16{,}3-27{,}4$
c) $-10{,}4+3{,}6-4{,}7$ **d)** $163-512-327$
e) $-4{,}2-8{,}5+3{,}7$ **f)** $-7{,}7-3{,}9-5{,}6$
g) $14-(-3)-25+(-15)$
h) $-23+17-(-41)-53$
i) $4{,}7+(-3{,}5)-(-6{,}2)-7{,}8$
j) $0{,}75-1{,}62-(-3{,}45)-0{,}85$

34. Berechne!

a) $37-(14-48)-12$
b) $-43+(27-44)-(-25)$
c) $-3{,}72-(0{,}68+4{,}21)-(-5{,}88)$
d) $(23-37)-(14-46)$
e) $(-4{,}7-6{,}5)+(-1{,}7-3{,}9)$
f) $(5{,}62-7{,}31)-(7{,}13-8{,}44)$

Multiplikation und Division rationaler Zahlen

35. Berechne!

a) $3 \cdot (-7)$ **b)** $(-5) \cdot 4$ **c)** $(-3) \cdot (-6)$
d) $0 \cdot (-5)$ **e)** $(-2) \cdot (-8)$ **f)** $(-7) \cdot 0$
g) $3{,}2 \cdot (-5{,}3)$ **h)** $(-7{,}2) \cdot 2{,}1$
i) $(-3{,}4) \cdot (-1{,}8)$ **j)** $(-5{,}3) \cdot (-3{,}8)$
k) $\frac{3}{8} \cdot (-\frac{4}{5})$ **l)** $(-\frac{7}{5}) \cdot \frac{10}{21}$
m) $(-3\frac{1}{3}) \cdot (-2\frac{2}{5})$ **n)** $4\frac{1}{6} \cdot (-2\frac{1}{10})$

36. Berechne!

a) $4 \cdot (-5) \cdot (-3)$ **b)** $(-3) \cdot (-2) \cdot (-7)$
c) $(-3) \cdot 0 \cdot 7$ **d)** $(-5) \cdot 2 \cdot (-6)$
e) $\frac{4}{7} \cdot (-\frac{15}{8}) \cdot (-\frac{21}{10})$ **f)** $\frac{2}{15} \cdot (-\frac{8}{3}) \cdot \frac{25}{4}$
g) $(-\frac{3}{8}) \cdot \frac{7}{6} \cdot (-\frac{4}{9})$ **h)** $(-\frac{5}{12}) \cdot (-\frac{3}{10}) \cdot (-\frac{6}{7})$

37. Berechne!

a) $(-\frac{7}{6}) \cdot \frac{9}{14} + \frac{2}{3} \cdot (-\frac{5}{4})$
b) $\frac{5}{9} \cdot (-\frac{21}{20}) + (-\frac{3}{7}) \cdot \frac{4}{9}$
c) $(-\frac{7}{10}) \cdot (-\frac{3}{14}) - \frac{4}{5} \cdot (-\frac{7}{8})$
d) $(-\frac{2}{3}) \cdot \frac{6}{5} + \frac{3}{4} \cdot (-\frac{8}{15})$
e) $(-\frac{5}{8}) \cdot (-\frac{4}{3}) - \frac{4}{9} \cdot \frac{3}{16}$
f) $\frac{2}{5} \cdot (-\frac{2}{3}) - (-\frac{4}{15}) \cdot \frac{9}{10}$

38. Benutze das Distributivgesetz!

Beispiel

$$17 \cdot (-4) - 32 \cdot (-4) = (17 - 32) \cdot (-4) = (-15) \cdot (-4) = 15 \cdot 4 = 60$$

a) $5 \cdot (-8) + 2 \cdot (-8)$
b) $(-3) \cdot 7 - (-3) \cdot (-2)$
c) $(-1{,}5) \cdot (-2{,}5) + (-3{,}5) \cdot (-2{,}5)$
d) $(-2{,}8) \cdot 1{,}4 + (-7{,}2) \cdot (-1{,}4)$

39. Verfahre wie in der 4. Aufgabe!

a) $(-\frac{3}{4}) \cdot \frac{2}{3} + (-\frac{3}{4}) \cdot \frac{5}{3}$
b) $\frac{7}{4} \cdot (-\frac{5}{9}) - \frac{3}{4} \cdot (-\frac{5}{9})$
c) $(-\frac{3}{4}) \cdot (-2\frac{1}{3}) + (-\frac{3}{4}) \cdot (-1\frac{2}{3})$
d) $4\frac{1}{5} \cdot (-\frac{5}{2}) - (-2\frac{4}{5}) \cdot (-\frac{5}{2})$
e) $(-2\frac{1}{4}) \cdot (-\frac{2}{7}) + (-1\frac{1}{4}) \cdot (-\frac{2}{7}) - 3\frac{1}{2} \cdot (-\frac{2}{7})$
f) $(-\frac{4}{5}) \cdot (-4\frac{2}{9}) + \frac{2}{5} \cdot (-4\frac{2}{9}) - (-\frac{3}{5}) \cdot (-4\frac{2}{9})$

40. Berechne auf zwei Weisen!

Beispiele

1) a) $(-3) \cdot (\frac{1}{6} - 2) = (-3) \cdot (-\frac{11}{6}) = \frac{11}{2} = 5\frac{1}{2}$
b) $(-3) \cdot (\frac{1}{6} - 2) = (-3) \cdot \frac{1}{6} + (-3) \cdot (-2) = -\frac{1}{2} + 6 = 5\frac{1}{2}$

2) a) $(5 - \frac{3}{4}) \cdot (-8) = \frac{17}{4} \cdot (-8) = 17 \cdot (-2) = -34$
b) $(5 - \frac{3}{4}) \cdot (-8) = 5 \cdot (-8) + (-\frac{3}{4}) \cdot (-8) = -40 + 6 = -34$

a) $(-4) \cdot (3 - \frac{1}{2})$ **b)** $6 \cdot (\frac{2}{3} - 5)$
c) $(-12) \cdot (\frac{5}{6} - 7)$ **d)** $(-\frac{3}{5} + 6) \cdot (-10)$
e) $(7 - \frac{5}{8}) \cdot (-4)$ **f)** $(\frac{2}{9} - 7) \cdot (-3)$

41. Berechne!

a) $(-8) : 2$ **b)** $(-9) : (-3)$ **c)** $7 : (-1)$
d) $0 : (-5)$ **e)** $8 : (-6)$ **f)** $(-8) : (-3)$
g) $25 : (-15)$ **h)** $(-36) : (-24)$
i) $(-28) : (-21)$ **j)** $(-\frac{7}{8}) : \frac{3}{2}$
k) $(-\frac{5}{12}) : (-\frac{15}{8})$ **l)** $\frac{4}{9} : (-\frac{5}{12})$
m) $4\frac{2}{3} : (-2\frac{2}{5})$ **n)** $(-3\frac{3}{5}) : (-2\frac{1}{4})$
o) $(-2\frac{4}{9}) : 2\frac{2}{3}$ **p)** $7\frac{1}{5} : (-2\frac{4}{15})$

42. Übertrage die Tafel in dein Heft und berechne die Quotienten!

:	-2	$-\frac{3}{4}$	$\frac{5}{8}$	$-\frac{7}{12}$	$-3\frac{2}{5}$	$4\frac{2}{7}$
$\frac{5}{4}$						
$-\frac{5}{6}$						
$-\frac{3}{10}$						
$2\frac{4}{5}$						
$-3\frac{1}{3}$						

43. Berechne!

a) $(-\frac{3}{4}) : \frac{5}{2} - \frac{4}{5} : (-\frac{3}{2})$
b) $\frac{7}{15} : (-\frac{3}{5}) + (-\frac{5}{12}) : (-\frac{2}{3})$
c) $\frac{5}{8} : (-\frac{3}{4}) - \frac{2}{3} : (-\frac{5}{6})$
d) $(-\frac{10}{3}) : \frac{5}{2} - \frac{5}{6} : (-\frac{2}{3})$
e) $\frac{5}{7} : (-\frac{10}{3}) - \frac{5}{2} : (-\frac{7}{4})$
f) $(-\frac{5}{12}) : \frac{1}{6} - \frac{2}{3} : (-\frac{4}{5})$

Proportionale und antiproportionale Zuordnungen

44. Übertrage die Tabelle in dein Heft und fülle die leeren Felder aus! Ermittle die zugehörige Gleichung und zeichne den Graphen!

a) 1,5 kg Fleisch kosten 14,85 €.

Menge in kg	1	1,75	4,3		
Preis in €				24,75	51,48

b) Für eine Busreise sind bei einer Teilnahme von 25 Personen pro Person 96 € aufzubringen.

Anzahl der Teiln.	12	15	20		
Betrag pro Teiln.				80	50

c) Bei einem Durchschnittsverbrauch von 6,5 l pro 100 km reicht eine Tankfüllung für etwa 800 km.

Verbrauch in l/100 km	6	7,7	9,2		
Reichweite in km				619	722

d) Für 55 Britische Pfund sind 85,25 € aufzubringen.

Pfund	25	37,50	65,50			
€				100	260	320

45. 7 Arbeiter sollen die Anstreicherarbeiten in einem Neubau in 8 Tagen durchführen.

a) Nach 2 Tagen fällt ein Arbeiter wegen Erkrankung aus. Um welchen Zeitraum verzögert sich der Abschluss der Arbeiten?

b) In welchem Zeitraum kann die Arbeit durchgeführt werden, wenn nach 4 Tagen zwei zusätzliche Arbeiter eingestellt werden?

46. Die Reifengröße wird bei Fahrrädern in Zoll gemessen (1 Zoll = 2,54 cm). Bei einem 24-Zoll-Fahrrad wird bei einer Radumdrehung eine Strecke von 191,5 cm zurückgelegt.
Wie weit fährt ein 26-Zoll-Rad (28-Zoll-Rad) mit 200 (500) Umdrehungen?

Prozent- und Zinsrechnung

47. Wie viel Prozent sind

a) 15 g von 75 g, **b)** 18 m von 120 m,
c) 48 m^2 von 160 m^2, **d)** 6 € von 48 €?

48. Berechne 5% (7,5%; 18%; 65%) von

a) 120 €, **b)** 450 €, **c)** 1500 €,
d) 220 kg, **e)** 75 km, **f)** 520 l!

49. Übertrage die Tafel in dein Heft und fülle die leeren Felder aus!

Grundwert G	4200	720	300		
Prozentwert W		90	24	280	127,5
Prozentsatz p	4,5			7	15

50. Berechne die Jahreszinsen!

Betrag (in €)	2400	1850	15 000	31 000
Zinssatz	5,5	6,75	6,25	6,5

51. Berechne den Zinssatz!

Betrag (in €)	16 500	420	65 300	875
Jahreszinsen	907,50	33,60	4244,50	61,25

52. Berechne das Kapital!

Jahreszinsen (in €)	227,50	906,25	1410	569,25
Zinssatz	6,5	7,25	7,5	8,25

53. Berechne die Zinsen für den angegebenen Zeitraum!

Betrag (in €)	5400	42 000	14 500
Zinssatz	7,5	6,25	6,5
Zeitraum	5 Mon.	7 Mon.	55 Tage

54. Stelle einen Tilgungsplan für ein Darlehen auf, das am 1.4.2001 aufgenommen und in vierteljährlichen Raten getilgt wird!

Darlehen (in €)	30 000	16 000	24 500
Zinssatz	7,5	8,25	8
Rate (in €)	2500	1000	2000

§ 1 Gleichungen und Ungleichungen

I. Beispiel einer Gleichung

1. Ein Gesellschaftsspiel

Im Kreise seiner Freunde feiert Stephan Meurer seinen 14. Geburtstag. Die Jungen bitten Stephans Vater, seinen Teil zur allgemeinen Unterhaltung beizusteuern. Nach kurzem Überlegen sagt Herr Meurer: „Wisst ihr schon, dass ich eure Gedanken lesen kann?“ Um seine Fähigkeit unter Beweis zu stellen, sagt er: „Jeder von euch denke sich eine Zahl, addiere dazu die Zahl 4, multipliziere das Ergebnis mit 6, subtrahiere 9, subtrahiere die gedachte Zahl, dividiere das Ergebnis durch 5, multipliziere das Ergebnis mit 2. Nun nennt eure Ergebnisse!“

Bild 1

Es werden die Zahlen 12, 20, 26 und 36 genannt. Nach kurzem Überlegen nennt Herr Meurer jedem Mitspieler die Zahl, die dieser sich gedacht hat, nämlich der Reihe nach: 3, 7, 10 und 15.

Herr Meurer wiederholt das Experiment mit anderen Rechnungen, die die Mitspieler durchzuführen haben; stets gelingt es ihm am Ende, jedem Mitspieler die von diesem gedachte Zahl richtig anzugeben.

2. Wie hat Herr Meurer dies geschafft?

Kann Herr Meurer wirklich „Gedanken lesen“? Doch wohl kaum! Er versteht nur ein wenig Mathematik. Sein „Trick“ besteht darin, dass er an die Stelle der Zahlen, die die verschiedenen Mitspieler sich merken, eine **Variable** setzt (meistens mit „x“ bezeichnet) und die angegebenen Rechenschritte mit dieser Variablen und den sich ergebenden Rechenausdrücken (Termen) durchführt.

Wie er vorgegangen ist, wollen wir uns an einem anderen einfachen **Beispiel** klarmachen. Links steht, was Herr M. sagt, rechts, was er selbst denkt und rechnet.

Herr M. sagt	Herr M. rechnet
Denke dir eine Zahl!	x
Addiere dazu die Zahl 4!	$x+4$
Multipliziere das Ergebnis mit 2!	$2 \cdot (x+4)$
Addiere 7 hinzu!	$2 \cdot (x+4)+7$

Man nennt jeden sich von Schritt zu Schritt ergebenden Rechenausdruck einen **Term**.

Wenn nun ein Mitspieler als Ergebnis seiner Rechnung z.B. die Zahl 29 nennt, so bedeutet dies, dass für dessen gedachte Zahl der Term $2 \cdot (x + 4) + 7$ den Wert 29 annehmen, dass also gelten muss:

$$2 \cdot (x + 4) + 7 = 29.$$

Man nennt diese Bedingung für die Zahl x eine **Gleichung** oder allgemeiner eine **Aussageform**.

Herr M. könnte nun versuchen, die Lösung dieser Gleichung, also die von diesem Mitspieler gedachte Zahl durch Probieren zu finden. Er könnte also in die Variable x der Reihe nach z.B. die Zahlen, 1, 2, 3, ... einsetzen und hoffen, dass sich dabei möglichst bald eine wahre Aussage ergibt. Herr M. erhielte auf diese Weise:

$$\begin{aligned} 1&: \quad 2 \cdot (1 + 4) + 7 = 29, \quad \text{also } 10 + 7 = 29 \ \text{(f)}; \\ 2&: \quad 2 \cdot (2 + 4) + 7 = 29, \quad \text{also } 12 + 7 = 29 \ \text{(f)}; \\ 3&: \quad 2 \cdot (3 + 4) + 7 = 29, \quad \text{also } 14 + 7 = 29 \ \text{(f)}; \end{aligned}$$

und schließlich

$$7: \quad 2 \cdot (7 + 4) + 7 = 29, \quad \text{also } 22 + 7 = 29 \ \text{(w)}.$$

Jetzt hätte Herr M. endlich gefunden, dass der betreffende Mitspieler sich die Zahl 7 gedacht hat.

Offensichtlich ist dieses Probierverfahren viel zu umständlich. Es muss noch eine andere Möglichkeit geben, mit der Herr M. viel schneller zum Ziel kommt.

Dieses andere Verfahren beruht darauf, dass man den Term $2(x + 4) + 7$ und auch die gesamte Gleichung $2(x + 4) + 7 = 29$ durch geeignete Umformungen vereinfacht.

Aufgaben und Beispiele

Zum Einstieg

Ein Wasserwerk berechnet für den Wasseranschluss in einem Einfamilienhaus einen Grundbetrag von 66 € pro Jahr und für einen Kubikmeter Wasser einen Betrag von 1,20 €.

a) Stelle einen Term auf, mit dem man die Kosten für x Kubikmeter Wasser berechnen kann!

b) Wie viel ist für 80 m^3, 90 m^3, 100 m^3, 110 m^3, 120 m^3 zu zahlen?

c) Für Familie Jordans beläuft sich der Rechnungsbetrag auf 228 €. Wie viel Kubikmeter Wasser hat die Familie verbraucht?

Bild 2

1. Jede Gleichung hat eine einstellige Zahl als Lösung. Bestimme sie durch Probieren!

a) $5(x+3) = 7(x+1)$

b) $4(x-2) = 7x - 17$

c) $1 - 2x = 3(2 - x)$

d) $3(5 - x) = 7(x - 3) + 6$

2. Bestimme den Term, der sich aus den folgenden Rechenanweisungen ergibt! Lege dazu eine Tabelle wie die auf Seite 15 an!

a) Denke dir eine Zahl, addiere dazu die Zahl 7, multipliziere das Ergebnis mit 9, subtrahiere 6, dividiere das Ergebnis durch 3, addiere die gedachte Zahl!

b) Denke dir eine Zahl, multipliziere sie mit 5, subtrahiere 10, addiere die gedachte Zahl, multipliziere das Ergebnis mit 3, addiere 1, subtrahiere die gedachte Zahl!

3. a) Welche Zahlen ergeben sich aus den Termen in Aufgabe 2a) und b), wenn die gedachte Zahl 0; 1; 3; 5; 8 ist?

b) In Aufgabe 2a) ergibt sich 27. Wie heißt die gedachte Zahl?

c) In Aufgabe 2b) ergibt sich 39. Wie heißt die gedachte Zahl?

II. Beispiel einer Ungleichung

1. Berechnung von Fernsprechgebühren

Eine Mobiltelefongesellschaft verlangt monatlich eine Grundgebühr von 24,60 €. Pro Gebühreneinheit berechnet das Unternehmen einen Betrag von 23 Cent. Dabei sind 10 Gebühreneinheiten im Monat frei.

telemobil – Rechnung für den Zeitraum 12. 01. – 09. 02. 2003

Lieferung/Leistung	Menge	Einzelbetrag/EUR	Gesamtbetrag/EUR
Monatlicher Grundpreis			24,60
Verbindungspreise	283	0,23	65,09
Genutztes Guthaben	10	0,23	–2,30
		Nettobetrag/EUR	87,39

Bild 3

Bezeichnet man die Zahl der im Rechnungsmonat anfallenden Gebühreneinheiten mit x, so wird der Betrag der Fernmelderechnung durch den folgenden Term T(x) erfasst:

$$T(x) = 24{,}60 + (x - 10) \cdot 0{,}23,$$

gelesen „T von x gleich ...“. Dies gilt wegen der 10 kostenlosen Gebühreneinheiten für alle natürlichen Zahlen x mit $x \geq 10$.

Für 180 bzw. für 283 verbrauchte Gebühreneinheiten gilt also:

$$T(180) = 24{,}60 + (180 - 10) \cdot 0{,}23 = 24{,}60 + 39{,}10 = 63{,}70 \quad \text{und}$$
$$T(283) = 24{,}60 + (283 - 10) \cdot 0{,}23 = 24{,}60 + 62{,}79 = 87{,}39.$$

Im ersten Fall beläuft sich die Fernmelderechnung also auf 63,70 €, im zweiten Fall auf 87,39 € (Bild 3).

2. Wie viel darf Frau Ludwig fürs Telefonieren ausgeben?

Frau Ludwig stellt für jeden Moonat einen Haushaltsplan auf. Dabei kommt sie zu dem Ergebnis, dass sie im laufenden Monat höchstens 60 € an Fernsprechgebühren ausgeben kann. Wie viel Gebühreneinheiten darf sie höchstens verbrauchen?

Die Bedingung für die gesuchte Zahl x an Gebühreneinheiten lautet:

$$24{,}60 + (x - 10) \cdot 0{,}23 \leq 60.$$

Auch dies ist eine **Aussageform**, genauer eine **Ungleichung**.

Frau Ludwig kann ebenfalls versuchen, diese Ungleichung durch Probieren, also durch Einsetzen von natürlichen Zahlen in die Variable x zu lösen. Nach dem Beispiel unter 1. wissen wir schon, dass die gesuchte größte Zahl für x kleiner als 180 sein muss. Wir versuchen es daher mit einigen kleineren Zahlen:

170: $24{,}60 + (170 - 10) \cdot 0{,}23 \leq 60$, also $24{,}60 + 36{,}80 \leq 60$, also $61{,}40 \leq 60$ (f);
165: $24{,}60 + (165 - 10) \cdot 0{,}23 \leq 60$, also $24{,}60 + 35{,}65 \leq 60$, also $60{,}25 \leq 60$ (f);
164: $24{,}60 + (164 - 10) \cdot 0{,}23 \leq 60$, also $24{,}60 + 35{,}42 \leq 60$, also $60{,}02 \leq 60$ (f);
163: $24{,}60 + (163 - 10) \cdot 0{,}23 \leq 60$, also $24{,}60 + 35{,}19 \leq 60$, also $59{,}79 \leq 60$ (w).

Man erkennt, dass 163 die größte Zahl ist, die die Ungleichung noch erfüllt. Natürlich sind auch alle kleineren natürlichen Zahlen Lösungen der Ungleichung.

Frau Ludwig darf also höchstens 163 Gebühreneinheiten im betreffenden Monat verbrauchen.

Auch bei diesem Beispiel zeigt sich, dass das Probierverfahren recht umständlich ist. Um schneller und einfacher voranzukommen, ist es offenbar auch hier erforderlich, den Term $24{,}60 + (x - 10) \cdot 0{,}23$ und damit die ganze Ungleichung in geeigneter Weise durch Umformungen zu vereinfachen.

Aufgaben und Beispiele

Zum Einstieg

Herr Ratlos überlegt, ob er für einen Transport einen Kleinlaster mieten soll. Er hat sich deshalb von einer Autovermietung einen Prospekt besorgt.

a) Da Herr Ratlos mit dem Kleinlaster etwa 150 km fahren wird, will er den Spartarif wählen. Seine Tochter Lea widerspricht. Warum?

b) Bei welchen Entfernungen sollte man welchen Tarif wählen?

carklar
Der Autovermieter mit den klaren Preisen

Tarif	Grundgebühr	Zusatzkilometer
Kurzzeit 4 Stunden incl. 75 km	39,95 €	0,30 €
Spar 1 Tag incl. 120 km	61,45 €	0,20 €
Superspar 1 Tag incl. 600 km	111,45 €	0,19 €

Bild 4

Benutze bei den folgenden Aufgaben einen Taschenrechner!

Beispiel

Die Klasse 8 b will für ein Klassenfest nicht mehr als 70 € ausgeben. 25 € sollen für Salzstangen und Chips ausgegeben werden. Eine Flasche Orangenlimonade kostet 0,85 €. Stelle eine Ungleichung auf, mit deren Hilfe man berechnen kann, wie viele Flaschen höchstens gekauft werden können! Bestimme die Lösungen der Ungleichung durch Einsetzen geeigneter Zahlen!

Lösung: Aus dem Aufgabentext ergibt sich die Ungleichung

$25 + 0{,}85 \cdot x \leq 70.$

Wir bestimmen die Höchstzahl von Flaschen durch Einsetzen einiger Zahlen.

50: $25 + 0{,}85 \cdot 50 \leq 70$, also $67{,}50 \leq 70$ (w);
55: $25 + 0{,}85 \cdot 55 \leq 70$, also $71{,}75 \leq 70$ (f);
53: $25 + 0{,}85 \cdot 53 \leq 70$, also $70{,}05 \leq 70$ (f);
52: $25 + 0{,}85 \cdot 52 \leq 70$, also $69{,}20 \leq 70$ (w).

Man erkennt, dass alle natürlichen Zahlen x mit $x < 53$ die Ungleichung erfüllen.

1. Eine Jugendgruppe hat für eine fünftägige Radtour 620 € zur Verfügung. Für die Übernachtungen sind davon 270 € eingeplant. Stelle eine Ungleichung auf, mit der man berechnen kann, welcher Betrag höchstens täglich für das Essen ausgegeben werden darf! Bestimme die Lösungen durch Einssetzen!

2. Herr Lehnhardt fährt einen Kombiwagen, dessen Leergewicht mit 1190 kg und dessen zulässiges Gesamtgewicht mit 1740 kg angegeben ist. Herr Lehnhardt soll Bücher transportieren, die pro Stück 550 g wiegen. Herr Lehnhardt wiegt selbst 80 kg, eine Tankfüllung wiegt ca. 40 kg. Stelle eine Ungleichung auf, mit deren Hilfe man berechnen kann, mit wie viel Büchern das Auto beladen werden darf! Bestimme die Lösungen durch Einsetzen!

Bild 5

3. Frau Salzmann kann für den Unterhalt ihres Autos im Monat durchschnittlich höchstens 150 € ausgeben. Für Steuer, Versicherung, Öl und Reparaturen rechnet sie mit einem Betrag von etwa 80 € pro Monat. Stelle eine Ungleichung auf, mit deren Hilfe Frau Salzmann berechnen kann, wie viel Liter Benzin sie im Monat durchschnittlich tanken darf, wenn ein Liter Benzin 1,02 € kostet! Bestimme die Lösungen durch Einsetzen!

4. Herr Sparsam will seine Ausgaben für die Stromversorgung gegenüber dem Vorjahr wenigstens um 5 % senken. Die Grundgebühr beträgt 28 €, die Kilowattstunde Strom kostet 0,11 €. Letztes Jahr hatte er insgesamt 425 € zu zahlen. Stelle eine Ungleichung auf, mit deren Hilfe Herr Sparsam berechnen kann wie viele, Kilowattstunden er höchstens verbrauchen darf! Bestimme die Lösungen durch Einsetzen!

III. Lösungsmengen von Aussageformen

1. Grundmengen

In vielen Fällen hängt es vom gestellten Problem ab, welche Zahlen zur Einsetzung in die Variable (oder in die Variablen) einer Aussageform zugelassen sind oder zugelassen werden sollen.

Beispiele

1) Beim Gesellschaftsspiel, das wir im I. Abschnitt beschrieben haben („Gedankenlesen"), hatte sich u.a. die Gleichung

$$2(x + 4) = 29$$

ergeben. Hier hatte Herr Meurer vorausgesetzt (oder sogar ausdrücklich gesagt), dass jeder Mitspieler sich eine **natürliche Zahl** denken sollte. Man nennt die Menge der Zahlen, die zur Einsetzung zugelassen werden sollen, die **Grundmenge** G. Bei diesem Beispiel ist die Grundmenge für die Variable x die Menge $\mathbb{N}$. Man schreibt

$$G = \mathbb{N}.$$

2) Da die Grundgebühr bei der Fernmelderechnung (Seite 17) in jedem Fall 24,60 € beträgt, kommen bei der Ungleichung, die Frau Ludwig in ihrem Haushaltsplan (Seite 18) aufgestellt hat,

$$24{,}60 + (x - 10) \cdot 0{,}23 \leq 60,$$

nur die natürlichen Zahlen ab 10 in Betracht. Als Grundmenge ist in diesem Beispiel also zu wählen:

$$G = \{10; 11; 12; 13; 14; \ldots\}.$$

Wenn sich aus der Problemstellung keine Einschränkung ergibt, wählen wir im Folgenden – falls es nicht ausdrücklich anders gesagt wird – die Menge $\mathbb{Q}$ der rationalen Zahlen als Grundmenge für alle vorkommenden Variablen.

2. Bestimmen der Lösungen durch Einsetzen

Wie bei den einführenden Beispielen (Seite 15f. und Seite 17f.) kann man in einfachen Fällen die Lösungen einer Aussageform durch Einsetzen geeigneter Zahlen in die Variable(n) bestimmen.

Beispiel

	$5 \cdot x - 3 < x + 7$	mit	$G = \mathbb{N}$	
0:	$5 \cdot 0 - 3 < 0 + 7$,	also	$-3 < 7$	(w)
1:	$5 \cdot 1 - 3 < 1 + 7$,	also	$2 < 8$	(w)
2:	$5 \cdot 2 - 3 < 2 + 7$,	also	$7 < 9$	(w)
3:	$5 \cdot 3 - 3 < 3 + 7$,	also	$12 < 10$	(f)
4:	$5 \cdot 4 - 3 < 4 + 7$,	also	$17 < 11$	(f)

Man erkennt, dass die Werte des links stehenden Terms $5x - 3$ „schneller wachsen" als die Werte des rechts stehenden Terms $x + 7$. Daher kann keine Zahl, die größer als 3 ist, Lösung der Ungleichung sein. Lösungen sind also die Zahlen 0, 1 und 2; diese fasst man zu einer Menge zusammen, zur **Lösungsmenge** L:

$$L = \{0; 1; 2\}.$$

Wie wir oben schon gesagt haben, ist dieses Probierverfahren sehr umständlich. Da man nur endlich viele Zahlen einsetzen kann, führt es in vielen Fällen nicht einmal zum Ziel. Wir werden daher in den folgenden Abschnitten und Paragraphen andere Verfahren erarbeiten, mit denen man die Lösungen von Gleichungen und von Ungleichungen in einfacher Weise bestimmen kann.

3. Mengen und ihre Elemente

Die Zahlen 0, 1 und 2 nennt man **Elemente** der soeben bestimmten Menge L. Dass diese Zahlen Elemente von L sind, schreibt man folgendermaßen:

$$\mathbf{0 \in L}, \quad \mathbf{1 \in L} \quad \text{und} \quad \mathbf{2 \in L},$$

gelesen **„0 aus L"** oder ausführlicher „0 ist Element der Menge L" usw.

Die Zahl 3 ist nicht Element der Menge L; dies schreibt man so:
$3 \notin L$, gelesen „3 nicht aus L" oder ausführlicher: „3 ist nicht Element der Menge L".

Beispiel:

Für die Menge $M = \{2; 4; 6; 8; 10\}$ gilt z.B. $4 \in M$ und $8 \in M$, aber $3 \notin M$ und $9 \notin M$.

4. Der Begriff der Teilmenge

Nur Elemente der Grundmenge können Lösungen einer Aussageform sein. Daher ist jedes Element der Lösungsmenge auch Element der Grundmenge. Man sagt: Die Lösungsmenge ist eine **Teilmenge** der Grundmenge.

Man schreibt:

$$L \subseteq G.$$

Der Sachverhalt ist in Bild 6 veranschaulicht.

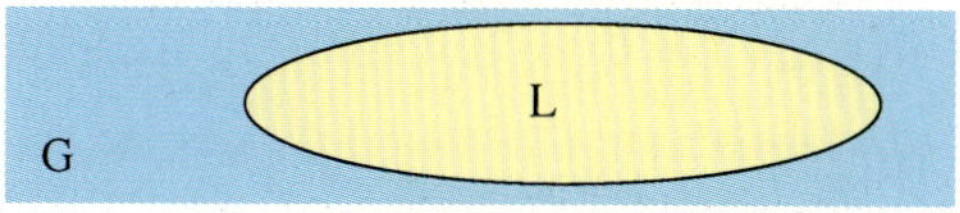

Bild 6

Allgemein definiert man:

> Eine Menge M heißt **Teilmenge einer Menge N** genau dann, wenn jedes Element von M auch Element von N ist. Man schreibt: $\mathbf{M \subseteq N}$.

Beispiele:

1) $\{1; 2; 3\} \subseteq \{1; 2; 3; 4; 5\}$
2) $\{2; 4\} \subseteq \{1; 2; 3; 4; 5\}$
3) $\{1; 2; 3; 4; 5\} \subseteq \{1; 2; 3; 4; 5\}$

Wie bei Beispiel 3) ist **jede** Menge M auch Teilmenge von sich selbst: $M \subseteq M$. Man spricht in diesem Fall von einer **unechten Teilmenge**.

5. Unerfüllbare Aussageformen

Ein besonderer Fall liegt vor, wenn in der Grundmenge keine einzige Zahl enthalten ist, die eine vorgegebene Aussageform erfüllt.

Beispiel $x^2 = -1$ in $G = \mathbb{Q}$

Da das Quadrat jeder rationalen Zahl nicht negativ ist, hat diese Gleichung **keine** Lösung in der Menge $\mathbb{Q}$. Man sagt: Die Aussageform ist **unerfüllbar in $\mathbb{Q}$**.

Nach unserem bisherigen Verständnis des Begriffs „Menge" hat diese Aussageform keine Lösungsmenge. Es ist aber zweckmäßig, sagen zu können, dass **jede** Aussageform eine Lösungsmenge hat. Dann muss es aber eine Menge geben, zu der kein einziges Element gehört. Diese Menge nennt man die **leere Menge** und bezeichnet sie mit „{ }" oder mit „$\emptyset$". Wir vereinbaren:

> In der Mathematik gibt es auch eine Menge, zu der kein einziges Element gehört: die leere Menge $\emptyset$.

Für die Aussageform (Gleichung) $x^2 = -1$ gilt also:

$$L = \emptyset.$$

Beachte, dass es keinen Sinn hat, von mehreren leeren Mengen zu sprechen! Hat eine Menge kein Element, so ist es in jedem Fall die eindeutig bestimmte leere Menge $\emptyset$.

6. Erfüllbare und allgemein gültige Aussageformen

Ist die Lösungsmenge einer Aussageform in der Grundmenge $\mathbb{Q}$ **nicht** die leere Menge, gilt also

$$L \neq \emptyset,$$

so heißt die Aussageform **erfüllbar in $\mathbb{Q}$**.

Gilt sogar $L = \mathbb{Q}$, so heißt die Aussageform **allgemein gültig in $\mathbb{Q}$**.

Beispiel $x + 1 = 1 + x$

Dies ist nach dem Kommutativgesetz eine allgemein gültige Gleichung. Man sagt daher auch:

Für alle $x \in \mathbb{Q}$ gilt: $x + 1 = 1 + x$.

Beachte: Jede allgemein gültige Aussageform ist auch erfüllbar; aber nicht jede erfüllbare Aussageform ist auch allgemein gültig.

Beispiel $x + 3 = 7$

Diese Gleichung hat die Zahl 4 als Lösung; denn $4 + 3 = 7$ ist eine wahre Aussage. Die Gleichung ist erfüllbar, keineswegs aber allgemein gültig in $\mathbb{Q}$. Ihre Lösungsmenge ist $L = \{4\}$. An diesem Beispiel erkennt man, dass in der Mathematik auch Mengen zugelassen sind, zu denen nur ein **einziges** Element gehört.

Aufgaben und Beispiele

1. Welche natürlichen Zahlen, die kleiner als 10 sind, erfüllen die Aussageform? Fasse diese Zahlen zur Lösungsmenge L zusammen!

a) $2x - 5 < 11$ **b)** $12 - 0{,}5x < 10$ **c)** $21 - x < 9 + x$
d) $10 - 3x > 2x + 6$ **e)** x ist Teiler von 60 **f)** x ist Teiler von 2520
g) x ist Vielfaches von 2 **h)** x ist Vielfaches von 3 **i)** $x^2 \geq 10x - 21$
j) $x(x-1) < 50$ **k)** $(x-5)^2 \leq 8$ **l)** $4 < (x-6)^2$
m) $x^3 < 200$ **n)** $250 \leq 3^x$ **o)** $250 \leq x^3$
p) $x^3 - 4x \leq 48$ **q)** $x - 5 = 9$ **r)** $(x-5)^2 = 9$
s) $x(x-1)(x-2) = 0$ **t)** $2(x+1) = 2x + 1$ **u)** $x^2 - 1 = (x-1)(x+1)$

2. Bestimme **drei** rationale Zahlen, die die Aussageform erfüllen!

a) $x - 5 < 4$ **b)** $2x + 3 > 15$ **c)** $x(x-1)(x+1) = 0$ **d)** $x^2 < 2$
e) $\frac{x-100}{7} > 0$ **f)** $\frac{1}{2}(10 - 2x) = 5 - x$ **g)** $\frac{1}{1+x^2} < \frac{1}{10}$ **h)** $\frac{x}{3} < \frac{x}{4}$

Unerfüllbare, erfüllbare und allgemein gültige Aussageformen

3. Ist die Aussageform in $\mathbb{Q}$ erfüllbar? Begründe deine Antwort!

a) $7x - 3 = 18$ **b)** $3x + 1 = 3x - 1$ **c)** $x = -x$ **d)** $x + 1 < 1$
e) $x = x + 1$ **f)** $x^2 + 1 < 1$ **g)** $2x < x$ **h)** $1 < \frac{1}{x}$

4. Ist die Aussageform in $\mathbb{Q}$ allgemein gültig? Begründe deine Antwort!

Beispiele

1) Die Aussageform $x^2 \geq 0$ ist in $\mathbb{Q}$ allgemein gültig, da das Quadrat jeder rationalen Zahl positiv oder gleich null ist.
2) Die Aussageform $x^2 > 0$ ist dagegen in $\mathbb{Q}$ nicht allgemein gültig, da sie für $x = 0$ in eine falsche Aussage übergeht.

a) $x - x = 0$ **b)** $x + x = 0$ **c)** $1 - x^2 < 2$ **d)** $x < 2x$
e) $2x + x = 3x$ **f)** $0 < x^3$ **g)** $1 + x < 2x$ **h)** $-(-x) = x$

5. Ist die angegebene Aussageform in $\mathbb{N}$ allgemein gültig? Begründe dein Ergebnis!

Beispiele

1) Die Aussageform „$x(x+1)$ ist eine gerade Zahl“ ist in $\mathbb{N}$ allgemein gültig, da stets x oder $x + 1$ für eine gerade Zahl steht und damit auch das Produkt eine gerade Zahl ist.
2) Die Aussageform „$x^2 - x + 7$ ist eine Primzahl“ ist in $\mathbb{N}$ nicht allgemein gültig, da sie z.B. für $x = 2$ in eine falsche Aussage übergeht.

a) $x^2 - x$ ist eine gerade Zahl. **b)** $x^2 + 1$ ist keine Quadratzahl.
c) $x(x+1)(x+2)$ ist eine durch 6 teilbare Zahl. **d)** $x^2 - x + 11$ ist eine Primzahl.
e) x hat mindestens zwei verschiedene Teiler.
f) Die Zahl $x(x-1)(x+1)$ ist durch 6 teilbar.

6. Nenne jeweils zwei Aussageformen, die in $\mathbb{Q}$

a) erfüllbar; **b)** allgemein gültig;
c) erfüllbar, aber nicht allgemein gültig; **d)** nicht erfüllbar sind!

Mengen und ihre Elemente; Teilmengen

7. $\mathbb{N}$ ist die Menge der natürlichen Zahlen; Q die Menge der Quadratzahlen; P die Menge der Primzahlen; G die Menge der geraden Zahlen; U die Menge der ungeraden Zahlen und V die Menge der natürlichen Zahlen, die kleiner als 100 sind. Entscheide, zu welcher dieser Mengen die angegebene Zahl gehört!

Beispiel

Für die Zahl 31 gilt: $31 \in \mathbb{N}$; $31 \notin Q$; $31 \in P$; $31 \notin G$; $31 \in U$; $31 \in V$.

a) 12	**b)** 17	**c)** 25	**d)** 64	**e)** 75	**f)** 83	**g)** 100	**h)** 101
i) 1	**j)** 0	**k)** −1	**l)** 89	**m)** 49	**n)** 13	**o)** 72	**p)** 1001

8. Untersuche, ob A Teilmenge von B ist oder ob B Teilmenge von A ist!

a) $A = \{1; 2; 3; 4\}$; $B = \{0; 1; 2; 3; 4; 5; 6\}$
b) $A = \{1; 3; 4\}$; $B = \{0; 1; 2; 3; 4; 5\}$
c) $A = \{1; 2; 4\}$; $B = \{0; 1; 2; 5; 6\}$
d) $A = \{1; 2; 3; 4\}$; $B = \{2; 3; 4\}$
e) $A = \{1; 2; 3; 4\}$; $B = \{1; 2; 3; 4\}$
f) $A = \{0; 1; 2; 3; 4; 5; 7\}$; $B = \{1; 2; 4\}$
g) $A = \{1; 2; 4\}$; $B = \{0; 2; 3; 4; 5; 6; 7\}$
h) $A = \{0; 1; 3; 4; 5; 6\}$; $B = \{1; 4\}$

IV. Folgerungs- und Äquivalenzumformungen

1. Zur Einführung

Frau Simons schickt ihre Tochter Claudia mit 5 € zum Obsthändler, sie soll 7 Apfelsinen kaufen. Als Claudia zurückkommt, hat sie vergessen, wie viel die Apfelsinen pro Stück gekostet haben. Sie gibt der Mutter 2,55 € an Wechselgeld zurück. Frau Simons überlegt: wenn eine Apfelsine x € kostet, dann kosten 7 Apfelsinen 7x €. Da Claudia 2,55 € zurückerhalten hat, muss gelten:

$$7x + 2{,}55 = 5.$$

Bild 7

Nun haben die sieben Apfelsinen zusammen so viel gekostet wie die Differenz aus 5 € und dem Wechselgeld von 2,55 € beträgt, also muss gelten:

$$7x = 5 - 2{,}55 = 2{,}45.$$

Man erhält diese Gleichung dadurch, dass man bei der ursprünglichen Gleichung auf beiden Seiten 2,55 subtrahiert. Der Preis für eine Apfelsine ist der siebte Teil des Preises für sieben Apfelsinen; also muss gelten:

$$x = 2{,}45 : 7 = 0{,}35.$$

Man erhält diese Gleichung dadurch, dass man bei der vorhergehenden Gleichung beide Seiten durch 7 dividiert. Eine Apfelsine hat also 0,35 € gekostet.

Man kann die Richtigkeit dieser Rechnung durch Einsetzen in die Ausgangsgleichung leicht überprüfen. In der Tat gilt:

$$7 \cdot 0{,}35 + 2{,}55 = 2{,}45 + 2{,}55 = 5{,}00.$$

2. Folgerungsumformungen

Frau Simons hat die Gleichung $7x + 2{,}55 = 5$ durch **Umformen** in andere, jeweils einfachere Gleichungen gelöst. Und zwar hat sie bei jedem Schritt auf beiden Seiten der Gleichung dieselbe Grundrechenart angewendet.

Wir wollen diese Umformungen noch etwas genauer untersuchen. Wir haben uns nämlich zu fragen, ob in jedem Fall bei solchen Umformungen die neuen Gleichungen dieselbe Lösung (oder dieselben Lösungen) besitzen wie die ursprüngliche Gleichung.

Beispiel $2x + 7 = 13$

Wenn die Variable x für eine **Lösung** der Gleichung steht, dann steht auf beiden Seiten der Gleichung dieselbe Zahl, nämlich 13. Subtrahiert man also auf beiden Seiten die gleiche Zahl, nämlich 7, so erhält man auf beiden Seiten auch das gleiche Ergebnis, nämlich 6; d.h., die neue Gleichung

$$2x = 6$$

ist für die betreffende Zahl x ebenfalls erfüllt.

Man schreibt:

$2x + 7 = 13 \Rightarrow 2x = 6$ und liest: „aus $2x + 7 = 13$ folgt $2x = 6$".

Damit ist gemeint: Wenn eine Zahl die Gleichung $2x + 7 = 13$ erfüllt, dann erfüllt diese Zahl auch die Gleichung $2x = 6$. In Bild 8 ist dieser Umformungsschritt an einer Zahlengeraden veranschaulicht.

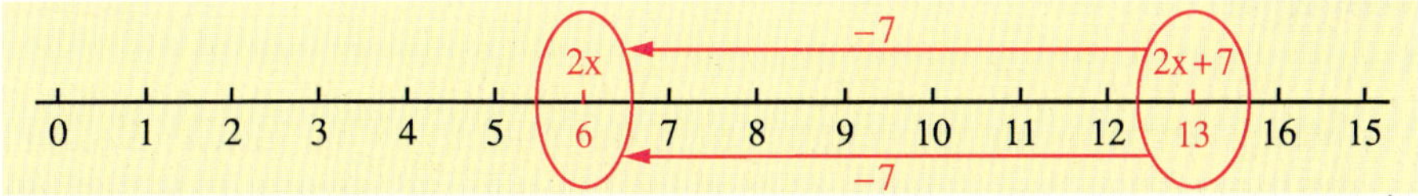

Bild 8

In der gleichen Weise können wir weiterschließen. Wenn wir beide Seiten der neuen Gleichung durch 2 dividieren, dann ist die sich ergebende Gleichung

$$x = 3$$

für die betreffende Zahl ebenfalls erfüllt; wir können also schreiben:

$2x = 6 \Rightarrow x = 3$ (Bild 9).

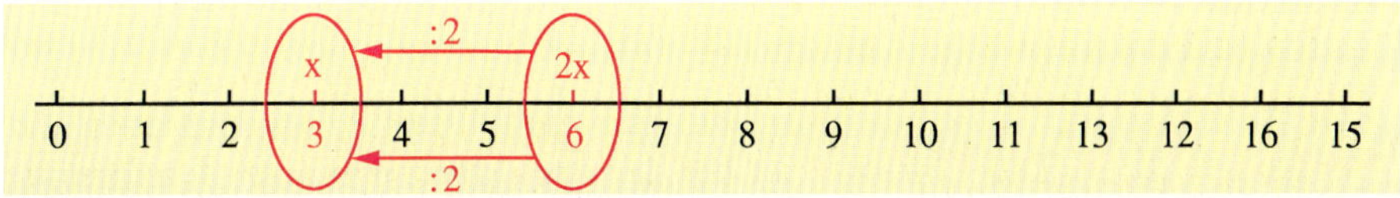

Bild 9

Insgesamt gilt also.

$$2x + 7 = 13 \Rightarrow 2x = 6 \Rightarrow x = 3.$$

Man kann die bei diesem Beispiel durchgeführten Umformungen auch mit Hilfe einer Balkenwaage veranschaulichen (Bild 10).

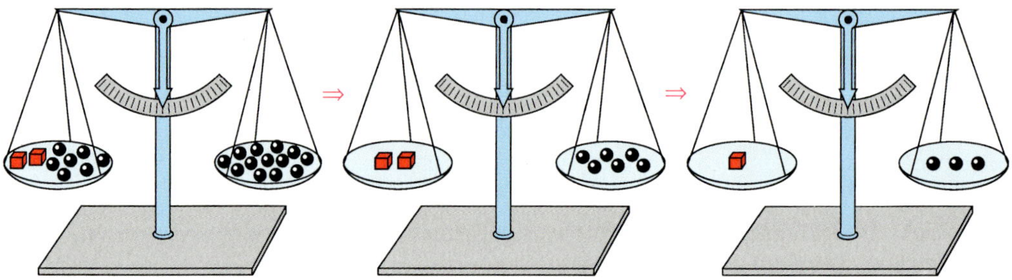

Bild 10

1. Schritt:
Auf beiden Seiten werden 7 Gewichtseinheiten weggenommen.

2. Schritt:
Auf beiden Seiten werden die Gewichte halbiert.

3. Vorsicht bei solchen Umformungen!

Aufgrund der Rechnungen, die wir unter 2. durchgeführt haben, wirst du vermuten, dass die Zahl 3 Lösung der Gleichung $2x + 7 = 13$ ist und dass diese Zahl die **einzige** Lösung der Gleichung ist, dass die Gleichung also keine andere Lösung besitzt.

Dass bei diesen Vermutungen Vorsicht geboten ist, sollen dir die folgenden Beispiele verdeutlichen.

Beispiele:

1) Wir betrachten die Gleichung $x^2 = 3x$. Wir gehen ganz ähnlich vor wie beim Beispiel unter 2. Wir wenden auf beiden Seiten der Gleichung die gleiche Rechenart an: wir dividieren beide Seiten durch x; es gilt: $x^2 : x = x$ und $3x : x = 3$; wir erhalten also auf diese Weise aus $x^2 = 3x$ die Gleichung $x = 3$.

Dass die Zahl 3 tatsächlich eine Lösung der Gleichung $x^2 = 3x$ ist, können wir durch Einsetzen leicht bestätigen: $3^2 = 3 \cdot 3$ ist eine wahre Aussage.

Die Zahl 3 ist aber nicht die einzige Lösung der Gleichung. Setzt man nämlich die Zahl 0 ein, so ergibt sich

$$0^2 = 3 \cdot 0, \quad \text{also } 0 = 0,$$

also ebenfalls eine wahre Aussage.

Die Gleichung $x^2 = 3x$ hat also nicht nur die Lösung 3, sondern auch die Lösung 0; es ist $L = \{0; 3\}$. Die Lösung 0 ist bei der oben durchgeführten Umformung (Division beider Seiten der Gleichung durch x) **verloren gegangen**. Es wäre daher **falsch**, zu schreiben:

$$x^2 = 3x \Rightarrow x = 3.$$

2) Wir betrachten die Gleichung $x = 2$. Wir formen diese Gleichung dadurch um, dass wir beide Seiten quadrieren, also auch hier auf beiden Seiten die gleiche Rechenart anwenden. (Wir tun das bei diesem Beispiel natürlich nicht, um die Lösung der Gleichung zu bestimmen, sondern nur, um etwas Wichtiges über Folgerungsumformungen zu lernen.) Wir erhalten auf diese Weise $x^2 = 2^2$, also $x^2 = 4$. Es gilt also:

$$x = 2 \Rightarrow x^2 = 4.$$

Dies ist eine korrekte Folgerung; denn die einzige Lösung der Gleichung $x = 2$, also die Zahl 2, ist auch Lösung der Gleichung $x^2 = 4$; denn $2^2 = 4$ ist eine wahre Aussage.

Wir können in diesem Fall aber **nicht** sagen, dass jede Lösung der Gleichung $x^2 = 4$ auch Lösung der Gleichung $x = 2$ ist. Die Gleichung $x^2 = 4$ wird nämlich auch von der Zahl -2 erfüllt; denn auch $(-2)^2 = 4$ ist eine wahre Aussage. Die Zahl -2 ist aber keineswegs auch Lösung der Gleichung $x = 2$. Durch die Folgerungsumformung ist in diesem Falle also eine Lösung **hinzugekommen**.

Es gilt zwar

$$x = 2 \Rightarrow x^2 = 4.$$

Wir können aber **nicht** sagen, dass die Gleichung $x^2 = 4$ dieselben Lösungen hat wie die Gleichung $x = 2$.

4. Bestätigung der Lösung durch Probe

Wir haben unter 2. gezeigt:

$$2x + 7 = 13 \Rightarrow x = 3.$$

Nach den vorstehenden Überlegungen können wir nur sagen: **Wenn** die Gleichung $2x + 7 = 13$ überhaupt eine Lösung hat, dann ist diese Zahl auch Lösung der Gleichung $x = 3$; dann ist es also die Zahl 3. Wir wissen aber noch nicht, ob die Zahl 3 tatsächlich Lösung der Gleichung $2x + 7 = 13$ ist. Dies können wir aber durch Einsetzen leicht bestätigen; es gilt nämlich:

$$2 \cdot 3 + 7 = 6 + 7 = 13.$$

Man spricht bei diesem Einsetzen von einer **Probe**. Doch ist zu beachten, dass es bei einer solchen Probe nicht nur darum geht, zu überprüfen, ob man keinen Rechenfehler gemacht hat. Es muss vielmehr grundsätzlich überprüft werden, ob die durch Folgerungsumformungen gefundene Zahl tatsächlich eine Lösung der gegebenen Gleichung ist.

5. Bestätigung der Lösung durch Rückformung

Dass die Zahl 3 tatsächlich Lösung der gegebenen Gleichung $2x + 7 = 13$ ist, können wir auch auf andere Weise zeigen, nämlich dadurch, dass wir durch entsprechende Umformungen aus der Gleichung $x = 3$ wieder die ursprüngliche Gleichung $2x + 7 = 13$ herleiten. Wir multiplizieren zu diesem Zweck beide Seiten der Gleichung $x = 3$ zunächst mit 2; es gilt dann:

$$x = 3 \Rightarrow 2x = 6.$$

Dann addieren wir auf beiden Seiten die Zahl 7 und erhalten:

$$2x = 6 \Rightarrow 2x + 7 = 13.$$

Insgesamt gilt also:

$$2x + 7 = 13 \Rightarrow x = 3 \quad \textbf{und} \quad x = 3 \Rightarrow 2x + 7 = 13.$$

Man fasst diese beiden Folgerungsbeziehungen zu einer Beziehung zusammen dadurch, dass man einen Pfeil mit Spitzen an beiden Seiten verwendet:

$2x + 7 = 13 \Leftrightarrow x = 3$, gelesen: „$2x + 7 = 13$ ist **äquivalent**[1] zu $x = 3$“.

Dies bedeutet, dass die beiden Gleichungen **dieselben Lösungen**, also auch **dieselbe Lösungsmenge** haben. In diesem Falle haben beide Gleichungen als einzige Lösung die Zahl 3.

6. Zusammenfassung

Um die Lösungen von Gleichungen, von Ungleichungen (allgemein: von Aussageformen) zu bestimmen, ist es in der Regel nötig, die gegebene Aussageform A in eine andere Aussageform B umzuformen. Wir bezeichnen die Lösungsmenge von A mit „L(A)“ (gelesen „L von A“), die von B mit „L(B)“. Dann können wir allgemein sagen:

> Ist jede Lösung einer Aussageform A auch Lösung einer Aussageform B, gilt also $L(A) \subseteq L(B)$, so schreibt man:
>
> $A \Rightarrow B$ (gelesen „aus A folgt B“).

Die Umformung heißt dann eine **Folgerungsumformung**.

Beachte, dass es in diesem Fall Lösungen von B geben kann, die nicht Lösungen von A sind.

Beispiel: $x = 1 \Rightarrow x^2 = 1$

Die Zahl -1 ist Lösung von $x^2 = 1$, aber nicht Lösung von $x = 1$.

[1] aequus (lat.), gleich; valens (lat.), stark, mächtig

Entsprechend können wir allgemein erklären:

Gilt für zwei Aussageformen A und B:

$$A \Rightarrow B \quad \text{und} \quad B \Rightarrow A,$$

dann schreibt man

$$A \Leftrightarrow B \quad \text{(gelesen „A ist äquivalent zu B“).}$$

$A \Leftrightarrow B$ bedeutet also:
Jede Lösung von A ist auch Lösung von B und jede Lösung von B ist auch Lösung von A; A und B haben also dieselben Lösungen; es gilt:

$$L(A) = L(B).$$

Gilt $A \Leftrightarrow B$, so spricht man von einer **Äquivalenzumformung**.

Bemerkung: Bei der vorstehenden Erklärung haben wir benutzt, dass zwei Mengen gleich sind: $L(A) = L(B)$.

Allgemein gilt:

Zwei Mengen M und N sind gleich, geschrieben $M = N$, wenn sie genau dieselben Elemente enthalten, wenn also jedes Element von M auch Element von N und umgekehrt jedes Element von N auch Element von M ist.

$M = N$ bedeutet also, dass sowohl $M \subseteq N$ als auch $N \subseteq M$ gilt. Auf die Reihenfolge, in der die Elemente einer Menge aufgezählt sind, kommt es nicht an.

Beispiele

1) $\{3; 1; 2\} = \{2; 1; 3\} = \{1; 2; 3\}$

2) $\{0; -1; 1; -2; 2\} = \{-2; -1; 0; 1; 2\}$

Aufgaben und Beispiele

Zum Einstieg

Katharina spielt mit ihren Geschwistern: „Denk dir eine Zahl! Multipliziere sie mit 4! Subtrahiere dann 10! Sage mir das Ergebnis!“ Jenny sagt 22, Gerrit 50 und Regine −10. Welche Zahlen haben sich die drei gedacht?

Bild 11

Vorbemerkung zu den Aufgaben 1 bis 7:
In den folgenden Aufgaben kannst du die Lösung leicht erraten oder errechnen, auch ohne eine Variable zu benutzen. Du sollst an ihnen aber als Vorbereitung für schwierigere Fälle üben, eine Gleichung aufzustellen und diese durch Folgerungsumformungen zu lösen. Überprüfe in jedem Fall, ob dein Ergebnis die Aufgabe richtig löst.

Beispiel

Ein Kasten mit 12 Flaschen Apfelsaft kostet einschließlich 3 € Pfand genau 12 €. Wie viel kostet eine Flasche Apfelsaft ohne Pfand?
Wenn eine Flasche Saft x € kostet, dann kosten 12 Flaschen 12 · x €. Dazu kommen noch 3 € Pfand. Es muss also gelten:

$$12 \cdot x + 3 = 12.$$

Rechnen wir das Pfand ab und teilen wir durch die Anzahl der Flaschen, so ergibt sich schrittweise:

$$12 \cdot x + 3 = 12 \Rightarrow 12 \cdot x = 12 - 3 \Rightarrow 12 \cdot x = 9 \Rightarrow x = 9 : 12 \Rightarrow x = 0{,}75.$$

Eine Flasche Apfelsaft kostet also 1,25 € ohne Pfand.
Wir überprüfen die Richtigkeit dieses Ergebnisses, indem wir die Gesamtkosten berechnen:

$$12 \cdot 0{,}75\,€ + 3\,€ = 9\,€ + 3\,€ = 12\,€.$$

1. Franz bezahlt 4 Eiskugeln mit einem 2-€-Stück. Er erhält 40 Cent zurück. Wie viel kostet eine Eiskugel?

2. Ein zweistöckiges Haus (Bild 12) ist 10,40 m hoch. Die Höhe des Dachs beträgt 4,18 m. Wie hoch sind die einzelnen Stockwerke?

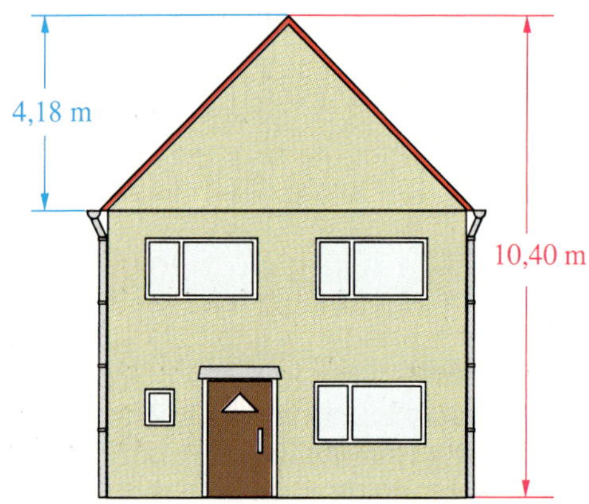

Bild 12

3. Eine Stadt plant auf einem 50000 m² großen Gelände 70 gleich große Kleingärten. Für die Zufahrtswege sind 1000 m² erforderlich. Wie groß werden die Gärten?

4. Cornelia erhält wöchentlich 4,50 € Taschengeld. In einem Jahr hat sie davon 91 € gespart. Wie viel Geld hat sie durchschnittlich jede Woche ausgegeben?

5. Herr und Frau Meier gehen mit ihren drei Kindern ins Schwimmbad. Frau Meier zahlt den Eintritt mit einem 10-€-Schein und erhält 1,60 € Wechselgeld. Ein Erwachsener muss doppelt so viel Eintritt wie ein Kind zahlen. Was kostet der Eintritt für ein Kind?

6. Bei einer Befragung stimmten zwei Drittel der Befragten dem neuen Plan zu. Die restlichen 100 Befragten lehnten die Planung eher ab. Wie viele Leute wurden befragt?

7. Marianne und Claus sind zusammen 25 Jahre alt. Claus ist drei Jahre älter als Marianne. Wie alt sind die beiden?

8. Stelle eine Gleichung auf, löse sie durch Folgerungsumformungen und bestätige deine Lösung durch Rückumformungen!

a) Welche Zahl muss man durch 6 teilen, um 42 zu erhalten?
b) Welche Zahl muss man mit 6 multiplizieren, um 54 zu erhalten?
c) Von welcher Zahl muss man 19 subtrahieren, um 49 zu erhalten?
d) Zu welcher Zahl muss man 19 addieren, um 38 zu erhalten?
e) Die Hälfte einer Zahl ist 29.
f) Das Doppelte einer Zahl ist 29.
g) Addiert man zum Dreifachen einer Zahl 7, so erhält man 36.
h) Subtrahiert man von der Hälfte einer Zahl 19, so erhält man 8.

9. Veranschauliche die Folgerungsumformungen zur Lösung der gegebenen Gleichung am Zahlenstrahl (vergleiche Seite 25, Bild 8 und 9)! Bestätige die Lösung durch eine Probe!

a) $4x + 3 = -1$ **b)** $2x - 7 = 1$ **c)** $2x + 7 = 1$ **d)** $\frac{1}{2}x - 5 = 3$
e) $\frac{x}{2} - 3 = 1$ **f)** $\frac{3}{2}x + 6 = 0$ **g)** $5 + \frac{x}{4} = 7$ **h)** $\frac{x}{3} - 4 = -6$

10. Löse die Gleichungen durch Folgerungsumformungen und bestätige die Lösung durch eine Probe!

Beispiele

1)
$$3x - 7 = 5 \quad | +7$$
$$\Rightarrow \quad 3x = 12 \quad | :3$$
$$\Rightarrow \quad x = 4$$

Probe: $3 \cdot 4 - 7 = 12 - 7 = 5$ (w)

2)
$$\frac{x+2}{3} = 4 \quad | \cdot 3$$
$$\Rightarrow \quad x + 2 = 12 \quad | -2$$
$$\Rightarrow \quad x = 10$$

Probe: $\frac{10+2}{3} = \frac{12}{3} = 4$ (w)

a) $x + 5 = 7$ **b)** $x - 3 = 1$ **c)** $x - 12 = -8$ **d)** $x - 13 = -4$
e) $3x = 27$ **f)** $7x = -56$ **g)** $-13x = 52$ **h)** $-19x = -85$
i) $4x + 3 = 31$ **j)** $11x - 12 = 21$ **k)** $6x + 15 = -15$ **l)** $-7x + 17 = -60$
m) $\frac{x+8}{5} = 3$ **n)** $\frac{x-14}{9} = 5$ **o)** $\frac{3x+4}{7} = 4$ **p)** $\frac{9-5x}{11} = 4$

Vorsicht bei Folgerungsumformungen

11. Thomas spielt mit seinen Brüdern Klaus und Rolf: „Denk dir eine Zahl, ziehe diese Zahl von 5 ab und quadriere das Ergebnis!“ Klaus und Rolf erhalten beide die Zahl 9. Kann man sicher sein, dass sich beide dieselbe Zahl gedacht haben?

12. Klara spielt mit ihren Schwestern Dora und Anna: „Denk dir eine Zahl, subtrahiere 5 und multipliziere das Ergebnis mit der gedachten Zahl!“ Dora erhält 0; Anna erhält -6. Klara vermutet, dass Dora sich 5 und Anna sich 2 gedacht hat. Aber sie irrt sich bei beiden.

13. Untersuche, ob die Folgerung in $\mathbb{Q}$ richtig ist!

a) $x < 1 \Rightarrow x^2 < 1$ **b)** $x^2 < 1 \Rightarrow x < 1$
c) $x > 1 \Rightarrow x^2 > 1$ **d)** $x^2 > 1 \Rightarrow x > 1$
e) $x < 1 \Rightarrow x^2 < x$ **f)** $x^2 < x \Rightarrow x < 1$
g) $x > 1 \Rightarrow x^2 > x$ **h)** $x^2 > x \Rightarrow x > 1$
i) $x < 1 \Rightarrow \frac{1}{x} > 1$ (für $x \neq 0$) **j)** $\frac{1}{x} > 1 \Rightarrow x < 1$ (für $x \neq 0$)
k) $x > 1 \Rightarrow \frac{1}{x} < 1$ (für $x \neq 0$) **l)** $\frac{1}{x} < 1 \Rightarrow x > 1$ (für $x \neq 0$)

Folgerungs- und Äquivalenzumformungen

14. Untersuche, ob in ℕ gilt: $A(x) \Rightarrow B(x)$ und $B(x) \Rightarrow A(x)$!

a) A(x): x teilt 6; B(x): x teilt 24.
b) A(x): x teilt 15; B(x): x teilt 40.
c) A(x): x teilt 60; B(x): x teilt 30.
d) A(x): x teilt 6; B(x): x^2 teilt 36.
e) A(x): x ist eine gerade Zahl; B(x); x^2 ist eine gerade Zahl.
f) A(x): x^2 ist eine ungerade Zahl; B(x); x ist eine ungerade Zahl.
g) A(x): x ist eine Quadratzahl; B(x): x hat mindestens drei Teiler.

15. Untersuche, ob in ℚ gilt: $A(x) \Rightarrow B(x)$, $B(x) \Rightarrow A(x)$ und $A(x) \Leftrightarrow B(x)$!

	a)	b)	c)	d)	e)	f)	g)	h)
A(x)	$x = 5$	$x^2 = 25$	$x < 5$	$x \neq 1$	$2x = x$	$x < 0$	$x = -2$	$x = 0{,}25$
B(x)	$x^2 = 25$	$x = -5$	$x^2 < 25$	$x^2 \neq 1$	$x = 0$	$0 < -x$	$x + 2 = 0$	$1 - 4x = 0$

V. Anwendung der gleichen Rechenoperation auf beiden Seiten einer Gleichung

1. Addition und Multiplikation

Im vorigen Abschnitt haben wir die Gleichung

$$2x + 7 = 13$$

dadurch gelöst, dass wir zweimal auf beiden Seiten der Gleichung die gleiche Rechenoperation angewendet haben. Wir wollen zunächst prüfen, ob es sich dabei stets um eine Äquivalenzumformung handelt oder ob gegebenenfalls einschränkende Bedingungen zu beachten sind.

Zunächst ist leicht einzusehen, dass für eine rationale Zahl c gilt:

$$T_1 = T_2 \Rightarrow T_1 + c = T_2 + c \quad \text{und} \quad T_1 = T_2 \Rightarrow cT_1 = cT_2.$$

Wenn nämlich eine Gleichung $T_1 = T_2$ erfüllt ist, T_1 und T_2 also für dieselbe Zahl stehen, dann sind für jede rationale Zahl c auch die Gleichungen

$$T_1 + c = T_2 + c \quad \text{und} \quad cT_1 = cT_2$$

erfüllt, weil die Addition und die Multiplikation stets ein eindeutiges Ergebnis haben.

Die Umkehrungen zeigen wir dadurch, dass wir jeweils mit dem zu c inversen Element, also mit $-c$ bzw. $\frac{1}{c}$ verknüpfen. Bei der Multiplikation haben wir zu berücksichtigen, dass der Kehrwert $\frac{1}{c}$ nur existiert, wenn $c \neq 0$ ist.

$$\begin{aligned} & T_1 + c = T_2 + c \\ \Rightarrow\ & (T_1 + c) + (-c) = (T_2 + c) + (-c) \\ \Rightarrow\ & T_1 + [c + (-c)] = T_2 + [c + (-c)] \\ \Rightarrow\ & T_1 + 0 = T_2 + 0 \\ \Rightarrow\ & T_1 = T_2 \end{aligned}$$

$$\begin{aligned} & cT_1 = cT_2 & \\ \Rightarrow\ & \tfrac{1}{c} \cdot (cT_1) = \tfrac{1}{c} \cdot (cT_2) & \\ \Rightarrow\ & (\tfrac{1}{c} \cdot c)\, T_1 = (\tfrac{1}{c} \cdot c)\, T_2 & \text{(Gesetz A)} \\ \Rightarrow\ & 1 \cdot T_1 = 1 \cdot T_2 & \text{(Gesetz I)} \\ \Rightarrow\ & T_1 = T_2 & \text{(Gesetz N)} \end{aligned}$$

Damit haben wir für beliebige rationale Zahlen c bewiesen:

$T_1 = T_2 \Leftrightarrow T_1 + c = T_2 + c$	$T_1 = T_2 \Leftrightarrow cT_1 = cT_2$ (für $c \neq 0$)

Zu beachten ist im Falle der Multiplikation die Einschränkung $c \neq 0$. Wir erläutern dies nochmals an dem folgenden

Beispiel:

Die Gleichung $x = 2$ ist nur für die Zahl 2 erfüllt. Durch Multiplikation mit 0 würde man die Gleichung $0 \cdot x = 0 \cdot 2$ erhalten; diese ist für jede rationale Zahl x erfüllt, z.B. für $x = 7$; denn $0 \cdot 7 = 0 \cdot 2$, also $0 = 0$, ist eine wahre Aussage.
Es gilt zwar $T_1 = T_2 \Rightarrow 0 \cdot T_1 = 0 \cdot T_2$; die Umkehrung gilt jedoch nicht.

2. Subtraktion und Division

Die **Subtraktion** jeder rationalen Zahl c kann aufgefasst werden als die Addition der Gegenzahl $-c$:

$$a - c = a + (-c).$$

Die **Division** durch eine rationale Zahl c (mit $c \neq 0$) kann aufgefasst werden als die Multiplikation mit dem Kehrwert $\frac{1}{c}$:

$$a : c = a \cdot \tfrac{1}{c} \quad (\text{für } c \neq 0).$$

Umformungen dieser Art sind nach dem obigen Satz also ebenfalls stets Äquivalenzumformungen.

Beispiele

1) $x + 5 = 7 \Leftrightarrow x + 5 + (-5) = 7 + (-5) \Leftrightarrow x = 2$
2) $3x = 12 \Leftrightarrow \frac{1}{3} \cdot (3x) = \frac{1}{3} \cdot 12 \Leftrightarrow x = 4$

3. Viele Gleichungen können wir noch nicht lösen

Bei den bisher behandelten Beispielen haben wir durch Anwendung derselben Rechenoperation auf beiden Seiten einer Gleichung schließlich eine Gleichung erhalten, deren Lösung wir unmittelbar erkennen konnten, z.B. die Gleichung $x = 3$. Solche Gleichungen wollen wir **unmittelbar auflösbar** nennen. Das Anwenden der gleichen Rechenart auf beiden Seiten einer Gleichung reicht aber nur in einfachen Fällen, um die gegebene Gleichung in eine unmittelbar auflösbare Aussageform umzuformen. Häufig kommen wir mit dieser Umformungsart allein aber nicht zum Ziel.

Beispiele

1) $3(x - 2) + 8 = 5(x + 3) - 17$
Bei diesem Beispiel muss man offenbar auf die beiden auftretenden Produktterme das Distributivgesetz anwenden:

$$3(x - 2) = 3x - 6 \quad \text{und} \quad 5(x + 3) = 5x + 15.$$

2) $5 - (3 - x) = 2 - (3x - 4)$
Bei diesem Beispiel müssen offenbar die beiden Klammern beseitigt werden.

3) $\frac{1}{x-1} - \frac{1}{x} = \frac{1}{x+3}$

Noch schwieriger ist dieses Beispiel einer sogenannten „Bruchgleichung“. Es ist auf Anhieb gar nicht zu sehen, durch welche Umformungen man diese Gleichung lösen, d.h. in eine unmittelbar auflösbare Aussageform überführen kann.

Allen diesen Beispielen ist gemeinsam, dass man bei ihnen nur dadurch weiterkommen kann, dass man die in der Gleichung vorkommenden Terme umformt. Genauso ist die Situation bei den meisten Ungleichungen. Wir stehen somit vor der Notwendigkeit, uns zunächst mit Termen und Termumformungen zu beschäftigen.

Aufgaben und Beispiele

Löse die Gleichungen in den Aufgaben 1 bis 4 durch Äquivalenzumformungen und überprüfe durch eine Probe, ob du richtig gerechnet hast!

1. a) $x+3=5$ **b)** $x-2=7$ **c)** $x-3=9$ **d)** $x+6=1$ **e)** $4+y=8$
f) $2=8+z$ **g)** $7=u+15$ **h)** $x-22=-8$ **i)** $-13+z=-13$ **j)** $12-w=-12$
k) $3{,}5+x=-0{,}5$ **l)** $-4{,}2+y=1{,}4$ **m)** $x-8{,}4=-1{,}6$ **n)** $8{,}4-x=1{,}6$ **o)** $x-0{,}1=0{,}01$
p) $u+\frac{1}{3}=-\frac{2}{3}$ **q)** $-\frac{13}{4}+z=\frac{3}{4}$ **r)** $x-\frac{1}{6}=\frac{1}{3}$ **s)** $\frac{7}{5}+x=\frac{3}{2}$ **t)** $x-\frac{4}{5}=-\frac{5}{4}$

2. a) $2x=10$ **b)** $5y=35$ **c)** $6z=126$ **d)** $4x=108$ **e)** $7z=1$
f) $204=17y$ **g)** $4y=-2$ **h)** $-8x=-56$ **i)** $-13z=26$ **j)** $39z=-13$
k) $1{,}2x=24$ **l)** $0{,}4x=2{,}8$ **m)** $10=0{,}25x$ **n)** $-0{,}6x=2{,}4$ **o)** $-0{,}7x=14{,}7$
p) $\frac{1}{3}x=2$ **q)** $\frac{5}{6}y=-10$ **r)** $-\frac{3}{4}u=\frac{5}{8}$ **s)** $\frac{2}{3}=-\frac{4}{9}x$ **t)** $-\frac{1}{3}x=-3$

3. a) $2x+10=30$ **b)** $4y-15=5$ **c)** $8x-52=100$ **d)** $-3x+13=-26$
e) $5z+12=-68$ **f)** $-7y-10=-10$ **g)** $-9z-22=50$ **h)** $5-10x=0$
i) $13=12-0{,}5z$ **j)** $1{,}7x-3{,}6=10$ **k)** $-0{,}14z+0{,}4=2{,}22$ **l)** $-4y-0{,}24=0{,}44$
m) $\frac{4}{7}x+14=-2$ **n)** $\frac{7}{4}z+\frac{1}{3}=\frac{22}{3}$ **o)** $-\frac{4}{9}v+\frac{4}{3}=-\frac{4}{3}$ **p)** $\frac{5}{6}z-\frac{3}{2}=-\frac{4}{3}$

4. a) $\frac{x+3}{4}=2$ **b)** $\frac{x-7}{5}=1$ **c)** $\frac{2-x}{3}=4$ **d)** $\frac{3x+1}{5}=2$ **e)** $\frac{1-2x}{5}=3$
f) $\frac{x+3}{5}=\frac{1}{2}$ **g)** $\frac{3-x}{7}=-1$ **h)** $\frac{4+3x}{5}=8$ **i)** $\frac{2-5x}{3}=9$ **j)** $\frac{5-3x}{4}=5$
k) $\frac{6+x}{7}=5$ **l)** $\frac{x-10}{3}=-7$ **m)** $\frac{3+2x}{4}=-\frac{3}{2}$ **n)** $\frac{4-5x}{3}=0$ **o)** $\frac{7-4x}{2}=5$
p) $\frac{3x+20}{11}=2$ **q)** $\frac{34-7x}{6}=6$ **r)** $\frac{5x+28}{3}=13$ **s)** $\frac{17-8x}{5}=1$ **t)** $\frac{26-12x}{5}=7$

5. a) Formuliere einen dem Satz von Seite 33 entsprechenden Satz für die Subtraktion und für die Division.
b) Begründe diesen Satz durch Rückführung auf den Satz auf Seite 33!
c) Formuliere diesen Satz mit Worten!

6. Zeige an einem selbstgewählten Beispiel, dass die Multiplikation einer Gleichung mit der Zahl 0 im Allgemeinen keine Äquivalenzumformung ist!

7. a) Erkläre den Unterschied in der Bedeutung der Zeichen „$\Leftrightarrow$“ und „$=$“ !
b) Gib je drei Beispiele an, in denen diese Zeichen richtig benutzt sind!

§ 2 Terme und Termumformungen

I. Terme

1. Zur Einführung

In §1 haben wir Beispiele für Gleichungen und für Ungleichungen behandelt. Wie wir schon wissen, nennt man die Ausdrücke, die auf beiden Seiten einer Gleichung oder einer Ungleichung vorkommen, Terme.

Beispiele

1) $3 \cdot (x-2) = 5-(x-3)$ **2)** $\frac{1}{x-1} > \frac{x^2-1}{x+1}$

Hier treten folgende Terme auf;
in Beispiel 1: $T_1(x) = 3 \cdot (x-2)$ und $T_2(x) = 5-(x-3)$;
in Beispiel 2: $T_3(x) = \frac{1}{x-1}$ und $T_4(x) = \frac{x^2-1}{x+1}$.

Diesen Beispielen kann man entnehmen, dass in einem Term folgende Zeichen vorkommen können:
Zahlzeichen, Zahlenvariable, Rechenzeichen (+, −, ·, :) und Klammern.

Bemerkungen:

1) Bei Produkttermen – wie bei $T_1(x)$ – kann ein Multiplikationspunkt in vielen Fällen weggelassen werden. Statt $3 \cdot (x-2)$ schreibt man kurz $3(x-2)$.

2) Anstelle des Divisionszeichens kann – wie bei den Termen $T_3(x)$ und $T_4(x)$ – auch ein Bruchstrich stehen. Statt $(x^2-1):(x+1)$ schreibt man $\frac{x^2-1}{x+1}$. Klammern sind dann überflüssig.

3) Im Term $T_4(x)$ kommt die Potenz x^2 vor. Potenzen sind – wie du weißt – Abkürzungen für Produkte, z. B. $2^3 = 2 \cdot 2 \cdot 2$.

2. Belegen von Variablen

Wenn man an die Stelle einer Variablen ein Zahlzeichen schreibt, spricht man vom **Einsetzen in die Variable** oder vom **Belegen der Variablen**. Belegt man die in einem Term vorkommenden Variablen, so ergibt sich in der Regel eine Zahl.

Beispiele: Wir setzen in die obigen Terme jeweils die Zahl 4 ein.

1) $T_1(x) = 3 \cdot (x-2)$; $T_1(4) = 3 \cdot (4-2) = 3 \cdot 2 = 6$

2) $T_2(x) = 5-(x-3)$; $T_2(4) = 5-(4-3) = 5-1 = 4$

3) $T_3(x) = \frac{1}{x-1}$; $T_3(4) = \frac{1}{4-1} = \frac{1}{3}$

4) $T_4(x) = \frac{x^2-1}{x+1}$; $T_4(4) = \frac{4^2-1}{4+1} = \frac{15}{5} = 3$

Das Beispiel 4) zeigt: Wenn eine Variable in einem Term mehrfach vorkommt, so ist sie bei jeder Einsetzung an allen Stellen mit derselben Zahl zu belegen.

Beim Term T_3 ist eine weitere Besonderheit zu beachten: Wenn man hier die Variable x mit der Zahl 1 belegt, ergibt sich:

$$T_3(1) = \frac{1}{1-1} = \frac{1}{0}.$$

Da die Division durch 0 nicht definiert ist, handelt es sich beim Zeichen „$\frac{1}{0}$" nicht um ein Zahlzeichen, man sagt: Der Term $\frac{1}{x-1}$ ist für $x = 1$ nicht definiert. Entsprechend ist der Term $T_4(x) = \frac{x^2-1}{x+1}$ für $x = -1$ nicht definiert, weil der Nenner $x + 1$ für $x = -1$ den Wert 0 annimmt.

3. Terme in Anwendungssituationen

In vielen Fällen werden Terme zur Erfassung von Größen in Anwendungssituationen verwendet.

Beispiel

Die Tiefe eines Brunnens kann man näherungsweise folgendermaßen bestimmen: Man lässt einen Stein auf den Grund fallen und misst die Zeit, die er bis zum Aufschlag benötigt. Quadriert man die Anzahl der Sekunden und multipliziert das Ergebnis mit 4,9, so erhält man einen Näherungswert für die Brunnentiefe in Metern. (Dabei bleiben der Luftwiderstand und die Zeit, die der Schall braucht, unberücksichtigt.)
Bezeichnet man die Anzahl der Sekunden mit x, so gehört zu jeder Zahl x eine bestimmte Brunnentiefe T(x); es gilt angenähert:

$$T(x) = 4{,}9\,x^2.$$

Bild 1

Durch Belegen der Variablen x kann man die Brunnentiefe für verschiedene Fallzeiten berechnen, z.B. für 2 und für 3,5 Sekunden:

$$T(2) = 4{,}9 \cdot 2^2 = 4{,}9 \cdot 4 = 19{,}6;$$
$$T(3{,}5) = 4{,}9 \cdot 3{,}5^2 = 4{,}9 \cdot 12{,}25 = 60{,}025.$$

Im ersten Fall ist der Brunnen also ungefähr 20 m, im zweiten ungefähr 60 m tief.

4. Terme mit mehreren Variablen

In einem Term können auch zwei (oder mehr) Variable vorkommen. Diese können mit **verschiedenen Zahlen**, sie können aber auch mit **derselben Zahl** belegt werden.

Beispiel

Zwei Weinsorten kosten pro Flasche 5,40 € bzw. 6,20 € (Bild 2). Der Gesamtpreis für x Flaschen zu 5,40 € und für y Flaschen zu 6,20 € wird angegeben durch den Term

Bild 2

$$T(x|y) = 5{,}40x + 6{,}20y,$$ gelesen „T von x und y gleich…“.

Es gilt:

$$T(8|6) = 5{,}40 \cdot 8 + 6{,}20 \cdot 6 = 43{,}20 + 37{,}20 = 80{,}40 \quad \text{und}$$
$$T(12|12) = 5{,}40 \cdot 12 + 6{,}20 \cdot 12 = 64{,}80 + 74{,}40 = 139{,}20.$$

Im ersten Fall sind also 80,40 €, im zweiten Fall 139,20 € zu bezahlen.

Bemerkung: Bei (8|6) und (12|12) handelt es sich um Zahlenpaare. Ein Zahlenpaar wie (8|6) ist etwas anderes als eine Menge aus zwei Elementen; denn es ist z.B.

$$(8|6) \neq (6|8), \quad \text{aber } \{8; 6\} = \{6; 8\}.$$

Außerdem ist z.B. $\{12; 12\} = \{12\}$.

Aufgaben und Beispiele

Zum Einstieg

In Fahrschulen lernt man eine Faustregel, nach der man zu jeder Geschwindigkeit eines Autos den ungefähren Bremsweg berechnen kann:
Dividiere die Maßzahl der Geschwindigkeit (gemessen in Kilometern pro Stunde) durch 10 und quadriere das Ergebnis! Dann erhältst du die Maßzahl des Bremsweges (gemessen in Metern).

Bild 3

a) Bestimme nach dieser Regel einen Term, mit dem man den Bremsweg eines Autos aus der Geschwindigkeit v näherungsweise berechnen kann!

b) Wie lang ist nach dieser Regel der Bremsweg für ein Auto, das mit $30\,\frac{km}{h}$ ($50\,\frac{km}{h}$; $60\,\frac{km}{h}$; $80\,\frac{km}{h}$; $100\,\frac{km}{h}$; $130\,\frac{km}{h}$; $150\,\frac{km}{h}$) fährt?

c) Für welche Geschwindigkeit ergibt sich nach dieser Regel ein Bremsweg von ungefähr 50 m (80 m; 120 m)?

d) Ein Auto fährt doppelt (dreimal) so schnell wie ein anderes. Untersuche, wie sich dies auf die beiden Bremswege auswirkt!

Belegen von Variablen

1. Berechne den Wert des Terms T(x) für $x = 0; 1; -1; 2; -2; \frac{1}{2}; -\frac{1}{2}$!

a) $T(x) = 2x + 5$ **b)** $T(x) = 7 - 3x$ **c)** $T(x) = 5(10x - 1)$ **d)** $T(x) = x(x - 1)$
e) $T(x) = 1 - x^2$ **f)** $T(x) = x^3(x - 2)$ **g)** $T(x) = (0{,}2x)^2$ **h)** $T(x) = 0{,}2x^2$
i) $T(x) = \frac{x+2}{5}$ **j)** $T(x) = \frac{1}{x+3}$ **k)** $T(x) = \frac{x+10}{x-10}$ **l)** $T(x) = \frac{2x+1}{3x-1}$

2. Bestimme mit einem Taschenrechner unter Verwendung der Speichertaste Näherungswerte mit 6 Nachkommastellen für die Werte des Terms T(x) für $x = -2{,}1543; -1{,}3829; -0{,}8257; 0{,}3745; 1{,}4562; 2{,}7891$!

a) $T(x) = x^2 - 2x + 3$ **b)** $T(x) = x + \frac{1}{x}$ **c)** $T(x) = \frac{x^2-1}{x^2+1}$ **d)** $T(x) = \frac{2x+1}{x^2-4}$

3. a) Berechne mit einem Taschenrechner die Werte des Terms $T(x) = x^2 + x$ für $x = 0{,}6; 0{,}61; 0{,}618; -1{,}6; -1{,}61; -1{,}618$!
b) Bestimme mit einem Taschenrechner Zahlen x, so dass die Zahlen T(x) möglichst nahe bei 1 liegen! Es soll schließlich eine positive und eine negative Zahl x gefunden werden, so dass sich T(x) von 1 um weniger als 0,00001 unterscheidet.
c) Verfahre entsprechend mit dem Ziel, schließlich eine positive und eine negative Zahl x zu finden, so dass sich T(x) von 3 (von 4) um weniger als 0,00001 unterscheidet!

4. Bestimme mit Hilfe eines Taschenrechners Zahlen x, so dass sich die Zahlen T(x) um weniger als 0,00001 von 3 (von 5, von 7) unterscheiden!

a) $T(x) = x^2 - 3x$ **b)** $T(x) = x + \frac{1}{x}$ **c)** $T(x) = \frac{x^2}{x+3}$

Aufstellen von Termen

5. Drücke durch einen Term aus:
a) das Doppelte einer Zahl;
b) die Hälfte einer Zahl;
c) das Quadrat einer Zahl;
d) das Produkt aus einer Zahl und 3;
e) die Summe aus dem Fünffachen einer Zahl und 3;
f) das Fünffache der Summe aus einer Zahl und 3!

6. Formuliere die durch den Term T(x) angegebenen Rechenanweisungen in Worten!

a) $T(x) = 3x + 1$ **b)** $T(x) = 7(x + 1)$ **c)** $T(x) = x^2 + 1$
d) $T(x) = (x + 1)^2$ **e)** $T(x) = 3 - x^2$ **f)** $(x + 1)(x - 1)$
g) $T(x) = \frac{x}{3} + x$ **h)** $T(x) = \frac{x}{2} - 7$ **i)** $T(x) = \frac{x-7}{2}$

7. Ermittle einen Term für den Flächeninhalt eines Rechteckes, bei dem
a) eine Seite um 3 cm kürzer als die andere ist;
b) eine Seite um 2 cm länger als die andere ist;
c) eine Seite doppelt so lang wie die andere ist;
d) die beiden Seiten zusammen 10 cm lang sind;
e) der Umfang 18 cm beträgt!

8. Bei einem Tischtennisturnier soll jeder Teilnehmer gegen jeden anderen ein Hin- und ein Rückspiel austragen.

a) Lege eine Tabelle an, in der die Spielergebnisse eingetragen werden können, falls sich 4 Spieler beteiligen!

b) Wie viele Spiele sind insgesamt bei 4 (5; 8; 10) Teilnehmern auszutragen?

c) Versuche anhand der Beispiele aus b) einen Term zu bestimmen, mit dem man die Zahl der Spiele bei n Teilnehmern berechnen kann!

d) Bei einem solchen Turnier gab es 72 (110; 210) Spiele. Wie viel Spieler haben teilgenommen?

Bild 4

9. Ein Kippschalter hat zwei Stellungen: „ein" und „aus". Bild 5 zeigt ein Schaltbrett mit vier solchen Kippschaltern.

a) Wie viele Schalterstellungen sind bei einem Brett mit 2 Schaltern möglich?

b) Wie viele Schalterstellungen sind bei einem Brett mit 3 Schaltern möglich?

c) Wie viele Schalterstellungen sind möglich bei einem Brett mit 4 (5) Schaltern?

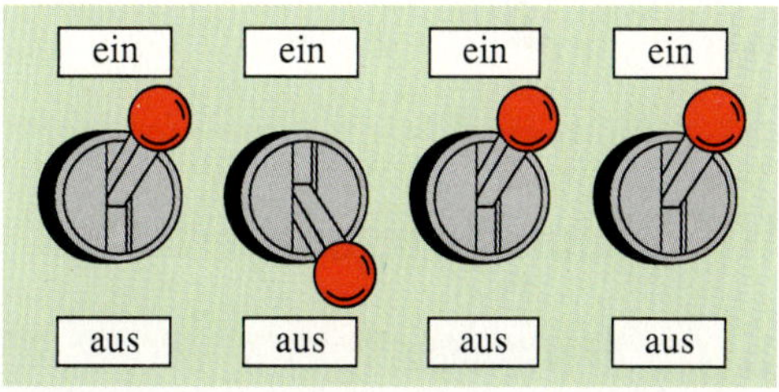

Bild 5

d) Stelle einen Term für die Anzahl der Schalterstellungen für ein Brett mit n Schaltern auf!

e) Wie viele Schalterstellungen gibt es bei einem Brett mit 10 (15) Schaltern?

f) Der Hausmeister einer Schule sagt, dass es in der Elektrozentrale der Schule mehr als eine Million verschiedene Stellungen für die Lichtschalter gibt. (Benutze einen Taschenrechner!)

10. Bestimme einen Term, mit dem man zu jeder Zahl in der ersten Zeile der Tabelle die darunter stehende Zahl berechnen kann!

a)

1	2	3	4	5	6	7	8	9
1	3	5	7	9	11	13	15	17

b)

1	2	3	4	5	6	7	8	9
−9	−8	−7	−6	−5	−4	−3	−2	−1

c)

1	2	3	4	5	6	7	8	9
4	7	10	13	16	19	22	25	28

d)

1	2	3	4	5	6	7	8	9
2	5	10	17	26	37	50	65	82

e)

1	2	3	4	5	6	7	8	9
16	9	4	1	0	1	4	9	16

f)

1	2	3	4	5	6	7	8	9
$\frac{1}{2}$	$\frac{1}{5}$	$\frac{1}{8}$	$\frac{1}{11}$	$\frac{1}{14}$	$\frac{1}{17}$	$\frac{1}{20}$	$\frac{1}{23}$	$\frac{1}{26}$

Terme mit mehreren Variablen

11. Stelle einen Term auf, mit dem man die Breite von Schrankwänden berechnen kann, die aus Anbauteilen zusammengestellt werden können, die 60 cm bzw. 80 cm breit sind!

12. a) Bestimme einen Term $T(a|b|c)$, mit dem man berechnen kann, wie viel Sekunden seit Mitternacht vergangen sind, wenn eine Uhr a Stunden, b Minuten und c Sekunden anzeigt!
b) Berechne $T(5|33|20)$ und $T(13|53|20)$!
c) Bestimme a, b und c so, dass $T(a|b|c) = 10000$ (77777) gilt!

13. Berechne den Term $T(a|b) = a(b + a)$ für die angegebenen Zahlen von a und b!

Beispiel

$a = -3;\ b = 5$:	$a = 5;\ b = -3$:
$T(-3|5) = -3(5-3) = -3 \cdot 2 = -6$	$T(5|-3) = 5(-3+2) = 5 \cdot (-1) = -5$

a) $a=0;\ b=1$	**b)** $a=1;\ b=0$	**c)** $a=1;\ b=-1$	**d)** $a=-1;\ b=1$
e) $a=-5;\ b=3$	**f)** $a=3;\ b=-5$	**g)** $a=-7;\ b=-3$	**h)** $a=-3;\ b=-7$
i) $a=0{,}5;\ b=1{,}5$	**j)** $a=1{,}5;\ b=0{,}5$	**k)** $a=-0{,}5;\ b=1{,}5$	**l)** $a=1{,}5;\ b=-0{,}5$
m) $a=0{,}25;\ b=1{,}25$	**n)** $a=-0{,}25;\ b=1{,}2$	**o)** $a=0{,}25;\ b=-1{,}25$	**p)** $a=-0{,}25;\ b=-1{,}25$

II. Gleichwertige Terme

1. Zur Einführung

Familie Behrens hat zwei Zimmer ihres Hauses tapezieren und anstreichen lassen. Herr Behrens hat die Rechnung verlegt, weiß aber, dass er insgesamt 975 € bezahlen muss und dass pro Arbeitsstunde für den Gesellen 50 €, für den Auszubildenden 25 € berechnet wurden. Kann er aus diesen Angaben die Zahl der berechneten Arbeitsstunden ermitteln?

Wenn wir die Zahl der Arbeitsstunden mit x bezeichnen, so beläuft sich der Rechnungsbetrag für den Gesellen auf $50 \cdot x$ €, für den Auszubildenden auf $25 \cdot x$ €. Es muss also gelten:

$$50x + 25x = 975.$$

Um diese Gleichung zu lösen, wird man den Term $50x + 25x$ vereinfachen. Nach dem **Distributivgesetz** gilt für alle rationalen Zahlen x:

$$50x + 25x = (50 + 25)x = 75x.$$

Daher können wir den Term $50x + 25x$ durch den Term $75x$ ersetzen; wir erhalten:

$$75x = 975.$$

Daraus ergibt sich:

$$x = 975 : 75 = 13.$$

Es sind also 13 Arbeitsstunden berechnet worden.

2. Gleichwertige Terme

Die Richtigkeit der im vorstehenden Beispiel durchgeführten Rechnung beruht darauf, dass die Gleichung

$$50x + 25x = 75x$$

für alle rationalen Zahlen x gilt, dass sie also **allgemein gültig** ist. Dies bedeutet, dass die beiden Terme

$$T_1(x) = 50x + 25x \quad \text{und} \quad T_2(x) = 75x$$

bei Belegung mit beliebigen rationalen Zahlen stets jeweils denselben Wert annehmen.

Beispiele

1) $T_1(3) = 50 \cdot 3 + 25 \cdot 3 = 150 + 75 = 225$ und $T_2(3) = 75 \cdot 3 = 225$

2) $T_1(-7) = 50 \cdot (-7) + 25 \cdot (-7) = (-350) + (-175) = -525$
und $T_2(-7) = 75 \cdot (-7) = -525$

3) $T_1(2{,}5) = 50 \cdot 2{,}5 + 25 \cdot 2{,}5 = 125 + 62{,}5 = 187{,}5$ und $T_2(2{,}5) = 75 \cdot 2{,}5 = 187{,}5$

Man sagt daher: Die beiden Terme $50x + 25x$ und $75x$ sind **gleichwertig**.

Wir definieren:

> Zwei Terme T_1 und T_2 heißen „gleichwertig“ genau dann, wenn die Gleichung $T_1 = T_2$ allgemein gültig in $\mathbb{Q}$ ist.

Beispiele

1) Nach dem Distributivgesetz gilt für alle $x \in \mathbb{Q}$

$$3(x + 5) = 3x + 15;$$

daher sind $3(x + 5)$ und $3x + 15$ gleichwertige Terme.

2) Nach dem Kommutativgesetz gilt für alle $a, b \in \mathbb{Q}$:

$$2a + 7b = 7b + 2a;$$

daher sind $2a + 7b$ und $7b + 2a$ gleichwertige Terme.

Hinweis: Wir sprechen **nicht** von **gleichen**, sondern von **gleichwertigen** Termen. Unter „gleichen Termen“ kann man nur Terme verstehen, die in ihrem Aufbau völlig übereinstimmen, die also aus denselben Zeichen in derselben Anordnung bestehen.

Beispiel

$7(x - 2) + 5$ ist der gleiche Term wie $7(x - 2) + 5$. Die Terme $7(x - 2) + 5$ und $5 + 7(x - 2)$ sind dagegen nicht gleich, wohl aber gleichwertig.

3. Wie erhält man gleichwertige Terme?

Es stellt sich nun die Frage, wie man entscheiden kann, ob zwei Terme T_1 und T_2 gleichwertig sind oder nicht, ob also die Gleichung $T_1 = T_2$ in $\mathbb{Q}$ allgemein gültig ist oder nicht. Bei den bisherigen Beispielen ergab sich die Allgemeingültigkeit meistens aus dem Distributivgesetz (D). Genauso können wir die übrigen Gesetze für die Addition und für die Multiplikation rationaler Zahlen heranziehen, insbesondere also die beiden **Kommutativgesetze (K)** und die beiden **Assoziativgesetze (A)**. Wir stellen die Gesetze K, A und D in der folgenden Tabelle in Kurzform zusammen.

Gesetz	Addition	Multiplikation
Kommutativgesetze (K)	Für alle $a, b \in \mathbb{Q}$ gilt: $a + b = b + a$	$a \cdot b = b \cdot a$
Assoziativgesetze (A)	Für alle $a, b, c \in \mathbb{Q}$ gilt: $(a + b) + c = a + (b + c)$	$(a \cdot b) \cdot c = a \cdot (b \cdot c)$
Distributivgesetz (D)	Für alle $a, b, c \in \mathbb{Q}$ gilt: $a \cdot (b + c) = a \cdot b + a \cdot c$	

Aus diesen Gesetzen kann man weitere allgemein gültige Gleichungen dadurch herleiten, dass man in die Variablen der betreffenden Gleichung **Terme** einsetzt.

Beispiele

1) Wir belegen in der Gleichung $a + b = b + a$ die Variablen a und b mit den Termen 5x bzw. 3y; dann ergibt sich:

$$5x + 3y = 3y + 5x.$$

Auch diese Gleichung gilt für alle rationalen Zahlen. Z.B. erhält man für $x = 2$ und $y = 7$:

$$5 \cdot 2 + 3 \cdot 7 = 3 \cdot 7 + 5 \cdot 2, \quad \text{also} \quad 10 + 21 = 21 + 10.$$

Entsprechend erhält man bei jeder Belegung der Variablen x und y mit rationalen Zahlen eine Gleichung, die nach dem Kommutativgesetz der Addition eine wahre Aussage darstellt. Die beiden Terme $5x + 3y$ und $3y + 5x$ sind also gleichwertig.

2) Wir belegen in der Gleichung $a \cdot (b + c) = a \cdot b + a \cdot c$ die Variablen a, b und c der Reihe nach mit den Termen 2x, y^2 und z^2; wir erhalten:

$$2x \cdot (y^2 + z^2) = 2xy^2 + 2xz^2.$$

Diese Gleichung gilt für alle rationalen Zahlen x, y, z. Z.B. erhält man für $x = 3$, $y = 4$ und $z = 5$:

$$2 \cdot 3 \cdot (4^2 + 5^2) = 2 \cdot 3 \cdot 4^2 + 2 \cdot 3 \cdot 5^2, \quad \text{also} \quad 6 \cdot (16 + 25) = 6 \cdot 16 + 6 \cdot 25.$$

Entsprechend erhält man auch hier bei jeder Belegung der Variablen x, y und z mit rationalen Zahlen eine Gleichung, die nach dem Distributivgesetz eine wahre Aussage darstellt. Die beiden Terme $2x(y^2 + z^2)$ und $2xy^2 + 2xz^2$ sind also gleichwertig.

Aufgaben und Beispiele

Zum Einstieg

Anne kauft für jedes Mitglied einer Jugendgruppe ein Heft für 1,20 €, einen Radiergummi für 0,55 € und einen Bleistift für 0,90 €. Sie bezahlt mit einem 50-€-Schein und erhält 10,25 € zurück. Wie viele Mitglieder hat die Gruppe?

Bild 7

1. Berechne $T_1(x)$ und $T_2(x)$ für die angegebenen Werte von x!

a) $T_1(x) = 12x + 3x$, $T_2(x) = 15x$; $x = 7$ $(0; -3)$
b) $T_1(x) = 8x - 13x$, $T_2(x) = -5x$; $x = 2$ $(0; -4)$
c) $T_1(x) = \frac{x}{2} + \frac{x}{4}$, $T_2(x) = \frac{3x}{4}$; $x = 12$ $(8; -4)$
d) $T_1(x) = \frac{1}{2}x - \frac{1}{6}x$, $T_2(x) = \frac{1}{3}x$; $x = 8$ $(2; -12)$
e) $T_1(x) = (2 + x) - 5$, $T_2(x) = x - 3$; $x = 5$ $(-2; -12)$
f) $T_1(x) = (3 - x) + 7$, $T_2(x) = 10 - x$; $x = 3$ $(0; -10)$

2. Zeige durch drei Belegungen der Variablen x, dass die Terme $T_1(x)$ und $T_2(x)$ **nicht** gleichwertig sind!

a) $T_1(x) = 2x + 1$; $T_2(x) = 2(x + 1)$
b) $T_1(x) = 1 + x^2$; $T_2(x) = (1 + x)^2$
c) $T_1(x) = x - (1 - x)$; $T_2(x) = x - 1 - x$
d) $T_1(x) = 5 - 7x - x^2$; $T_2(x) = 5 - (7x - x^2)$
e) $T_1(x) = \left(\frac{x-9}{2}\right)^2$; $T_2(x) = \frac{(x-9)^2}{2}$
f) $T_1(x) = \frac{2}{1+x^2}$; $T_2(x) = 2 + \frac{2}{x^2}$
g) $T_1(x) = \frac{4}{7-3x}$; $T_2(x) = \frac{4}{7} - \frac{4}{3x}$
h) $T_1(x) = -\frac{x-1}{x}$; $T_2(x) = \frac{-x-1}{x}$

3. Zeige durch Belegungen der Variablen a und b, dass die Terme $T_1(a|b)$ und $T_2(a|b)$ **nicht** gleichwertig sind!

a) $T_1(a|b) = a^2 + b^2$; $T_2(a|b) = (a + b)^2$
b) $T_1(a|b) = a^2 - b^2$; $T_2(a|b) = (a - b)^2$
c) $T_1(a|b) = \frac{a+b}{2}$; $T_2(a|b) = a + \frac{b}{2}$
d) $T_1(a|b) = \frac{a+b}{a-b}$; $T_2(a|b) = \frac{b+a}{b-a}$
e) $T_1(a|b) = a^b$; $T_2(a|b) = b^a$
f) $T_1(a|b) = (2^a)^b$; $T_2(a|b) = 2^{(a^b)}$

4. Begründe mit den Kommutativgesetzen (K), den Assoziativgesetzen (A) und dem Distributivgesetz (D), dass die Gleichung in $\mathbb{Q}$ allgemein gültig ist!

Beispiel

Die Gleichung $(-2x + 5) + 3x = 5 + x$ ist in $\mathbb{Q}$ allgemein gültig; denn es gilt:

$$\begin{aligned}(-2x + 5) + 3x &= (5 + (-2x)) + 3x \quad &(K)\\ &= 5 + ((-2x) + 3x) \quad &(A)\\ &= 5 + x.\end{aligned}$$

a) $(10 - 2x) + 8 = 18 - 2x$
b) $(-3 + 7x) + 3 = 7x$
c) $(3 - 5x) + 8x = 3 + 3x$
d) $x + (-3 + 2x) = 3x - 3$
e) $-0{,}3x + (1{,}3x + 0{,}8) = x + 0{,}8$
f) $(-1{,}7x + 5) - 4{,}3x = 5 - 6x$
g) $\left(\frac{1}{4}x + \frac{3}{2}\right) \cdot 16 = 4x + 24$
h) $4\left(\frac{1}{2}x + \frac{1}{4}x\right) = 3x$
i) $\left(\frac{3}{4} - \frac{5}{6}x\right) \cdot 12 = 9 - 10x$

5. Untersuche, ob die Gleichung in $\mathbb{Q}$ allgemein gültig ist! Begründe dein Ergebnis!

Beispiele

1) Die Gleichung $(0{,}2 - 1{,}2x)\,15 = 3 - 18x$ ist nach dem Distributivgesetz allgemein gültig in $\mathbb{Q}$.

2) Die Gleichung $(3 - 2x) + 6 = 3 - (2x + 6)$ ist **nicht** allgemein gültig in $\mathbb{Q}$; denn für $x = 1$ ergibt sich: $(3 - 2 \cdot 1) + 6 = 7$ und $3 - (2 \cdot 1 + 6) = 3 - 8 = -5$.

a) $3x + 13x = 16x$ **b)** $-13x + 3x = 10x$ **c)** $2x - x = 2$
d) $3 + (x - 3) = 0$ **e)** $2(x - 3) = 2x - 6$ **f)** $(3 - 7x)\,5 = 15 - 7x$
g) $(x - 3) + 2x = 3x - 3$ **h)** $(5 - x) + 4 = 5 - (x + 4)$ **i)** $8(\frac{1}{4} + \frac{x}{2}) = 2 + 4x$
j) $(\frac{3}{5} - \frac{x}{10})\,10 = 3 - x$ **k)** $4 \cdot \frac{7 - 5x}{2} = 14 - 5x$ **l)** $-\frac{7 - 5x}{2} = \frac{5x - 7}{2}$

III. Anwendungen des Distributivgesetzes

1. Zur Einführung

Die Gleichung des Distributivgesetzes $a \cdot (b + c) = a \cdot b + a \cdot c$ enthält auf der linken Seite ein Produkt, auf der rechten Seite eine Summe. Daher gestattet das Gesetz zwei Anwendungen:

1) die Umformung eines Produktes in eine Summe;
2) die Umformung einer Summe in ein Produkt.

Beide Anwendungen kommen häufig vor.

2. Umformungen eines Produktes in eine Summe

Beispiele

1) $3(x + 4) = 3x + 3 \cdot 4 = 3x + 12$ **2)** $7(5 - x) = 7 \cdot 5 - 7x = 35 - 7x$
3) $x(2x - y) = x \cdot 2 \cdot x - x \cdot y = 2x^2 - xy$ **4)** $(3a - 2b) \cdot b = 3a \cdot b - 2b \cdot b = 3ab - 2b^2$
5) $4(6p + 5q) = 4 \cdot 6p + 4 \cdot 5q = 24p + 20q$
6) $(7a - 8b) \cdot 5a = 7a \cdot 5a - 8b \cdot 5a = 35a^2 - 40ab$

3. Umformen einer Summe in ein Produkt

Beispiele

1) $7a + 7b = 7(a + b)$ **2)** $4x - 6y = 2 \cdot 2x - 2 \cdot 3y = 2(2x - 3y)$
3) $2p + 5p = (2 + 5)p = 7p$ **4)** $4b - b = 4b - 1 \cdot b = (4 - 1)b = 3b$

Da bei diesen Beispielen eine Summe in ein Produkt umgeformt wird, also in einen Term, der aus Faktoren besteht, spricht man bei einer solchen Umformung vom **Faktorisieren** einer Summe. Außerdem ist noch eine andere – allerdings weniger gute – Bezeichnung gebräuchlich, nämlich „Ausklammern“. Diese Bezeichnung deutet an, dass der gemeinsame Faktor der Summanden beim Faktorisieren außerhalb der Klammer hinzuschreiben ist, also gewissermaßen aus der Klammer herausgeholt wird.

Beispiele

1) $6ax + 10bx = 2x \cdot 3a + 2x \cdot 5b = 2x(3a + 5b)$

2) $25mn + 15mp - 20mq = 5m \cdot 5n + 5m \cdot 3p - 5m \cdot 4q = 5m(5n + 3p - 4q)$

Aufgaben und Beispiele

Zum Einstieg

Herr Müller will je 12 Flaschen Wein zu 4,40 €, 5,20 € und 5,40 € kaufen. Um auszurechnen, was er insgesamt zu zahlen hat, sucht er nach seinem Taschenrechner. Seine Tochter Gudrun hält das für unnötig und sagt sofort den Gesamtpreis.

Bild 8

1. Petra kauft für eine Party je 8 Brötchen zu 15 Cent, zu 22 Cent, zu 28 Cent und zu 35 Cent. Sie hat einen 10-€-Schein in der Hand. Während sie noch ausrechnet, was sie zu zahlen hat, greift die Verkäuferin schon zum Wechselgeld. Wie hat Petra, wie hat die Verkäuferin wohl gerechnet?

Umformen eines Produktes in eine Summe

2. Forme das Produkt in eine gleichwertige Summe oder eine gleichwertige Differenz um!

a) $4(a + 2)$ **b)** $3(7 + b)$ **c)** $(6 - c) \cdot 5$ **d)** $(c - 6) \cdot 5$
e) $6(a + b)$ **f)** $4(r - s)$ **g)** $-7(x + y)$ **h)** $(m - n) \cdot 3$
i) $4(5 - 2x)$ **j)** $-4(2x + 5)$ **k)** $(2x - 5) \cdot 4$ **l)** $(5 - 2x) \cdot (-4)$
m) $3(2p + 9q)$ **n)** $3(2p - 9q)$ **o)** $-6(4x + 3y)$ **p)** $(3y - 4x) \cdot 6$
q) $a(3b + c)$ **r)** $p(q - 2r)$ **s)** $a(2b + 5c)$ **t)** $(2b - 5c)a$
u) $(3x - 7y)x$ **v)** $(3x + 7y)y$ **w)** $4a(2b + 3a)$ **x)** $4b(2a - 3b)$

3. Verfahre wie in Aufgabe 2!

a) $0{,}25(4x + 12)$ **b)** $4(12 - 0{,}25x)$ **c)** $(6a - 10b) \cdot 0{,}5$ **d)** $(0{,}5a - 0{,}125b) \cdot 8$
e) $0{,}01(100c - 250)$ **f)** $100(0{,}14d - 1{,}23)$ **g)** $(0{,}7p + 0{,}3q) \cdot 10$ **h)** $(0{,}5p - 0{,}5q) \cdot 0{,}5$
i) $\frac{1}{2}(6r - 4s)$ **j)** $12(\frac{1}{3}r - \frac{5}{6}s)$ **k)** $(\frac{4}{3}x + \frac{8}{3}y)\,\frac{3}{4}$ **l)** $(10x - \frac{10}{7}y) \cdot \frac{7}{5}$

4. Verfahre wie in Aufgabe 2!

a) $6(p + q - r)$ **b)** $-4(2x - 3y + z)$ **c)** $(4r - 5s + 6t) \cdot 3$
d) $3a(5b + 2c - 7d)$ **e)** $(2a - 4b + 5d) \cdot 2t$ **f)** $5xy(7x - 3y - 2z)$
g) $-3pq(2p - 3q + 4r)$ **h)** $(5a - 7b - 3c) \cdot 4ab$ **i)** $-11rs(3r + 6s - 8t)$

Umformen einer Summe in ein Produkt

5. Forme die Summe oder die Differenz in ein gleichwertiges Produkt um!

a) $2a + 3a$ **b)** $2a + 2b$ **c)** $2a - 4b$ **d)** $2a - 4a$
e) $6x + 6x$ **f)** $6x + 6y$ **g)** $38x - 57y$ **h)** $-12x + 6y$
i) $4xy + y$ **j)** $y - 4xy$ **k)** $3ab - ac$ **l)** $3ab - 3ac$
m) $27ab - 9b$ **n)** $27b - 9ab$ **o)** $15z - 24x$ **p)** $15xz - 24xy$

6. Forme die Summe oder die Differenz in ein gleichwertiges Produkt um!

a) $a^2 + 5a$ **b)** $x^2 - 7x$ **c)** $p - p^2$ **d)** $rs - s^2$
e) $3b^2 - 7b^2$ **f)** $4x^2 - 6x^2$ **g)** $b^6 + b^4$ **h)** $x^3 - x^5$
i) $6x^2 + 12y^2$ **j)** $3u^2 - 9u$ **k)** $10t^2 + 5t$ **l)** $8m^4 + 24m^2$
m) $27v^2 - 18v^3$ **n)** $12r^6 + 18r^5$ **o)** $12r^6 + 18s^6$ **p)** $-51 + 34x^2$
q) $21ap - 35bp$ **r)** $-16qx + 56qy$ **s)** $20x^2 - 45xy$ **t)** $51rs - 119s^2$
u) $12q^3 - 8pq$ **v)** $25x^2y + 20y^3$ **w)** $14p^2q - 21pq^2$ **x)** $15g^2h - 25gh^2$
y) $21e^2f^3 - 28e^3f^2$ **z)** $60u^4v^2 + 48u^2v^4$ **z1)** $-25xy^3 + 55x^3y$ **z2)** $c^3de^2 - c^2d^2e^2$

7. Faktorisiere!

a) $14r - 5r + 2r$ **b)** $17y + 5y + 8y$ **c)** $-3x + 7x - 4x$
d) $25p - 15q + 10r$ **e)** $24a + 18b - 12c$ **f)** $ab + ac - ad$
g) $pq + rq - sq$ **h)** $3a + 6ab + 9ac$ **i)** $-2x - 4x^2 + 8x^3$
j) $13xy + 12yz + 11wy$ **k)** $70ab + 20ac - 30bc$ **l)** $9pq - 12pr + 15ps$
m) $18m^2n^2 + 12mn^3 + 21mn$ **n)** $6rs^2 - 15r^2s + 9rs$ **o)** $18x^2 - 27xy + 36y^4$

8. Faktorisiere!

a) $28x^2yz + 21xy^2z - 35xyz^2$ **b)** $22ab^2c - 33a^2bc + 44ac^2$
c) $12p^3q^3 - 15p^4q^2 + 21p^2q^4$ **d)** $-24u^2v^4 + 32u^3v^3 - 12u^4v^2$
e) $15a^4b + 25a^3b^2 - 30a^2b^3$ **f)** $8x^2y^2z - 12xy^2z^2 + 16x^2yz^2$
g) $18c^3d^2 - 27c^2d^3 + 45cd^4$ **h)** $a^2b^5 - a^3b^4 + a^5b^3 - a^6b^2$

9. Bestimme die Lösungen der folgenden Gleichungen in $\mathbb{Q}$!

a) $2x + 7x = 63$ **b)** $9y - 5y = 32$ **c)** $17z - 2z = -90$ **d)** $7x + 5x = 144$
e) $18y - 7y = 77$ **f)** $25z - 5z = 180$ **g)** $x + 8x = -9$ **h)** $-10y + y = -81$

10. Termwerte lassen sich mit Hilfe eines Taschenrechners häufig schneller berechnen, wenn man den Term so umformt, dass die Variable möglichst nur in der ersten Potenz vorkommt.

Beispiel

Für den Term $T(x) = x^3 - 3x^2 + 7x$ ist $T(0{,}125)$ zu berechnen.

Lösung: Man formt zunächst um: $T(x) = x^3 - 3x^2 + 7x = x(x^2 - 3x + 7) = x[x(x-3) + 7]$.
Es gilt also: $T(0{,}125) = 0{,}125[0{,}125(0{,}125 - 3) + 7]$.
Nun gibt man 0,125 in den Speicher des Taschenrechners ein und berechnet Schritt für Schritt den Ausdruck $0{,}125[0{,}125(0{,}125 - 3) + 7]$, wobei man jeweils statt 0,125 einzugeben den Speicherwert abruft. Man erhält so $T(0{,}125) \approx 0{,}83$.

Berechne $T(0{,}326)$ und $T(0{,}526)$ durch Einsetzen in den Term $x^3 - 3x^2 + 7x$ und in den umgeformten Term $x[x(x-3) + 7]$. Vergleiche die Ergebnisse und die Rechenzeit!

IV. Das Auflösen von Klammern

1. Auflösen einer Klammer, vor der ein Pluszeichen steht

Der einfachste Fall, bei dem eine Klammer aufzulösen ist, wird durch das Assoziativgesetz erfasst:

$$a + (b + c) = (a + b) + c = a + b + c.$$

Hierbei ist zu beachten, dass Summen aus mehreren Summanden, in denen keine Klammer vorkommt, vereinbarungsgemäß von „links nach rechts" auszurechnen sind.

Ist eine Differenz zu addieren, so kann man diese gemäß der Gleichung $a - b = a + (-b)$ in eine Summe umwandeln und dann das Assoziativgesetz anwenden.

1) $a + (b - c) = a + [b + (-c)] = a + b + (-c) = a + b - c$

2) $a + (-b + c) = a + [(-b) + c] = a + (-b) + c = a - b + c$

3) $a + (-b - c) = a + [(-b) + (-c)] = a + (-b) + (-c) = a - b - c$

Wir fassen zusammen:

Für alle a, b, $c \in \mathbb{Q}$ gilt:

1) $a + (b - c) = a + b - c$

2) $a + (-b + c) = a - b + c$

3) $a + (-b - c) = a - b - c$

Wir merken uns:

Beim Auflösen einer Klammer, vor der ein Pluszeichen steht, sind die Zeichen (+, −) beizubehalten, die in der Klammer stehen. Das Pluszeichen vor der Klammer wird weggelassen.

Steht beim ersten Glied in der Klammer kein Vorzeichen, z. B.: „3" oder „b", dann ergänzt man in Gedanken ein Pluszeichen, also „+3" oder „+b".

Beispiele

1) $2x + (3y - z) = 2x + 3y - z$

2) $5r + (-7s + 6t) = 5r - 7s + 6t$

3) $3p + (-2q - 5r) = 3p - 2q - 5r$

4) $2k + (5m - 6n) = 2k + 5m - 6n$

5) $-4a + (-3b + 2c) = -4a - 3b + 2c$

6) $-7u + (-3v - 4w) = -7u - 3v - 4w$

In den folgenden Beispielen ist zunächst die Regel für das Auflösen von Klammern, dann das Distributivgesetz anzuwenden.

Beispiele

1) $6x + (-4y + 2x) = 6x - 4y + 2x = 8x - 4y = 4(2x - y)$

2) $8c + (-5d - 3c) = 8c - 5d - 3c = 5c - 5d = 5(c - d)$

3) $(m - 3n) + (5m - 6n) = m - 3n + 5m - 6n = 6m - 9n = 3(2m - 3n)$

4) $(7p - 4q) + (-3p - 2q) = 7p - 4q - 3p - 2q = 4p - 6q = 2(2p - 3q)$

2. Auflösen einer Klammer, vor der ein Minuszeichen steht

Wir behandeln zum einfachsten Fall zunächst ein

Beispiel: $27 - (13 + 5) = 27 - 18 = 9.$

Offensichtlich kommt man zum gleichen Ergebnis, wenn man die beiden Summanden 13 und 5 nacheinander von 27 subtrahiert:

$$27 - 13 - 5 = 14 - 5 = 9.$$

Allgemein gilt: $\mathbf{a - (b + c) = a - b - c}$.

Die drei anderen Fälle können wir auf diese Gleichung zurückführen.

1) $a - (b - c) = a - [b + (-c)] = a - b - (-c) = a - b + c$

2) $a - (-b + c) = a - [(-b) + c] = a - (-b) - c = a + b - c$

3) $a - (-b - c) = a - [(-b) + (-c)] = a - (-b) - (-c) = a + b + c$

Wir fassen zusammen:

Für alle $a, b, c \in \mathbb{Q}$ gilt:

1) $a - (b + c) = a - b - c$ **2)** $a - (b - c) = a - b + c$

3) $a - (-b + c) = a + b - c$ **4)** $a - (-b - c) = a + b + c$

Wir merken uns:

Beim Auflösen einer Klammer, vor der ein Minuszeichen steht, sind die Zeichen (+, −), die in der Klammer stehen, durch ihre Gegenzeichen zu ersetzen. Das Minuszeichen vor der Klammer ist wegzulassen.

Steht beim ersten Glied in der Klammer kein Vorzeichen, z. B.: „3" oder „b", dann ergänzt man in Gedanken ein Pluszeichen, also „+3" oder „+b". Dieses Pluszeichen ist dann durch ein Minuszeichen zu ersetzen.

Beispiele

1) $5p-(3q+2r)=5p-3q-2r$ **2)** $-7x-(5y-2z)=-7x-5y+2z$

3) $3k-(-3m-6n)=3k+3m+6n$ **4)** $5a-(-7b+4c)=5a+7b-4c$

In den folgenden Beispielen ist zunächst die Regel für das Auflösen von Klammern, dann das Distributivgesetz anzuwenden.

Beispiele

1) $7c-(3c+2d)=7c-3c-2d=4c-2d=2(2c-d)$

2) $-6x-(8y-2x)=-6x-8y+2x=-4x-8y=-4(x+2y)$

3) $(7a+5b)-(b-5a)=7a+5b-b+5a=12a+4b=4(3a+b)$

4) $(2x-4y)-(6y+8x)=2x-4y-6y-8x=-6x-10y=-2(3x+5y)$

Aufgaben und Beispiele

Zum Einstieg

Ein Konto weist am 6.4. einen Bestand von 780 € auf. Am 13.4. werden zwei Beträge abgebucht, nämlich 37,70 € und 112,30 €. Den neuen Kontostand kann man in zweifacher Weise berechnen.

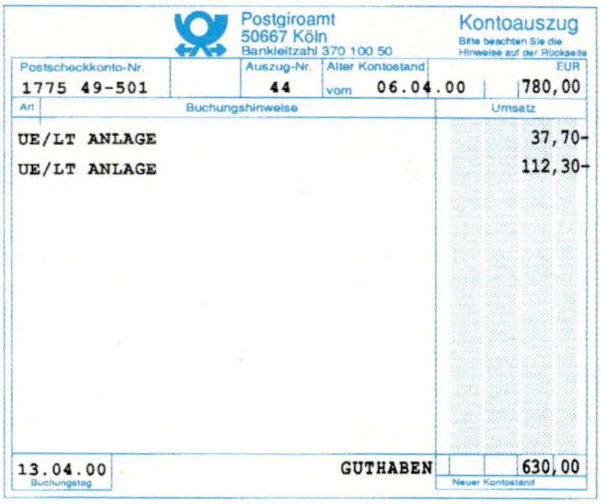
Postgiroamt
50667 Köln
Bankleitzahl 370 100 50
Kontoauszug
Bitte beachten Sie die Hinweise auf der Rückseite

Postscheckkonto-Nr.	Auszug-Nr.	Alter Kontostand	EUR
1775 49-501	44	vom 06.04.00	780,00

Art	Buchungshinweise	Umsatz
	UE/LT ANLAGE	37,70-
	UE/LT ANLAGE	112,30-
13.04.00 (Buchungstag)	GUTHABEN	630,00 (Neuer Kontostand)

Bild 9

1. Löse die Klammern auf und rechne aus!

a) $67+(13-21)$ **b)** $(91-85)+85$ **c)** $47+(22-19)$ **d)** $51-(11+37)$

e) $(73-18)+28$ **f)** $89-(19+20)$ **g)** $46-(26-18)$ **h)** $42-(-18+27)$

i) $51-(-29+14)$ **j)** $92-(12+20)-(100-1)$ **k)** $-(12+18)+(18-28)+41$

2. Berechne möglichst geschickt!

a) $97-17+4$ **b)** $94-14+7$ **c)** $81-27+26$

d) $23-16-10$ **e)** $28-18-12$ **f)** $65-7-28$

g) $-35-15-50$ **h)** $12-17-13$ **i)** $107-92-8+13$

j) $-92+17-27+81$ **k)** $-14-36+17+33$ **l)** $-1+2-3+4-5$

m) $3{,}1-1{,}2-1{,}8$ **n)** $-0{,}1-0{,}9-0{,}1$ **o)** $4{,}7-1{,}3-3{,}7$

3. Löse die Klammern auf!

a) $a+(2b+c)$ **b)** $3a+(2b-3c)$ **c)** $7a+(-2b+5c)$
d) $-7a+(3b-2c)$ **e)** $2x+(-7y-8z)$ **f)** $-5x+(-6y-5z)$
g) $(-3x+2y)+z$ **h)** $(-6x-7y)-8z$ **i)** $0{,}2u+(-0{,}7v+0{,}5w)$
j) $(0{,}1u-0{,}2v)-0{,}3w$ **k)** $-7{,}2u+(-2{,}4v+w)$ **l)** $(-1{,}1u+1{,}2v)-2{,}2w$

4. Löse die Klammer(n) auf und fasse zusammen!

Beispiele

$$-3x+(8y-x)=-3x+8y-x=-4x+8y=-4(x-2y)$$
$$(7u-2v)+(-3u-2v)=7u-2v-3u-2v=4u-4v=4(u-v)$$

a) $2a+(3b-5a)$ **b)** $-3a+(-5b-7a)$
c) $(-a-2b)-a$ **d)** $7x+(3y+8x)$
e) $(12x-7y)+y$ **f)** $(12x-7y)-5x$
g) $(2u+3v)+(-2u+7v)$ **h)** $(-17u+21v)+(20u-12v)$
i) $(2{,}5u-7{,}5v)+(2{,}5u-7{,}5v)$ **j)** $(17-13u)+(3-7u)$
k) $(-13u+5)+(8u-10)$ **l)** $(-0{,}9-7{,}2u)+(-1{,}1-2{,}8u)$

5. Löse die Klammer auf!

a) $a-(b-c)$ **b)** $(a-b)-c$ **c)** $a-(b+c)$
d) $a-(-b+c)$ **e)** $2x-(3y-z)$ **f)** $-7x-(8y-9)$
g) $-x-(-2y+3z)$ **h)** $5x-(12y-6z)$ **i)** $-0{,}1u-(-v-0{,}1w)$
j) $0{,}3v-(0{,}1w-0{,}3u)$ **k)** $0{,}25w-(0{,}5u+v)$ **l)** $-u-(-v-w)$
m) $-7a-(2b+8a)$ **n)** $-(6-5a)-5b$ **o)** $-(2a+3b)+5c$
p) $-(-2+7a)+b$

6. Löse die Klammer(n) auf und fasse zusammen!

a) $2a-(3b-5a)$ **b)** $5x-(9y+13x)$
c) $5x+(9y-13x)$ **d)** $5x-(-9y+13x)$
e) $-7a-(2b+6a)$ **f)** $-(6a-11b)-11b$
g) $2x^2-(8x-4x^2)$ **h)** $-(xy+xz)-2xz$
i) $(x+7y)-(2x-8y)$ **j)** $-(19x-21y)+(-21y+3x)$
k) $(0{,}75p-16{,}5q)-(0{,}25p+3{,}5q)$ **l)** $-(2x-4{,}5y)-(4{,}5y+2x)$
m) $(x-y+z)-(x+y-z)$ **n)** $3x^2-(y^2+x^2-2z^2)-(x^2-2y^2+z^2)$
o) $5a-[(2b-3a)-(5b-7a)]$ **p)** $3r^2-[(2r^2-5s^2)-(7r^2-2s^2)]$
q) $(x^6-x^5)-(x^4-x^5)-(x^3-x^4)-(x^2-x^3)-(x-x^2)-(1-x)$

7. Forme den angegebenen Term in einen einfacheren gleichwertigen Term um!

a) $(4a+3b)+(2a-b)$ **b)** $(5p-3q)+(2p+7q)$
c) $(6r+s)-(4r-2s)$ **d)** $(11x-2y)-(3x-5y)$
e) $(2m-3n)+(5m-n)$ **f)** $-(2u-7v)-(8u+13v)$
g) $(3x-2y+4z)-(x-4y-z)$ **h)** $16x-(9y-7x)+13y$
i) $23a-(12b-81a)-15b$ **j)** $8p-(5q+4p)+7q$
k) $(3ab+2cd)-(ab-5cd)$ **l)** $(4xy-3xz)+(3xz+7xy)$
m) $3(4x-5y)-13(x+2y)-2(6y-x)$ **n)** $2(5p-q)+3(2q-p)-4(2p-3q)$
o) $4x(3x-6y)-5y(2x+3y)$ **p)** $(3a+2b)5c+(3b-4c)5a$

§ 3 Lösungsverfahren für Gleichungen und für Ungleichungen

I. Einfache Gleichungen

1. Zur Einführung

Beim Gesellschaftsspiel von § 1, I („Gedankenlesen") hatte sich folgende Gleichung ergeben:

$$2(x+4)+7=29.$$

Wir zeigen nun, wie man diese Gleichung lösen kann und dass die durchgeführten Umformungen Äquivalenzumformungen sind.

Wir wenden auf den Term links das **Distributivgesetz** an:

$$2x+2\cdot 4+7=29.$$

Durch Ausrechnen erhalten wir:

$$2x+15=29.$$

Wir subtrahieren auf beiden Seiten der Gleichung die Zahl 15:

$$2x=14.$$

Wir dividieren beide Seiten der Gleichung durch 2:

$$x=7.$$

Dass die Zahl 7 tatsächlich Lösung der gegebenen Gleichung ist, können wir durch Einsetzen dieser Zahl leicht bestätigen:

$$2\cdot(7+4)+7=2\cdot 11+7=22+7=29.$$

2. Begründung des ersten Umformungsschrittes

Im ersten Schritt haben wir den Term $2(x+4)$ durch den Term $2x+2\cdot 4$ ersetzt. Dass es sich dabei um eine **Äquivalenzumformung** handelt, ergibt sich aus der **Gleichwertigkeit** dieser Terme, also daraus, dass die Gleichung

$$2(x+4)=2x+2\cdot 4$$

nach dem Distributivgesetz **allgemein gültig** in $\mathbb{Q}$ ist.

Aus den gleichen Gründen stellt die Ersetzung eines Terms T_1 durch einen dazu gleichwertigen Term T_2 in jedem Fall eine **Äquivalenzumformung** dar.

Hinweis: Der zweite Umformungsschritt ist mit Sicherheit eine Äquivalenzumformung, weil hier nur der Term $2\cdot 4+7$ ausgerechnet worden ist.

Dass die letzten beiden Schritte (Subtraktion von 15 und Division durch 2) Äquivalenzumformungen darstellen, haben wir schon auf Seite 33 begründet.

3. Ein Tip zum „Gedankenlesen“

Wir fügen noch einen Tip zum „Gedankenlesen“ an. Während die Mitspieler die fraglichen Rechenschritte mit ihren Zahlen durchführen, sollte der „Gedankenleser“ gleichzeitig die entsprechenden Rechnungen mit den sich ergebenden Termen und die notwendigen Termumformungen vornehmen.

Wir wiederholen das einführende **Beispiel** von Seite 15:

Herr M. sagt	Herr M. rechnet
1) Denke dir eine Zahl!	x
2) Addiere dazu die Zahl 4!	$x+4$
3) Multipliziere das Ergebnis mit 6!	$6\cdot(x+4)=6x+24$
4) Subtrahiere die Zahl 9!	$6x+24-9=6x+15$
5) Subtrahiere die gedachte Zahl!	$6x+15-x=5x+15$
6) Dividiere durch 5!	$(5x+15):5=x+3$
7) Multipliziere mit 2!	$2(x+3)=2x+6$

Nennt der Mitspieler nun als Ergebnis seiner Rechnung z.B. die Zahl 36, so hat der „Gedankenleser“ nur noch zu rechnen:

$$2x+6=36 \Leftrightarrow 2x=30 \Leftrightarrow x=15.$$

Der „Gedankenleser“ kann noch einen Schritt weitergehen und die sich ergebende Gleichung für eine **beliebige Zahl** z als Ergebnis eines Mitspielers lösen:

$$2x+6=z \Leftrightarrow 2x=z-6 \Leftrightarrow x=\frac{z-6}{2}=T(z).$$

Er braucht dann nur noch die von einem Mitspieler genannte Zahl z in den Term T(z) einzusetzen.

Beispiele

1) Für $z=12$ ergibt sich: $x=T(12)=\frac{12-6}{2}=\frac{6}{2}=3;$

2) Für $z=20$ ergibt sich: $x=T(20)=\frac{20-6}{2}=\frac{14}{2}=7;$

3) Für $z=26$ ergibt sich: $x=T(26)=\frac{26-6}{2}=\frac{20}{2}=10;$

4) Für $z=36$ ergibt sich: $x=T(36)=\frac{36-6}{2}=\frac{30}{2}=15.$

4. Umformungen mit Termen

Eine weitere Umformungsart ist bei dem folgenden **Beispiel** anzuwenden:

$$3x=10-2x.$$

Da die Variable x hier auf beiden Seiten der Gleichung auftritt, müssen wir versuchen, die Terme, in denen die Variable vorkommt, auf **einer** Seite der Gleichung zu vereinigen.

Dies erreichen wir hier dadurch, dass wir auf beiden Seiten der Gleichung den Term $2x$ addieren:

$$3x + 2x = 10 - 2x + 2x.$$

Diese Umformung ist ebenfalls eine Äquivalenzumformung. Da nämlich der Term $2x$ für jede rationale Zahl x in eine rationale Zahl übergeht, ergibt sich dies aus dem Satz von Seite 33. Dieser Satz besagt, dass die Addition einer Zahl auf beiden Seiten der Gleichung eine Äquivalenzumformung ist.

Nun ist links das Distributivgesetz und rechts die allgemein gültige Gleichung $-2x + 2x = 0$ anzuwenden. Man erhält:

$$5x = 10 \Leftrightarrow x = 2.$$

Man sagt, dass die gegebene Gleichung mit Hilfe der durchgeführten Umformungen **nach x aufgelöst** oder auch, dass die Variable x **isoliert** worden ist.

5. Ein ausführliches Beispiel

		Begründungen:
	$5(x+1) = 2x + 11$	
$\Leftrightarrow$	$5x + 5 = 2x + 11$	(Gesetz D)
$\Leftrightarrow$	$(5x + 5) - 2x = (2x + 11) - 2x$	(Subtraktion von 2x)
$\Leftrightarrow$	$5x + (5 - 2x) = 2x + (11 - 2x)$	(Gesetz A)
$\Leftrightarrow$	$5x + (-2x + 5) = 2x + (-2x + 11)$	(Gesetz K)
$\Leftrightarrow$	$(5x - 2x) + 5 = (2x - 2x) + 11$	(Gesetz A)
$\Leftrightarrow$	$(5 - 2)x + 5 = 0 + 11$	(Gesetz D)
$\Leftrightarrow$	$3x + 5 = 11$	
$\Leftrightarrow$	$3x = 6$	(Subtraktion von 5)
$\Leftrightarrow$	$x = 2$	(Division durch 3)

Probe:
$$\left.\begin{aligned} 5 \cdot (2+1) &= 2 \cdot 2 + 11 \\ 5 \cdot 3 &= 4 + 11 \\ 15 &= 15 \end{aligned}\right\} \text{(w)}$$

Beim praktischen Rechnen kann man einige Schritte überspringen.

Beispiel

$$\begin{aligned} & & 5(x+1) &= 2x + 11 & & \\ &\Leftrightarrow & 5x + 5 &= 2x + 11 & &\mid -2x \\ &\Leftrightarrow & 5x + 5 - 2x &= 2x + 11 - 2x & & \\ &\Leftrightarrow & 3x + 5 &= 11 & &\mid -5 \\ &\Leftrightarrow & 3x &= 6 & & \\ &\Leftrightarrow & x &= 2 & & \end{aligned}$$

Bemerkung: Hier kann auch noch die dritte Zeile ausgelassen werden, wenn man $5x - 2x$ und $2x - 2x$ „im Kopf" ausrechnet.

6. Sonderfälle

Sonderfälle liegen bei den folgenden **Beispielen** vor:

1) $4(x-3)-x=5x-(2x+7)$

$\Leftrightarrow 4x-12-x=5x-2x-7$

$\Leftrightarrow 3x-12=3x-7$

Offensichtlich ist diese Gleichung unerfüllbar; es gilt: $L=\emptyset$.

2) $3(2-x)+x=2(3-x)$

$\Leftrightarrow 6-3x+x=6-2x$

$\Leftrightarrow 6-2x=6-2x$

Diese Gleichung ist allgemein gültig; es gilt: $L=\mathbb{Q}$.

7. Ein Beispiel mit Bruchzahlen

Wir schließen mit einer Gleichung, in der Bruchzahlen auftreten.

Beispiel $\frac{5}{6}(x+1)-\frac{1}{5}=5-\frac{1}{15}(x-2)$

Es liegt nahe, die auftretenden Brüche zunächst auf den Hauptnenner 30 zu bringen:

$$\frac{25(x+1)-6}{30}=\frac{150-2(x-2)}{30}.$$

Da die Nenner nunmehr übereinstimmen, können die beiden Brüche nur gleich sein, wenn die Zähler gleich sind. Zur gegebenen Gleichung ist also äquivalent die Gleichung:

$$25(x+1)-6=150-2(x-2).$$

Wir können diesen Schritt auch folgendermaßen erklären: Wir multiplizieren beide Seiten der Gleichung mit dem Hauptnenner 30 und kürzen dann.

Durch weitere Umformungen erhalten wir:

$25x+25-6=150-2x+4$

$\Leftrightarrow 25x+19=154-2x$

$\Leftrightarrow 27x=135$

$\Leftrightarrow x=5$

Probe: $\left.\begin{aligned}\tfrac{5}{6}(5+1)-\tfrac{1}{5}&=5-\tfrac{1}{15}(5-2)\\ 5-\tfrac{1}{5}&=5-\tfrac{1}{5}\\ 4\tfrac{4}{5}&=4\tfrac{4}{5}\end{aligned}\right\}$ (w)

Aufgaben und Beispiele

Zum Einstieg

Bild 1

1. Untersuche, welche Umformungen von Zeile zu Zeile durchgeführt wurden! Handelt es sich immer um Äquivalenzumformungen? Begründe deine Antwort!

a)
$$3(x-1)=2x+1$$
$$3x-3=2x+1$$
$$(3x-3)+3=(2x+1)+3$$
$$3x=2x+4$$
$$3x-2x=(2x+4)-2x$$
$$(3-2)x=(2x-2x)+4$$
$$x=4$$

b)
$$4(x-2)=3(x-1)$$
$$4x-8=3x-3$$
$$(4x-8)+8=(3x-3)+8$$
$$4x=3x+5$$
$$4x-3x=(3x+5)-3x$$
$$(4-3)x=(3x-3x)+5$$
$$x=5$$

2. Bestimme durch Äquivalenzumformungen die Lösung! Gib hinter jeder Zeile – wie beim ausführlichen Beispiel auf Seite 53 – eine Begründung für den durchgeführten Umformungsschritt an! Mache die Probe!

a) $3x-7=17$ **b)** $7-3x=16$ **c)** $5-9x=-13$ **d)** $9x-5=13$
e) $6x=5x+10$ **f)** $12x=65-x$ **g)** $2-x=2+3x$ **h)** $2-x=3x-2$
i) $4(x+1)=2x+8$ **j)** $7(x-1)=3x+5$ **k)** $2x-6=3(x-5)$ **l)** $1-x=x-1$
m) $3(2x-5)=-9(x+5)$ **n)** $3(2x-5)=9(x+5)$ **o)** $3(2x-9)=5(10-x)$ **p)** $3(2x-9)=5(x-10)$
q) $3(6+2x)=2(9-x)$ **r)** $3(6+2x)=2(x-9)$ **s)** $7(x+1)=-2x+2$ **t)** $5(3x-2)=2(16-3x)$

Bestimme in den Aufgaben 3 bis 10 jeweils die Lösung durch Äquivalenzumformungen! Mache stets eine Probe!

3. a) $8x=117-x$ **b)** $5x=2x+33$ **c)** $11x+56=3x$ **d)** $4x-24=6x$
e) $9x+44=-2x$ **f)** $x-42=-5x$ **g)** $6x+34=10+2x$ **h)** $6x+3=12x-3$
i) $6x-3=12x+3$ **j)** $-2x-10=-5x+11$ **k)** $6x-24=4x-28$ **l)** $-9x+28=-5x-8$
m) $32x+48=25x+13$ **n)** $51-3x=51+3x$ **o)** $51-3x=3x-51$ **p)** $51-3x=0$

4. a) $4(x-1)=3x+5$ **b)** $6(x-2)=5(x+1)$ **c)** $8(x-2)=7x+1$
d) $3(x+2)=x+8$ **e)** $5(x-1)=3(x+1)$ **f)** $7(x-2)=5x+2$
g) $3(2-x)=9-2x$ **h)** $4(3-x)=8+4x$ **i)** $3(6x+4)=4(4x+5)$
j) $3(6x-4)=4(4x-1)$ **k)** $3(6x-4)=4(4x+1)$ **l)** $-2(5x+12)=7(3x+1)$
m) $4(3x-15)=5(4x-12)$ **n)** $4(3x-15)=5(20-4x)$ **o)** $5(20-4x)=8(10-5x)$
p) $5(3x-1)=20(x-1)$

5. a) $x+\frac{1}{3}=2x-\frac{2}{3}$ **b)** $3x-\frac{x}{2}=-30$ **c)** $\frac{x}{3}-3=11-\frac{x}{4}$
d) $\frac{1}{2}x-2=\frac{1}{3}x+4$ **e)** $6-\frac{2}{3}x=\frac{1}{2}x-1$ **f)** $\frac{3}{4}x-\frac{1}{4}=\frac{4}{5}x$
g) $6(x+\frac{1}{4})=8x-\frac{5}{2}$ **h)** $20(\frac{3}{4}x-\frac{1}{2})=\frac{5}{2}x-10$ **i)** $-2(x-13)=\frac{x}{2}-\frac{x}{3}$
j) $\frac{1}{3}(3x+1)=\frac{5}{6}(x+\frac{9}{5})$ **k)** $\frac{1}{2}(3x+10)=\frac{2}{3}(2x+7)$ **l)** $3(x-\frac{1}{4})=5(\frac{x}{2}-\frac{1}{4})$

6. a) $3x+4(3-x)-(2x+3)=3$ **b)** $5(x+4)+3(2-x)-14=10$
c) $6(x+3)-2(1+x)=x-5$ **d)** $3(x+6)-4(2-x)=5x$
e) $7(x+5)-3(2-x)=3(5x+3)$ **f)** $5(2x-3)+7(2-x)=3x+20$
g) $8(3-2x)+5(3x+1)=8(1-x)$ **h)** $4(x+7)-3(2x+3)=5(2-x)$
i) $7(3x-5)+4(3-5x)=3(3-5x)$

7. a) $\frac{x}{2}+\frac{x}{4}=6$ **b)** $\frac{1-x}{3}-\frac{x}{2}=2$ **c)** $\frac{x}{3}+\frac{1}{2}=\frac{x+1}{2}$
d) $\frac{3(x+5)}{2}-\frac{2x}{5}=2$ **e)** $\frac{3x}{4}-\frac{5(x-2)}{2}=5$ **f)** $\frac{x}{2}+2=5-\frac{x}{4}$
g) $\frac{1-x}{3}+1=\frac{x}{2}+3$ **h)** $\frac{x}{3}+2=\frac{x+1}{2}+1$ **i)** $\frac{2x}{5}+2=\frac{3x+15}{2}$

8. **a)** $\frac{3x}{4} - 5 = \frac{5(x-2)}{2}$ **b)** $\frac{5x}{2} - 3 = \frac{x+3}{5} + 1$ **c)** $\frac{x+3}{6} - x = \frac{4x+6}{9} - 4$
d) $\frac{4x-5}{15} + 5 = x + \frac{2x-1}{9}$ **e)** $\frac{5x-2}{24} + x = \frac{7x+2}{18} + 8$ **f)** $\frac{3x+5}{16} + \frac{1}{4} = \frac{x}{36} + 2$
g) $\frac{2x+8}{3} - \frac{5x+1}{2} = \frac{x}{3}$ **h)** $\frac{3x-1}{6} + \frac{5x+1}{18} = \frac{x+9}{15}$ **i)** $\frac{2x-3}{9} + \frac{4+x}{8} = \frac{3x+2}{12}$

9. **a)** $1 - 0{,}3x = -0{,}5$ **b)** $0{,}1x = 0{,}01x + 0{,}18$
c) $0{,}7 - 0{,}9x = 0{,}3x - 1{,}7$ **d)** $0{,}25(x-2) = -0{,}75x + 0{,}5$
e) $0{,}3(2x-1) = 0{,}5(2-x) + 0{,}9$ **f)** $3(0{,}2x - 1) = 5(2 - 0{,}1x) - 2$
g) $0{,}1 - 0{,}3x = 0{,}7 - (0{,}4x + 0{,}1)$ **h)** $0{,}9(1 - 0{,}2x) = 0{,}3(3 - 0{,}6x)$
i) $0{,}4(0{,}3 + 0{,}2x) = 0$

10. **a)** $\frac{1}{3}[\frac{1}{3}(\frac{1}{3}x - \frac{1}{3}) - \frac{1}{3}] - \frac{1}{3} = 0$ **b)** $\frac{1}{3}[\frac{1}{3}(\frac{1}{3}x + \frac{1}{3}) + \frac{1}{3}] + \frac{1}{3} = 3$
c) $\frac{1}{2}\{\frac{1}{3}[\frac{1}{4}(\frac{1}{5}x - \frac{1}{5}) - \frac{1}{4}] - \frac{1}{3}\} - \frac{1}{2} = 0$ **d)** $\frac{1}{2}[\frac{1}{3}(\frac{1}{4}x - \frac{1}{4}) - \frac{1}{3}] - \frac{1}{2} + \frac{2}{3}x = 0$
e) $\frac{1}{4}[\frac{1}{3}(\frac{1}{2}x + \frac{1}{2}) + \frac{1}{3}] + \frac{1}{4} = \frac{1}{6}x$ **f)** $\frac{1}{2}[\frac{1}{3}(\frac{1}{4}x - \frac{1}{3}) - \frac{1}{3}] - \frac{1}{3} = \frac{3}{4}x$

Sonderfälle

11. Löse die Gleichung durch Äquivalenzumformungen! Welche Gleichung ist allgemein gültig, welche ist unerfüllbar?
a) $x = x + 1$ **b)** $2x = x + 1$ **c)** $x = x - 1$
d) $2x = x - 1$ **e)** $2x = x + x$ **f)** $2x = x - x$
g) $2x = 3x$ **h)** $2x = 3x - 1$ **i)** $\frac{x}{2} + 1 = \frac{x+1}{2}$
j) $\frac{x}{2} - 1 = \frac{x+1}{2}$ **k)** $\frac{x-1}{2} = x - \frac{1}{2}$ **l)** $\frac{1-x}{2} = -\frac{x-1}{2}$
m) $2(x-3) = 2x - 6$ **n)** $5(x+7) = 5x + 7$ **o)** $5 - x = 3(5-x)$
p) $5 - x = 3(x-5)$ **q)** $5 - (3x-2) = 2 - 3x$ **r)** $4(3x-5) = 2(6x+10)$
s) $4(3x-5) = 2(6x-10)$ **t)** $8 - (x+1) = 1 + x$
u) $5(2x-3) + 7(2-x) = 3x - 1$ **v)** $5(2x-3) + 7(2-x) = 3x + 1$
w) $5(2x-3) + 7(2-x) = 4x - 1$ **x)** $5(2x-3) + 7(2-x) = 4x + 1$

Zahlenrätsel

12. Löse die folgenden Zahlenrätsel! Verwende für die gedachte Zahl die Variable x, für das Ergebnis die Variable z! Welche Gleichung ergibt sich?
a) Denke dir eine Zahl, addiere dazu 4, multipliziere das Ergebnis mit 2, addiere 7, addiere die gedachte Zahl, dividiere das Ergebnis durch 3 und nenne das Endergebnis! $z = 9(12; 16)$.
b) Denke dir eine Zahl, addiere dazu 5, multipliziere mit 3, subtrahiere 3, addiere dazu die gedachte Zahl, dividiere durch 2 und nenne das Endergebnis! $z = 16$ (6; 30)!
c) Denke dir eine Zahl, addiere dazu 7, multipliziere mit 4, addiere 2 und die gedachte Zahl, dividiere durch 5 und nenne das Endergebnis! $z = 7$ (15; 21).
d) Denke dir eine Zahl, addiere dazu 8, multipliziere mit 5, subtrahiere 4, addiere die gedachte Zahl, dividiere durch 3, subtrahiere 7 und nenne das Endergebnis! $z = 25(39; -3)$.
e) Denke dir eine Zahl, addiere dazu 2, multipliziere das Ergebnis mit 7, subtrahiere 10, subtrahiere die gedachte Zahl, dividiere durch 2, addiere 4 und nenne das Endergebnis! $z = 15$ (21; 39).

13. Erfinde selbst drei Zahlenrätsel von der gleichen Art wie in Aufgabe 12 und stelle die dazugehörigen Gleichungen auf!

14. Fällt dir zu einer der Gleichungen in Aufgabe 10 eine Geschichte ein? Vielleicht eine mit Affen und Kokosnüssen oder mit einem Schatz von Goldstücken, der aufzuteilen ist?

Beispiel

Zu der Gleichung $\frac{1}{3}[\frac{1}{3}(\frac{1}{3}x - \frac{1}{3}) - \frac{1}{3}] - \frac{1}{3} = 0$ in Aufgabe 10a) kann man die folgende Geschichte erzählen:

Bild 2

„Eine merkwürdige Vorratswirtschaft betreiben diese Affen", berichtete der Forscher, „ich beobachtete einen, der vor einem Haufen Nüsse saß. Zunächst aß der Affe eine Nuss, dann teilte er den Rest in drei gleiche Haufen, von denen er zwei vergrub. Von dem dritten Haufen aß er erneut eine Nuss und teilte den Haufen dann wieder in drei kleine Häufchen, von denen er zwei vergrub.

Als er nun zum dritten Mal eine Nuss aß und drei noch kleinere Häufchen bilden wollte, fand er nur noch die Schalen der von ihm schon gegessenen Nüsse." – „Ja, wie viele Nüsse hatte dieser Affe denn eigentlich?", fragte da ein unaufmerksamer Zuhörer.

Ist x die Anzahl aller Nüsse, so gilt nach dieser Geschichte für die Anzahl der Nüsse im ersten Haufen:

$$\frac{1}{3}(x-1) \quad \text{oder} \quad \frac{1}{3}x - \frac{1}{3},$$

für die Anzahl der Nüsse in den Häufchen entsprechend

$$\frac{1}{3}\left[\left(\frac{1}{3}x - \frac{1}{3}\right) - 1\right] \quad \text{oder} \quad \frac{1}{3}\left(\frac{1}{3}x - \frac{1}{3}\right) - \frac{1}{3}$$

und schließlich für die Anzahl beim dritten Aufteilen

$$\frac{1}{3}\left\{\left[\frac{1}{3}\left(\frac{1}{3}x - \frac{1}{3}\right) - \frac{1}{3}\right] - 1\right\} = 0 \quad \text{oder} \quad \frac{1}{3}\left[\frac{1}{3}\left(\frac{1}{3}x - \frac{1}{3}\right) - \frac{1}{3}\right] - \frac{1}{3} = 0.$$

II. Einfache Ungleichungen

1. Zur Einführung

Beim Einzug in sein neues Einfamilienhaus erhält Herr Franke von den Stadtwerken ein Angebot über zwei Erdgastarife.

	Grundpreis	Preis pro Kilowattstunde (kWh)
Tarif 1	16,50 €	4,25 Cent
Tarif 2	22,– €	3,70 Cent

Er muss sich für einen der beiden Tarife entscheiden und steht somit vor der Frage, bei welchem Verbrauch z.B. der zweite Tarif günstiger ist als der erste.

Zur Lösung seines Problems ermittelt Herr Franke zwei Terme T_1 und T_2, die die monatlich zu entrichtenden Gebühren (in €) für x verbrauchte Kilowattstunden angeben:

$$T_1 = 16{,}5 + 0{,}0425 \cdot x \quad \text{und} \quad T_2 = 22 + 0{,}037 \cdot x.$$

Die Bedingung, dass T_2 günstiger sein soll als T_1, wird durch die folgende Ungleichung ausgedrückt:

$$T_2 < T_1, \quad \text{also} \quad 22 + 0{,}037 \cdot x < 16{,}5 + 0{,}0425 \cdot x.$$

Herr Franke versucht, diese Ungleichung mit Hilfe derselben Verfahren zu lösen, die er für das Lösen von Gleichungen kennt: Termumformungen und Anwendung derselben Rechenoperationen auf beiden Seiten der Ungleichung. Sein Ziel ist es, die Ungleichung „nach x aufzulösen", also eine unmittelbar auflösbare Ungleichung zu erhalten wie etwa $x > 18$ oder $x < 37$.

Herr Franke subtrahiert daher auf beiden Seiten der Ungleichung

$$22 + 0{,}037 \cdot x < 16{,}5 + 0{,}0425 \cdot x$$

die Zahl 22 und erhält:

$$0{,}037 \cdot x < -5{,}5 + 0{,}0425 \cdot x.$$

Um die Terme, die die Variable x enthalten, auf der linken Seite der Ungleichung zu vereinigen, subtrahiert er nun auf beiden Seiten den Term $0{,}0425 \cdot x$ und erhält:

$$\begin{aligned} & 0{,}037 \cdot x - 0{,}0425 \cdot x < -5{,}5, \\ \text{also} \quad & (0{,}037 - 0{,}0425) \cdot x < -5{,}5, \\ \text{also} \quad & -0{,}0055 \cdot x < -5{,}5. \end{aligned}$$

Zum guten Schluss dividiert er beide Seiten der Ungleichung durch $-0{,}0055$ und erhält:

$$x < \frac{-5{,}5}{-0{,}0055}, \quad \text{also} \quad x < 1000.$$

2. Wo steckt der Fehler?

Herr Franke überlegt. „Dieses Ergebnis besagt doch: Wenn ich **weniger** als 1000 kWh verbrauche, dann ist der zweite Tarif günstiger als der erste. Das ist aber merkwürdig! Der zweite Tarif müsste doch eigentlich bei hohem Verbrauch günstiger sein als der erste. Ich mache mal eine Stichprobe, z. B. für 900 kWh." Er rechnet also:

$$\begin{aligned} T_1(900) &= 16{,}5 + 0{,}0425 \cdot 900 = 16{,}5 + 38{,}25 = 54{,}75 \quad \text{und} \\ T_2(900) &= 22 + 0{,}037 \cdot 900 = 22 + 33{,}30 = 55{,}30. \end{aligned}$$

Tatsächlich stellt Herr Franke fest, dass für 900 kWh der zweite Tarif im Widerspruch zum Ergebnis seiner Rechnung ungünstiger ist als der erste. Das kann Herr Franke nur so erklären, dass er bei obiger Rechnung einen Fehler gemacht hat. Aber wo steckt der Fehler?

Eines können wir sagen: Offensichtlich ist es nicht korrekt, bei Ungleichungen blindlings nach denselben Methoden zu rechnen wie bei Gleichungen. Wir müssen uns – zusammen mit Herrn Franke – daher mit Ungleichungen etwas näher beschäftigen.

3. Das Monotoniegesetz der Addition

Wir fragen uns zunächst, was es bedeutet, wenn wir bei einer Ungleichung $a > b$ auf beiden Seiten die gleiche Zahl **addieren**:

Beispiel

Es ist $4 > 2$; wir addieren zu beiden Zahlen jeweils die Zahl 5: $4 + 5 = 9$ und $2 + 5 = 7$. Vergleichen wir die ursprünglichen Zahlen mit den Ergebnissen, so zeigt sich, dass die Größenbeziehung bei dieser Operation erhalten geblieben ist: Es ist $4 > 2$ und auch $4 + 5 > 2 + 5$, also $9 > 7$ (Bild 3).

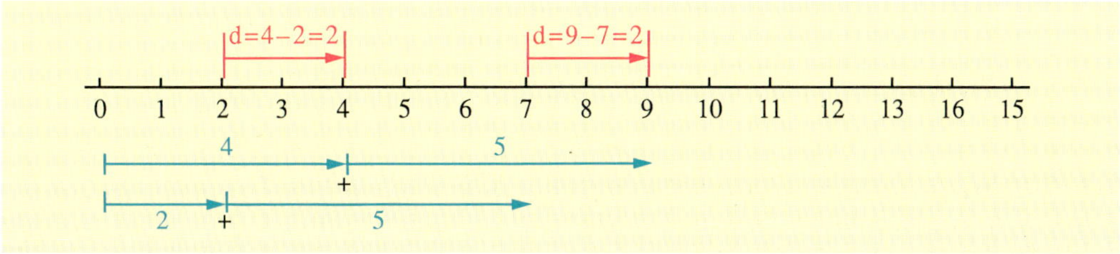

Bild 3

Allgemein können wir sagen:

Gilt $a > b$ und addiert man zu a und zu b dieselbe Zahl c, so gilt für die Summenwerte: $a + c > b + c$.

Dass dieses **Monotoniegesetz der Addition** für rationale Zahlen stets erfüllt ist, erkennt man leicht, wenn man daran denkt, dass die Addition einer rationalen Zahl als eine Verschiebung auf der Zahlengeraden gedeutet werden kann und dass eine solche Verschiebung die Größerbeziehung bestehen lässt. Es gilt sogar, dass die beiden Ungleichungen $a > b$ und $a + c > b + c$ zueinander äquivalent sind:

$$a > b \Leftrightarrow a + c > b + c \quad (\text{für } a, b, c \in \mathbb{Q}).$$

4. Beweis des Monotoniegesetzes der Addition

Wir können das Monotoniegesetz der Addition beweisen, wenn wir uns daran erinnern, wie wir die Größerbeziehung für rationale Zahlen definiert haben:

Für zwei rationale Zahlen a, b gilt $a > b$ genau dann, wenn die Differenz $a - b$ positiv ist, wenn also gilt $a - b > 0$.

Dabei bedeutet $a - b > 0$, dass $a - b$ eine (positive) Bruchzahl ist.

Wir beweisen nun mit Hilfe dieser Definition das Monotoniegesetz der Addition:

Es gilt: $(a + c) - (b + c) = a + c - b - c = (a - b) + (c - c) = a - b$.

Daher gilt: $a - b > 0 \Leftrightarrow (a + c) - (b + c) > 0$ und somit

$$a > b \Leftrightarrow a + c > b + c.$$

Der Beweisgedanke ist sehr einfach: Wenn man zu zwei Zahlen a und b dieselbe Zahl c addiert, dann bleibt die Differenz dieser beiden Zahlen erhalten (Bild 4).

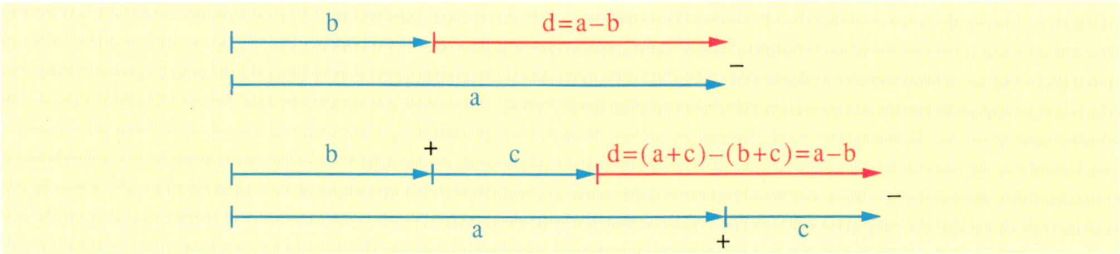

Bild 4

Aus dem Monotoniegesetz der Addition ergibt sich unmittelbar, dass man auf beiden Seiten einer Ungleichung die gleiche rationale Zahl c addieren darf:

$$T_1 > T_2 \Leftrightarrow T_1 + c > T_2 + c \quad (\text{für } c \in \mathbb{Q}).$$

Bemerkung: Da man die Subtraktion auf die Addition zurückführen kann, gilt auch:

$$T_1 > T_2 \Leftrightarrow T_1 - c > T_2 - c \quad (\text{für } c \in \mathbb{Q}).$$

Bei unserem Einführungsbeispiel zu den beiden Erdgastarifen hat Herr Franke in den ersten Umformungsschritten eine Zahl 22 und einen Term $0{,}0425 \cdot x$ subtrahiert. Diese Umformungen sind also korrekt.

Der Fehler kann also nur im letzten Umformungsschritt passiert sein; dort ist die Ungleichung auf beiden Seiten durch die Zahl $-0{,}0055$ dividiert worden. Nun kann man jede Division durch eine Zahl $c \neq 0$ auch als Multiplikation mit dem zugehörigen Kehrwert $\frac{1}{c}$ schreiben. Daher haben wir zu untersuchen, was mit einer Ungleichung geschieht, wenn man sie auf beiden Seiten mit derselben Zahl multipliziert.

5. Das Monotoniegesetz der Multiplikation

Wir untersuchen zunächst, was mit einer Ungleichung geschieht, wenn man sie auf beiden Seiten mit einer **positiven** Zahl multipliziert.

Beispiele

1) $9 > 4$ und $9 \cdot 3 > 4 \cdot 3$, weil $27 > 12$ ist;

2) $-2 > -6$ und $(-2) \cdot 5 > (-6) \cdot 5$, weil $-10 > -30$ ist;

3) $3 > -3$ und $3 \cdot 8 > (-3) \cdot 8$, weil $24 > -24$ ist.

Es zeigt sich, dass die Größerbeziehung in allen drei Fällen erhalten bleibt.

Nun multiplizieren wir beide Seiten einer Ungleichung mit einer **negativen** Zahl.

Beispiele

1) $9 > 4$, aber $9 \cdot (-3) < 4 \cdot (-3)$, weil $-27 < -12$ ist;

2) $-2 > -6$, aber $(-2) \cdot (-5) < (-6) \cdot (-5)$, weil $10 < 30$ ist;

3) $3 > -3$, aber $3 \cdot (-8) < (-3) \cdot (-8)$, weil $-24 < 24$ ist;

Man erkennt, dass in diesen Fällen die Richtung der Ungleichung umzukehren ist.

Bei der Formulierung des **Monotoniegesetzes der Multiplikation** haben wir also zwei Fälle zu unterscheiden; es gilt:

$$\mathbf{a > b \Rightarrow ac > bc \quad \text{für } c > 0 \quad \text{und}}$$

$$\mathbf{a > b \Rightarrow ac < bc \quad \text{für } c < 0.}$$

Für $c = 0$ gilt wegen $a \cdot 0 = b \cdot 0 = 0$ natürlich $a > b \Rightarrow ac = bc$.

6. Beweis des Monotoniegesetzes der Multiplikation

$a > b$ bedeutet nach der Definition für die Größerbeziehung rationaler Zahlen (Seite 59): $a - b > 0$. Zur Vereinfachung der Schreibweise bezeichnen wir diese Differenz mit d; wir setzen also voraus, dass gilt:

$$d = a - b > 0.$$

Wir haben jeweils ac und bc miteinander zu vergleichen; also berechnen wir die Differenz

$$ac - bc = (a - b)\,c = dc.$$

Wenn wir vom trivialen Fall $c = 0$ absehen, haben wir zwei Fälle zu unterscheiden. Wir benutzen dabei die Regeln für die Multiplikation rationaler Zahlen und beachten, dass nach Voraussetzung in jedem Fall $d > 0$ ist.

1) Wenn $c > 0$ ist, dann ist $dc > 0$, also $ac > bc$;

2) Wenn $c < 0$ ist, dann ist $dc < 0$, also $ac < bc$, q.e.d.

7. Gilt auch die Umkehrung?

Wir vermuten, dass auch die Umkehrung obiger Folgerungsaussagen gilt, also

1) $ac > bc$ und $c > 0 \Rightarrow a > b$ und

2) $ac < bc$ und $c < 0 \Rightarrow a > b$.

Zu 1): Ist $c > 0$ und $ac > bc$, also $(a - b)c = dc > 0$, dann muss auch $d > 0$, also $a > b$ sein.

Zu 2): Ist $c < 0$ und $ac < bc$, also $(a - b)c = dc < 0$, dann muss ebenfalls $d > 0$, also $a > b$ sein, q.e.d.

Damit haben wir insgesamt bewiesen:

$$a > b \Leftrightarrow \begin{cases} ac > bc & \text{für } c > 0 \\ ac < bc & \text{für } c < 0 \end{cases} \quad (\text{für } a, b, c \in \mathbb{Q}).$$

Für die Multiplikation einer Ungleichung $T_1 > T_2$ mit einer rationalen Zahl c gilt demnach:

$$T_1 > T_2 \Leftrightarrow \begin{cases} cT_1 > cT_2 & \text{für } c > 0 \\ cT_1 < cT_2 & \text{für } c < 0 \end{cases} \quad (\text{für } c \in \mathbb{Q}).$$

Bemerkung: Die Division durch eine Zahl c (mit $c \neq 0$) ist erklärt als die Multiplikation mit dem Kehrwert $\frac{1}{c}$:

$$a : c = a \cdot \frac{1}{c}.$$

Nun gilt mit $c > 0$ auch $\frac{1}{c} > 0$ und mit $c < 0$ auch $\frac{1}{c} < 0$. Daher ergibt sich aus dem vorstehenden Satz unmittelbar auch die Gültigkeit des Satzes

$$T_1 > T_2 \Leftrightarrow \begin{cases} T_1 : c > T_2 : c & \text{für } c > 0 \\ T_1 : c < T_2 : c & \text{für } c < 0 \end{cases} \quad (\text{für } c \in \mathbb{Q}).$$

8. Berichtigung des Fehlers von Herrn Franke

Nun ist auch klar, welchen Fehler Herr Franke bei der Umformung der Ungleichung

$$22 + 0{,}037 \cdot x < 16{,}5 + 0{,}0425 \cdot x$$

auf Seite 58 gemacht hat. Im letzten Umformungsschritt hat er nicht berücksichtigt, dass durch eine negative Zahl dividiert (bzw. mit dem Kehrwert dieser Zahl multipliziert) wird, dass die Richtung der Ungleichung also umzukehren ist.

Korrekt ist:

$$-0{,}0055 \cdot x < -5{,}5 \Leftrightarrow x > \frac{-5{,}5}{-0{,}0055} \Leftrightarrow x > 1000.$$

Dieses Ergebnis ist auch sinnvoll; denn wegen des höheren Grundpreises ist klar, dass der Tarif 2 erst von einem bestimmten Verbrauch ab günstiger sein kann als der Tarif 1. Wir machen eine Stichprobe, indem wir die Preise für $x = 1100$ berechnen:

$$T_1(1100) = 16{,}5 + 0{,}0425 \cdot 1100 = 16{,}5 + 46{,}75 = 63{,}25 \quad \text{und}$$
$$T_2(1100) = 22 + 0{,}037 \cdot 1100 = 22 + 40{,}70 = 62{,}70.$$

Aufgaben und Beispiele

Zum Einstieg

Bei Tarifverhandlungen werden zwei Vorschläge zur Lohnerhöhung diskutiert:

1) Anhebung des Lohns um 4 %;

2) Anhebung des Lohns um 2 % und einen Sockelbetrag von 60 €.

Bei welchen Löhnen ist der erste Vorschlag, bei welchen der zweite Vorschlag vorteilhaft?

Tarifverhandlungen – Gewerkschaft plädiert für Sockelbetrag

dpa Berlin 18.Oktober
Bei den Tarifverhandlungen in der Metallindistrie ist auch nach dem gestrigen Verhandlungsmarathon noch keine Einigung in Sicht.
Während die Vertreter der Arbeitgeber weiterhin eine Erhöhung der Löhne um 4 % anbieten, fordern die Gewerkschaftsvertreter darüber hinaus die Anhebung aller Löhne um einen Sockelbetrag von 60 €.
Die Gewerkschaft würde sich im Fall der Einführung dieses Sockelbetrages auch mit einer 2 %igen Anhebung der Löhne zufriedengeben.

Bild 5

Monotoniegesetze

1. Veranschauliche die beiden Ungleichungen an einem Zahlenstrahl! Welcher Zusammenhang besteht zwischen ihnen?

a) $2 < 5$ und $4 < 7$ **b)** $-7 < -3$ und $-5 < -1$ **c)** $-7 < -3$ und $1 < 5$
d) $-5 < -1$ und $-2 < 2$ **e)** $-3 < 2$ und $-2 < 3$ **f)** $-1 < 0$ und $0 < 3$

2. Multipliziere die gegebenen Ungleichungen mit 2 (0; −1; −2) und untersuche jeweils, ob eine wahre oder eine falsche Aussage entsteht!

a) $3 < 7$ **b)** $-7 < 3$ **c)** $-7 < -2$ **d)** $0 < 5$ **e)** $-2 < 0$
f) $-1{,}5 < -1$ **g)** $-1 < 1{,}5$ **h)** $-2{,}5 < 0$ **i)** $-0{,}2 < -0{,}1$ **j)** $-0{,}1 < -0{,}01$
k) $\frac{1}{3} < \frac{1}{2}$ **l)** $-\frac{1}{2} < -\frac{1}{3}$ **m)** $-\frac{1}{2} < 0$ **n)** $0 < \frac{1}{3}$ **o)** $-1 < -\frac{1}{2}$

3. a) Veranschauliche am Zahlenstrahl, dass für rationale Zahlen a und b gilt:
$a < b \Leftrightarrow -b < -a$!

b) Bestätige diesen Satz, indem du für a und b
1) zwei positive Zahlen;
2) zwei negative Zahlen;
3) eine negative und eine positive Zahl;
4) 0 und eine positive Zahl;
5) eine negative Zahl und 0 einsetzt!

c) Begründe diesen Satz mit Hilfe des Monotoniegesetzes der Multiplikation (Seite 62)!

d) Begründe diesen Satz mit Hilfe des Monotoniegesetzes der Addition (Seite 59)!

Zur Größerbeziehung

4. a) Veranschauliche am Zahlenstrahl, dass für rationale Zahlen a, b, c gilt:
$a > b$ und $b > c \Rightarrow a > c$ (**Transitivität** der Größerbeziehung).

b) Bestätige diesen Satz durch unterschiedliche Einsetzungen für a, b und c!

c) Begründe diesen Satz mit Hilfe der Definition der Größerbeziehung für rationale Zahlen (Seite 59)!

5. Nenne 10 rationale Zahlen, die zwischen 1 und 2 liegen, und 15 rationale Zahlen, die zwischen −0,5 und 0 liegen!

6. Zeige, dass es zwischen zwei beliebigen rationalen Zahlen a und b stets weitere rationale Zahlen gibt.
Man sagt deshalb: Die Menge $\mathbb{Q}$ der rationalen Zahlen ist **dicht**.
Anleitung: Zeige zunächst, dass für beliebige rationale Zahlen a, b
mit $a < b$ gilt: $2a < a + b < 2b$
und dass daraus $a < \frac{a+b}{2} < b$ folgt.
Bestätige diesen Sachverhalt an drei Beispielen!

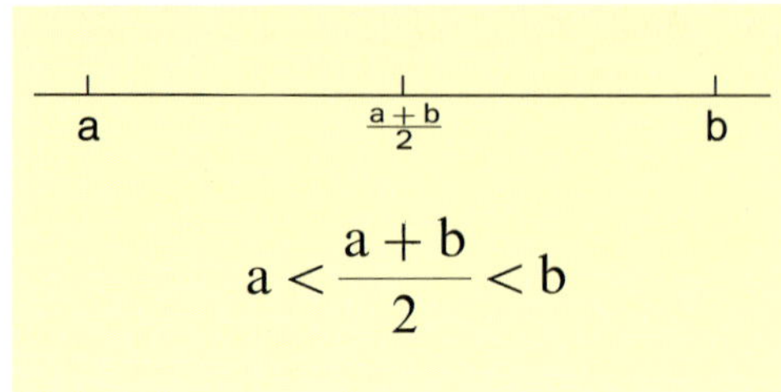

Bild 6

Einfache Ungleichungen

7. Löse die Ungleichungen durch Äquivalenzumformungen!

Beispiele

1) $x - 4 > 5 \quad | +4$
$\Leftrightarrow x - 4 + 4 > 5 + 4$
$\Leftrightarrow x > 9$

2) $10 < x + 6 \quad | -6$
$\Leftrightarrow 10 - 6 < x + 6 - 6$
$\Leftrightarrow 4 < x$

a) $x - 1 < 3$ **b)** $x + 4 < 2$ **c)** $-4 + x > -4$ **d)** $-5 < y - 6$
e) $x + 0{,}5 > 1{,}5$ **f)** $x - 0{,}5 < 1{,}5$ **g)** $x - 0{,}5 < 2{,}5$ **h)** $x + 1{,}8 < -0{,}2$
i) $x - \frac{1}{2} < \frac{3}{2}$ **j)** $\frac{1}{8} < x - \frac{7}{8}$ **k)** $0 > x - \frac{3}{10}$ **l)** $x + \frac{2}{3} > -\frac{3}{4}$

8. Löse die Ungleichungen durch Äquivalenzumformungen!

Beispiele

1) $4x < -12 \quad | :4$
$\Leftrightarrow (4x):4 < -12:4$
$\Leftrightarrow x < -3$

2) $-5x < 20 \quad | :(-5)$
$\Leftrightarrow (-5x):(-5) > 20:(-5)$
$\Leftrightarrow x > -4$

a) $5x < 35$ **b)** $3x > 27$ **c)** $13x < -26$ **d)** $-x < 5$
e) $10x < 1$ **f)** $-2x < 5$ **g)** $1{,}8x < 0$ **h)** $-2x < -5$
i) $-\frac{1}{2} < 3x$ **j)** $2x > -\frac{4}{5}$ **k)** $-\frac{3}{5}x > \frac{6}{7}$ **l)** $-x > -\frac{1}{4}$

9. Löse die Ungleichungen durch Äquivalenzumformungen!
a) $-1 + y > 9$ **b)** $-y < -3$ **c)** $25 > -5x$ **d)** $-0{,}5x > 3$
e) $0{,}7 + x > 0{,}8$ **f)** $-12 > -3x$ **g)** $-3{,}9 < 1{,}3x$ **h)** $-2 > 5x$
i) $0{,}1 + x > 0{,}01$ **j)** $3z > -6$ **k)** $-1{,}2z < -6$ **l)** $15z > 300{,}15$

10. Löse die Ungleichungen durch Äquivalenzumformungen!
a) $x - \frac{2}{5} < \frac{3}{10}$ **b)** $w - \frac{3}{7} > \frac{5}{21}$ **c)** $5x < -\frac{10}{17}$ **d)** $\frac{2}{9}w < \frac{20}{90}$
e) $-\frac{1}{7}u > -\frac{3}{14}$ **f)** $0 < z + \frac{9}{10}$ **g)** $-\frac{7}{9}x < 0$ **h)** $-\frac{7}{9}x < -\frac{7}{9}$
i) $11x + 6 > 39$ **j)** $14z - 5 > 93$ **k)** $7y + 9 > 44$ **l)** $-1{,}3u < -11{,}7$

11. Löse die Ungleichungen durch Äquivalenzumformungen!

Beispiele

1) $-3x + 17 < -1 \quad |-17$
$\Leftrightarrow \quad -3x < -18 \quad |:(-3)$
$\Leftrightarrow \quad x > 6$

2) $\frac{4-x}{3} > 1 \quad |\cdot 3$
$\Leftrightarrow \quad 4-x > 3 \quad |-4$
$\Leftrightarrow \quad -x > -1 \quad |\cdot(-1)$
$\Leftrightarrow \quad x < 1$

a) $-8z + 4 < 52$
b) $4 - 6y < 28$
c) $-2x - 10 > -30$
d) $15z - 30 > -120$
e) $0 < -7{,}25\,w$
f) $-x + 1 < 0$
g) $0{,}1x - 0{,}2 > 0{,}3$
h) $-0{,}7z - 0{,}9 < 0{,}5$
i) $\frac{x-2}{3} < 1$
j) $\frac{x+1}{4} > 2$
k) $-2 < \frac{2-x}{7}$
l) $\frac{3-x}{6} > \frac{1}{2}$

III. Weitere Beispiele für Ungleichungen

1. Zur Einführung

Wir behandeln zunächst ein **Beispiel** in ausführlicher Form.

$$\begin{array}{lll} & 5x - 1 > 2(x+4) & \\ \Leftrightarrow & 5x - 1 > 2x + 8 & \text{(Gesetz D)} \\ \Leftrightarrow & (5x-1) - 2x > (2x+8) - 2x & \text{(Subtraktion von } 2x) \\ \Leftrightarrow & 5x - 2x - 1 > 2x - 2x + 8 & \text{(Gesetze A und K)} \\ \Leftrightarrow & 3x - 1 > 8 & \text{(Gesetz D)} \\ \Leftrightarrow & 3x > 9 & \text{(Addition von 1)} \\ \Leftrightarrow & x > 3 & \text{(Division durch 3)} \end{array}$$

Die Lösungsmenge der Ungleichung enthält also alle rationalen Zahlen, die größer als 3 sind; wir bezeichnen diese Menge mit „$\mathbb{Q}^{>3}$", gelesen „$\mathbb{Q}$ größer 3". In Bild 7 ist die Lösungsmenge auf einer Zahlengeraden dargestellt. Die bei 3 nach links, also nach außen, gerichteten „Häkchen" deuten an, dass die Zahl 3 selbst nicht zur Menge $\mathbb{Q}^{>3}$ gehört.

Bemerkung: Man kann die Lösungsmenge mit Hilfe des sogenannten **Mengenbildungsoperators** folgendermaßen schreiben:

$L = \{x \mid x > 3\}$, gelesen: „Menge aller x, für die gilt: x > 3".

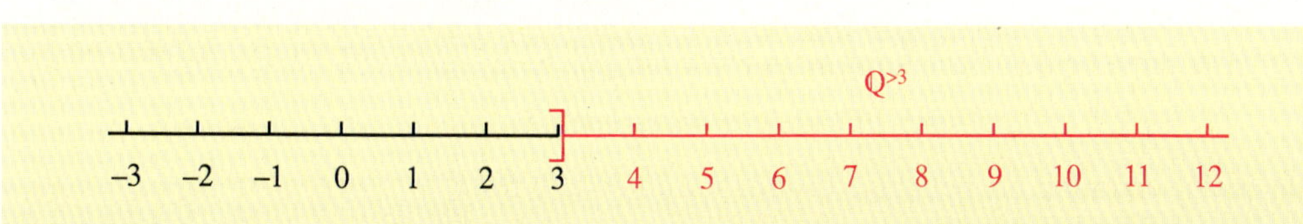

Bild 7

2. Kurzform der Rechnung

Beim praktischen Rechnen kann man einige Schritte überspringen.

Beispiele

1)
$$\begin{aligned} & 5x-1>2(x+4) \\ \Leftrightarrow\; & 5x-1>2x+8 \quad |-2x \\ \Leftrightarrow\; & 3x-1>8 \quad |+1 \\ \Leftrightarrow\; & 3x>9 \quad |:3 \\ \Leftrightarrow\; & x>3 \end{aligned}$$

Es gilt: $L=\{x|x>3\}=\mathbb{Q}^{>3}$ (Bild 7).

2)
$$\begin{aligned} & 3(x+1)>5(x-3) \\ \Leftrightarrow\; & 3x+3>5x-15 \quad |-5x \\ \Leftrightarrow\; & -2x+3>-15 \quad |-3 \\ \Leftrightarrow\; & -2x>-18 \quad |:(-2) \\ \Leftrightarrow\; & x<9 \end{aligned}$$

Es gilt: $L=\{x|x<9\}=\mathbb{Q}^{<9}$ (Bild 8).

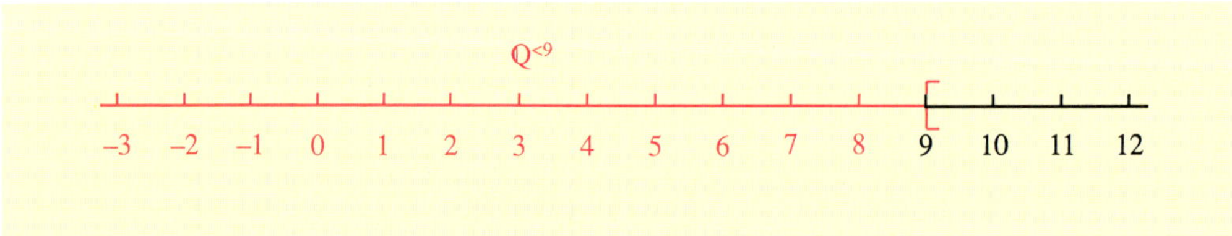

Bild 8

3. Die Zeichen „≤“ und „≥“

Bei den Tarifen 1 und 2, die die Stadtwerke Herrn Franke angeboten haben (vgl. Seite 57), kann man auch danach fragen, für welchen Verbrauch der Tarif 1 nicht teurer ist als der Tarif 2. Die Bedingung dafür lautet:

$$T_1 < T_2 \quad \text{oder} \quad T_1 = T_2.$$

Bild 9

Man fasst diese beiden Beziehungen zu einer Ungleichung zusammen und schreibt:

$T_1 \leq T_2$, gelesen: „T_1 kleiner oder gleich T_2“.

Allgemein setzt man für beliebige rationale Zahlen a, b fest:

1) $a \leq b$ bedeutet $a < b$ oder $a = b$; **2)** $a \geq b$ bedeutet $a > b$ oder $a = b$.

Wir behandeln zwei zugehörige Beispiele.

Beispiele

1) $3(4-x) \leq 5(x-1)+1$
$\Leftrightarrow 12-3x \leq 5x-5+1 \quad |-5x$
$\Leftrightarrow 12-8x \leq -4 \quad |-12$
$\Leftrightarrow -8x \leq -16 \quad |:(-8)$
$\Leftrightarrow x \geq 2$

Es gilt: $L = \{x \mid x \geq 2\} = \mathbb{Q}^{\geq 2}$ (Bild 10).

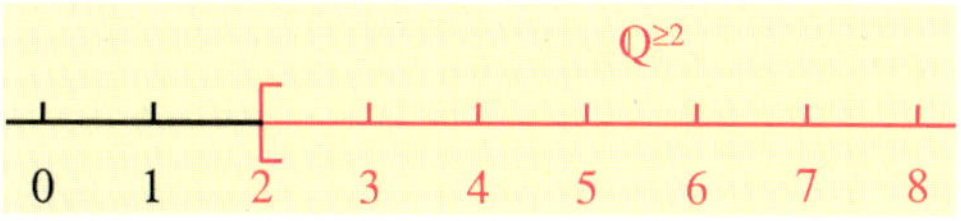

Bild 10

2) $3(x-2)-7 \leq 5(1-x)+2x$
$\Leftrightarrow 3x-6-7 \leq 5-5x+2x$
$\Leftrightarrow 3x-13 \leq 5-3x \quad |+3x$
$\Leftrightarrow 6x-13 \leq 5 \quad |+13$
$\Leftrightarrow 6x \leq 18 \quad |:6$
$\Leftrightarrow x \leq 3$

Es gilt: $L = \{x \mid x \leq 3\} = \mathbb{Q}^{\leq 3}$ (Bild 11).

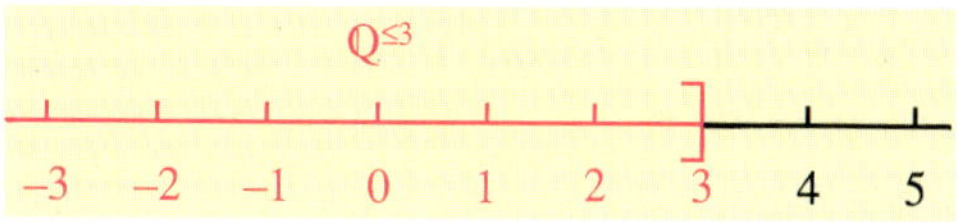

Bild 11

4. Sonderfälle

Auch Ungleichungen können unerfüllbar oder allgemein gültig sein.

Beispiele

1) $2(4-x)-x < 3(3-x)-1$
$\Leftrightarrow 8-2x-x < 9-3x-1$
$\Leftrightarrow 8-3x < 8-3x$

Diese Ungleichung ist unerfüllbar;
es gilt: $L = \emptyset$.

2) $4(x+2)+5 > 3(x+3)+x$
$\Leftrightarrow 4x+8+5 > 3x+9+x$
$\Leftrightarrow 4x+13 > 4x+9$

Diese Ungleichung ist allgemein gültig;
es gilt: $L = \mathbb{Q}$.

5. Eine Ungleichung mit Bruchzahlen

Abschließend behandeln wir noch ein Beispiel einer Ungleichung, in der Bruchzahlen vorkommen.

Beispiel $\frac{1}{4}(3x-2) < \frac{1}{3}(x+1)$

Wie bei Gleichungen, in denen Bruchzahlen auftreten, kann man auch hier zunächst die Ungleichung auf den Hauptnenner 12 bringen und dann die Zähler vergleichen. Zum gleichen Ergebnis kommt man dadurch, dass man die Ungleichung mit dem Hauptnenner, also mit 12, multipliziert. Es ergibt sich:

$$3(3x-2) < 4(x+1) \Leftrightarrow 9x-6 < 4x+4 \Leftrightarrow 5x < 10 \Leftrightarrow x < 2.$$

Also ist: $L = \{x \mid x < 2\} = \mathbb{Q}^{<2}$ (Bild 12).

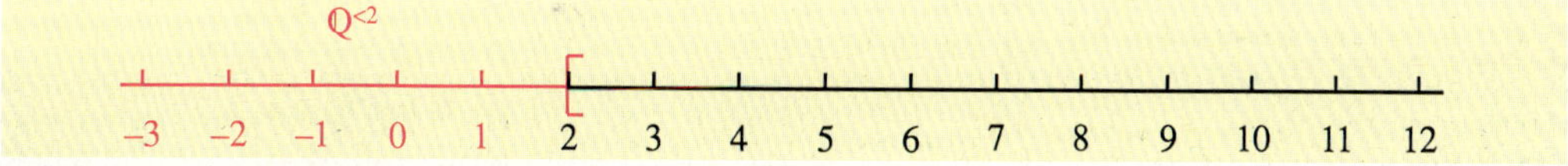

Bild 12

Aufgaben und Beispiele

1. Welche Umformungen werden von Zeile zu Zeile durchgeführt? Handelt es sich stets um eine Äquivalenzumformung? Begründe deine Antwort!

a)
$$5(x-3) > 3(x+1)$$
$$5x-15 > 3x+3$$
$$(5x-15)+15 > (3x+3)+15$$
$$5x > 3x+18$$
$$5x-3x > (3x+18)-3x$$
$$(5-3)x > (3x-3x)+18$$
$$2x > 18$$
$$x > 9$$

b)
$$x+4 < 6(x-1)$$
$$x+4 < 6x-6$$
$$(x+4)-4 < (6x-6)-4$$
$$x < 6x-10$$
$$x-6x < (6x-10)-6x$$
$$x(1-6) < 6x-6x-10$$
$$-5x < -10$$
$$x > 2$$

2. Bestimme durch Äquivalenzumformungen die Lösung! Begründe – wie bei dem Beispiel auf Seite 65 – jeden durchgeführten Umformungsschritt!

a) $2(x-1) < x+4$ **b)** $3(x-2) > 2(x-4)$ **c)** $5(x+3) < 4(x+7)$
d) $3(x+1) > 4(x-2)$ **e)** $7(x-2) > 4(x+4)$ **f)** $12(x-3) < 7(x+2)$
g) $3(4-x) < 5(x-1)+1$ **h)** $5(x-2) > 7(x+4)-16$ **i)** $6(2x+1)-(4+x) > 5(x-2)$

3. Prüfe, ob richtig umgeformt wurde!

a) $3-x<0 \Leftrightarrow 0<x+3$ **b)** $x-3<0 \Leftrightarrow 0<3-x$ **c)** $-x<-5 \Leftrightarrow x<5$
d) $1>10x \Leftrightarrow 1>x$ **e)** $0>10x \Leftrightarrow 0>x$ **f)** $0{,}2x-0{,}3x<0 \Leftrightarrow x>0$
g) $3(x+1)>0 \Rightarrow x>-1$ **h)** $x>-1 \Leftrightarrow 0<1+x$ **i)** $2x<3x \Leftrightarrow 2<3$

Bestimme in den Aufgaben 4 bis 8 die Lösungsmenge durch Äquivalenzumformungen und veranschauliche sie auf der Zahlengeraden!

4. a) $-3x-18<5(2x-1)$ **b)** $2x-7\geq 3(6-x)$ **c)** $2(x-6)<-7(4+2x)$
d) $-3(x-2)>4x-8$ **e)** $7-5x\geq 3(x+5)$ **f)** $2x+11<5(12-x)$
g) $9(3x-5)>13(x+3)$ **h)** $3(9-x)+2\leq 8(x-6)$ **i)** $3x-7<8(2x-9)$
j) $-7(3-2x)\leq 7(5x-3)$ **k)** $12(7-x)>-4(19+5x)$ **l)** $7(3-5x)\geq 2(5x-57)$

5. a) $5+3(7-x)>4(x+10)$ **b)** $11(2-3x)<40+3(2x+7)$ **c)** $13(x-7)\leq 3(5-12x)+41$
d) $4(2-11x)>7(x-8)+64$ **e)** $95-7(2-3x)\geq 12(3-2x)$ **f)** $286-11(3-2x)<19(1-5x)$
g) $12(7-x)-7(x+9)\geq 40$ **h)** $19(x-5)-11(7-2x)<-8$ **i)** $19(3-5x)-17(6x+1)>40$
j) $7(5-3x)+10(2x+9)>0$ **k)** $28x+7(9-x)>0$ **l)** $17x-12(3-2x)\leq 5$
m) $6x-7(8x+9)\leq 87$ **n)** $2-3(x+9)<4+7(-7-x)$ **o)** $13+5(2-x)<-14(1+3x)$

6. a) $13(x-7)-11(5-x)+5(3-2x)\leq 9$ **b)** $9(5x-2)-11(4-3x)+13(1-x)>16$
c) $-19-11(x-5)+7(2x-9)-4(x-5)>0$ **d)** $10(x-1)+11(1-x)+12(3x+5)\leq 26$
e) $3(x-6)+2(7-x)<4(3-x)-6(x-1)$ **f)** $5(3-x)-4(2x+1)\geq 8(5-7x)-3(23-x)$

7. a) $\frac{3x-2}{2}<\frac{x+4}{3}$ **b)** $\frac{2+5x}{3}\geq\frac{4+7x}{4}$ **c)** $\frac{2x-1}{4}<\frac{x+3}{6}$
d) $\frac{13-3x}{7}\leq\frac{3x-1}{5}$ **e)** $\frac{3(x-2)}{2}>\frac{4(2-x)}{3}$ **f)** $\frac{2(x+3)}{5}<\frac{3(11-x)}{10}$
g) $\frac{7(x-1)}{3}<\frac{5(x-2)}{2}$ **h)** $\frac{5(3-2x)}{4}\geq\frac{2(5-4x)}{3}$ **i)** $\frac{3(2-x)}{4}\geq\frac{4(x-27)}{3}$
j) $\frac{7(3-2x)}{5}<x+\frac{2}{5}$ **k)** $\frac{5}{6}x-2\leq\frac{1}{12}(1-5x)$ **l)** $7-\frac{x}{3}<3+x$

8. **a)** $\frac{2}{3}x + 5 \geq 12 - \frac{1}{2}x$ **b)** $\frac{2-x}{3} + \frac{x}{2} < 5$ **c)** $\frac{2(x-4)}{3} + \frac{x}{5} \geq 6$
d) $3 > \frac{x+1}{3} - \frac{x}{7}$ **e)** $7 \leq \frac{x-1}{2} - \frac{x}{5}$ **f)** $\frac{x+3}{6} + \frac{x+1}{8} \leq \frac{3}{2}$
g) $5(x - \frac{1}{2}) \leq \frac{1}{2}(x + 22)$ **h)** $\frac{3}{7}(7 - \frac{x}{2}) < 0$ **i)** $\frac{9}{2}(\frac{5}{3}x + \frac{2}{3}) < -12$
j) $5 - \frac{3}{4}x \geq \frac{1}{2}(x + 20)$ **k)** $\frac{2}{3}(5x + 9) > 6 - \frac{3}{4}x$ **l)** $\frac{1}{4}(\frac{x}{3} - \frac{5}{6}) \leq \frac{1}{3}(\frac{5}{8} - \frac{x}{4})$

Sonderfälle

9. Löse die Ungleichungen durch Äquivalenzumformungen! Welche Ungleichungen sind allgemein gültig, welche sind unerfüllbar?
a) $12(7 - x) > 4(20 - 3x)$ **b)** $12(7 - x) > 4(21 - 3x)$ **c)** $12(7 - x) > 4(20 - 4x)$
d) $-6x < 3(5 - 2x) - 14$ **e)** $-6x < 3(5 - 2x) - 15$ **f)** $-5x < 3(5 - 2x) - 14$
g) $10(x - 1) < 11(x - 1)$ **h)** $11(x - 1) < 11(1 - x)$ **i)** $7(x - 3) < 11(x - 2) - 4x$

10. Löse die Ungleichungen durch Äquivalenzumformungen! Welche Ungleichungen sind allgemein gültig, welche sind unerfüllbar?
a) $13(1 - 2x) > 4(3 - 5x) - 2(3x - 1)$ **b)** $13(1 - 2x) > 4(3 - 5x) - 2(3x + 1)$
c) $13(1 - 2x) > 4(3 - 5x) - 2(3x - \frac{1}{2})$ **d)** $13(1 - 2x) \geq 4(3 - 5x) - 2(3x - \frac{1}{2})$
e) $14(1 - 2x) > 4(3 - 5x) - 2(4x + 1)$ **f)** $14(1 - 2x) > 4(3 - 5x) - 2(4x - 1)$

IV. Lineare Gleichungen

1. Formvariable

Die meisten von uns bisher behandelten Gleichungen haben eine gemeinsame Eigenschaft: Die Variable x tritt jeweils nur in der ersten Potenz auf. Bei solchen Gleichungen kann man stets alle Summanden mit dem Faktor x und alle Zahlen auf einer Seite der Gleichung zusammenfassen.

Beispiele

1)
$5(x + 2) = 3x + 2$
$\Leftrightarrow 5x + 10 = 3x + 2$
$\Leftrightarrow 2x + 8 = 0$

2)
$3(x - 1) = 4 - x$
$\Leftrightarrow 3x - 3 = 4 - x$
$\Leftrightarrow 4x - 7 = 0$

Gleichungen wie

$$2x + 8 = 0, \quad 4x - 7 = 0, \quad -6x + 5 = 0 \quad \text{usw.}$$

unterscheiden sich nur durch die in ihnen vorkommenden Zahlen. Man sagt: Diese Gleichungen haben dieselbe **Form**. Man kann diese gemeinsame Form solcher Gleichungen dadurch erfassen, dass man die auftretenden Zahlen durch Variable ersetzt, z.B. durch die Variablen a und b:

$$ax + b = 0.$$

Die Variablen a und b nennt man **Formvariable** im Unterschied zur **Lösungsvariablen** x, für die in jedem einzelnen Fall die Lösungsmenge zu bestimmen ist.

2. Beispiel einer Gleichung mit einer Formvariablen

Wenn man umgekehrt in die Formvariablen a und b Zahlen einsetzt, so ergibt sich eine gewöhnliche Gleichung. Zu jeder solchen Gleichung kann man durch Äquivalenzumformungen die Lösungsmenge bestimmen. Hat man dies für mehrere Gleichungen der fraglichen Form zu tun, so kann man die Rechenarbeit dadurch verkürzen, dass man nicht jede einzelne Gleichung löst, sondern die entsprechenden Umformungen allgemein an der Gleichung mit den Formvariablen durchführt.

Wir betrachten zunächst ein Beispiel, bei dem nur eine Formvariable auftritt.

Beispiel

$2x - 3 = 0$	$2x - 7 = 0$	$2x - 9 = 0$	$2x - a = 0$
$\Leftrightarrow \quad 2x = 3$	$\Leftrightarrow \quad 2x = 7$	$\Leftrightarrow \quad 2x = 9$	$\Leftrightarrow \quad 2x = a$
$\Leftrightarrow \quad x = \frac{3}{2}$	$\Leftrightarrow \quad x = \frac{7}{2}$	$\Leftrightarrow \quad x = \frac{9}{2}$	$\Leftrightarrow \quad x = \frac{a}{2}$

Man bezeichnet den Term $T(a) = \frac{a}{2}$ als **Lösungsterm** oder kurz als **Lösung** der Gleichung $2x - a = 0$. Setzt man nämlich sowohl bei $2x - a = 0$ wie bei $\frac{a}{2}$ in die Formvariable a eine Zahl ein, z.B. die Zahl 7, so geht der Lösungsterm in eine Lösung der sich so ergebenden Gleichung über.

Beispiel

$2x - a = 0$ geht über in $2x - 7 = 0$;
$T(a) = \frac{a}{2}$ geht über in $T(7) = \frac{7}{2}$.

3. Lineare Gleichungen

Wie wir oben schon gesehen haben, treten häufig Gleichungen der Form $ax + b = 0$ auf. Man nennt jede Gleichung dieser Form eine **lineare Gleichung**.

Allgemein nennt man jede Gleichung in einer Variablen **linear**, wenn man sie durch Äquivalenzumformungen auf diese sogenannte **Normalform** $ax + b = 0$ bringen kann.

Wir definieren:

> Unter einer „linearen Gleichung" in einer Variablen x versteht man eine Gleichung, die sich durch Äquivalenzumformungen auf die Normalform $ax + b = 0$ bringen lässt.

Bemerkung: An einer vorgelegten Gleichung kann man keineswegs immer unmittelbar erkennen, ob es sich um eine lineare Gleichung handelt. Es kann z.B. sein, dass in der Gleichung Potenzen wie x^2, x^3, ... auftreten, die bei den durchzuführenden Umformungen aber wegfallen.

Beispiel $x(x+6) = x^2 - 3 \Leftrightarrow x^2 + 6x = x^2 - 3 \Leftrightarrow 6x = -3 \Leftrightarrow 6x + 3 = 0$

4. Lösen von linearen Gleichungen

Es gilt:

$$ax + b = 0 \Leftrightarrow ax = -b \Leftrightarrow x = -\frac{b}{a}.$$

Der letzte Umformungsschritt gilt allerdings nur unter der Voraussetzung, dass $a \neq 0$ ist. Der Lösungsterm ist dann: $T(a|b) = -\frac{b}{a}$ (für $a \neq 0$). Falls $a = 0$ ist, gilt:

$$0 \cdot x + b = 0 \Leftrightarrow 0 \cdot x = -b.$$

Ist $b = 0$, so ist diese Gleichung **allgemein gültig**; dann ist $L = \mathbb{Q}$.
Ist $b \neq 0$, so ist diese Gleichung **unerfüllbar**; dann ist $L = \emptyset$.

Im allgemeinen ist der erste Fall am wichtigsten; doch können auch die beiden anderen Fälle auftreten und dürfen daher bei einer vollständigen Bearbeitung der Aufgabe nicht übergangen werden.

Wir halten fest:

Jede lineare Gleichung der Form $ax + b = 0$ hat, falls $a \neq 0$ ist, in $\mathbb{Q}$ genau eine Lösung. Diese ergibt sich aus $x = -\frac{b}{a}$.

Ist $a = 0$ und $b = 0$, so ist die Gleichung allgemein gültig.

Ist $a = 0$ und $b \neq 0$, so ist die Gleichung unerfüllbar.

Bemerkung: Ist eine lineare Gleichung mit $a \neq 0$ gegeben, so weiß man nach dem Vorstehenden von vorneherein, dass es genau eine rationale Zahl gibt, die die Gleichung erfüllt. Bevor man die Gleichung gelöst hat, ist einem diese Zahl noch unbekannt. Daher nennt man diese Zahl bei einer solchen Gleichung, also bei einer Gleichung mit **eindeutiger** Lösung, auch „Unbekannte". Die Lösungsvariable (z.B. x) wird dann als ein Zeichen für diese Unbekannte angesehen. Beachte aber, dass man sinnvollerweise **nicht bei jeder Gleichung** von einer „Unbekannten" sprechen kann, weil in vielen Fällen von vorneherein gar nicht feststeht, ob die Gleichung überhaupt eine Lösung hat oder ob sie nicht sogar mehrere Lösungen hat, vielleicht sogar allgemein gültig ist.

Aufgaben und Beispiele

Zum Einstieg

Löse die folgenden drei Gleichungen durch Äquivalenzumformungen! Vergleiche die Umformungen! Wie kann man sich Arbeit sparen?

1) $5(2 - x) = -14(1 + 3x)$
2) $5(2 - x) - 24 = -14(1 + 3x)$
3) $5(2 - x) - 61 = -14(1 + 3x)$

1. Löse die Gleichungen durch Äquivalenzumformungen!

a) $7-2x=5$; $7-2x=7$; $7-2x=9$; $7-2x=11$ und $7-2x=-5$

b) $2(3-x)=5$; $2(3-x)=6$; $2(3-x)=7$; $2(3-x)=8$ und $2(3-x)=-6$

c) $20-2x=8$; $20-3x=8$; $20-4x=8$; $20-6x=8$ und $20+2x=8$

2. Löse die Gleichung $a(2-x)=12$ für $a=3$; $a=4$; $a=6$ und $a=-3$!

3. Welche Zahl ist in die Formvariable a einzusetzen, damit die Gleichung $ax-\frac{1}{3}=0$ die Lösung $1\left(-\frac{1}{3};\ \frac{1}{2};\ \frac{1}{100};\ 100\right)$ hat?

4. Welche Zahl ist in die Formvariable b einzusetzen, damit die Gleichung $-2x+b=0$ die Lösung -1 (15; 0,6; $-10{,}1$) hat?

5. Untersuche, ob die Gleichung linear ist, und bestimme gegebenenfalls ihre Normalform!

a) $x(x+3)=3x+1$	**b)** $x(x+3)=3x^2+1$	**c)** $x(x+3)=3x^2+3x$
d) $5x(2-x)=5x(2+x)$	**e)** $-5x(x-2)=-5x(x+2)$	**f)** $6x(x-2)=6x(x+2)$
g) $1-2x(4-x)=2(x^2-0{,}5)$	**h)** $1-2x(4-x)=2(x^2-4{,}5)$	**i)** $1-2x(4-x)=3(x^2-4{,}5)$

6. Löse die Gleichung nach x auf! Unter welchen Bedingungen für die Formvariablen ist die Gleichung erfüllbar, allgemein gültig oder unerfüllbar?

Beispiel

$$ax=4x+b \Leftrightarrow ax-4x=b \Leftrightarrow (a-4)x=b$$

Ist $a-4\neq 0$, also $a\neq 4$, so gilt $x=\frac{b}{a-4}$.
Ist $a-4=0$, also $a=4$, so lautet die Gleichung $0\cdot x=b$.
Ist $a=4$ und $b=0$, so ist die Gleichung allgemein gültig;
ist $a=4$ und $b\neq 0$, so ist die Gleichung unerfüllbar.

a) $5x-a=0$	**b)** $4x+b=0$	**c)** $6x-7=b$	**d)** $2x+3=b$	**e)** $3x-a=0$
f) $3x-c=b$	**g)** $2x-a=5$	**h)** $8-2x=b$	**i)** $b-x=3+a$	**j)** $a-2=5-x$
k) $a\cdot x=0$	**l)** $4x=ax$	**m)** $6x=ax-x$	**n)** $3+ax=5x$	**o)** $ax-5=6x$
p) $ax+3=a$	**q)** $ax-a=0$	**r)** $bx+2b=3bx$	**s)** $cx-3=7cx$	**t)** $dx+d=5x$
u) $ax-b=0$	**v)** $ax-b=8$	**w)** $ax+3=b$	**x)** $5-ax=b$	**y)** $ax=bx+6$

7. Verfahre wie in Aufgabe 6!

a) $(b-2)x=ax$	**b)** $(a+b)x=2x$	**c)** $(8-b)x=ax$	**d)** $bx-2=7$	**e)** $a(x+1)=b$
f) $(a+5)x=c$	**g)** $cx-1=d$	**h)** $dx=c+2$	**i)** $ax+b=7$	**j)** $a-x=bx$
k) $ax-b=c$	**l)** $b-ax=cx$	**m)** $ax+b=cx$	**n)** $ax-bx=c$	**o)** $b+cx=d$

8. Löse die Ungleichung nach x auf! Für welche Werte der Formvariablen a und b ist dies möglich? Für welche Werte von a und b ist die Ungleichung allgemein gültig bzw. unerfüllbar?

Anleitung: Unterscheide, ob $a>0$, $a<0$ oder $a=0$ ist!

a) $ax+b>0$ **b)** $ax+b<0$ **c)** $ax+b\geq 0$ **d)** $ax+b\leq 0$

§ 4 Textaufgaben

I. Beispiele und allgemeine Hinweise für das Lösen von Textaufgaben

1. Zur Einführung

Herr Kraus ist 42 Jahre alt, seine Tochter Simone ist 12 Jahre alt. Nach wie viel Jahren wird der Vater doppelt so alt sein wie seine Tochter?

a) Wir fragen uns zunächst, von welchen Größen im Text der Aufgabe die Rede ist. Es ist meistens zweckmäßig, die Größen in einer Tabelle übersichtlich zu ordnen.

	heute	x Jahre später
Alter des Vaters	42	
Alter der Tochter	12	

Bild 1

b) Nun stellen wir uns die Frage: Wonach ist bei der Aufgabe gefragt? Wir stellen fest: Gefragt ist nach der Anzahl der Jahre, die von heute bis zu dem späteren Zeitpunkt vergehen werden. Wir wählen für die Anzahl der Jahre die Variable x. Da von einem **späteren** Zeitpunkt die Rede ist, kommen für x nur **positive** Zahlen in Betracht; als Grundmenge wählen wir daher:

$$G = \mathbb{Q}^{>0}.$$

c) Wir fragen nun, wie wir die noch nicht festgelegten Größen in der Tabelle von a) mit Hilfe von **Termen** in der Variablen x ausdrücken können.

Offenbar gilt:

Alter des Vaters x Jahre später: $42 + x$

Alter der Tochter x Jahre später: $12 + x$

Wir tragen diese Terme in die Tabelle ein.

	heute	x Jahre später
Alter des Vaters	42	$42 + x$
Alter der Tochter	12	$12 + x$

d) Nun suchen wir einen Zusammenhang zwischen diesen Größen, über den im Text etwas ausgesagt wird; wir finden: Der Vater soll nach x Jahren **doppelt** so alt sein wie seine Tochter. Diesen Zusammenhang können wir durch eine Gleichung zwischen den zugehörigen Termen ausdrücken:

$$42 + x = 2 \cdot (12 + x).$$

Beachte: Da der **Vater** doppelt so alt wird wie seine Tochter, muss das **Alter der Tochter** mit 2 multipliziert werden, um gleiche Zahlen zu erhalten, nicht etwa umgekehrt!

e) Wir lösen die Gleichung mit Hilfe von Äquivalenzumformungen:

$$42 + x = 2 \cdot (12 + x) \Leftrightarrow 42 + x = 24 + 2x \Leftrightarrow x = 42 - 24 = 18.$$

In 18 Jahren wird also der Vater doppelt so alt sein wie seine Tochter.

f) Abschließend führen wir noch die **Probe am Text der Aufgabe** durch: In 18 Jahren ist der Vater 42 + 18, d.h. 60 Jahre alt; die Tochter ist dann 12 + 18, d.h. 30 Jahre alt, in der Tat ist $60 = 2 \cdot 30$.

2. Eine Verteilungsaufgabe

Eine Erbschaft von 84000 € soll unter drei Kindern verteilt werden. Da der Sohn bereits einen Vorschuss erhalten hat, sollen die beiden Töchter je 6000 € mehr erhalten als er.

a) Die im Aufgabentext genannten Größen erfassen wir in der folgenden Tabelle.

	Erbschaft	Anteil des Sohnes	Anteil jeder Tochter
Betrag (in €)	84000		

b) Für den Anteil des Sohnes (in €) wählen wir die Variable x mit der Grundmenge $G = \mathbb{Q}^{>0}$.

c) Den Anteil jeder der beiden Töchter erfassen wir durch den Term x + 6000. Wir vervollständigen die Tabelle.

	Erbschaft	Anteil des Sohnes	Anteil jeder Tochter
Betrag (in €)	84000	x	x + 6000

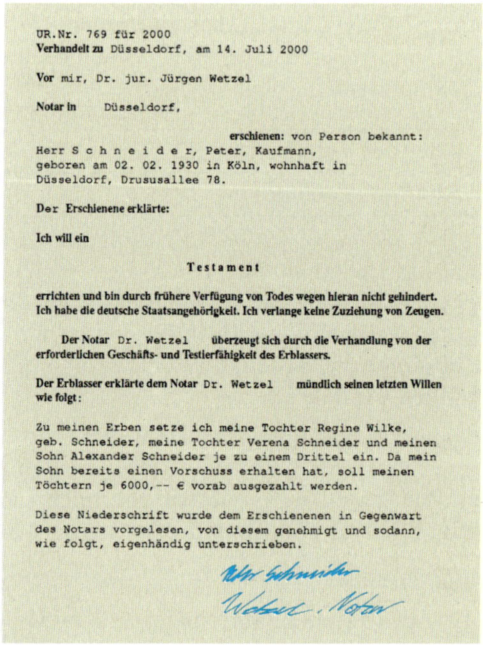
UR.Nr. 769 für 2000
Verhandelt zu Düsseldorf, am 14. Juli 2000

Vor mir, Dr. jur. Jürgen Wetzel

Notar in Düsseldorf,

erschienen: von Person bekannt:
Herr S c h n e i d e r, Peter, Kaufmann,
geboren am 02. 02. 1930 in Köln, wohnhaft in
Düsseldorf, Drususallee 78.

Der Erschienene erklärte:

Ich will ein

Testament

errichten und bin durch frühere Verfügung von Todes wegen hieran nicht gehindert.
Ich habe die deutsche Staatsangehörigkeit. Ich verlange keine Zuziehung von Zeugen.

Der Notar Dr. Wetzel überzeugt sich durch die Verhandlung von der erforderlichen Geschäfts- und Testierfähigkeit des Erblassers.

Der Erblasser erklärte dem Notar Dr. Wetzel mündlich seinen letzten Willen wie folgt:

Zu meinen Erben setze ich meine Tochter Regine Wilke, geb. Schneider, meine Tochter Verena Schneider und meinen Sohn Alexander Schneider je zu einem Drittel ein. Da mein Sohn bereits einen Vorschuss erhalten hat, soll meinen Töchtern je 6000,-- € vorab ausgezahlt werden.

Diese Niederschrift wurde dem Erschienenen in Gegenwart des Notars vorgelesen, von diesem genehmigt und sodann, wie folgt, eigenhändig unterschrieben.

Bild 2

d) Da die drei Anteile in der Summe den Wert der gesamten Erbschaft ausmachen müssen, ergibt sich die Gleichung:

$$x + 2 \cdot (x + 6000) = 84000.$$

e) Wir lösen die Gleichung mit Hilfe von Äquivalenzumformungen:

$$x + 2x + 12000 = 84000 \Leftrightarrow 3x = 72000 \Leftrightarrow x = 24000.$$

Der Sohn erhält also 24000 €, die Töchter erhalten je 30000 €.

f) Probe: 24000 € + 30000 € + 30000 € = 84000 €.

3. Eine Mischungsaufgabe

Eine Drogerie-Großhandlung soll 200 *l* 75-prozentigen Spiritus liefern, also eine Mischung, die zu 75% aus reinem Alkohol und zu 25% aus Wasser besteht. Die Großhandlung hat aber nur 60-prozentigen und 80-prozentigen Spiritus vorrätig. Wie viel Liter der beiden Sorten sind zu mischen?

a) Wir erfassen die Größen der Aufgabe in der folgenden Tabelle.

	Sorte 1	Sorte 2	Mischung
Prozentsatz	60%	80%	75%
Spiritusmenge (in *l*)			200

b) Wir wählen für die benötigte Menge der Sorte 1 die Variable x mit der Grundmenge $\mathbb{Q}^{>0}$.

c) Da insgesamt 200 *l* geliefert werden sollen, wird die von der Sorte 2 benötigte Menge erfasst durch den Term $200-x$. Wir tragen dies in die Tabelle ein.

	Sorte 1	Sorte 2	Mischung
Prozentsatz	60%	80%	75%
Spiritusmenge (in *l*)	x	$200-x$	200

d) Nun enthalten x *l* des 60-prozentigen Spiritus $\frac{60}{100}\cdot x$ *l* reinen Alkohol und $(200-x)$ *l* des 80-prozentigen Spiritus $\frac{80}{100}\cdot(200-x)$ *l* reinen Alkohol. Die Mischung von 200 *l* 75-prozentigem Spiritus muss $\frac{75}{100}\cdot 200$ *l* reinen Alkohol enthalten. Wir ergänzen die Tabelle um eine Zeile, die die Alkoholanteile der einzelnen Sorten enthält.

	Sorte 1	Sorte 2	Mischung
Prozentsatz	60%	80%	75%
Spiritusmenge (in *l*)	x	$200-x$	200
Alkoholmenge (in *l*)	$\frac{60}{100}\cdot x$	$\frac{80}{100}\cdot(200-x)$	$\frac{75}{100}\cdot 200$

Da beim Mischen kein Alkohol verloren geht[1], muss gelten:

$$\frac{60}{100}\cdot x+\frac{80}{100}\cdot(200-x)=\frac{75}{100}\cdot 200.$$

e) Wir lösen diese Gleichung durch Äquivalenzumformungen. Durch Multiplikation mit 100 erhalten wir:

$$\begin{aligned} & 60x+80(200-x)=75\cdot 200\\ \Leftrightarrow\ & 60x+16000-80x=15000\\ \Leftrightarrow\ & -20x=-1000\\ \Leftrightarrow\ & x=50. \end{aligned}$$

Es werden also 50 *l* des 60-prozentigen und 150 *l* des 80-prozentigen Spiritus benötigt.

f) Führe die Probe durch Berechnung des Prozentgehaltes der Mischung selbst durch!

[1] Tatsächlich tritt beim Mischen von Alkohol und Wasser ein geringfügiger Volumenverlust ein, von dem wir hier absehen.

Bemerkung: Man kann die Variable x selbstverständlich auch für die Spiritusmenge der Sorte 2 wählen. In diesem Falle erhält man die folgende Tabelle.

	Sorte 1	Sorte 2	Mischung
Prozentsatz	60%	80%	75%
Spiritusmenge (in *l*)	$200 - x$	x	200
Alkoholmenge (in *l*)	$\frac{60}{100}(200 - x)$	$\frac{80}{100} \cdot x$	$\frac{75}{100} \cdot 200$

Die Gleichung lautet dann:

$$\begin{aligned} & \tfrac{60}{100}(200 - x) + \tfrac{80}{100} = \tfrac{75}{100} \cdot 200 \\ \Leftrightarrow\ & 12000 - 60x + 80x = 15000 \\ \Leftrightarrow\ & 20x = 3000 \\ \Leftrightarrow\ & x = 150. \end{aligned}$$

Auch bei diesem Lösungsweg ergibt sich also, dass 50 *l* der ersten und 150 *l* der zweiten Sorte zu mischen sind.

4. Allgemeine Hinweise zum Lösen von Textaufgaben

Wir haben die drei vorstehenden Beispiele so ausführlich behandelt, weil sie uns zeigen, wie man beim Lösen von Textaufgaben vorgehen kann.

1) Du musst den Text der Aufgabe bis in alle Einzelheiten zu verstehen versuchen.
Lies daher den Aufgabentext mehrfach durch, und zwar so oft, bis du ihn vollständig verstanden hast!

2) Frage dich: **Von welchen Größen ist im Aufgabentext die Rede?**
Schreibe diese Größen auf und ordne sie nach Möglichkeit in einer Tabelle an! (Vergleiche den Punkt a) bei den Beispielen!)

3) Nun frage dich: **Nach welcher Größe bzw. nach welchen Größen ist in der Aufgabe gefragt?**
Wähle für diese Größe bzw. für eine dieser Größen eine Variable, z.B. „x".
Überlege, welche Zahlen (natürliche Zahlen, positive Zahlen, rationale Zahlen) bei der im Aufgabentext beschriebenen Situation für die betreffende Größe als Maßzahlen in Betracht kommen. Wähle entsprechend die Grundmenge für die Variable x! (Vergleiche den Punkt b) bei den Beispielen!)

4) Unter den Größen von 2) gibt es solche, deren Maßzahl im Aufgabentext nicht angegeben ist.
Versuche, jede dieser Größen durch einen Term in der Variablen x auszudrücken!
Trage diese Terme in die freien Felder der Tabelle ein! (Vergleiche den Punkt c) bei den Beispielen!)

5) Frage dich: **Welcher Zusammenhang besteht auf Grund des Aufgabentextes zwischen diesen Größen? Drücke diesen Zusammenhang durch eine Gleichung aus, in der die Terme von 4) vorkommen!** (Vergleiche den Punkt d) bei den Beispielen!)
Bemerkung: Wie beim dritten Beispiel kann es in diesem Zusammenhang zweckmäßig sein, die Tabelle durch weitere Größen zu ergänzen.

6) Wenn es dir nach den bisherigen Hinweisen noch nicht gelungen sein sollte, die zur Aufgabe gehörende Gleichung zu finden, dann frage dich: **Was habe ich von dem, was im Aufgabentext vorkommt, noch nicht benutzt?**

7) **Löse die Gleichungen durch Äquivalenzumformungen!**

8) **Mache zum Schluss die Probe,** aber nicht nur an der ermittelten Gleichung, sondern **am Aufgabentext!** Würdest du lediglich die Lösungen in die ermittelte Gleichung einsetzen, so würdest du nur die Richtigkeit der Rechnung prüfen, nicht dagegen, ob die aufgestellte Gleichung selbst korrekt ermittelt ist, ob sie überhaupt zum gestellten Problem gehört. (Vergleiche den Punkt f) bei den Beispielen!)

Übungen und Aufgaben finden sich hinter dem II. Abschnitt auf Seite 81.

II. Weitere Beispiele für Textaufgaben

Vorbemerkung: Soweit in den folgenden Beispielen Größen vorkommen, beziehen sich die Variablen stets auf die **Maßzahlen** der betreffenden Größen, nicht auf die Größen selbst.

1. Beispiel eines Zahlenrätsels

Die Summe zweier aufeinander folgender Zahlen ist 39. Welche Zahlen sind es?

Lösung:

erste Zahl	zweite Zahl	Summe
x	$x+1$	39

Grundmenge: $G = \mathbb{N}$.

Aus dem Aufgabentext ergibt sich die Gleichung

$$x + (x + 1) = 39 \Leftrightarrow 2x + 1 = 39 \Leftrightarrow 2x = 38 \Leftrightarrow x = 19.$$

Die erste Zahl ist also die Zahl 19, die zweite ist die Zahl 20. Probe: $19 + 20 = 39$.

2. Ein anderes Zahlenrätsel

Die Zehnerziffer einer zweistelligen Zahl ist um 2 größer als die Einerziffer der Zahl; die Quersumme der Zahl beträgt 12.

Lösung:

Einerziffer	Zehnerziffer	Quersumme
x	$x+2$	12

Grundmenge: $G = \{0; 1; 2; \ldots; 9\}$.

Aus der Bedingung für die Quersumme ergibt sich die Gleichung:

$$(x + 2) + x = 12 \Leftrightarrow 2x + 2 = 12 \Leftrightarrow 2x = 10 \Leftrightarrow x = 5.$$

Die Einerziffer der gesuchten Zahl ist also 5 und mithin die Zehnerziffer 7; also ist 75 die gesuchte Zahl. Probe: $7 + 5 = 12$.

Bemerkung: Wird eine Zahl z im Zehnersystem mit der Einerziffer x und der Zehnerziffer y geschrieben, so gilt: $z = 10y + x$.

3. Beispiel einer Verteilungsaufgabe

Drei Teilhaber stellen das Grundkapital einer Firma mit 105000 €, 75000 € und 60000 €. Wie ist der Reingewinn von 21600 € anteilsgerecht aufzuteilen?

Lösung: Bei dieser Aufgabe ist nach den Gewinnanteilen der drei Teilhaber gefragt. Es ist hier jedoch nicht zweckmäßig, diese Gewinnanteile selbst durch Variable auszudrücken, weil dann drei Variable notwendig wären. Günstiger ist es, bei einer solchen Aufgabe x zu verwenden für den Gewinnanteil, der z.B. auf 1000 € Grundkapital entfällt. Als Grundmenge wählen wir $G = \mathbb{Q}^{>0}$.

	1. Teilhaber	2. Teilhaber	3. Teilhaber	Firma
Kapitalanteil	105000,–	75000,–	60000,–	240000,–
Gewinnanteil	105x	75x	60x	21600,–

Für den Gesamtgewinn gilt also:

$$105x + 75x + 60x = 21600 \Leftrightarrow 240x = 21600 \Leftrightarrow x = 90.$$

Damit ergeben sich für die Gewinnanteile:

$$G_1 = 105 \cdot 90\,€ = 9450\,€; \quad G_2 = 75 \cdot 90\,€ = 6750\,€;$$
$$G_3 = 60 \cdot 90\,€ = 5400\,€.$$

Probe: $G_1 + G_2 + G_3 = 21600\,€$.

4. Beispiel einer Arbeitsaufgabe

Für die Ausschachtungsarbeiten setzt ein Bauunternehmer einen Bagger ein, der die Arbeit in 14 Tagen bewältigen könnte. Um die Arbeit zu beschleunigen, setzt er nach zwei Tagen zusätzlich einen zweiten Bagger ein, der aber nur ein Leistungsvermögen von 80% gegenüber dem ersten Bagger hat. In wie viel Tagen sind die Ausschachtungsarbeiten abgeschlossen?

Bild 3

Lösung: Von der verbleibenden Arbeit leistet der erste Bagger pro Tag $\frac{1}{12}$; denn allein würde er die Arbeit in 12 Tagen erledigen können. Der zweite Bagger hat nur 80% des Leistungsvermögens des ersten Baggers, verrichtet also $\frac{1}{12} \cdot \frac{80}{100} = \frac{1}{15}$ der Gesamtarbeit pro Tag.

Für die Anzahl der Tage, die vom Einsatz des zweiten Baggers an zur Bewältigung der Arbeit noch benötigt werden, wählen wir die Variable x mit $G = \mathbb{Q}^{>0}$. In die Tabelle tragen wir die jeweilige Tagesleistung und die jeweilige Gesamtleistung ein.

	1. Bagger	2. Bagger	beide Bagger zusammen
Tagesleistung	$\frac{1}{12}$	$\frac{1}{15}$	$\frac{1}{12}+\frac{1}{15}$
Gesamtleistung	$\frac{1}{12}\cdot x$	$\frac{1}{15}\cdot x$	1

Für die gesamte Restarbeit gilt daher:

$$\frac{1}{12}x+\frac{1}{15}x=1 \Leftrightarrow \left(\frac{1}{12}+\frac{1}{15}\right)x=1 \Leftrightarrow \frac{5+4}{60}\cdot x=1 \Leftrightarrow x=\frac{60}{9}=6\frac{2}{3}.$$

Die Arbeiten sind also – vom Baubeginn an gerechnet – in $8\frac{2}{3}$ Tagen abgeschlossen. Mache die Probe, indem du berechnest, wie viel die beiden Bagger in der berechneten Zeit leisten!

5. Beispiel einer Bewegungsaufgabe

Ein Personenzug fährt um 12.05 Uhr mit einer Durchschnittsgeschwindigkeit von 40 km/h von einem Bahnhof ab. Um 12.35 Uhr folgt ihm ein Eilzug mit einer durchschnittlichen Geschwindigkeit von 70 km/h. Wann und wo überholt der Eilzug den Personenzug?

Bild 4

Lösung: Wir erfassen die Größen der Aufgabe wiederum in einer Tabelle. Dabei messen wir die Zeit in Stunden und wählen für die Fahrzeit des Personenzuges bis zum Treffpunkt der Züge die Variable t[1] mit der Grundmenge $G = \mathbb{Q}^{>0}$. Da der Eilzug genau eine halbe Stunde später abfährt, ist seine Fahrzeit bis zum Überholen des Personenzuges gegeben durch $t-\frac{1}{2}$.

	Abfahrtszeit	Geschwindigkeit in km/h	Fahrzeit (in h)
Personenzug	12.05 Uhr	40	t
Eilzug	12.35 Uhr	70	$t-\frac{1}{2}$

Außer nach den Fahrzeiten der beiden Züge ist in der Aufgabe nach der Länge der Strecke gefragt, die beide Züge bis zum Treffpunkt zurücklegen. Die Streckenlänge s und die dafür benötigte Fahrzeit t bestimmen aber die Durchschnittsgeschwindigkeit v gemäß der Gleichung: $v=\frac{s}{t}$; daraus ergibt sich $s = v\cdot t$.

Somit gilt für den Personenzug: $s = 40\cdot t$ und für den Eilzug $s = 70\cdot(t-\frac{1}{2})$.

Da beide Züge dieselbe Strecke zurückgelegt haben, ergibt sich:

$$40\,t = 70\left(t-\frac{1}{2}\right) \Leftrightarrow 40\,t = 70\,t - 35 \Leftrightarrow 30\,t = 35 \Leftrightarrow t=\frac{35}{30}.$$

Die Fahrzeit des Personenzuges beträgt also $\frac{35}{30}\,h = \frac{70}{60}\,h = 70$ Minuten. Die Züge treffen sich um 13.15 Uhr. Die zurückgelegte Strecke hat eine Länge von $40\cdot\frac{35}{30}\,km = 46\frac{2}{3}\,km$.

Mache die Probe, indem du die Länge der vom Eilzug zurückgelegten Strecke berechnest!

[1] Wir wählen hier den Buchstaben t, weil es in der Physik üblich ist, Zeitspannen durch diese Variable zu erfassen. t erinnert an „tempus", lat., die Zeit.

6. Beispiel einer Aufgabe zum Hebelgesetz

Ein Vater will mit seinen beiden Kindern auf einer Wippe schaukeln. Franz hat ein Gewicht von 400 N und sitzt 1,80 m von der Achse entfernt; Claudia hat ein Gewicht von 320 N und sitzt 1,50 m von der Achse entfernt auf derselben Seite der Wippe wie Franz. In welche Entfernung von der Achse muss sich der Vater setzen? Er wiegt 750 N.

Bemerkung: Im Alltag wird das sogenannte „Gewicht" eines Gegenstandes meistens in der Einheit kg (Kilogramm) angegeben. Es handelt sich dabei im physikalischen Sinne aber nicht um ein Gewicht (also nicht um eine Kraft), sondern um eine Masse. Einer Masse von 1 kg entspricht unter Normalbedingungen auf der Erde eine Gewichtskraft von ungefähr 10 N (gelesen: „Newton"). In der vorstehenden Aufgabe kommt es **nicht** auf die **Masse**, sondern auf die von den Körpern auf die Wippe ausgeübte Gewichts**kraft** an. Daher sind die betreffenden Größen in der Einheit N angegeben.

Lösung: Die Wippe muss – wenigstens ungefähr – im Gleichgewicht sein. Die Situation wird durch das „Hebelgesetz" der Physik erfasst. Dieses besagt, dass ein Hebel im Gleichgewicht ist, wenn die Summe der rechtsdrehenden Drehmomente gleich der Summe der linksdrehenden Drehmomente ist. Dabei versteht man unter dem Drehmoment einer Kraft F mit dem Hebelarm l das Produkt $F \cdot l$. Für den gesuchten Abstand des Vaters von der Drehachse wählen wir die Variable x mit der Grundmenge $G = \mathbb{Q}^{>0}$.

Bild 5

Die wesentlichen Größen der Aufgabe enthält die folgende Tabelle:

	Gewicht (in N)	Abstand von der Achse (in m)	Drehmoment (in Nm)
Vater	750	x	$750 \cdot x$
Franz	400	1,80	$400 \cdot 1{,}8$
Claudia	320	1,50	$320 \cdot 1{,}5$

Die Bedingung für das Gleichgewicht der Wippe ist also:

$$400 \cdot 1{,}8 + 320 \cdot 1{,}5 = 750 \cdot x \Leftrightarrow 1200 = 750 \cdot x \Leftrightarrow x = \frac{1200}{750} = 1{,}6.$$

Der Vater muss sich also in einer Entfernung von 1,60 m von der Drehachse auf die andere Seite der Wippe setzen. Mache die Probe, indem du die einzelnen Drehmomente berechnest!

Aufgaben und Beispiele

Zahlenrätsel

1. a) Die Summe zweier aufeinander folgender Zahlen ist 15 (25; 99).
b) Die Summe zweier aufeinander folgender gerader Zahlen ist 10 (46; 98).
c) Die Summe zweier aufeinander folgender ungerader Zahlen ist 12 (24; 100).
d) Die Summe dreier aufeinander folgender Zahlen ist 6 (54; 111).
e) Die Summe dreier aufeinander folgender ungerader Zahlen ist 21 (69; 201).
f) Die Summe dreier aufeinander folgender gerader Zahlen ist 12 (132; 300).

2. a) Moritz stellt seiner Schwester Anna ein Zahlenrätsel: „Die Summe von 5 aufeinander folgenden Zahlen ist 1000!"
b) Anna stellt auch Moritz ein Rätsel: „Die Summe von sieben aufeinander folgenden Zahlen ist 1001."
c) Moritz will es noch ein bisschen schwieriger machen: „Die Summe von 11 aufeinander folgenden Zahlen ist 1001."
d) Anna will dies auch: „Die Summe von 11 aufeinander folgenden Zahlen ist 10001." – „Geht das denn überhaupt?" fragt Moritz.

3. a) Subtrahiert man 17 (25; 31) von einer Zahl, so erhält man 6 (8; 31).
b) Addiert man zum Vierfachen einer Zahl 8 (7; 15), so erhält man 36 (19; 55).
c) Subtrahiert man vom Doppelten einer Zahl 5 (6; 8), so erhält man 19 (14; 20).
d) Addiert man zum Dreifachen einer Zahl 12 (24; 100), so erhält man das Siebenfache der Zahl.
e) Subtrahiert man vom Achtfachen einer Zahl 14 (22; 50), so erhält man das Sechsfache der Zahl.
f) Addiert man 15 (20; 1000) zu einer Zahl, so erhält man das Sechsfache der Zahl.
g) Subtrahiert man vom Fünffachen einer Zahl 13 (12; 44), so erhält man eine Zahl, die um 5 (3; 45) größer ist als das Doppelte der Zahl.

4. Klara, Hans, Oskar und Caroline erfinden Zahlenrätsel zu ihren Hausnummern.
a) Klara: „Unsere Hausnummer ist zweistellig; ihre Quersumme ist 13 und die erste Ziffer ist um 3 größer als die zweite."
b) Hans: „Unsere Hausnummer ist dreistellig; ihre Quersumme ist 12 und die mittlere Ziffer ist um 3 größer als die erste Ziffer und um 3 kleiner als die letzte Ziffer.
c) Oskar: „Addiert man zu unserer Hausnummer die Hausnummer unserer linken Nachbarn und die unserer rechten Nachbarn erhält man 24."
d) Caroline: „Addiert man bei uns die Nummern des Hauses links von uns und des Hauses rechts von uns und subtrahiert dann unsere Hausnummer, so erhält man genau 100."

Wir suchen das Alter

5. Franz ist drei Jahre älter als sein Bruder Martin. Beide zusammen sind 15 Jahre alt.

6. Herr Koch ist doppelt so alt wie seine Tochter; beide sind zusammen 84 Jahre alt.

7. Hildegard ist 4 Jahre jünger als ihre Schwester Elisabeth. In 6 Jahren sind beide zusammen 34 Jahre alt.

8. In 5 Jahren ist Herr Klein viermal so alt wie sein Sohn; beide zusammen sind dann 55 Jahre alt.

9. Herr Lohmann ist zehnmal so alt wie sein Enkel. In vier Jahren sind beide zusammen 85 Jahre alt.

10. Frau Bertram ist 60 Jahre, ihre Enkelin ist 4 Jahre alt.
a) Wann wird die Großmutter achtmal so alt sein wie die Enkelin?
b) Wann wird sie fünfmal so alt sein wie ihre Enkelin?
c) Wann wird sie nur noch dreimal so alt sein wie ihre Enkelin?

Verteilungsaufgaben

11. Ein Geldgewinn von 2500 € soll unter zwei Geschwistern so aufgeteilt werden, dass die Schwester 200 € mehr erhält als der Bruder.

12. Eine Spende von 19000 € soll unter drei Familien so verteilt werden, dass die erste Familie 1200 € mehr als die zweite und diese 800 € mehr als die dritte erhält.

13. Eine Erbschaft von 74000 € soll unter 3 Töchtern, 2 Söhnen und 9 Enkeln so verteilt werden, dass jeder Sohn doppelt so viel bekommt wie jeder Enkel und jede Tochter 4400 € mehr als der Sohn.

14. Drei Freunde wollen einen Lotteriegewinn von 750 € ihren Einsätzen entsprechend aufteilen. Ihre Einsätze betrugen 12 €, 18 € und 20 €.

15. Drei Freunde gehen in eine Spielbank und steuern zum gemeinsamen Einsatz 40 €, 80 € und 120 € bei. Sie verlieren diesen Einsatz bis auf einen Rest von 60 €. Wie ist dieser Rest aufzuteilen?

16. Drei Freundinnen gewinnen beim Lotto 2300 €. Sie wollen diesen Gewinn entsprechend ihren Einsätzen von 2,70 €, 3,60 € und 4,05 € aufteilen.

17. Eine Firma ist von drei Teilhabern mit den folgenden Vermögensanteilen gegründet worden: 400000 €, 500000 € und 550000 €. Wie ist ein Reingewinn von 94250 € auf die Teilhaber aufzuteilen?

18. Eine in Konkurs gegangene Firma hinterlässt 116000 € an Vermögen. Wie ist dieser Betrag anteilgerecht unter den vier Gläubigern zu verteilen, die Forderungen in Höhe von 60000 €, 65000 €, 75000 € und 90000 € haben?

19. In einem Mietshaus sind 4950 € Heizkosten und 1450 € Warmwasserkosten abzurechnen. Die Daten für die 4 Mietsparteien sind in der folgenden Tabelle zusammengefasst.

	Familie A	Familie B	Familie C	Familie D
Wohnungsgröße in m^2	80	100	100	120
an den Heizkörpern abgelesener Wärmeverbrauch (in Strich)	65	75	70	90
Warmwasserverbrauch in m^3	45	55	40	60

30% der Kosten für die Heizung und die zentrale Warmwasserversorgung sind **verbrauchsunabhängig**, also nach den Wohnungsgrößen, aufzuteilen, 70% der Kosten sind **verbrauchsabhängig**, also nach den jeweiligen Verbrauchswerten, aufzuteilen.

Arbeitsaufgaben

20. Ein großer Lastwagen muss zum Abtransport einer Waggonladung 20-mal beladen werden, ein kleiner Lastwagen müsste 30-mal fahren. Wie oft müssen zum Abtransport der Ladung beide Fahrzeuge beladen werden, wenn beide gleich oft fahren sollen?

21. Ein Benzintank kann durch zwei Zuflussrohre gefüllt werden, durch das erste in 36 Minuten, durch das zweite in 45 Minuten. In welcher Zeit ist der Tank gefüllt, wenn beide Rohre geöffnet werden?

22. Eine Sportzeitung wird jeweils in der Nacht vom Sonntag auf den Montag durch eine Rotationspresse in 6 Stunden gedruckt. Um die Zeitung früher herauszubringen und versenden zu können, schafft die Druckerei eine zweite Presse an, so dass beide Maschinen zusammen die Arbeit in 4 Stunden erledigen. Wie lange dauert der Druck der Zeitung, wenn einmal die erste Presse ausfällt?

Bild 6 Rotationspresse

23. Ein neuer unterirdischer Wasserbehälter kann durch ein Rohr in 6 Stunden und durch ein anderes Rohr in 8 Stunden gefüllt werden. Nach einigen Jahren bemerkt ein Betriebsingenieur, dass die Füllung des Behälters mit beiden Rohren $3\frac{1}{2}$ Stunden dauert. Er behauptet, der Behälter habe ein Leck. Hat er recht? Wie viel Wasser entweicht durchschnittlich jede Stunde durch das Leck, wenn der Behälter 12000 Liter fasst?

Mischungsaufgaben

24. a) In einem Teegeschäft werden zwei Sorten Tee, und zwar 25 kg zu 21 € pro Kilogramm und 15 kg zu 27 € pro Kilogramm gemischt. Wie viel kostet ein Kilogramm der Mischung?
b) Das Teegeschäft soll 12,5 kg Tee zu 23 € pro Kilogramm liefern. Wie müssen die beiden Sorten gemischt werden?

25. Für eine Jubiläumsmischung sollen 100 kg Tee mit einem Kilopreis von 24,50 € aus zwei Sorten mit einem Kilopreis von 20 € und 26 € gemischt werden.

26. Ein Kaffeegeschäft will für Ostern eine Festtagsmischung aus drei Sorten Kaffee zusammenstellen, die 8,50 € pro Kilogramm kosten soll. Von der ersten Sorte zu 8,25 € pro Kilogramm werden 100 kg, von der zweiten Sorte zu 8,00 € pro Kilogramm werden 150 kg genommen. Wie viel Kilogramm müssen von der dritten Sorte zu 9 € pro Kilogramm noch genommen werden?

27. In einem Einfamilienhaus werden in einem Elektroboiler 180 *l* Warmwasser mit einer Temperatur von 60 °C bereitgehalten. Beim Verbrauch wird dieses warme Wasser mit kaltem Leitungswasser gemischt.
a) Wie viel Liter 35 °C warmes Wasser stehen im Sommer ungefähr zur Verfügung, wenn die Temperatur des kalten Leitungswassers 15 °C beträgt?
b) Wie viel Liter 35 °C warmes Wasser stehen im Winter ungefähr zur Verfügung, wenn die Temperatur des kalten Leitungswassers 5 °C beträgt?

Bild 7 Elektroboiler

28. Welchen Gehalt hat eine Spiritusmischung, wenn zusammengegossen werden
a) 55 *l* zu 60% und 45 *l* zu 40%;
b) 25 *l* zu 35%, 45 *l* zu 45% und 30 *l* zu 50%?

29. a) Wie viel reines Wasser müssen 5 *l* einer 80-prozentigen Essigsäure zugefügt werden, damit eine 60-prozentige Säure entsteht?
b) 5 *l* Essigsäure von 80% sollen auf den Gehalt von 50% herabgesetzt werden. Wie viel Wasser ist dazu nötig?

30. Wie hoch ist der Prozentgehalt, wenn 10 *l* einer 40-prozentigen Schwefelsäure mit 6 *l* reinem Wasser vermischt werden?

31. Für einen chemischen Versuch werden 2,5 m*l* einer 0,01-prozentigen Lösung einer Säure benötigt. Es steht aber nur eine 0,1-prozentige Lösung zur Verfügung.

Legierungen

Vorbemerkung: Der Feingehalt von Gold und Silber bezieht sich auf 1000 Teile der Legierung. Meistens wird mit Kupfer gemischt. Silber vom Feingehalt 700 enthält also auf 700 Teile reines Silber 300 Teile Kupfer.

32. 300 g Silber vom Feingehalt 700 werden mit 50 g reinem Kupfer zusammengeschmolzen. Welchen Feingehalt hat die Legierung?

33. Für ein Schmuckstück sollen 40 g Gold vom Feingehalt 800 mit 20 g einer anderen Sorte zusammengeschmolzen werden. Die Legierung soll den Feingehalt 750 haben.

Bild 8 Rohgold

34. Reines Kupfer und reines Silber sollen zu 60 g einer Legierung vom Feingehalt 700 zusammengeschmolzen werden.

35. 30 g Silber vom Feingehalt 750 werden mit 45 g Silber vom Feingehalt 850 zusammengeschmolzen. Welchen Feingehalt hat die Legierung?

36. 50 g reines Gold werden mit 20 g Gold vom Feingehalt 650 verschmolzen. Welchen Feingehalt hat die Legierung?

37. Ein Schmuckstück soll 60 g Gold vom Feingehalt 585 enthalten. Es stehen Goldsorten vom Feingehalt 500 und 700 zur Verfügung.

Bewegungsaufgaben

38. a) Ein Radfahrer fährt mit einer durchschnittlichen Geschwindigkeit von 26 km/h. Welchen Weg hat er nach $2\frac{1}{2}$ Stunden zurückgelegt?
b) Welche Zeit braucht er bei derselben Geschwindigkeit, um 9,5 km zurückzulegen?
c) Welche durchschnittliche Geschwindigkeit hat er, wenn er in einer Stunde und 50 Minuten 44 km zurücklegt?

39. Einem Fußgänger folgt nach 2 Stunden ein Radfahrer mit einer durchschnittlichen Geschwindigkeit von 18 km/h. Er holt den Fußgänger in 40 Minuten ein. Welche Strecke haben beide bis zum Treffpunkt zurückgelegt? Welche durchschnittliche Geschwindigkeit hatte der Fußgänger?

40. Ein Boot fährt um 16 Uhr von seinem Hafen mit einer Geschwindigkeit von 6 Knoten ab. 3 Stunden später folgt ein Schnellboot mit 26 Knoten. Wann und wo treffen sich die Boote? (1 Knoten entspricht einer Seemeile pro Stunde; eine Seemeile ist 1,852 km lang.)

41. Ein Personenzug fährt um 8.10 Uhr mit einer durchschnittlichen Geschwindigkeit von 60 km/h vom Bahnhof A zum 75 km entfernten Bahnhof B. Gleichzeitig fährt ein Eilzug von B mit einer durchschnittlichen Geschwindigkeit von 90 km/h nach A ab. Wann und wo treffen sich die beiden Züge?

42. Um 12 Uhr stehen der Minutenzeiger einer Uhr genau über dem Stundenzeiger. Um wie viel Uhr wird dies das nächste Mal der Fall sein?

Bild 9

Zum Hebelgesetz

43. Mit Hilfe eines Hebels soll eine Last von 800 N gehoben werden. Der Lastarm ist 45 cm lang. Welche Kraft ist aufzuwenden, wenn der Kraftarm 1,50 m lang ist?

44. Eine Last von 1200 N soll mit Hilfe eines Hebels gehoben werden; der Lastarm ist 60 cm lang. Es steht eine Kraft von 360 N zur Verfügung. Wie lang muss der Kraftarm sein?

45. Herr Feller will mit seinen beiden Neffen auf einer Wippe schaukeln. Die Kinder sind 250 N bzw. 280 N schwer und sitzen 2 m bzw. 2,50 m von der Achse entfernt auf der einen Seite der Wippe. Herr Feller ist 800 N schwer. An welche Stelle der Wippe muss er sich setzen?

Vermischte Aufgaben

46. Zwei befreundete Familien teilen sich ein Ferienhaus, das 1300 € für 14 Tage kostet. In der einen Familie gibt es drei Kinder, in der anderen zwei. Bei der Aufteilung der Mietkosten einigt man sich darauf, dass die Kinder nur „halb" zählen.

47. Bei einer Landtagswahl erhielt die Partei A 2925738 gültige Stimmen, auf die Partei B entfielen 3278923 gültige Stimmen und auf die Partei C 847998 gültige Stimmen. Nun sollen die 110 Landtagssitze diesen Stimmenzahlen entsprechend besetzt werden. Wie viele Sitze entfallen auf jede Partei? Welches Problem ergibt sich bei der Verteilung?

48. Ein 37-jähriger Vater hat eine 10-jährige Tochter. Vor wie vielen Jahren war der Vater zehnmal so alt wie seine Tochter?

Bild 10

49. Petra behauptet, es gäbe nur eine Uhrzeit, bei der der Sekunden-, der Minuten- und der Stundenzeiger genau übereinander stehen. Hat sie recht?

50. Frau Richter schaukelt mit ihren drei Kindern auf einer Wippe. Auf der einen Seite sitzen sie und ein Kind, das 220 N schwer ist, 1,6 m bzw. 1,3 m von der Achse entfernt; auf der anderen Seite sitzen zwei Kinder, die 290 N und 350 N schwer sind, 1,90 m bzw. 2,10 m von der Achse entfernt. Wie schwer ist Frau Richter?

51. Sonja hat zum Geburtstag ein Fahrrad bekommen, mit dem sie den Schulweg mit 15 km/h dreimal so schnell wie bisher zu Fuß zurücklegen kann. Deshalb muss sie jetzt erst 20 Minuten später aufstehen. Wie lang ist ihr Schulweg?

52. a) Wie hoch ist der Prozentgehalt einer Alkoholmischung, die aus 25 *l* eines 65-prozentigen und 35 *l* eines 80-prozentigen Alkohols hergestellt wird?
b) Wie viel muss von der zweiten Sorte genommen werden, wenn zusammen mit 40 *l* der ersten Sorte ein 70-prozentiger Alkohol hergestellt werden soll?
c) 42 *l* eines 75-prozentigen Alkohols werden mit 70 *l* einer anderen Sorte gemischt. Die Mischung hat einen Gehalt von 50%. Wie groß ist der Prozentgehalt der zweiten Sorte?

53. Kurts Schwester Karin ist Chemielaborantin. Als sie sieht, wie ihr Bruder eine Mischungsaufgabe löst, sagt sie: „Komisch, wir machen das im Labor ganz anders! Pass mal auf! Wenn wir zum Beispiel 200 *l* Spiritus von 75% aus 60-prozentigem und 80-prozentigem Spiritus mischen sollen, dann male ich zunächst ein Kreuz und trage die Zahlen 60, 80 und 75 ein (Bild 11).

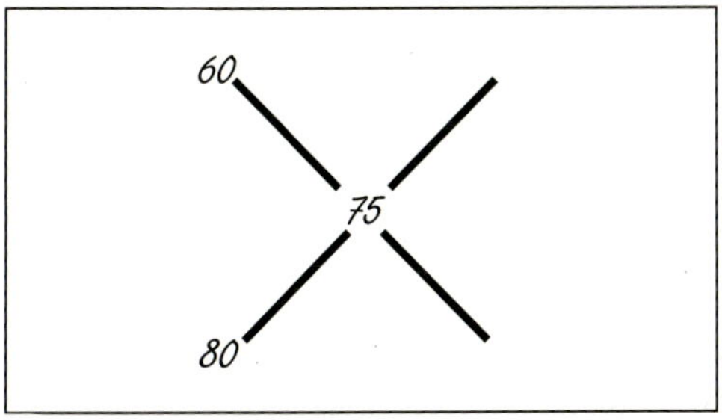

Bild 11

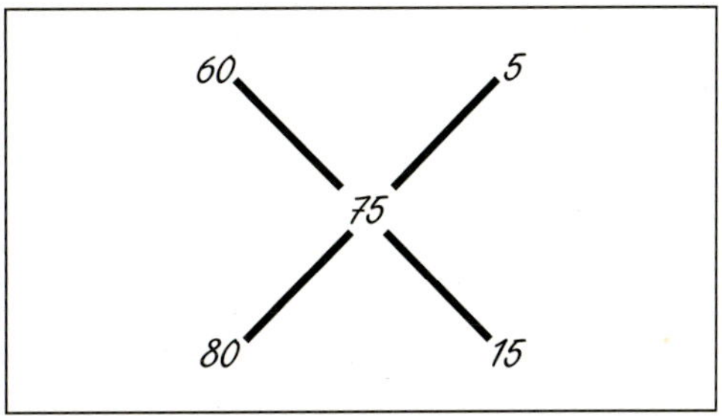

Bild 12

An die freien Enden des Kreuzes schreibe ich die absoluten Differenzen: $|60 - 75| = 15$ und $|80 - 75| = 5$ (Bild 12). Und jetzt bin ich schon fertig! Von dem 60-prozentigen Spiritus muss man 5 Teile nehmen und von dem 80-prozentigen Spiritus muss man 15 Teile nehmen – beides lese ich am Kreuz ab.“ – „Aber du sollst doch 200 *l* schließlich erhalten und nicht irgendwelche Teile“, wendet Kurt ein. „5 Teile und 15 Teile sind zusammen 20 Teile. Wenn man 200 *l* erhalten soll, muss also 1 Teil 10 Liter sein. Ich nehme also 50 *l* von der ersten und 150 *l* von der zweiten Sorte“, ergänzt Karin. „Das ist ja toll, in unserem Buch auf Seite 75 kommt genau dasselbe raus! Darf man das denn immer so machen?“

Überprüfe das Verfahren an drei selbstgewählten Beispielen!

Zum Nachdenken

54. Ein Glas Wasser und ein Glas Wein sind gleich hoch gefüllt. Jetzt wird ein Teelöffel Wein aus dem Weinglas in das Wasserglas geschüttet und darin gut verrührt. Dann wird ein Teelöffel Flüssigkeit aus dem Wasserglas in das Weinglas geschüttet. Ist nun mehr Wein im Wasserglas als Wasser im Weinglas oder umgekehrt?

Bild 13

55. Eine Flasche und ein Korken kosten zusammen 21 Cent. Die Flasche ist um 20 Cent teurer als der Korken. Wie viel kostet dieser?

56. Begründe, dass die Zeiger um diese Zeit (12.32 Uhr) keinen gestreckten Winkel bilden!

Bild 14

Aus dem zweiten Rechenbuch von Adam Ries (1522)

57. Einer spricht: Gott grüß euch, ihr 30 Gesellen. Einer antwortet: Wenn wir noch einmal so viele und halb so viele wären, so wären wir 30. Die Frage: Wie viele sind es gewesen?

Bild 15

58. Ein Sohn fragt seinen Vater, wie alt er sei. Der Vater antwortet ihm und spricht: Wenn du noch einmal so alt, halb so alt, ein Viertel so alt und noch ein Jahr älter wärest, so wärest du gerade 100 Jahre alt. Die Frage: Wie alt ist der Sohn?

59. Einer hat einiges Geld. Das legt er an, gewinnt ebenso viel dazu und verbraucht einen Gulden. Den Rest legt er abermals an, gewinnt ebenso viel dazu und verbraucht 2 Gulden. Was er behält, legt er zum dritten Mal an, gewinnt ebenso viel dazu, verbraucht 3 Gulden und behält 10 Gulden. Wie viel hat er zuerst gehabt?

60. Einer nimmt einen Arbeiter 30 Tage unter Vertrag. Wenn er arbeitet, gibt er ihm 7 Pfennig pro Tag. Wenn er aber faulenzt, rechnet er ihm 5 Pfennig pro Tag ab. Und als die 30 Tage vorbei sind, ist keiner dem anderen etwas schuldig. Die Frage: Wie viel Tage hat er gearbeitet und wie viel Tage hat er gefaulenzt?

61. Einer hat Arbeiter. Wenn er jedem 7 Pfennig gibt, behält er 30 Pfennig. Gibt er aber jedem 9 Pfennig, so fehlen ihm 30 Pfennig. Wie viel Arbeiter hat er gehabt?

62. Einer spricht zum anderen: Wenn ich noch einmal so viel und ein Drittel und ein Viertel so viel hätte, so hätte ich so viel Geld mehr als 100 Gulden, wie ich jetzt weniger als 100 Gulden habe. Wie viel hat er gehabt?

63. Einer hat zusammen 20 Pfund Safran und Ingwer. 1 Pfund Safran kostet 3 Gulden, und 2 Pfund Ingwer kosten 1 Gulden. Beim Verkauf erzielt er daraus 45 Gulden. Nun frage ich, wie viel Pfund es von jeder einzelnen Ware gewesen sind.

64. Ein Fuhrmann fährt von Leipzig nach Nürnberg in 6 Tagen. Ein anderer Fuhrmann fährt am selben Tag von Nürnberg ab und kommt in 8 Tagen nach Leipzig. In wie viel Tagen treffen sie zusammen?

65. 8 Pfund Feigen kosten 1 Gulden, und 5 Pfund Rosinen kosten auch 1 Gulden. Wie viel habe ich für 2 Gulden zu bekommen, wenn die beiden Warenmengen gleich sein sollen?

III. Planungs- und Entscheidungsprobleme

1. Zur Einführung

Im täglichen Leben treten immer wieder Situationen auf, in denen Ausgaben zu planen oder Kaufentscheidungen zu treffen sind. In manchen Fällen kann man versuchen, mathematische Verfahren einzusetzen, um eine Grundlage für die Entscheidung zu gewinnen. Nicht immer reichen dazu allerdings die Informationen aus, die man z.B. in Prospekten findet. In solchen Fällen ist zu überlegen, welche zusätzlichen Angaben man benötigt und wie man diese beschaffen kann.

Unter Umständen muss man sogar nicht genau bekannte Sachverhalte durch plausible Annahmen erfassen. So wird man z.B. in der Regel annehmen können, dass der Kraftstoffverbrauch eines Pkw proportional zur Länge der zurückgelegten Strecke ist. Diese Annahme kann aber aus vielfältigen Gründen mehr oder weniger falsch sein. Die Zuverlässigkeit der mit mathematischen Mitteln gewonnenen Ergebnisse hängt dann natürlich davon ab, wie genau diese Annahmen mit den tatsächlichen Verhältnissen übereinstimmen.

Wir behandeln im Folgenden ein Beispiel.

2. Lohnen sich Energiesparlampen?

Herr Wulf findet in einem Warenhauskatalog die folgende Anzeige.

Bild 16

Herr Wulf wollte eigentlich 75-Watt-Glühlampen bestellen. Nun möchte er herausfinden, ob es sich lohnt, stattdessen eine Energiesparlampe zu kaufen. Er überlegt, dass nach dem Katalogtext eine 18-Watt-Energiesparlampe etwa ebenso viel Licht gibt wie eine normale 75-Watt-Glühlampe. Da die Sparlampen die fünffache Lebensdauer der normalen Glühlampe haben sollen, will er die Kosten für fünf 75-Watt-Glühlampen mit den Kosten für eine 18-Watt-Energiesparlampe vergleichen.

Für diesen Vergleich fehlt Herrn Wulf aber eine wichtige Information: der Preis für den elektrischen Strom. Aus seinen Unterlagen entnimmt er, dass der Verbrauch einer Kilowattstunde (kWh) 9 Cent kostet. (Eine Kilowattstunde wird z.B. verbraucht, wenn ein Gerät von 1000 Watt eine Stunde lang in Betrieb ist.)

Da Herr Wulf nicht weiß, wie viel Stunden eine normale Glühlampe durchschnittlich brennt, setzt er für die Anzahl dieser Stunden die Variable x. Die Gesamtkosten für fünf 75-Watt-Glühlampen (0,075 Kilowatt) setzen sich aus den Anschaffungs- und den Verbrauchskosten zusammen. Sie betragen bei einer Betriebsdauer von x Stunden:

$$4\,€ + 5 \cdot 0{,}075 \cdot 0{,}09 \cdot x\,€.$$

Die Gesamtkosten für eine 18-Watt-Energiesparlampe, die die fünffache Lebensdauer gegenüber einer Normallampe hat, also $5 \cdot x$ Stunden Licht gibt, betragen entsprechend:

$$9{,}90\,€ + 0{,}018 \cdot 0{,}09 \cdot 5x\,€.$$

Herr Wulf möchte wissen, für welche Werte von x (für wie viel Betriebsstunden einer Normalglühlampe also) die Normallampe sich teurer stellt als die Sparlampe:

$$4 + 5 \cdot 0{,}075 \cdot 0{,}09 \cdot x \geq 9{,}90 + 0{,}018 \cdot 0{,}09 \cdot 5x.$$

Durch Äquivalenzumformungen erhält er:

$$\begin{aligned} & 5 \cdot 0{,}075 \cdot 0{,}09 \cdot x - 0{,}018 \cdot 0{,}09 \cdot 5x \geq 9{,}9 - 4 \\ \Leftrightarrow\ & 5 \cdot 0{,}09 \cdot (0{,}075 - 0{,}018) \cdot x \geq 5{,}9 \\ \Leftrightarrow\ & 5 \cdot 0{,}09 \cdot 0{,}057 \cdot x \geq 5{,}9 \\ \Leftrightarrow\ & x \geq \frac{5{,}9}{0{,}09 \cdot 0{,}0285}. \end{aligned}$$

Dabei ist $\frac{5{,}9}{0{,}09 \cdot 0{,}0285} \approx 230$.

Dieses Ergebnis bedeutet: Der Kauf einer 18-Watt-Energiesparlampe lohnt sich, wenn eine normale Glühlampe länger als etwa 230 Stunden brennt.

Durch einen Anruf bei einer Verbraucherberatungsstelle erfährt Herr Wulf, dass die durchschnittliche Betriebsdauer einer normalen Glühlampe 1000 Stunden beträgt. Er weiß also jetzt, dass es kostengünstiger ist, die 18-Watt-Energiesparlampe zu kaufen.

Hinweis: Herr Wulf hätte das vorstehende Problem auch anders angehen können. Er hätte sich zuerst bei der Verbraucherberatung nach der durchschnittlichen Brenndauer einer Normalglühlampe erkundigen und dann berechnen können, für welche Strompreise die Sparlampe kostengünstiger ist als die Normallampe (Aufgabe 8).

3. Zum Mathematisieren von Problemen

Wenn man wie beim vorstehenden Beispiel ein außermathematisches Problem mit mathematischen Mitteln behandelt, spricht man vom **Mathematisieren**.

In das Mathematisieren eines Problems gehen in aller Regel Voraussetzungen und Annahmen ein, die ihrerseits mit mathematischen Mitteln nicht begründet werden können.

Beim Kostenvergleich von Waschmaschinen z.B. (Aufgabe 12) kann mathematisch nicht erfasst werden, ob die zu vergleichenden Maschinen hinsichtlich der Waschleistung (Sauberkeit der Wäsche, etwaige Rückstände von Waschmitteln) gleichwertig sind.

Zu beachten ist ferner, dass die Gesichtspunkte, unter denen ein Problem behandelt werden kann, sehr unterschiedlich sein können. So ist z.B. in vielen Fällen ein Problem aus ökologischer Sicht sehr viel anders zu beurteilen als unter Kostengesichtspunkten (Aufgaben 11 – 14). Außerdem gibt es Fälle, in denen unterschiedliche Annahmen sinnvoll sein können. Diese führen dann zu unterschiedlichen Mathematisierungen und dadurch auch zu unterschiedlichen Ergebnissen.

Wenn z.B. untersucht werden soll, ob es kostengünstiger ist, sich beim Kauf eines Pkw für das Modell mit Dieselmotor oder für das Modell mit Ottomotor zu entscheiden (Aufgabe 11), so sind neben der Preisdifferenz und der unterschiedlichen Höhe der Kfz-Steuer für die beiden Modelle folgende Größen zu berücksichtigen:

- die durchschnittliche Fahrstrecke pro Jahr,
- der von der Fahrweise abhängige durchschnittliche Kraftstoffverbrauch und
- die durchschnittliche Preisdifferenz zwischen den beiden Kraftstoffarten.

Diese Größen können nur geschätzt werden. Die Mathematisierung und das Ergebnis hängen dann von diesen Schätzwerten ab.

Aufgaben und Beispiele

Zum Einstieg

Familie Bodemann ist in eine neue Stadt gezogen.

Bild 17

Fahrkartenart	**Preis in €**
Einzelkarten	
Erwachsene	2,80
Kinder 4 – 11 Jahre	1,40
Mehrfachkarten	
Erwachsene	2,00
Kinder 4 – 11 Jahre	1,10
Spartickets	
Tageskarte/Wochenendkarte	6,50
Familientageskarte/ Familienwochenendkarte	8,50
Zeitkarten und Abos	
7-Tagekarte	20,00
Monatskarte	65,00
Jahreskarte im Abo	600
bei Vorauszahlung mit 5% Rabatt	570
Ausbildungszeitkarten Schüler, Auszubildende	
Wochenkarte	14,50
Monatskarte	48,00
Jahreskarte im Abo	480

1. Bei einem Fahrradgeschicklichkeitsfahren mit 30 Aufgaben erhält jeder Teilnehmer 8 Punkte für eine bestandene Aufgabe und einen Abzug von 10 Punkten, wenn er eine Aufgabe nicht erfüllt.
Medaillen erhalten nur Teilnehmer, die insgesamt einen positiven Punktestand erreichen.

2. Frau Peters tritt in einen Musikfreundeklub ein, in dem sie CDs 15% unter dem normalen Ladenpreis erhält. Der Jahresbeitrag des Klubs beträgt 36 €. Für welchen Betrag muss sie sich jeden Monat CDs kaufen, damit sich die Mitgliedschaft im Klub für sie lohnt?

3. Frau Ludwig legt in ihrem monatlichen Haushaltsplan fest, dass ihre Fernmelderechnung sich auf höchstens 60 € belaufen soll. Wie viel Gebühreneinheiten darf sie verbrauchen.

4. Ein Hausbesitzer hofft, durch den Einbau neuer Fenster, der etwa 7500 € kosten wird, jährlich 1300 *l* Heizöl einzusparen. Bei welchem Preis für ein Liter Öl würde sich der Einbau der Fenster in 15 Jahren bezahlt machen?

5. Bei Tarifverhandlungen stehen zwei Modelle zur Diskussion: I. Der Lohn wird um 1% und um einen monatlichen Betrag von 65 € erhöht; II. der Lohn wird um 5% erhöht. Für welche Lohngruppe ist das erste Modell günstiger?

6. Ein Teegroßhändler mischt zwei Teesorten zu 28 € und 33 € je Kilo und verkauft 50-g-Tüten dieser Mischung für 1,95 €. Welchen Anteil des teueren Tees darf die Mischung enthalten, wenn sein Gewinn mindestens $33\frac{1}{3}\%$ betragen soll?

7. Kurt möchte sich im nächsten Frühjahr ein Fahrrad kaufen. Seine Eltern wollen die Hälfte des Kaufpreises dazu geben. Kurt hat Anfang Oktober 80 € gespart und kann wöchentlich von seinem Taschengeld 2 € zurücklegen. Ein 5-Gang-Fahrrad kostet 190 €, ein 10-Gang-Fahrrad 70 € mehr.
a) Wann wird er sich welches Fahrrad frühestens kaufen können?
b) Beantworte a) für den Fall, dass Kurt zu Weihnachten von seiner Patentante 40 € geschenkt bekommt!

Bild 18

8. Bearbeite das Problem von Seite 89 (Energiesparlampe) mit Hilfe der Annahme, dass eine normale Glühlampe eine durchschnittliche Brenndauer von 1000 Stunden hat! Berechne, für welche Strompreise die Sparlampe kostengünstiger ist als die normale Lampe!

9. Untersuche, ob sich die Anschaffung einer 9-Watt-Energiesparlampe im Vergleich zu fünf Normalglühlampen zu 40 Watt lohnt! Benutze die Angaben aus dem Warenhauskatalog von Seite 89!

10. Herr Schneider will für sein Büro einen neuen Drucker anschaffen. Es soll ein Tintenstrahldrucker oder ein Laserdrucker bestellt werden. Der Tintenstrahldrucker kostet 349 €, die gedruckte Seite 5 Cent. Der Laserdrucker kostet 749 €, die gedruckte Seite 3,75 Cent. Aus steuerlichen Gründen soll der Drucker nach vier Jahren durch einen neuen ersetzt werden.

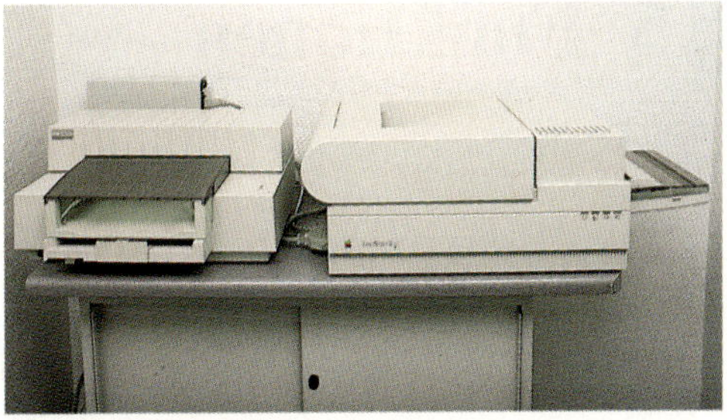

Bild 19

Die Aufgaben 11 – 14 sollen unter Kostengesichtspunkten bearbeitet werden. Aus ökologischen Gründen sollte man sich in der Regel für Geräte mit geringem Energieverbrauch entscheiden.

11. Ein Pkw eines bestimmten Typs wird mit einem Ottomotor und mit einem Dieselmotor (Aufpreis 999 €) angeboten. Die Kfz-Steuer beträgt für das Ottomodell jährlich 99 €, für das Dieselmodell 296 €. Nach den Angaben des Herstellers benötigt die Dieselversion durchschnittlich 5,8 *l* Kraftstoff auf 100 km, während die Benzinversion 7,3 *l* benötigt.
Frau Kranz rechnet damit, dass ein Liter Diesel durchschnittlich 20 Cent weniger als ein Liter Benzin kostet. Sie fährt jährlich etwa 12000 km und will den Wagen 6 Jahre lang fahren. Herr Solms ist Handelsvertreter. Er fährt jährlich mindestens 50000 km.

12. Eine Waschmaschinenfirma bietet zwei Modelle an, die sich vor allem im Energie- und im Wasserverbrauch des Waschvorgangs für Kochwäsche unterscheiden.
Untersuche, ob sich die Anschaffung des teureren Modells lohnt!

Typ		WFV 7930	WFS 3830
Verbrauch für Programm Kochwäsche 95°C mit Vorwäsche	Energieverbrauch	1,9 kWh	1,8 kWh
	Wasserverbrauch	65 l	58 l
Preis		999,– €	1059,– €

Bild 20

13. Herr Franken beabsichtigt, ein Fernsehgerät mit einer Leistungsaufnahme von 70 Watt zu kaufen, welches 1148 € kostet. Vor dem Kaufabschluss erfährt er vom Sonderangebot eines Gerätes, das mit einer höheren Musikleistung, sonst aber gleichwertig ausgestattet ist. Die Leistungsaufnahme des Gerätes beträgt 100 Watt, der Preis 1128 €. Lohnt sich die Anschaffung dieses Gerätes trotz des höheren Energieverbrauchs?

14. Frau Dorn besitzt ein älteres Fernsehgerät mit einer Leistungsaufnahme von 100 Watt. Durch eine Erbschaft fällt ihr ein neueres Gerät mit einer Leistungsaufnahme von 80 Watt zu. Dieses Gerät besitzt eine Bereitschaftsschaltung mit einer Leistung von 10 Watt. Untersuche, unter welchen Umständen das neue Gerät im Verbrauch preisgünstiger ist! Beachte, dass der Verbrauch der Bereitschaftsschaltung nur für die Zeit zu berücksichtigen ist, während der das Gerät nicht auf Empfang ist!

§ 5 Funktionen

I. Der Begriff der Funktion

1. Zur Einführung

Schon in Klasse 7 haben wir uns mit **eindeutigen Zuordnungen** beschäftigt. Wir wiederholen das Wesentliche an einem

Beispiel:

Im Physikunterricht wird eine Schraubenfeder durch Anhängen von Gewichtsstücken von je 0,5 N gedehnt (Bild 1). Es wird jeweils die Verlängerung gemessen, die die Feder durch die Belastung erfährt. Die Messergebnisse sind in der folgenden Tabelle zusammengefasst.

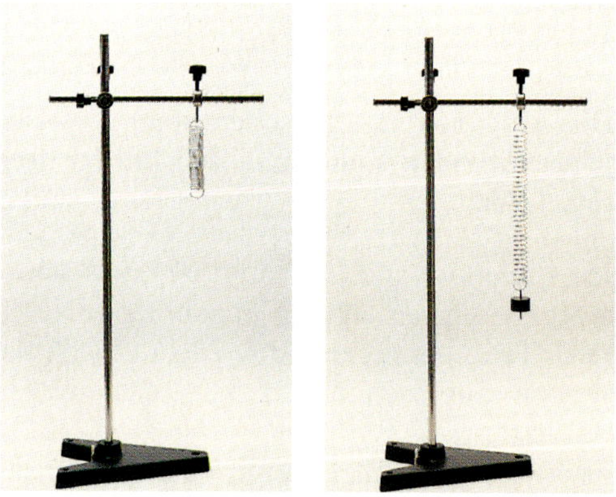

Bild 1

Belastung (in N)	0,5	1,0	1,5	2,0	2,5	3,0
Verlängerung (in cm)	4,6	9,1	13,7	18,2	22,8	27,4

Jeder Belastung ist durch die Tabelle genau eine Verlängerung der Schraubenfeder zugeordnet. Man kann diese **eindeutige Zuordnung** durch ein Pfeilbild (Bild 2) und durch einen Zuordnungsgraphen in einem rechtwinkligen Koordinatensystem (Bild 3) veranschaulichen.

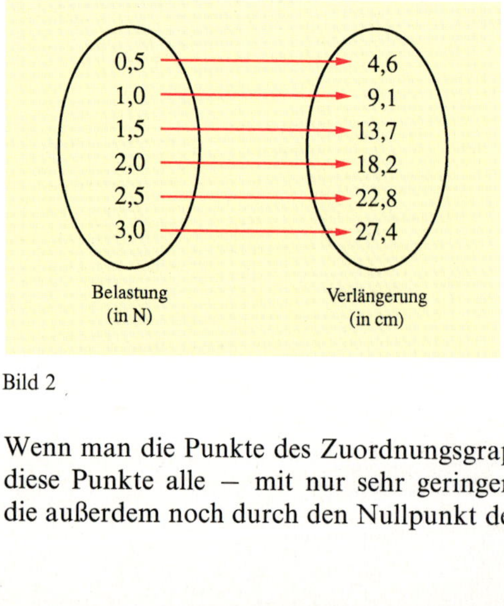

Bild 2

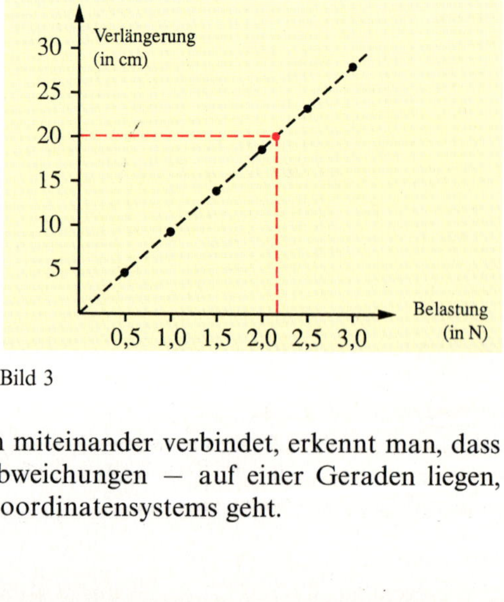

Bild 3

Wenn man die Punkte des Zuordnungsgraphen miteinander verbindet, erkennt man, dass diese Punkte alle – mit nur sehr geringen Abweichungen – auf einer Geraden liegen, die außerdem noch durch den Nullpunkt des Koordinatensystems geht.

Bemerkung: Für Zwischenwerte sind zwar keine Messungen vorgenommen worden; doch erscheint es vernünftig, anzunehmen, dass wir die zu einer bestimmten Belastung gehörende Verlängerung am betreffenden Zwischenpunkt ablesen können, z.B. für eine Belastung von 2,2 N eine Verlängerung von ungefähr 20 cm (Bild 3) und entsprechend für alle anderen Zwischenwerte. Man könnte dies durch weitere Messungen auch bestätigen.

2. Beispiel einer nicht eindeutigen Zuordnung

Im Gegensatz zum Einführungsbeispiel liegt bei dem folgenden **Beispiel** zwar eine Zuordnung, aber **keine eindeutige Zuordnung** vor.

Beispiel

In der nebenstehenden Tabelle sind in der zweiten Zeile die Teiler der Zahlen 1, 2, 3, 4 und 5 aufgeführt.

Zahl	1	2	3	4	5
Teiler	1	1; 2	1; 3	1; 2; 4	1; 5

Bild 4 zeigt das Pfeilbild, Bild 5 den Graphen dieser Zuordnung. Dass diese Zuordnung **nicht eindeutig** ist, erkennt man im Pfeilbild daran, dass z.B. von der Zahl 2 zwei Pfeile, von der Zahl 4 sogar drei Pfeile ausgehen.

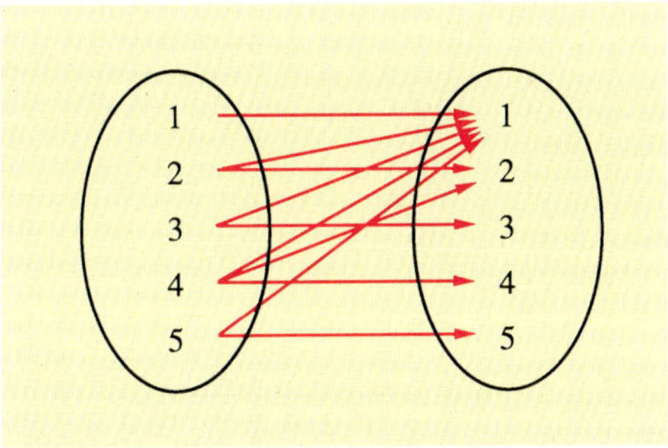

Bild 4

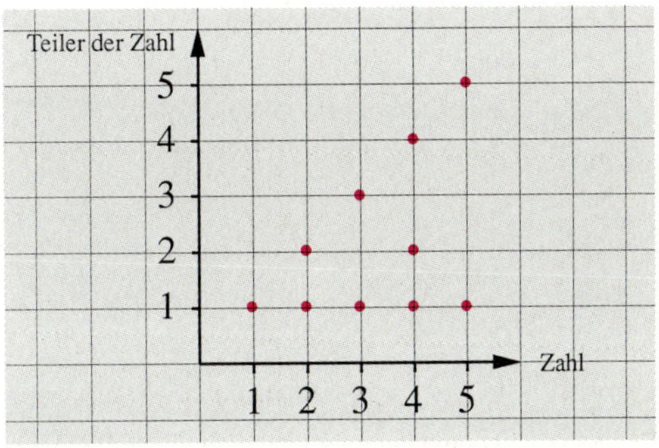

Bild 5

In Bild 5 erkennt man den Sachverhalt daran, dass es Punkte des Graphen gibt, die übereinander liegen, z.B. die Punkte mit den Koordinaten (2|1) und (2|2), aber z.B. auch die Punkte mit den Koordinaten (4|1), (4|2) und (4|4).

3. Der Begriff der Funktion

Wenn eine **eindeutige Zuordnung** zwischen den Elementen zweier Mengen vorliegt, spricht man in der Mathematik von einer **Funktion**. Um diesen Begriff noch genauer zu klären, betrachten wir ein weiteres einfaches

Beispiel:

An einer Klassenarbeit haben 25 Schüler teilgenommen. Das Ergebnis der Arbeit ist in der nebenstehenden Tabelle, einem sogenannten „Notenspiegel", festgehalten.

Note	1	2	3	4	5	6
Anzahl	3	6	7	5	3	1

Durch diese Tabelle wird jeder Note **eindeutig** eine bestimmte Zahl (nämlich die Anzahl der Schüler mit dieser Note) zugeordnet; es liegt also eine Funktion vor, die wir mit dem Buchstaben f bezeichnen. Offenbar spielen bei dieser Funktion zwei Mengen eine Rolle:

1) die Menge der Noten; man nennt diese Menge die **Definitionsmenge** der Funktion und bezeichnet sie mit dem Buchstaben D; es ist also

$$D = \{1; 2; 3; 4; 5; 6\};$$

2) die Menge der den einzelnen Noten zugeordneten Zahlen; man nennt diese Menge die **Wertemenge** der Funktion und bezeichnet sie mit dem Buchstaben W; es ist also

$$W = \{1; 3; 5; 6; 7\}.$$

Man kann auch diese Funktion veranschaulichen

a) durch ein **Pfeilbild** (Bild 6) und

b) durch einen **Funktionsgraphen** in einem kartesischen Koordinatensystem (Bild 7). Hierbei sind die Elemente der Definitionsmenge auf der waagerechten, die Elemente der Wertemenge auf der dazu senkrechten Achse aufgetragen. Wir bezeichnen diese beiden Achsen daher als **D-Achse** bzw. als **W-Achse**.

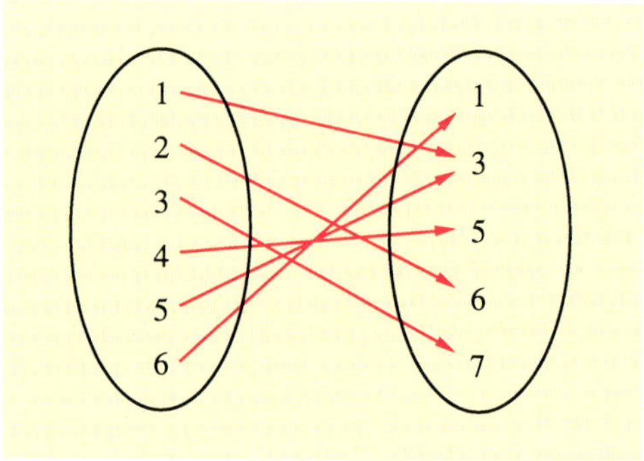

Bild 6

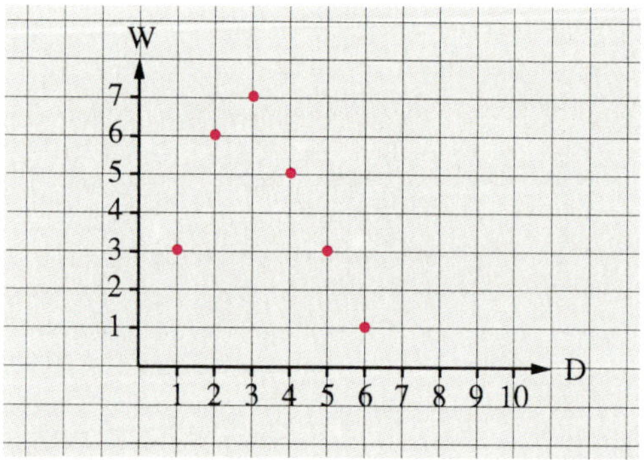

Bild 7

Im **Pfeilbild** erkennt man die **Eindeutigkeit** der Zuordnung daran, dass von jedem Element der Definitionsmenge D **nur ein** Pfeil ausgeht. Beim **Graphen** erkennt man die **Eindeutigkeit** der Zuordnung daran, dass an keiner Stelle zwei (oder mehr) Punkte des Graphen übereinander liegen, dass also auf jeder Parallelen zur W-Achse höchstens ein Punkt des Graphen liegt.

Zusammenfassend können wir sagen:

Eine Funktion f liegt vor, wenn jedem Element einer Menge D (der Definitionsmenge) genau ein Element einer Menge W (der Wertemenge) zugeordnet ist.

Bemerkung: Zur Bezeichnung von Funktionen sind grundsätzlich alle Buchstaben zugelassen. In der Regel verwenden wir den Buchstaben f, manchmal auch g, h usw.

4. Die Werte einer Funktion

Durch die Funktion des letzten Beispiels wird z. B. der Zahl $2 \in D$ die Zahl $6 \in W$ zugeordnet. Man nennt die Zahl 6 daher den **Funktionswert von 2** oder den **Funktionswert an der Stelle 2** und bezeichnet diesen mit **f(2)**, gelesen „f von 2“ oder „f an der Stelle 2“. Bei unserem Beispiel gilt also:

$$f(1) = 3; \quad f(2) = 6; \quad f(3) = 7; \quad f(4) = 5; \quad f(5) = 3 \quad \text{und} \quad f(6) = 1.$$

Allgemein heißt das einem Element $x \in D$ durch eine Funktion f zugeordnete Element $y \in W$ der **Funktionswert von x** oder der **Funktionswert an der Stelle x**; dieser wird bezeichnet mit **f(x)**, gelesen „f von x“ oder „f an der Stelle x“.

5. Funktionsterm, Funktionsgleichung

In den meisten Fällen sind Funktionen in der Mathematik und in ihren Anwendungsgebieten durch Terme oder durch Gleichungen gegeben.

Beispiele

1) Ein Quadrat habe eine Seitenlänge mit der Maßzahl x (Bild 8). Dann ist die Maßzahl y des Flächeninhaltes dieses Quadrates gegeben durch

die **Funktionsgleichung** $y = x^2$

oder

durch den **Funktionsterm** x^2.

Da für Längenmaßzahlen nur positive Zahlen in Betracht kommen, hat die zugehörige Funktion f die Definitionsmenge $D = \mathbb{Q}^{>0}$.

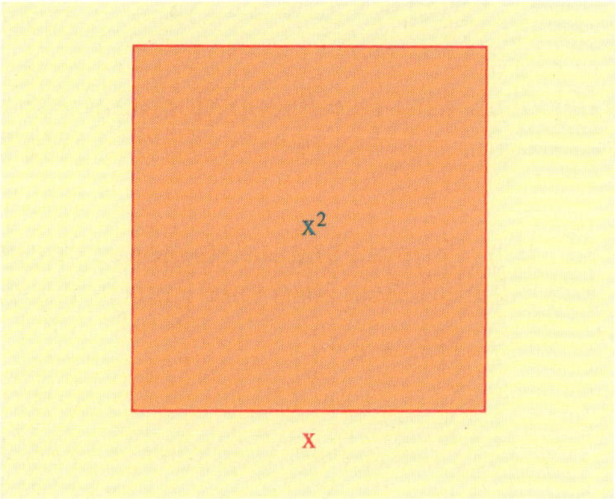

Bild 8

2) Beim gleichen Quadrat ist die Maßzahl y seines Umfangs gegeben durch

die **Funktionsgleichung** $y = 4x$ bzw. durch den **Funktionsterm** $4x$.

Die zugehörige Funktion g hat ebenfalls die Definitionsmenge $D = \mathbb{Q}^{>0}$.

Bemerkung: Zur Unterscheidung der beiden Fälle 1) und 2) haben wir die zugehörigen Funktionen mit f bzw. mit g bezeichnet. Entsprechend kann man die zugehörigen Definitionsmengen mit **D(f)** bzw. mit **D(g)** bezeichnen, gelesen „D von f“ bzw. „D von g“. Die Wertemenge einer Funktion f wird analog mit **W(f)** bezeichnet, gelesen „W von f“.

6. Beispiel einer Proportionalität

Beim Einführungsbeispiel von Seite 94 (Dehnung einer Schraubenfeder) liegen die Punkte des Graphen (Bild 3, Seite 94) in sehr guter Näherung auf einer Geraden durch den Nullpunkt. Es handelt sich um eine **proportionale Zuordnung**. Wir können dies auch dadurch überprüfen, dass wir die Quotienten der einander zugeordneten Maßzahlen berechnen. Es gilt:

$$\frac{4{,}6}{0{,}5} = 9{,}2; \quad \frac{9{,}1}{1{,}0} = 9{,}1; \quad \frac{13{,}7}{1{,}5} \approx 9{,}1; \quad \frac{18{,}2}{2{,}0} = 9{,}1; \quad \frac{22{,}8}{2{,}5} \approx 9{,}1; \quad \text{und} \quad \frac{27{,}4}{3{,}0} \approx 9{,}1.$$

Bei physikalischen Messungen sind Messungenauigkeiten unvermeidlich; daher sehen wir von kleinen Abweichungen ab.

Erfasst man die jeweilige Belastung durch die Variable x und die zugehörige Verlängerung durch die Variable y, so gilt für alle Paare $(x|y)$ ziemlich genau:

$$\frac{y}{x} = 9{,}1, \quad \text{also} \quad y = 9{,}1 \cdot x.$$

Es handelt sich um die Gleichung einer **Proportionalität**. Die Zahl 9,1 ist der **Proportionalitätsfaktor**. Aus der Gleichung kann man für jeden (im betreffenden Zusammenhang sinnvollen) Belastungswert x (in N) die zugehörige Verlängerung y (in cm) berechnen.

Es liegt also eine Funktion f mit dem Funktionsterm

$$\mathbf{f(x) = 9{,}1 \cdot x}$$

vor.

Allgemein wird eine Proportionalität zwischen zwei Größen x und y durch eine Gleichung der Form

$$y = c \cdot x$$

mit dem Proportionalitätsfaktor c festgelegt. Jedem x-Wert ist eindeutig ein y-Wert zugeordnet, es liegt also eine Funktion f mit dem Funktionsterm

$$\mathbf{f(x) = c \cdot x}$$

vor.

7. Beispiel einer Antiproportionalität

In der Gewinnklasse 3 zahlt eine Lottogesellschaft 4200 € aus. Wie groß ist der Anteil eines einzelnen Wetters, der Mitglied einer Wettgemeinschaft ist, die aus 2, 3, 4, 5, … Personen besteht? Die folgende Tabelle enthält die Lösung.

Anzahl der Wetter	1	2	3	4	5	6	7	8	…
Anteil (in €)	4200	2100	1400	1050	840	700	600	525	…

Man kann dies leicht überprüfen; denn in allen Fällen muss das Produkt aus der Anzahl der Wetter und dem zugehörigen Anteil den Gesamtgewinn von 4200 € ergeben:

$$1 \cdot 4200 = 2 \cdot 2100 = 3 \cdot 1400 = 4 \cdot 1050 = \ldots = 8 \cdot 525 = 4200.$$

Wählt man für die Anzahl der Wetter die Variable x, für den Anteil des einzelnen Wetters die Variable y, so gilt für alle Paare (x|y):

$$x \cdot y = 4200, \quad \text{also} \quad y = \frac{4200}{x}.$$

Es handelt sich um die Gleichung einer **Antiproportionalität**. Die Zahl 4200 ist der Proportionalitätsfaktor.

Aus der Gleichung kann man für jede Personenzahl x den darauf entfallenden Gewinnanteil y berechnen. Es liegt also eine Funktion f mit dem Funktionsterm

$$\mathbf{f(x) = \frac{4200}{x}}$$

vor.

Allgemein wird eine Antiproportionalität zwischen zwei Größen x und y durch eine Gleichung der Form $y = \frac{c}{x}$ mit dem Proportionalitätsfaktor c festgelegt. Jedem x-Wert ist eindeutig ein y-Wert zugeordnet, es liegt also eine Funktion f mit dem Funktionsterm

$$\mathbf{f(x) = \frac{c}{x}}$$

vor.

Aufgaben und Beispiele

Zum Einstieg

Notiere aus einem Taschenkalender die Zeiten für Sonnenaufgang (SA) und Sonnenuntergang (SU) für die erste bis 26. Woche eines Jahres!
Zeichne den Graph der Zuordnung
„Wochennummer → SA“!
Zeichne den Graph der Zuordnung
„Wochennummer → SU“!
Die Zeitspanne zwischen Sonnenaufgang und Sonnenuntergang bezeichnet man als Tageslänge. Zeichne den Graph der Zuordnung
„Wochennummer → Tageslänge“!

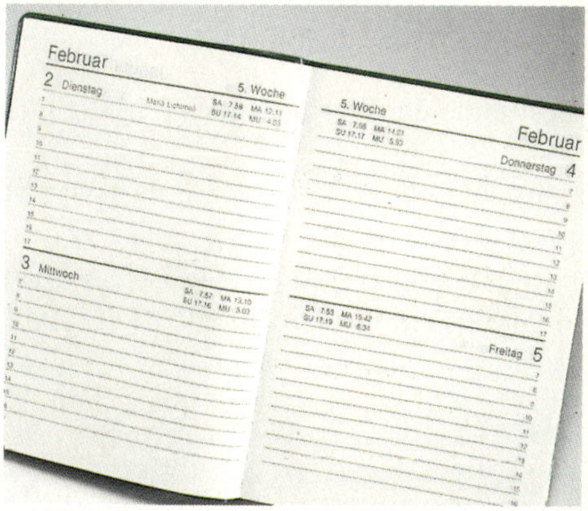

Bild 9

1. Bild 10 zeigt den Zusammenhang zwischen dem Benzinverbrauch auf 100 km und der gefahrenen Geschwindigkeit eines bestimmten Autotyps.

a) Notiere in einer Tabelle, wie viel Liter Benzin das Auto bei einer Geschwindigkeit von $30\,\frac{km}{h}$, $40\,\frac{km}{h}$, $50\,\frac{km}{h}$, ..., $180\,\frac{km}{h}$ verbraucht!

b) Notiere in einer Tabelle, bei welcher Geschwindigkeit der Kraftstoffverbrauch auf 100 km etwa 6 *l*, 7 *l*, 8 *l*, ..., 11 *l* beträgt!

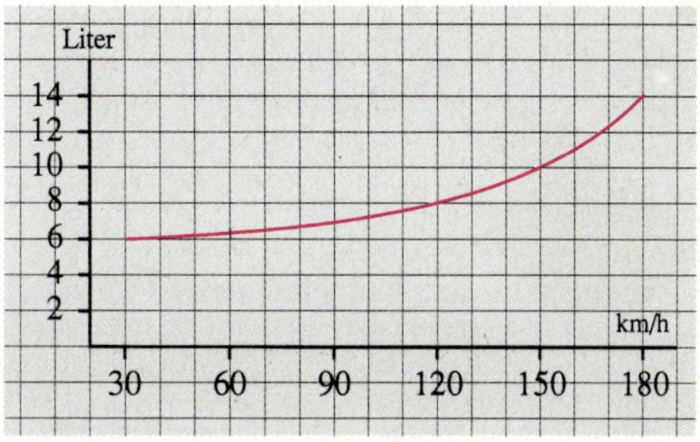

Bild 10

2. Zeichne den Graphen der Zuordnung „Dauer eines Telephongespräches → Gebühr für das Gespräch“ bei Tarifentfernungen über 50 km!

3. Untersuche, ob eine eindeutige Zuordnung vorliegt!
a) Jeder Zahl wird ihr Doppeltes zugeordnet.
b) Jeder Zahl wird ihre Quadratzahl zugeordnet.
c) Jeder natürlichen Zahl werden ihre Teiler zugeordnet.
d) Jeder Zahl wird die Zahl 5 zugeordnet.
e) Jeder nicht negativen Zahl x werden die Zahlen zugeordnet, deren Betrag gleich x ist.
f) Jeder positiven Zahl wird die Zahl 1 zugeordnet, jeder negativen Zahl die Zahl -1.
g) Jeder natürlichen Zahl wird ihre Quersumme zugeordnet.
h) Jeder natürlichen Zahl werden ihre Vielfachen zugeordnet.
i) Jeder Bruchzahl wird ihr Kehrwert zugeordnet.
j) Jeder Zahl x wird ein Rechteck zugeordnet, dessen Flächenmaßzahl gleich x ist.

4. Ermittle einen Funktionsterm, mit dem man zu jedem Würfel, dessen Kanten die Längenmaßzahl x haben, die Maßzahl für **a)** die Gesamtlänge seiner Kanten; **b)** seine Oberfläche; **c)** sein Volumen bestimmen kann!

5. Berechne $f(0)$; $f(1)$; $f(-1)$; $f(2)$; $f(\frac{1}{2})$ und $f(-\frac{1}{2})$!

a) $f(x) = 4x - 3$ **b)** $f(x) = -1 - 3x$ **c)** $f(x) = (1 - x)^2$ **d)** $f(x) = (x + 1)(x - 1)$
e) $f(x) = \frac{2x-1}{3}$ **f)** $f(x) = 1 - \frac{4x}{5}$ **g)** $f(x) = \frac{1}{x+2}$ **h)** $f(x) = \frac{3+x}{3-x}$
i) $f(x) = \frac{x^2+1}{x+3}$ **j)** $f(x) = \frac{x+3}{x^2+1}$ **k)** $f(x) = (2x + 6)(x - 3) - 2x^2 + 18$

6. Bestimme die Wertmenge $W(f)$, falls $D(f) = \{0; 1; 2; 3; 4; 5\}$ ist!

Beispiel

Für $f(x) = (x - 3)^2$ gilt:
$f(0)=(-3)^2=9$; $f(1)=(-2)^2=4$; $f(2)=(-1)^2=1$; $f(3)=0$; $f(4)=1^2=1$ und $f(5)=2^2=4$.
Also enthält die Wertemenge $W(f)$ die Zahlen 9, 4, 1 und 0. Es gilt $W(f) = \{0; 1; 4; 9\}$.

a) $f(x) = 3x - 1$ **b)** $f(x) = 5(x - 2)$ **c)** $f(x) = (x + 1)(1 - 2x)$ **d)** $f(x) = 2x^2 - 5$
e) $f(x) = 2^x$ **f)** $f(x) = (-1)^{x+1}$ **g)** $f(x) = 10^{x+1}$ **h)** $f(x) = 0{,}1^{x+1}$
i) $f(x) = \frac{1}{x+1}$ **j)** $f(x) = \frac{x-1}{x+1}$ **k)** $f(x) = \frac{1+2x}{1-2x}$ **l)** $f(x) = \frac{x^2-1}{x+1}$

7. Veranschauliche die Funktion f durch ein Pfeilbild und in einem kartesischen Koordinatensystem! Bestimme jeweils auch die Wertemenge $W(f)$!
a) $f(x)=2x-6$; $D(f)=\{1; 2; 3; 4; 5; 6\}$ **b)** $f(x)=8-\frac{x}{2}$; $D(f)=\{0; 1; 2; 3; 4; 5\}$
c) $f(x)=\frac{x^2}{4}$; $D(f)=\{1; 2; 3; 4; 5; 6\}$ **d)** $f(x)=\frac{9-x^2}{2}$; $D(f)=\{-3; -2; -1; 0; 1; 2; 3\}$
e) $f(x)=(\frac{x}{2})^3$; $D(f)=\{-4; -2; 0; 2; 4\}$ **f)** $f(x)=x^2-1$; $D(f)=\{-\frac{3}{2}; -1; -\frac{1}{2}; 0; \frac{1}{2}; 1; \frac{3}{2}\}$

8. Suche den Term einer Funktion, durch die jeder Zahl in der ersten Zeile der Tabelle die darunter stehende Zahl zugeordnet wird!

a)

1	2	3	4	5	6
1	3	5	7	9	11

b)

1	2	3	4	5	6
0	-3	-8	-15	-24	-35

c)

1	2	3	4	5	6	7
4	1	0	1	4	9	16

Untersuche in den folgenden Aufgaben, ob der beschriebene Sachverhalt sich durch eine proportionale oder durch eine antiproportionale Zuordnung erfassen lässt! Ermittle die Gleichung der Zuordnung! Welche Größe ist der Proportionalitätsfaktor? Welche Bedeutung hat er?

9. Ein *ICE* legt die 100 km lange Strecke von Hannover nach Göttingen in 35 Minuten zurück. Wie lange benötigt der Zug bei gleicher Durchschnittsgeschwindigkeit für die Strecke Göttingen – Kassel (45 km), für die Strecke Kassel – Fulda (90 km), für eine x km lange Strecke?

10. Ein *ICE* befährt die Strecke Hamburg – Hannover mit einer Durchschnittsgeschwindigkeit von 144 km/h in 75 Minuten. Wie lange benötigt ein Zug mit einer Durchschnittsgeschwindigkeit von 100 km/h; 120 km/h; 150 km/h; 180 km/h; x km/h für diese Strecke?

11. Ein deutscher Geschäftsmann hat eine englische Rechnung von 10000 £ zu bezahlen. Welcher Betrag ist das in €, wenn ein englisches Pfund (£) 1,00 €; 1,10 €; 1,20 €; 1,30 €; 1,40 €; 1,50 €; 1,60 €; 1,70 €; 1,80 €; 1,90 €; 2,00 €; x € kostet?

12. Für 600 £ erhält ein englischer Geschäftsmann 990 €. Wie viel € würde er bei gleichem Wechselkurs für 400 £; 500 £; 700 £; 750 £; x £ erhalten? Wie viel £ hätte er bei gleichem Wechselkurs für 420 €; 980 €; 7000 €; x € zu zahlen?

13. Der Tank eines Autos fasst 60 *l* Kraftstoff. Wie weit kann man mit einer Tankfüllung fahren bei einem Durchschnittsverbrauch von 4,5 *l*; 5 *l*; 5,5 *l*; 6 *l*; 6,5 *l*; 7 *l*; 7,5 *l*; 8 *l* auf 100 km?

14. Ein Autofahrer verfährt auf 480 km 31,2 *l* Benzin. Wie viel Liter Benzin sind bei gleichem Durchschnittsverbrauch für eine Strecke von 50 km; 75 km; 120 km; 250 km; 600 km; x km erforderlich? Wie weit könnte man bei gleichem Durchschnittsverbrauch mit 26 *l*; 52 *l*; 65 *l*; 78 *l*; x *l* Benzin fahren?

15. a) Wie viel m^2 kann man mit der in Bild 11 dargestellten Lackdose streichen?
b) Wieviel m^2 Holz kann man mit einer 750-m*l*-; 1,5-*l*-; 2,5-*l*-; x-*l*-Dose dieses Lacks streichen?
c) Wie viel m^2 Holz könnte man mit der abgebildeten Dose streichen, wenn die Ergiebigkeit 5 m^2/l; 7 m^2/l; 9 m^2/l; 11 m^2/l; 13 m^2/l; 15 m^2/l; x m^2/l betrüge?

Bild 11

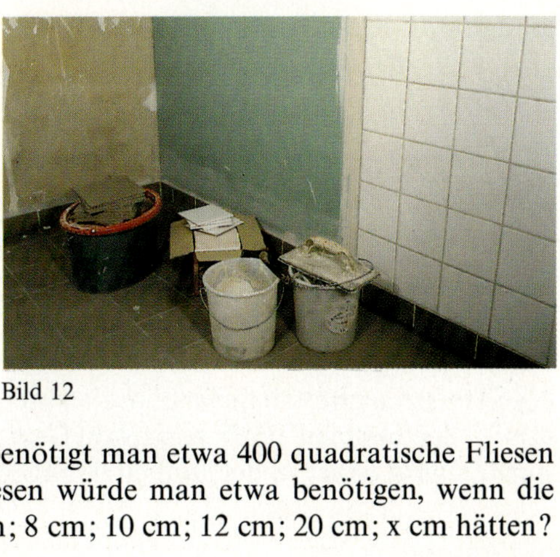
Bild 12

16. Um ein Badezimmer zu kacheln (Bild 12), benötigt man etwa 400 quadratische Fliesen mit einer Seitenlänge von 15 cm. Wie viel Fliesen würde man etwa benötigen, wenn die quadratischen Fliesen eine Seitenlänge von 6 cm; 8 cm; 10 cm; 12 cm; 20 cm; x cm hätten?

II. Beispiele für lineare Funktionen

1. Zur Einführung

Beim Beispiel der Schraubenfeder (Bild 1, Seite 94) kann man statt der Verlängerung jeweils auch die Gesamtlänge der Feder messen.

Die Feder hat im unbelasteten Zustand eine Länge von 7,4 cm; daher ergeben sich bei dieser Messung die Werte der folgenden Tabelle.

Belastung (in N)	0	0,5	1,0	1,5	2,0	2,5	3,0
Gesamtlänge (in cm)	7,4	12,0	16,5	21,1	25,6	30,2	34,8

Wenn wir die so festgelegte Funktion g in einem Koordinatensystem darstellen (Bild 13), so erkennen wir, dass die Punkte ebenfalls auf einer Geraden liegen. Diese geht aber nicht durch den Nullpunkt; sie ist vielmehr gegenüber der Geraden zu $y = 9{,}1 \cdot x$, die in Bild 13 gestrichelt eingetragen ist, so weit nach oben verschoben, wie es der Länge der unbelasteten Feder entspricht, also um 7,4. Mit Hilfe dieses Sachverhalts können wir leicht die Gleichung der neuen Funktion bestimmen. Für die Funktion f gilt: $y = 9{,}1 \cdot x$; daher gilt für die neue Funktion g:

$$y = 9{,}1 \cdot x + 7{,}4.$$

Der Funktionsterm dieser Funktion g ist also:

$$g(x) = 9{,}1 \cdot x + 7{,}4.$$

Wie wir bereits festgestellt haben, liegen die Punkte des Graphen auf einer Geraden. Das lateinische Wort für „Gerade" ist „linea recta"; daher nennt man jede solche Funktion eine **lineare Funktion**.

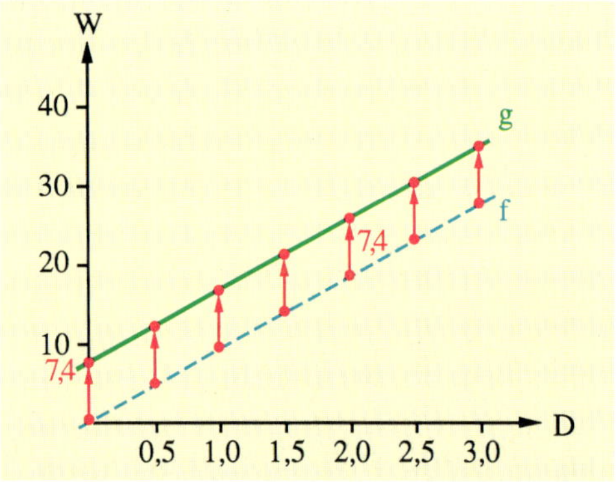

Bild 13 $y = 9{,}1\,x + 7{,}4$

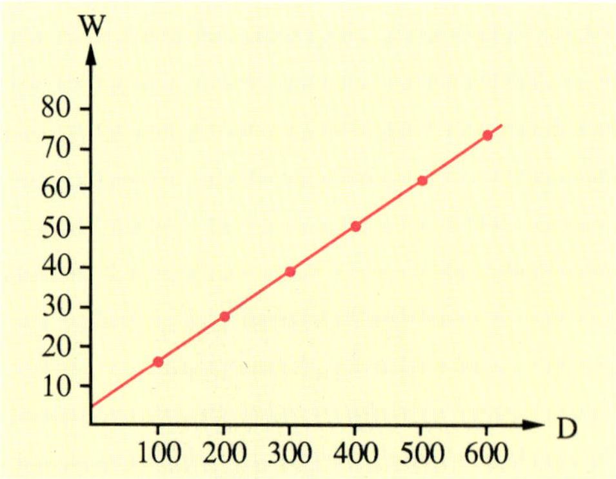

Bild 14 $y = 0{,}116\,x + 6{,}9$

2. Ein weiteres Beispiel

Ein Elektrizitätswerk berechnet pro Monat einen Grundpreis von 6,90 € und pro Kilowattstunde (kWh) einen Preis von 11,60 Cent. Der monatliche Gesamtpreis für x Kilowattstunden wird daher in der Einheit € angegeben durch den Term

$$f(x) = 0{,}116 \cdot x + 6{,}90.$$

Die folgende Tabelle enthält einige Werte der so festgelegten Funktion f.

Verbrauch (in kWh)	50	100	150	200	250	300
Gesamtpreis (in €)	12,70	18,50	24,30	30,10	35,90	41,70

Bild 14 zeigt den zugehörigen Funktionsgraphen. Man erkennt, dass auch hier sämtliche Punkte auf einer Geraden liegen. Diese geht nicht durch den Nullpunkt, sondern schneidet die W-Achse im Punkt 6,9. Man sagt: Die Gerade hat auf der W-Achse den **Achsenabschnitt** 6,9; dieser gibt hier den Grundpreis an. Auch bei diesem Beispiel haben wir es also mit einer **linearen Funktion** zu tun.

3. Der Begriff der linearen Funktion

Den behandelten Beispiclen ist gemeinsam, dass ihre Funktionsgleichungen die Form

$$y = mx \quad \text{bzw.} \quad y = mx + n,$$

die Funktionsterme also die Form

$$f(x) = mx \quad \text{bzw.} \quad f(x) = mx + n$$

haben, wobei die Formvariablen m und n für beliebige rationale Zahlen stehen.

Da die jeweils zweite Gleichung für den Sonderfall $n = 0$ in die erste übergeht, erfassen wir alle möglichen Fälle durch Gleichungen der Form

$$y = mx + n.$$

Wir definieren:

Unter einer „linearen Funktion" versteht man eine Funktion, die durch eine Gleichung der Form

$$y = mx + n \quad (\text{mit } m, n \in \mathbb{Q})$$

gegeben ist.

Falls $n = 0$ ist, lautet die Gleichung $y = mx$; sie beschreibt dann eine **Proportionalität**.

4. Die identische Funktion

Einen besonders einfachen Sonderfall einer linearen Funktion erhält man für die Werte $m = 1$ und $n = 0$. Die Gleichung lautet dann $y = x$; der Funktionsterm ist $f(x) = x$. Durch diese Funktion wird jede Zahl $x \in \mathbb{Q}$ **sich selbst** zugeordnet.

Man nennt diese Funktion die **identische Funktion über $\mathbb{Q}$** oder kurz die **Identität über $\mathbb{Q}$**.

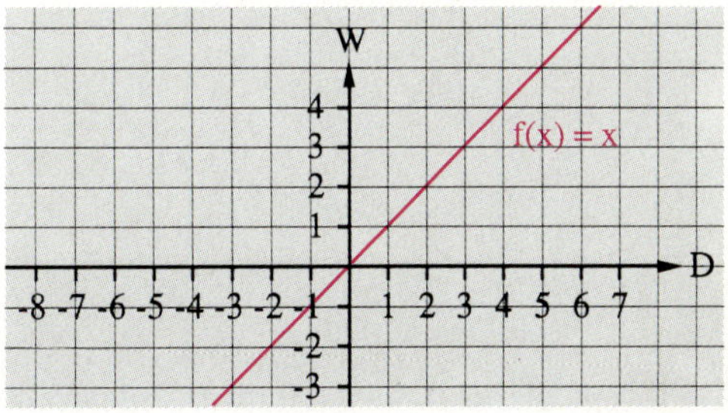

Bild 15

Wir definieren:

Eine Funktion f heißt „identische Funktion über D" genau dann, wenn jedem Element $x \in D$ das Element x selbst zugeordnet ist.

Der Funktionsterm einer identischen Funktion ist

$$f(x) = x.$$

Die Punkte des Graphen einer identischen Funktion liegen auf der Winkelhalbierenden des 1. und 3. Quadranten (Seite 103, Bild 15).

Beachte, dass es zu jeder Definitionsmenge D eine eigene identische Funktion gibt!

5. Konstante Funktionen

Ein weiterer einfacher Sonderfall einer linearen Funktion liegt vor, wenn in der Gleichung $y = mx + n$ gilt: $m = 0$, wenn die Gleichung also lautet: $y = 0 \cdot x + n$, also $y = n$. Wir behandeln ein

Beispiel:

Peter hat sieben Briefe im üblichen Format zu frankieren. Mit Hilfe einer Briefwaage stellt er fest, wie viel die einzelnen Briefe wiegen:

6 g, 9 g, 11 g, 13 g, 16 g, 18 g, 20 g.

Alle Briefe sind also mit 1€ freizumachen, d.h., jedem der angegebenen Gewichte ist ein Portobetrag von 1€ in eindeutiger Weise zugeordnet. Es liegt also eine Funktion f vor.

Die Bilder 16 und 17 zeigen das Pfeilbild bzw. den Graphen dieser Funktion f. Die Punkte des Graphen liegen sämtlich auf einer Parallelen zur D-Achse.

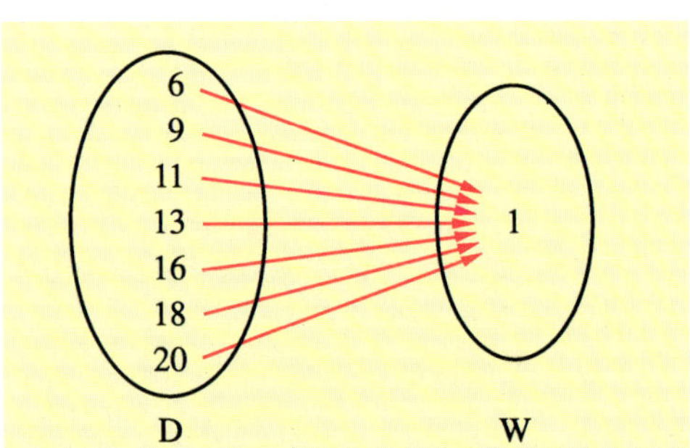

Bild 16

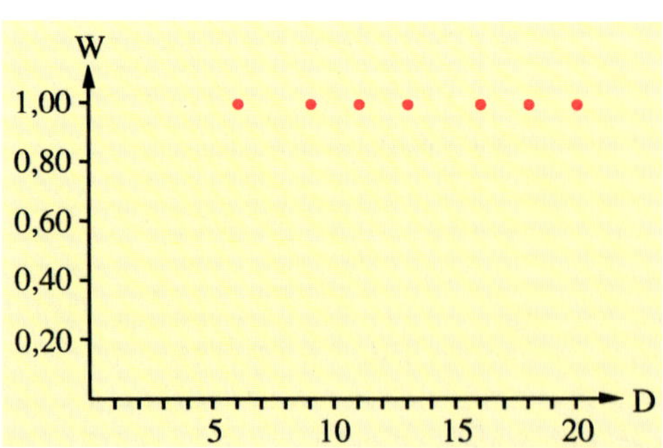

Bild 17

Da jedem Element der Definitionsmenge D **dieselbe Zahl** (nämlich 1) zugeordnet ist, spricht man in diesem Fall von einer **konstanten Funktion**.

Die Gleichung für diese Funktion ergibt sich aus der allgemeinen Gleichung für lineare Funktionen $y = mx + n$ dadurch, dass man $m = 0$ und $n = 1$ setzt:

$$y = 0 \cdot x + 1 \quad \text{oder kürzer} \quad y = 1;$$

der Funktionsterm ist

$$f(x) = 0 \cdot x + 1 \quad \text{oder kürzer} \quad f(x) = 1 \text{ (für alle } x \in D).$$

Allgemein können wir definieren:

Eine Funktion f heißt „konstante Funktion“ genau dann, wenn jedem Element $x \in D$ dasselbe Element n zugeordnet ist. Der Funktionsterm einer konstanten Funktion hat die Form:

$$f(x) = n \quad (\text{mit } n \in \mathbb{Q}).$$

Der Graph einer konstanten Funktion ist, wenn $D = \mathbb{Q}$ ist, eine Parallele zur D-Achse. Bild 18 zeigt dies für das

Beispiel: $f(x) = 3$.

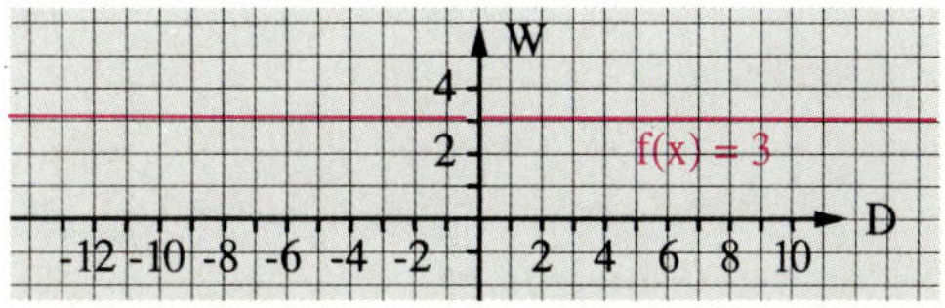

Bild 18

6. Stückweise lineare Funktionen

Bild 19 zeigt einen Ausschnitt aus einem Versandhausprospekt. Die Information kann man durch eine Funktion f erfassen, durch die jedem Warenwert ein bestimmter Betrag an Versandkosten zugeordnet wird. Dabei hat man hinsichtlich des Warenwertes, also bei der Definitionsmenge der Funktion, drei Bereiche zu unterscheiden.

Bild 19

1) Bis 70 € betragen die Versandkosten einheitlich 7 €.

2) Von 70 € bis 950 € betragen die Versandkosten 10 % des Warenwertes. Wählt man für den Warenwert die Variable x, für die Versandkosten die Variable y, so gilt also: $y = 0{,}1 \cdot x$.

3) Ab 950 € betragen die Versandkosten einheitlich 95 €.

Bild 20 zeigt den Graphen der Funktion f; man erkennt auch an diesem Bild deutlich, dass die Funktion f aus drei linearen Teilen zusammengesetzt ist. Die drei Bereiche kann man in der Funktionsgleichung auf die folgende Weise erfassen:

$$y = \begin{cases} 7 & \text{für} \quad 0 < x \leq 70 \\ 0{,}1 \cdot x & \text{für} \quad 70 < x \leq 950 \\ 95 & \text{für} \quad 950 < x \end{cases}$$

Man sagt: Die Funktion f ist „stückweise" festgelegt.

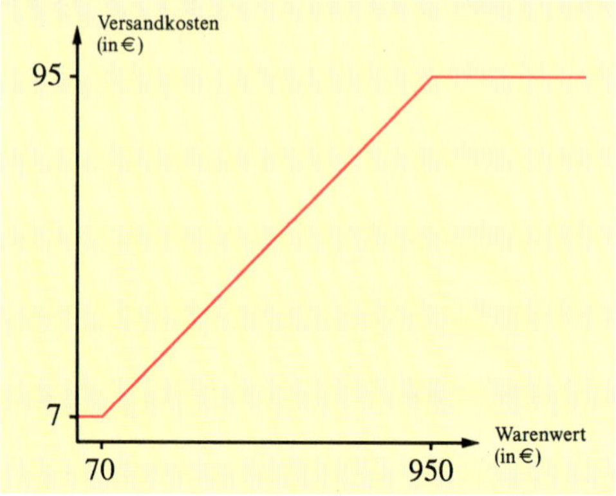

Bild 20

Aufgaben und Beispiele

Zum Einstieg

Beschreibe die Rohstoffreserven bei gleich bleibender Jahresförderung durch geeignete Funktionen!
Veranschauliche deine Ergebnisse!

Bonn (dpa). Nach Angaben des Bundeswirtschaftsministeriums betrugen die sicher gewinnbaren Welterdölreserven Ende 1991 noch etwa 135 000 Millionen Tonnen, von denen jedoch Jahr für Jahr 3000 Millionen Tonnen abgebaut werden. Die sicher gewinnbaren Welterdgasvorräte von etwa 125 000 Milliarden Kubikmetern werden bei gleich bleibender Jahresförderung noch etwa 57 Jahre reichen. Die Reichdauer der Kohlereserve von etwa 670 Milliarden Tonnen beträgt demgegenüber etwa 210 Jahre.

Bild 21

1. Die folgenden Situationen lassen sich jeweils durch eine Funktion beschreiben. Ermittle die zugehörige Funktionsgleichung und zeichne den Funktionsgraphen!

a) Der Kilometerzähler an Giselas Fahrrad zeigt 1401 km (Bild 22). Sie fährt jede Woche etwa 50 km.

b) Harald hat für ein dreiwöchiges Ferienlager 120 € Taschengeld. Er gibt jeden Tag 4 € aus.

c) Eine Autovermietung verlangt für einen Transporter 170 € und für jeden gefahrenen Kilometer 1,20 €.

d) Frau Pfeifer tankt vor einer längeren Fahrt 60 *l* Benzin. Ihr Wagen verbraucht auf 100 km durchschnittlich 7,5 *l* Benzin.

Bild 22

2. Im Wohnort der Familie Kreutzer setzt sich das monatliche Wassergeld aus einer Gebühr von 10 € für die Wasseruhr und den Gebühren für den laufenden Verbrauch zusammen. Frau Kreutzer hat den monatlichen Verbrauch ihrer Familie und die Höhe des Wassergeldes für ein Halbjahr notiert.

Monat	Jan.	Feb.	März	April	Mai	Juni
Verbrauch in m^3	15,0	13,7	18,9	17,7	14,9	18,1
Wassergeld in €	67,–	62,06	81,82	80,80	69,60	82,40

In diesem Zeitraum wurden die Gebühren für den laufenden Verbrauch erhöht.

a) Von welchem Monat an wurden die Gebühren erhöht?

b) Um wie viel Prozent wurden die Gebühren erhöht?

c) Ermittle den Term einer Funktion f, mit dem man das monatliche Wassergeld **vor** der Gebührenerhöhung errechnen kann!

d) Ermittle den Term einer Funktion g, mit dem man das monatliche Wassergeld **nach** der Gebührenerhöhung errechnen kann!

e) Stelle die beiden Funktionen f und g in einem Koordinatensystem dar!

f) Die nebenstehende Tabelle zeigt den Wasserverbrauch der Familie Lose, die in dem gleichen Ort wie Familie Kreutzer wohnt, im gleichen Halbjahr.
Bestimme zeichnerisch und rechnerisch jeweils das monatliche Wassergeld!

Monat	Jan.	Feb.	März	April	Mai	Juni
Verbrauch in m^3	20,0	19,5	16,7	21,3	20,5	22,1

g) Erkundige dich, wie das Wassergeld in deinem Wohnort berechnet wird, und stelle die zugehörige Funktion in einem Koordinatensystem dar!

3. In Bild 23 sind die Fahrpreise der Deutschen Bundesbahn für eine einfache Fahrt in der zweiten Klasse angegeben (Tarifstand: 1.1.1993).

a) Lies aus der Tabelle ab, wie viel DM eine Bahnfahrt von 10; 40; 50; 75; 100; 150; 200; 300; 400; 500 km kostet!

b) Zeichne den Graphen der Funktion, durch die jeder Streckenlänge von 10 km, 20 km, 30 km, …, 100 km der Fahrpreis zugeordnet wird!

c) Berechne mit Hilfe deiner Ergebnisse aus a) den Durchschnittspreis pro Kilometer!

d) Ermittle den Term einer **linearen** Funktion f, mit dem man berechnen kann, wie viel Bahnfahrten in der 2. Klasse in Abhängigkeit von der Länge der Fahrstrecke ungefähr kosten!

Fahrpreise in DM für einfache Fahrt (DB) (Normaltarif) — Tarifstand: 1.1.1993

km bis	2. Kl. DM	km bis	2. Kl. DM	km bis	2. Kl. DM	km bis	2. Kl. DM	km bis	2. Kl. DM	km bis	2. Kl. DM	km bis	2. Kl. DM	km bis	2. Kl. DM	km bis	2. Kl. DM
3	2,4	50	10,8	131	31,0	193	46,0	256	61,0	318	76,0	381	91,0	443	106,0	506	121,0
5	2,4	55	13,0	135	32,0	197	47,0	260	62,0	322	77,0	385	92,0	447	107,0	510	122,0
8	3,0	60	13,0	139	33,0	202	48,0	264	63,0	327	78,0	389	93,0	452	108,0	514	123,0
10	3,0	65	15,2	143	34,0	206	49,0	268	64,0	331	79,0	393	94,0	456	109,0	518	124,0
12	4,4	70	15,2	147	35,0	210	50,0	272	65,0	335	80,0	397	95,0	460	110,0	522	125,0
15	4,4	80	17,2	152	36,0	214	51,0	277	66,0	339	81,0	402	96,0	464	111,0	527	126,0
18	5,4	90	19,4	156	37,0	218	52,0	281	67,0	343	82,0	406	97,0	468	112,0	531	127,0
20	5,4	100	21,4	160	38,0	222	53,0	285	68,0	347	83,0	410	98,0	472	113,0	535	128,0
23	6,6	102	24,0	164	39,0	227	54,0	289	69,0	352	84,0	414	99,0	477	114,0	539	129,0
26	6,6	106	25,0	168	40,0	231	55,0	293	70,0	356	85,0	418	100,0	481	115,0	543	130,0
30	6,6	110	26,0	172	41,0	235	56,0	297	71,0	360	86,0	422	101,0	485	116,0	547	131,0
35	8,6	114	27,0	177	42,0	239	57,0	302	72,0	364	87,0	427	102,0	489	117,0	552	132,0
40	8,6	118	28,0	181	43,0	243	58,0	306	73,0	368	88,0	431	103,0	493	118,0	556	133,0
43	10,8	122	29,0	185	44,0	247	59,0	310	74,0	372	89,0	435	104,0	497	119,0	560	134,0
46	10,8	127	30,0	189	45,0	252	60,0	314	75,0	377	90,0	439	105,0	502	120,0	564	135,0

Bild 23

4. Die Deutsche Bahn AG gewährt mit der BahnCard eine Fahrpreisermäßigung. Erkundige dich nach den Preisen für die BahnCard und nach dem normalen Fahrpreis pro km. Unter welchen Bedingungen ist für dich der Erwerb einer BahnCard sinnvoll? Löse die Aufgabe zeichnerisch und rechnerisch!

Bild 24

5. Bild 25 zeigt den „Zugbegleiter" des *ICE Ernst Barlach* von Hamburg Altona nach München.

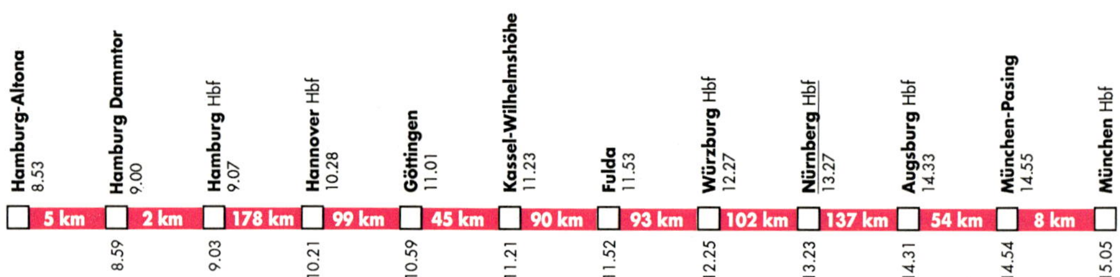

Bild 25

a) Zeichne den Graph einer stückweise linearen Funktion f, an dem man ablesen kann, wie viel Kilometer der Zug von Altona bis zum betreffenden Zeitpunkt zurückgelegt hat!
Anleitung: Stelle auf der D-Achse die Zeit ab 8.30 Uhr und auf der W-Achse die Streckenlänge so dar, dass eine Zeitspanne von 30 Minuten bzw. eine Streckenlänge von 50 km jeweils durch eine Länge von 1 cm erfasst werden!
b) Bestimme die Durchschnittsgeschwindigkeit zwischen je zwei Bahnhöfen!
Wodurch können die Unterschiede zwischen den Durchschnittsgeschwindigkeiten zu erklären sein?
c) Ermittle die Funktionsgleichungen für die verschiedenen Bereiche der Funktion f!

III. Eigenschaften linearer Funktionen

1. Ursprungsgeraden (I)

Wir wollen in diesem Abschnitt die besonderen Eigenschaften linearer Funktionen besprechen. Wir setzen von jetzt ab voraus, dass in der Gleichung

$$y = mx + n$$

sowohl für x und y wie für die Formvariablen m und n beliebige rationale Zahlen zugelassen sind. Wir betrachten zunächst den Sonderfall der **Proportionalität** ($y = mx$).

Beispiele **1)** $y = \frac{1}{2}x$ **2)** $y = 3x$ **3)** $y = -2x$

Zur Ermittlung der Funktionsgraphen kann man eine Wertetabelle mit einigen Wertepaaren erstellen, z. B. die nebenstehende Wertetabelle zu $y = \frac{1}{2}x$.

x	0	1	2	3	…	-1	-2	-3
y	0	$\frac{1}{2}$	1	$\frac{3}{2}$	…	$-\frac{1}{2}$	-1	$-\frac{3}{2}$

Bild 26 zeigt, dass die zugehörigen Punkte auf einer Geraden g durch den Nullpunkt liegen.

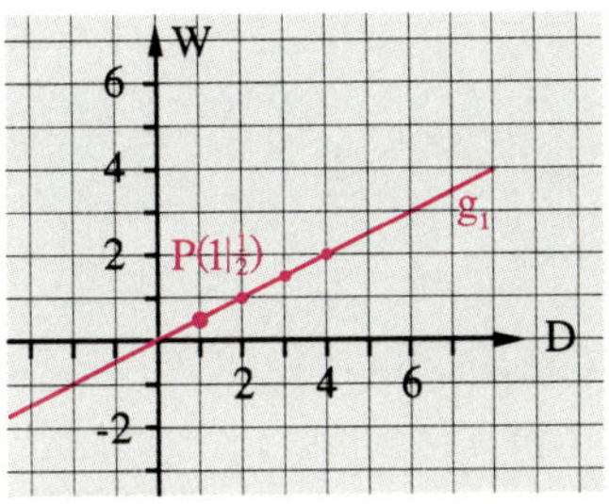

Bild 26 $y = \frac{1}{2}x$

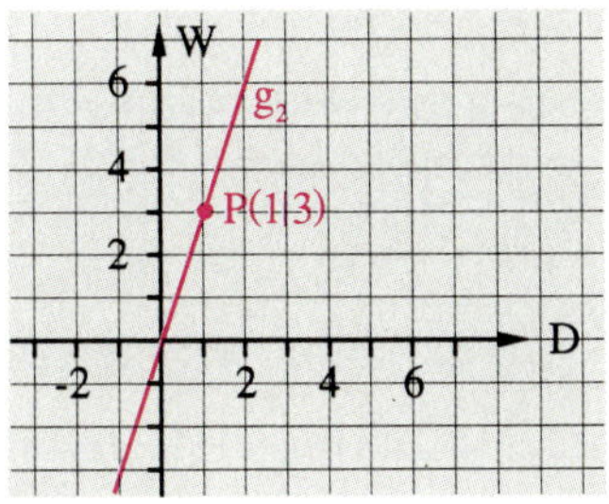

Bild 27 $y = 3x$

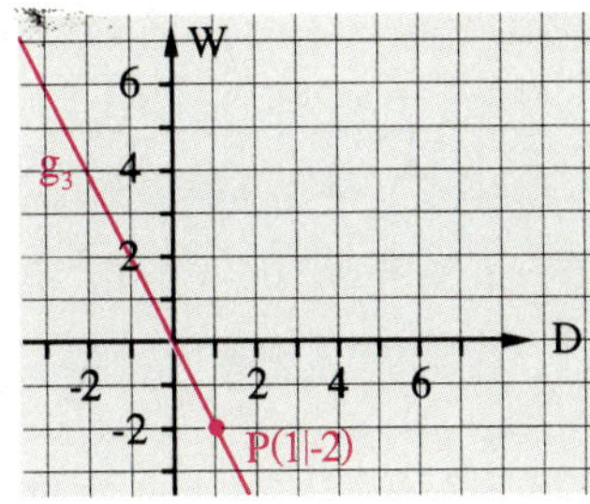

Bild 28 $y = -2x$

Wir sagen: Die Gerade g_1 von Bild 26 wird **durch die Gleichung $y = \frac{1}{2}x$ dargestellt; $y = \frac{1}{2}x$ ist die Gleichung für diese Gerade**. Entsprechend ist **jede Gleichung der Form $y = mx$** (mit $m \in \mathbb{Q}$) eine **Gleichung für eine Ursprungsgerade**.

2. Der Begriff der Steigung einer Strecke

Die drei Geraden in den Bildern 26, 27 und 28 unterscheiden sich dadurch, dass sie verschieden steil sind, verschiedene „Steigungen" haben. Du kennst den Begriff „Steigung" wahrscheinlich schon von Schildern, die an Straßenabschnitten im Gebirge oder an Bahnstrecken stehen (Bild 29). „15% Steigung" wird häufig so verstanden, dass auf eine Streckenlänge von 100 m die Straße um 15 m ansteigt. Korrekt dagegen ist es, den Höhenunterschied auf eine **horizontale** Entfernung von 100 m zu beziehen.

Bild 29

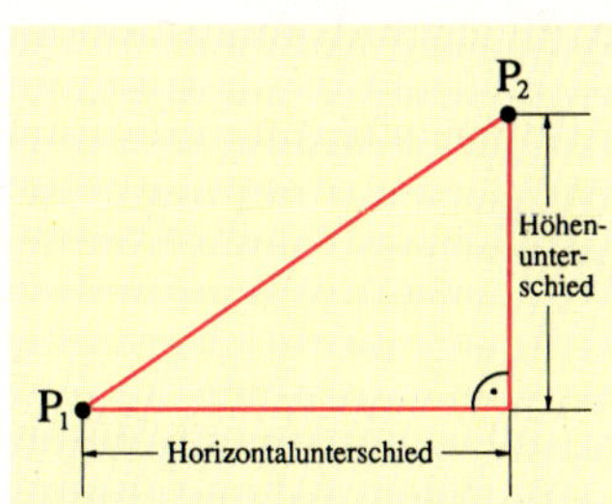

Bild 30

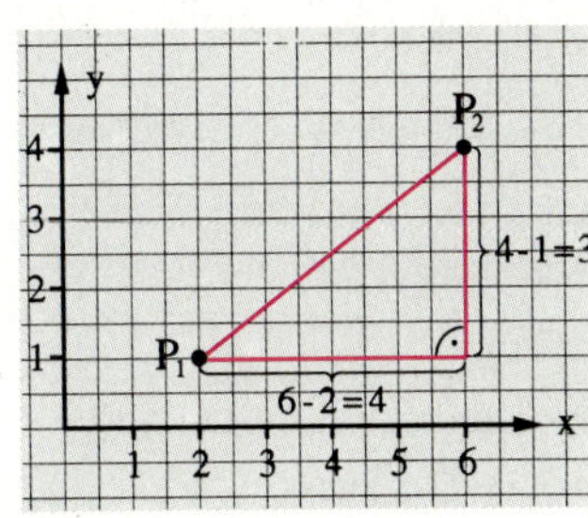

Bild 31

In der Mathematik versteht man jedenfalls unter der **Steigung** einer Strecke das Verhältnis (den Quotienten) von **Höhen-** und **Horizontalunterschied** zwischen den Endpunkten dieser Strecke. Bild 30 zeigt ein sogenanntes **Steigungsdreieck** für eine Strecke $\overline{P_1P_2}$. Die Länge der waagerechten Seite des rechtwinkligen Steigungsdreiecks ist der Horizontalunterschied, die Länge der dazu senkrechten Seite ist der Höhenunterschied.

Beispiel Die Strecke $\overline{P_1P_2}$ zwischen $P_1(2|1)$ und $P_2(6|4)$ (Bild 31) hat die Steigung $s = \frac{4-1}{6-2} = \frac{3}{4}$.

Allgemein ist für eine Strecke $\overline{P_1P_2}$ zwischen zwei Punkten $P_1(x_1|y_1)$ und $P_2(x_2|y_2)$ (Bild 32) der Höhenunterschied gegeben durch die Differenz $y_2 - y_1$ und der Horizontalunterschied gegeben durch die Differenz $x_2 - x_1$; somit können wir definieren:

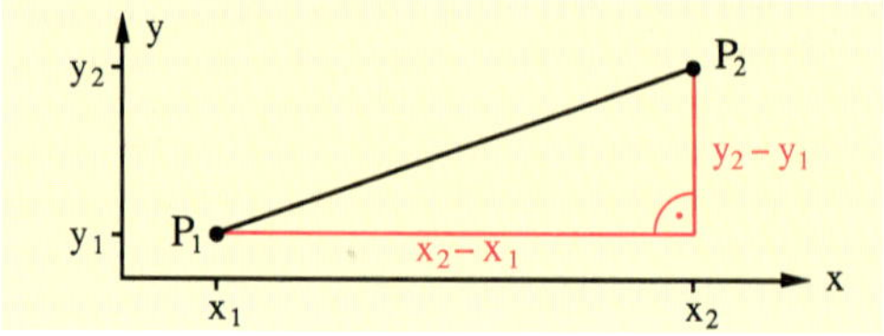

Bild 32

> Unter der Steigung einer Strecke $\overline{P_1P_2}$ mit den Endpunkten $P_1(x_1|y_1)$ und $P_2(x_2|y_2)$ versteht man den Quotienten $s = \dfrac{y_2 - y_1}{x_2 - x_1}$ (für $x_1 \neq x_2$).

Ein negativer Steigungswert s bedeutet, dass die Strecke fällt, wenn man sie in Richtung wachsender x-Werte durchläuft.

3. Beispiele für die Steigung einer Geraden

Anschaulich ist klar, dass eine Gerade überall dieselbe Steigung hat, dass also alle Strecken, die auf einer Geraden liegen, dieselbe Steigung haben. Wir bestätigen dies an einem

Beispiel:

Auf der Geraden g zu $y = \frac{1}{2}x$ (Bild 26, Seite 109) liegen z. B. die Punkte $P_1(0|0)$ und $P_2(1|\frac{1}{2})$; die Steigung von $\overline{P_1P_2}$ ist also: $s_1 = \frac{\frac{1}{2}-0}{1-0} = \frac{1}{2}$.

Auf g liegen aber auch die Punkte $P_3(2|1)$ und $P_4(7|\frac{7}{2})$, die Steigung von $\overline{P_3P_4}$ ist also: $s_2 = \frac{\frac{7}{2}-1}{7-2} = \frac{\frac{5}{2}}{5} = \frac{1}{2}$.

Es gilt also $s_1 = s_2 = \frac{1}{2}$. Für jedes andere Punktepaar kommt man zum gleichen Ergebnis, daher sagt man, die Gerade g hat die Steigung $\frac{1}{2}$.

Beispiele

Berechne die Steigungen der Geraden zu $y = 3x$ (Bild 27) und zu $y = -2x$ (Bild 28) mit Hilfe verschiedener Punktepaare!

Lösungen:

1) Auf der Geraden zu $y = 3x$ liegen z. B. die Punkte $P_1(2|6)$ und $P_2(4|12)$; also gilt $s = \frac{12-6}{4-2} = 3$.
Auf der Geraden liegen auch die Punkte $P_3(-1|-3)$ und $P_4(3|9)$; daraus ergibt sich $s = \frac{9-(-3)}{3-(-1)} = \frac{12}{4} = 3$, also derselbe Wert wie vorher.

2) Auf der Geraden zu $y = -2x$ liegen z. B. die Punkte $P_1(-2|4)$ und $P_2(1|-2)$; also gilt $s = \frac{-2-4}{1-(-2)} = \frac{-6}{3} = -2$.
Auf der Geraden liegen auch die Punkte $P_3(-1|2)$ und $P_4(-3|6)$; daraus ergibt sich $s = \frac{6-2}{-3-(-1)} = \frac{4}{-2} = -2$, also derselbe Wert wie vorher.
Der negative Steigungswert bedeutet, dass die Gerade fällt, wenn man sie in Richtung wachsender x-Werte durchläuft.

4. Die Steigung einer Geraden

Bei den behandelten Beispielen fällt auf, dass der Steigungswert in jedem Falle gleich dem Wert des Faktors ist, der in der Gleichung bei der Variablen x steht, gleich dem sogenannten **Koeffizienten** von x. Dass dies stets so ist, wollen wir beweisen. Wir können damit zugleich zeigen, dass die Steigung unabhängig davon ist, welche Punkte P_1 und P_2 wir aus der Geraden herausgreifen, dass die betreffende Gerade also überall dieselbe Steigung hat. Die betrachteten Funktionsgleichungen sind von der Form

$$y = mx$$

mit der Formvariablen m, für die alle rationalen Zahlen zugelassen sind. Wir behaupten, dass die Steigung s der durch eine Gleichung dieses Typs dargestellten Geraden stets den gleichen Wert wie m hat, dass also stets gilt: $s = m$.

Beweis: Für die Koordinaten $(x_1|y_1)$ und $(x_2|y_2)$ zweier verschiedener Punkte auf der Geraden gilt wegen der Gleichung $y = mx$:

$$y_1 = mx_1 \quad \text{und} \quad y_2 = mx_2 \quad \text{mit } x_1 \neq x_2, \quad \text{also } x_2 - x_1 \neq 0.$$

Also ist

$$s = \frac{y_2 - y_1}{x_2 - x_1} = \frac{mx_2 - mx_1}{x_2 - x_1} = \frac{m(x_2 - x_1)}{x_2 - x_1} = m, \quad \text{q.e.d.}$$

Beachte: Wäre $x_1 = x_2$, so wäre die Steigung nicht definiert; dies würde bedeuten, dass die Gerade eine Parallele zur W-Achse sein müsste. Eine solche Gerade ist aber auf keinen Fall ein Funktionsgraph, da zu einem x-Wert beliebig viele y-Werte gehören. Sie kann daher auch **nicht** durch eine Gleichung der Form $y = mx$ dargestellt werden, weil bei einer solchen Gleichung zu jedem x-Wert genau ein y-Wert gehört.

5. Ursprungsgeraden (II)

Wählt man für die Variablen x und y jeweils die Menge $\mathbb{Q}$ als Grundmenge, so ist die Definitionsmenge D einer Funktion f zu einer Gleichung der Form $y = mx$ (mit $x, y, m \in \mathbb{Q}$) stets die Menge $\mathbb{Q}$.

Denn zu jeder rationalen Zahl x kann der Funktionswert durch Einsetzen in die Gleichung bestimmt werden.

Aber auch für die **Wertemenge** von f gilt $W = \mathbb{Q}$, allerdings unter der Voraussetzung, dass $m \neq 0$ ist. Ist nämlich $m \neq 0$, so kann auch zu jedem y-Wert der x-Wert berechnet werden, dem die Zahl y zugeordnet ist.

Beispiel $y = \frac{2}{3}x$

Wir wählen $y = 4$; dann ergibt sich:

$$4 = \frac{2}{3}x \Leftrightarrow x = 4 \cdot \frac{3}{2} = 6.$$

Zu demselben Ergebnis kommt man auch durch Betrachtung des Funktionsgraphen (Bild 33). Es gibt keinen Punkt auf den beiden Koordinatenachsen, dem kein Punkt auf der Geraden zugeordnet wäre.
Daher gilt für jede Funktion f zu

$$y = mx \quad (\text{mit } m \neq 0):$$

$D = W = \mathbb{Q}$.

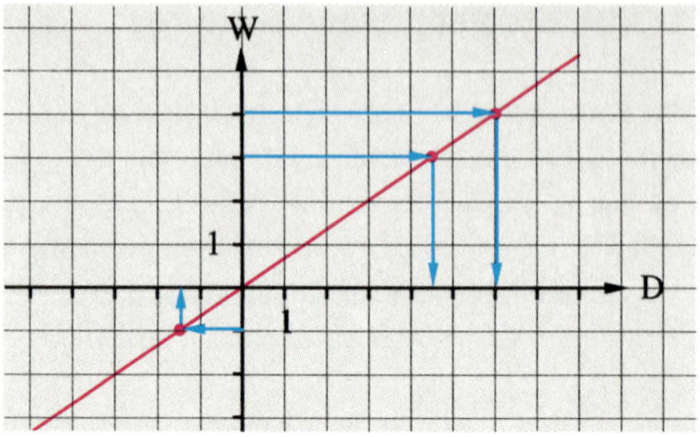

Bild 33

Wir können daher sagen:

> Der Graph einer Funktion f zu einer Gleichung der Form $y = m \cdot x$ ist stets eine Gerade durch den Nullpunkt mit der Steigung m. Falls $m \neq 0$ ist, gilt
>
> $$D = W = \mathbb{Q}.$$

6. Der Achsenabschnitt einer Geraden

Wir betrachten nun die Funktion f, die durch die Gleichung

$$y = \frac{1}{2}x + 3$$

festgelegt ist. Durch Einsetzen einzelner x-Werte findet man die folgende Wertetabelle.

x	0	1	2	3	...	−1	−2	−3	...
y	3	3,5	4	4,5	...	2,5	2	1,5	...

Wiederum liegen alle Punkte auf einer Geraden g_1; nur geht diese Gerade nicht durch den Nullpunkt, sondern durch den Punkt P(0|3). Wir können uns diese Gerade entstanden denken durch Parallelverschiebung der Geraden g_2 zur Gleichung $y = \frac{1}{2}x$, und zwar um 3 Einheiten nach oben; denn wegen der Gleichungen $y = \frac{1}{2}x$ und $y = \frac{1}{2}x + 3$ unterscheiden sich die zum gleichen x-Wert gehörenden Funktionswerte jeweils um die Zahl 3.

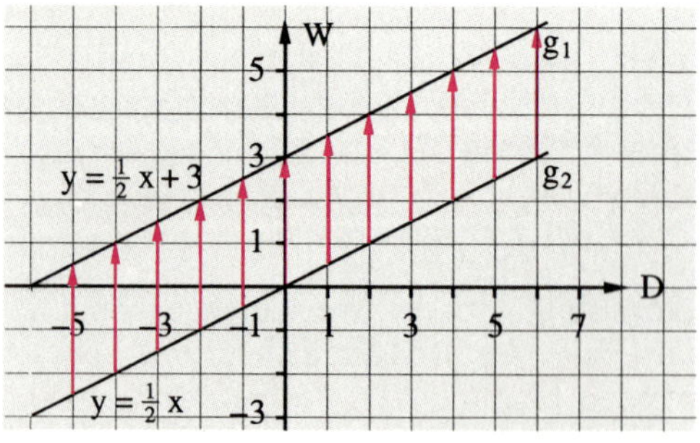

Bild 34

Man nennt diese Zahl auch den **Achsenabschnitt** der Geraden auf der W-Achse; man erhält diesen Achsenabschnitt, wenn man die Zahl 0 in den Funktionsterm $f(x) = \frac{1}{2}x + 3$ einsetzt:

$$f(0) = \frac{1}{2} \cdot 0 + 3 = 3.$$

7. Die Normalform einer Geradengleichung

Die Steigung s der Geraden zu $f(x) = \frac{1}{2}x + 3$ hat den Wert $\frac{1}{2}$; denn diese Gerade ergibt sich durch eine Parallelverschiebung der Geraden zu $f(x) = \frac{1}{2}x$ um 3 Einheiten in Richtung der W-Achse. Wir können dies durch Einsetzen der Koordinaten zweier Punkte in die Steigungsformel bestätigen. Mit den Punkten $P_1(1|3{,}5)$ und $P_2(3|4{,}5)$ erhalten wir:

$$\frac{y_2 - y_1}{x_2 - x_1} = \frac{4{,}5 - 3{,}5}{3 - 1} = \frac{1}{2}.$$

Allgemein können wir behaupten: Der Graph jeder linearen Funktion, also einer Funktion zu einer Gleichung der Form $y = mx + n$, ist eine Gerade, bei der der Koeffizient m die Steigung und das Absolutglied n den Achsenabschnitt auf der W-Achse angibt.

Beweis:

1) Wenn $P_1(x_1|y_1)$ und $P_2(x_2|y_2)$ zwei verschiedene Punkte des Funktionsgraphen sind, so gilt für die Koordinaten:

$$y_1 = mx_1 + n \quad \text{und} \quad y_2 = mx_2 + n.$$

Also ist:

$$\frac{y_2 - y_1}{x_2 - x_1} = \frac{(mx_2 + n) - (mx_1 + n)}{x_2 - x_1} = \frac{m(x_2 - x_1)}{x_2 - x_1} = m,$$

da $x_2 \neq x_1$ und somit $x_2 - x_1 \neq 0$ ist. Diese Bedingung ist stets erfüllt, weil die beiden Punkte P_1 und P_2 nicht auf einer Parallelen zur W-Achse liegen können.

2) Die Koordinaten des Schnittpunktes mit der W-Achse erhält man, wenn man die Zahl 0 in den Funktionsterm $f(x) = mx + n$ einsetzt:

$$f(0) = m \cdot 0 + n = n.$$

Also stellt das Absolutglied in der Tat den Achsenabschnitt mit der W-Achse dar.

Man nennt daher die Gleichung einer linearen Funktion, also die Gleichung

$$y = mx + n$$

die **Normalform einer Geradengleichung**.

Stets ist $D = \mathbb{Q}$; denn durch Einsetzen in die Gleichung kann zu jeder rationalen Zahl x der zugehörige Funktionswert berechnet werden.
Falls $m \neq 0$ ist, ist auch $W = \mathbb{Q}$; denn dann kann umgekehrt auch zu jeder rationalen Zahl y der x-Wert berechnet werden, dem diese Zahl zugeordnet ist.

Beispiel $y = 4x - 7$; gesucht ist der x-Wert, der zu $y = 5$ gehört.

Lösung: $5 = 4x - 7 \Leftrightarrow 4x = 5 + 7 = 12 \Leftrightarrow x = 3$.

Wir fassen zusammen:

> Der Graph einer Funktion f zu $f(x) = mx + n$, also einer linearen Funktion, ist stets eine Gerade mit der Steigung m und dem Achsenabschnitt n auf der W-Achse. Falls $m \neq 0$ ist, gilt $D = W = \mathbb{Q}$.
>
> Wir nennen $y = mx + n$ die „Normalform“ einer Geradengleichung.

8. Zeichnung einer Geraden mit Hilfe von Achsenabschnitt und Steigung

Die geometrische Bedeutung der Zahlen m und n kann man in einfacher Weise zur Zeichnung der Geraden ausnutzen, die durch eine Gleichung der Form $y = mx + n$ gegeben ist.

Beispiel $y = \frac{3}{2}x - 2$

Weil -2 der Achsenabschnitt auf der W-Achse ist, weiß man, dass die Gerade durch den Punkt $P(0|-2)$ gehen muss. Man zeichnet diesen Punkt ein und ermittelt mit Hilfe des Steigungswertes $\frac{3}{2}$ einen weiteren Punkt der Geraden, indem man eine Einheit nach rechts und $\frac{3}{2}$ Einheiten nach oben geht. Man kommt so zum Punkt $Q(1|-\frac{1}{2})$. Durch Verbindung der beiden Punkte erhält man die gesuchte Gerade. Die Zeichengenauigkeit erhöht sich, wenn man nur mit „Gitterpunkten" des Koordinatensystems arbeitet. Dies kann man bei diesem Beispiel dadurch erreichen, dass man 2 Einheiten (Nenner) nach rechts und 3 Einheiten (Zähler) nach oben geht (Bild 35).

Insbesondere wenn die ersten beiden Punkte nahe beieinander liegen, ist es zweckmäßig, zur Erhöhung der Zeichengenauigkeit zwei Punkte zu bestimmen, die weit genug auseinander liegen. Dies kann man dadurch erreichen, dass man das Verfahren mehrfach hintereinander anwendet. Man sollte dabei aber möglichst nur mit Gitterpunkten arbeiten.

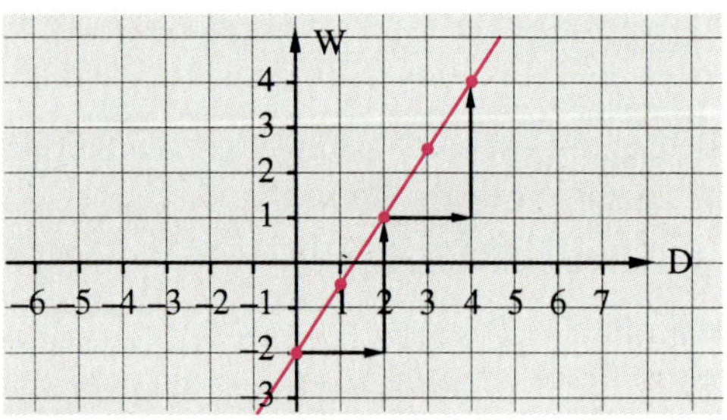

Bild 35 $y = \frac{3}{2}x - 2$

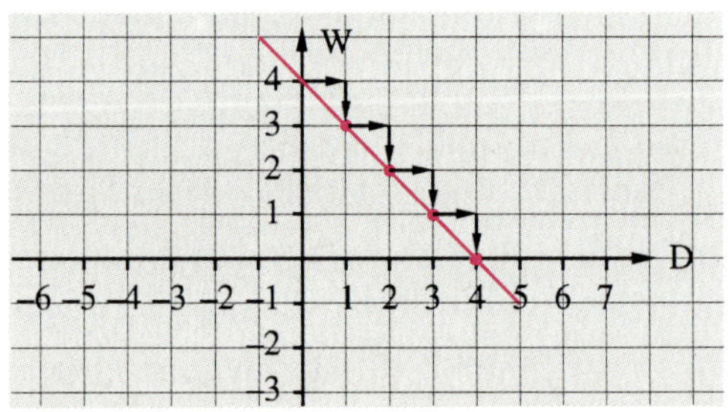

Bild 36 $y = -x + 4$

Wir betrachten ein weiteres

Beispiel: $y = -x + 4$

Hierbei ist $n = 4$ und $m = -1$. Vom ersten Punkt $P(0|4)$ ausgehend, gewinnt man mit Hilfe der Steigung den zweiten Punkt $Q(1|3)$ usw. (Bild 36).

9. Umformung auf die Normalform

Häufig kommt es vor, dass eine lineare Funktion anders als in Normalform gegeben ist.

Beispiel $3x - 4y = 7$

Durch Einsetzen lässt sich eine Wertetabelle bestimmen und der Funktionsgraph zeichnen. Führe dies durch! Durch Äquivalenzumformungen lässt sich eine solche Gleichung aber auch auf die Normalform bringen:

$$3x - 4y = 7 \Leftrightarrow 4y = 3x - 7 \Leftrightarrow y = \frac{3}{4}x - \frac{7}{4}.$$

Es ergibt sich der Steigungswert $m = \frac{3}{4}$ und der Achsenabschnitt $n = \frac{7}{4}$.

Aufgaben und Beispiele

Zum Einstieg

Zeichne die Graphen der Funktionen, die durch die folgenden Gleichungen gegeben sind, jeweils in **ein** Koordinatensystem! Was haben die Graphen gemeinsam? Wie erkennt man dies an den Funktionsgleichungen?

a) $y = x$; $y = \frac{3}{2}x$; $y = 2x$; $y = -x$; $y = -\frac{5}{2}x$; $y = 0$

b) $y = x + 2$; $y = \frac{3}{2}x + 2$; $y = 2x + 2$; $y = -x + 2$; $y = -\frac{5}{2}x + 2$; $y = 2$

c) $y = x - 1$; $y = \frac{3}{2}x - 1$; $y = -\frac{3}{2}x - 1$; $y = -x - 1$; $y = -\frac{5}{2}x - 1$; $y = -1$

d) $y = 2x$; $y = 2x + 1$; $y = 2x + 2$; $y = 2x - 1$; $y = 2x - 2$; $y = 2x - 3$

e) $y = -3x$; $y = -3x + \frac{1}{2}$; $y = -3x + 1$; $y = -3x - \frac{1}{2}$; $y = -3x - 1$; $y = -3x - \frac{3}{2}$

f) $y = 1$; $y = -1$; $y = 2$; $y = -2$; $y = \frac{3}{2}$; $y = -\frac{3}{2}$; $y = 0$

Steigung einer Strecke

1. Bestimme die Steigung der Strecke mit den Endpunkten P und Q!
a) $P(1|1)$; $Q(2|2)$ **b)** $P(-5|2)$; $Q(4|4)$ **c)** $P(-5|-2)$; $Q(5|2)$ **d)** $P(-5|-2)$; $Q(2|5)$
e) $P(2|4)$; $Q(1|-3)$ **f)** $P(1|3)$; $Q(-9|-2)$ **g)** $P(-3|-2)$; $Q(2|3)$ **h)** $P(-3|-2)$; $Q(4|5)$

2. Bestimme die Steigungen der Verbindungsstrecken zwischen den drei Punkten $A(5|3)$, $B(-2|1)$ und $C(2|-3)$! Bestätige dabei dass die Steigung einer Strecke unabhängig davon ist, welchen Endpunkt man als ersten und welchen man als zweiten nimmt!

3. Gegeben sind die Punkte $A(2|-2)$; $B(2|3)$; $C(1|2)$; $D(-1|2)$; $E(-3|1)$ und $F(-2|-3)$. Berechne die Steigung der Strecke mit den angegebenen Endpunkten!
a) F; A **b)** F; B **c)** F; C **d)** F; D **e)** F; E **f)** D; A
g) D; B **h)** D; C **i)** D; E **j)** D; F **k)** C; A **l)** E; A

4. Zeichne die Punkte $A(4|2)$, $B(-3|2)$, $C(-3|-4)$ und $D(4|-4)$ in ein Koordinatensystem und verbinde sie paarweise durch Strecken! Wie viele Verbindungsstrecken gibt es? Bestimme ihre Steigungen! In welchen Fällen tritt eine Schwierigkeit auf? Nenne den Grund!

Steigung einer Geraden

5. Zeichne den Graph der Funktion zu der angegebenen Gleichung!
a) $y = 2x$ **b)** $y = -3x$ **c)** $y = 1{,}5x$ **d)** $y = -2{,}5x$ **e)** $y = 10x$ **f)** $y = 0{,}1x$
g) $y = -0{,}8x$ **h)** $y = 1{,}75x$ **i)** $y = \frac{5}{2}x$ **j)** $y = \frac{2}{5}x$ **k)** $y = -\frac{10}{3}x$ **l)** $y = -\frac{3}{10}x$

6. Bestimme die Steigung der Geraden zu $y = 4x$ ($y = -2{,}5x$) mit Hilfe von drei verschiedenen Punktepaaren!

7. Ermittle die Gleichung der Geraden, die durch den Nullpunkt und durch den Punkt P geht!

a) P(2|2) **b)** P(−3|−3) **c)** P(4|2) **d)** P(2|4) **e)** P(−2|4)
f) P(2|−4) **g)** P(0,5|1,5) **h)** P(0,2|−1,2) **i)** P(−1,2|10,8) **j)** P(0,1|0,01)

8. Bestimme die Gleichungen der Ursprungsgeraden in Bild 37!

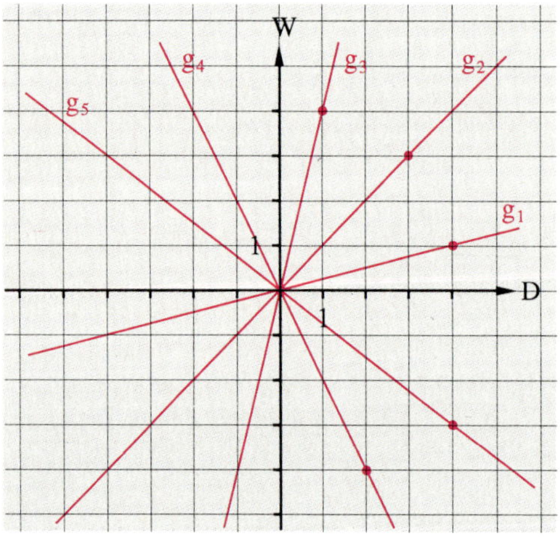

Bild 37

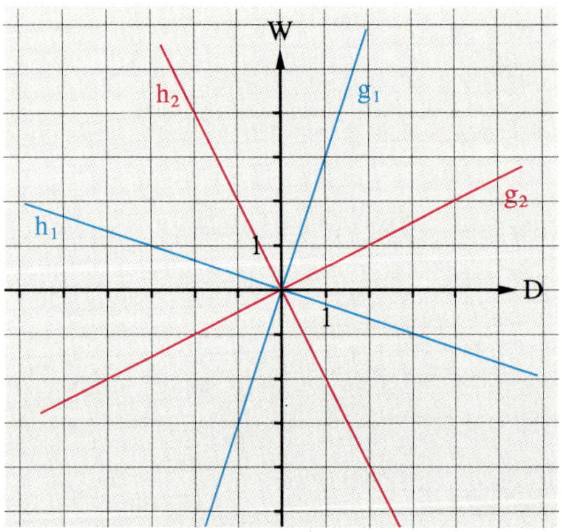

Bild 38

9. Untersuche an Hand einer Zeichnung (Bild 38), welcher Zusammenhang zwischen den Steigungen von zwei Ursprungsgeraden besteht, die aufeinander senkrecht stehen!

Geradengleichungen

10. Bestimme die Gleichung der Geraden, die durch die Punkte A und B geht!

Beispiel

Um die Gleichung der Geraden durch die Punkte A(2|1) und B(−1|−5) zu bestimmen, berechnen wir zunächst deren Steigung m. Es gilt

$$m = \frac{-5-1}{-1-2} = \frac{-6}{-3} = 2.$$

Also hat die Gerade eine Gleichung der Form $y = 2x + n$. Um den Achsenabschnitt n zu bestimmen, setzen wir die Koordinaten des Punktes A in diese Gleichung ein:

$$y = 2x + n \Rightarrow 1 = 2 \cdot 2 + n \Rightarrow n = -3.$$

Somit hat die Gerade durch A und B die Gleichung $\mathbf{y = 2x - 3}$.
Zur Bestimmung des Achsenabschnitts n können wir auch die Koordinaten des Punktes B benutzen. Wir erhalten dann ebenso:

$$y = 2x + n \Rightarrow -5 = 2 \cdot (-1) + n \Rightarrow n = -3.$$

a) A(0|1); B(1|2) **b)** A(1|1); B(2|3) **c)** A(0|2); B(2|5)
d) A(0|1); B(2|−1) **e)** A(1|1); B(2|−1) **f)** A(2|−2); B(4|−7)
g) A(−2|−1); B(2|11) **h)** A(−1|1); B(2|5) **i)** A(−3|−7); B(−2|−7)
j) A(0|5); B(−5|0) **k)** A(−5|1); B(7|−3) **l)** A(13|14); B(14|13)

11. Welche Gleichungen haben die Geraden, die durch die angegebenen Punktepaare festgelegt sind (Bild 39)?

a) (A|P); (A|Q); (A|R)

b) (B|P); (B|Q); (B|R)

c) (C|P); (C|Q); (C|R)

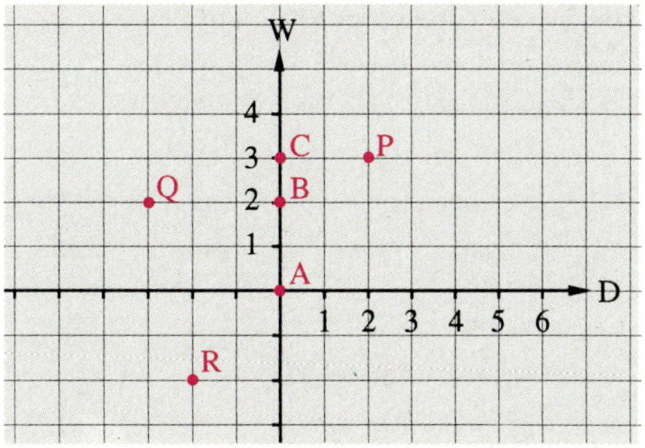

Bild 39

12. Bestimme die Gleichungen der Geraden **a)** in Bild 40; **b)** in Bild 41!

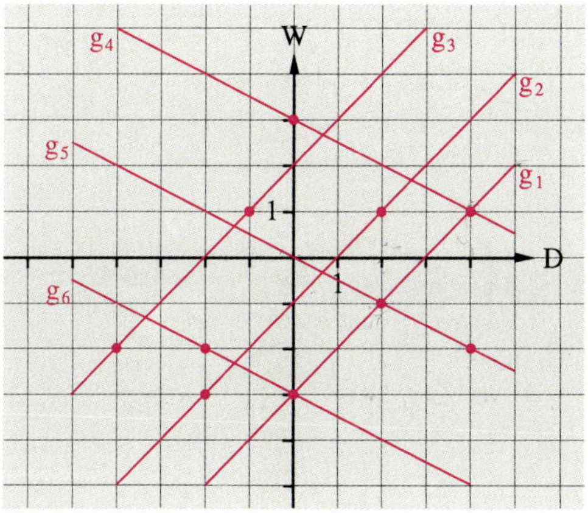

Bild 40

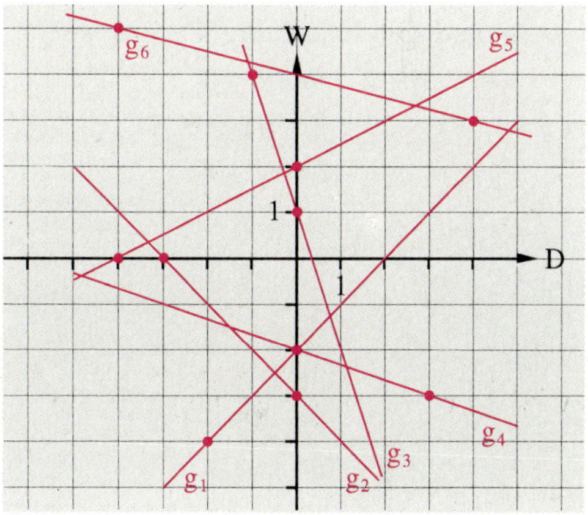

Bild 41

Zeichnen von Geraden

13. Zeichne die Gerade zu der angegebenen Gleichung!

a) $y = 2x - 2$	**b)** $y = \frac{3}{2}x$	**c)** $y = \frac{5}{2}x + 3$	**d)** $y = \frac{3}{4}x - \frac{1}{2}$
e) $y = \frac{1}{2}x - 1$	**f)** $y = -x - 4$	**g)** $y = -\frac{3}{4}x - \frac{7}{2}$	**h)** $y = -\frac{1}{2}x - 3$
i) $y = -\frac{1}{4}x - \frac{5}{2}$	**j)** $y = 3x - 2$	**k)** $y = -2x - 2$	**l)** $y = \frac{1}{4}x + 2$
m) $y = -4{,}5x - 1$	**n)** $y = 3{,}5x - 3$	**o)** $y = 0{,}3x + 0{,}7$	**p)** $y = -2{,}5x + 2{,}5$

14. Zeichne die Gerade, die die Steigung m hat und durch den Punkt P geht! Ermittle die zugehörige Gleichung!

a) $m = 1$; $P(3\|-1)$	**b)** $m = -1$; $P(-2\|4)$	**c)** $m = 2$; $P(-1\|-3)$
d) $m = -3$; $P(-4\|5)$	**e)** $m = 0{,}5$; $P(2\|5)$	**f)** $m = -1{,}5$; $P(-3\|5)$

15. In einem Koordinatensystem sind einige Geraden eingezeichnet. Leider wurde bei beiden Achsen vergessen, die Stelle 1 zu markieren. Thomas behauptet, man könne trotzdem die zugehörigen Geradengleichung ermitteln. Peter meint, man könne nur deren Steigungen bestimmen. Gudrun erklärt, sie hätten beide Unrecht.

Stückweise lineare Funktionen

16. Zeichne den Graph der stückweise linearen Funktion!

a) $y = \begin{cases} 2x & \text{für } x < -1 \\ x - 1 & \text{für } x \geq -1 \end{cases}$

b) $y = \begin{cases} x + 2 & \text{für } x \leq 4 \\ -x + 10 & \text{für } x > 4 \end{cases}$

c) $y = \begin{cases} -2x + 1 & \text{für } x \leq 1 \\ -x & \text{für } x > 1 \end{cases}$

d) $y = \begin{cases} -x - 6 & \text{für } x < -3 \\ 2x + 3 & \text{für } x \geq -3 \end{cases}$

e) $y = \begin{cases} x - 2 & \text{für } x \leq 0 \\ x + 2 & \text{für } x > 0 \end{cases}$

f) $y = \begin{cases} x + 2 & \text{für } x < 4 \\ 2x - 5 & \text{für } x \geq 4 \end{cases}$

g) $y = \begin{cases} \frac{1}{2}x + 1 & \text{für } x < 0 \\ -\frac{1}{3}x + 1 & \text{für } x \geq 0 \end{cases}$

h) $y = \begin{cases} -\frac{3}{4}x + \frac{1}{2} & \text{für } x \leq \frac{2}{3} \\ -x + \frac{2}{3} & \text{für } x > \frac{2}{3} \end{cases}$

17. Zeichne den Graph der stückweise linearen Funktion!

a) $y = \begin{cases} -2x + 2 & \text{für } x \leq 0 \\ -x + 2 & \text{für } 0 < x \leq 2 \\ 0{,}5x + 1 & \text{für } x > 2 \end{cases}$

b) $y = \begin{cases} -2x - 4 & \text{für } x \leq 0 \\ 2x - 4 & \text{für } 0 < x < 4 \\ -2x + 12 & \text{für } x \geq 4 \end{cases}$

c) $y = \begin{cases} 3x + 6 & \text{für } x \leq -1 \\ x + 4 & \text{für } -1 < x < 2 \\ 0{,}5x + 5 & \text{für } x \geq 2 \end{cases}$

d) $y = \begin{cases} -2x - 12 & \text{für } x < -4 \\ -4 & \text{für } -4 \leq x \leq 4 \\ 2x - 12 & \text{für } x > 4 \end{cases}$

e) $y = \begin{cases} -x - 5 & \text{für } x \leq -5 \\ 0{,}5x + 2 & \text{für } -5 < x < 2 \\ -x + 5 & \text{für } x \geq 2 \end{cases}$

f) $y = \begin{cases} -x + 3 & \text{für } x \leq 2 \\ -0{,}5x + 2 & \text{für } 2 < x < 6 \\ -1 & \text{für } x \geq 2 \end{cases}$

g) $y = \begin{cases} -2x & \text{für } x \leq -1 \\ -x - 1 & \text{für } -1 < x < 2 \\ 0{,}5x & \text{für } x \geq 2 \end{cases}$

h) $y = \begin{cases} \frac{4}{3}x + 4 & \text{für } x < 3 \\ 8 & \text{für } 3 \leq x \leq 6 \\ -\frac{4}{3}x + 16 & \text{für } x > 6 \end{cases}$

Umformung auf die Normalform

18. Bringe die Gleichung durch Äquivalenzumformungen auf ihre Normalform $y = mx + n$ und zeichne die zugehörige Gerade!

a) $2x - y + 1 = 0$ **b)** $x - 2y + 4 = 0$ **c)** $y - 2x + 2 = 0$ **d)** $y - 0{,}5x + 3 = 0$
e) $2x + 3y = 0$ **f)** $2x + y = 3$ **g)** $x - 3y = 1$ **h)** $-3x + y = 2$
i) $-2x + 3y = 6$ **j)** $3x - 2y = 12$ **k)** $-4x + 3y = 3$ **l)** $x - 0{,}5y + 3 = 0$
m) $y - \frac{1}{3}x + 2 = 0$ **n)** $x - \frac{1}{3}y + 2 = 0$ **o)** $\frac{1}{2}x + \frac{1}{4}y + 1 = 0$ **p)** $\frac{1}{3}x + \frac{1}{2}y - \frac{1}{3} = 0$

19. Forme die folgenden Gleichungen so um, dass du entscheiden kannst, welche Gleichungen dieselbe Gerade beschreiben!

a) $3x - 3y + 3 = 0$ **b)** $\frac{1}{2}x - \frac{1}{4}y = 1$ **c)** $\frac{1}{2}y - \frac{1}{4}x = \frac{1}{8}$ **d)** $\frac{1}{2}x = \frac{1}{2}y - \frac{1}{2}$
e) $8y = 4x + 2$ **f)** $2y - 2x - 2 = 0$ **g)** $x = \frac{1}{2}y + 2$ **h)** $12x = 6y + 3$
i) $\frac{1}{4}y - \frac{1}{2}x + \frac{1}{8} = 0$ **j)** $3y = 6x - \frac{3}{2}$ **k)** $\frac{1}{4} - y = -\frac{1}{2}x$ **l)** $\frac{1}{20}y + \frac{1}{5} = \frac{1}{10}x$

IV. Untersuchung von Messreihen

1. Die Fragestellung

Bei physikalischen Versuchen werden häufig Messreihen durchgeführt, deren Ergebnisse in Tabellenform erfasst werden. Ein Beispiel dafür haben wir zur Einführung in diesem Paragraphen auf Seite 94 behandelt. Bei solchen Messergebnissen ist nicht selten die Frage zu beantworten, ob die einander zugeordneten Werte zu einer linearen Funktion gehören oder nicht.
Man kann diese Frage z.B. dadurch entscheiden, dass man die zugehörigen Punkte in einem Koordinatensystem darstellt und prüft, ob alle diese Punkte – exakt oder wenigstens angenähert – auf einer Geraden liegen oder nicht.

Bild 42

Dieses Verfahren ist aber – wenigstens bei umfangreichen Messreihen – sehr aufwendig und unter Umständen auch nicht sehr genau.

Die Kenntnisse, die wir im vorigen Abschnitt zu linearen Funktionen gewonnen haben, ermöglichen in vielen Fällen, diese Frage durch einfache Rechnungen zu beantworten.

2. Untersuchung von Zuwächsen

Wir haben gesehen, dass jede lineare Funktion durch eine Gerade im Koordinatensystem dargestellt wird und dass eine Gerade überall dieselbe Steigung hat. Dies bedeutet, dass gleich großen Zuwächsen in der D-Richtung (x-Richtung) stets auch gleich große Zuwächse in der W-Richtung (y-Richtung) entsprechen.

In Bild 43 sind die Punkte P_1, P_2, P_3, P_4, P_5 und P_6 so gewählt, dass die Zuwächse in der D-Richtung alle den gleichen Wert c haben. Da die Steigung der Geraden überall dieselbe ist, sind die zugehörigen Zuwächse in der W-Richtung ebenfalls alle gleich groß; sie haben den Wert d.
Ist also eine Messreihe gegeben, bei der die benachbarten x-Werte alle den gleichen Abstand c haben – man spricht dann von **äquidistanten** Werten –, so kann man durch Berechnung der Differenzen der zugehörigen y-Werte leicht überprüfen, ob die Wertepaare durch eine lineare Funktion – exakt oder wenigstens angenähert – erfasst werden oder nicht.

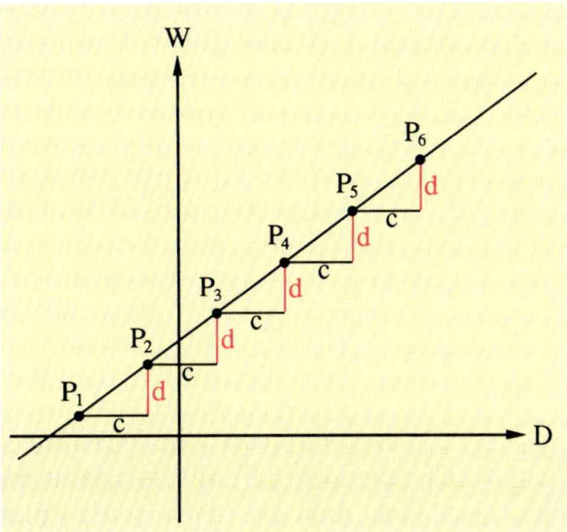

Bild 43

Beispiele

Untersuche, ob die in den Tabellen aufgeführten Wertepaare zu einer linearen Funktion gehören! Bestimme gegebenenfalls die zugehörige Funktionsgleichung!

1)

x	5	10	15	20	25	30	35
y	7,2	11,5	15,8	20,1	24,4	28,7	33,0

2)

x	2	4	6	8	10	12
y	0,8	2,9	5,1	7,5	10,3	13,8

Lösung:

Zu 1): Die benachbarten x-Werte haben alle die Differenz 5, sind also äquidistant. Für die Differenzen der zugehörigen y-Werte gilt:

1) $11{,}5 - 7{,}2 = 4{,}3$; 2) $15{,}8 - 11{,}5 = 4{,}3$;
3) $20{,}1 - 15{,}8 = 4{,}3$; 4) $24{,}4 - 15{,}8 = 4{,}3$;
5) $28{,}7 - 24{,}4 = 4{,}3$; 6) $33{,}0 - 28{,}7 = 4{,}3$.

Da diese Differenzen alle den gleichen Wert haben, werden die Messwerte in der Tat durch eine lineare Funktion erfasst (Bild 44). Wir haben die Steigung m und den Achsenabschnitt n zu berechnen. Die Steigung ergibt sich z. B. aus den beiden ersten Wertepaaren zu:

$$m = \frac{11{,}5 - 7{,}2}{10 - 5} = \frac{4{,}3}{5} = 0{,}86.$$

Also lautet die Gleichung: $y = 0{,}86 \cdot x + n$. Zur Berechnung von n setzen wir z. B. das Zahlenpaar $(10|11{,}5)$ ein:

$$11{,}5 = 0{,}86 \cdot 10 + n$$
$$\Rightarrow n = 11{,}5 - 8{,}6 = 2{,}9.$$

Also gilt: $y = 0{,}86 \cdot x + 2{,}9$ (Bild 44).

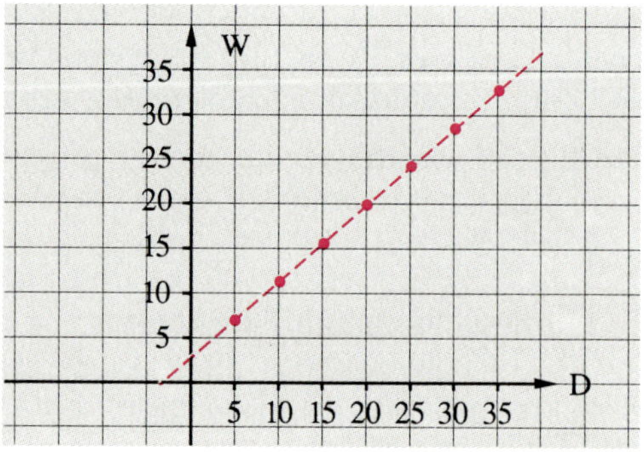

Bild 44

Zu 2): Auch in diesem Fall liegen äquidistante x-Werte vor. Für die Differenzen der zugehörigen y-Werte gilt:

1) $2{,}9 - 0{,}8 = 2{,}1$; 2) $5{,}1 - 2{,}9 = 2{,}2$;
3) $7{,}5 - 5{,}1 = 2{,}4$; 4) $10{,}3 - 7{,}5 = 2{,}8$;
und 5) $13{,}8 - 10{,}3 = 3{,}5$.

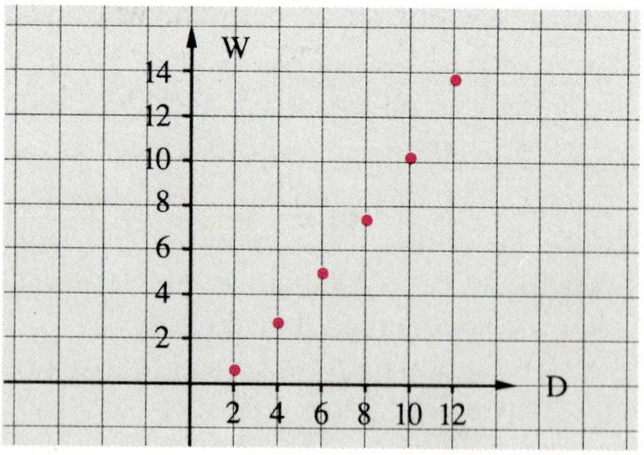

Bild 45

Da diese Differenzen nicht alle denselben Wert haben, werden die gegebenen Wertepaare nicht durch eine lineare Funktion erfasst. Durch Anlegen eines Lineals kann man in Bild 45 leicht feststellen, dass die zugehörigen Punkte auch nicht auf einer Geraden liegen.

3. Ein weiteres Beispiel

Wegen unvermeidlicher Messungenauigkeiten kommt es bei Messreihen häufig vor, dass die besprochene Bedingung nur angenähert erfüllt ist.

Beispiel

x	2	4	6	8	10	12	14
y	8,29	7,01	5,72	4,45	3,17	1,90	0,62

Die x-Werte sind äquidistant. Für die y-Differenzen gilt:

1) $9{,}91 - 8{,}29 = -1{,}28$; 2) $5{,}72 - 7{,}01 = -1{,}29$; 3) $4{,}45 - 5{,}72 = -1{,}27$;
4) $3{,}17 - 4{,}45 = -1{,}28$; 5) $1{,}90 - 3{,}17 = -1{,}27$; 6) $0{,}62 - 1{,}90 = -1{,}28$.

Diese Differenzen stimmen zwar nicht exakt, aber doch angenähert überein; man wird also annehmen können, dass auch hier eine lineare Funktion vorliegt (Bild 46). Für die Steigung der Geraden gilt angenähert:

$$m = \frac{7{,}01 - 8{,}29}{4 - 2} = \frac{-1{,}28}{2} = -0{,}64.$$

Die Funktionsgleichung lautet also angenähert:

$$y = -0{,}64 \cdot x + n.$$

Mit Hilfe des Wertepaares $(2|8{,}29)$ erhält man: $8{,}29 = -0{,}64 \cdot 2 + n$

$$\Rightarrow \; n = 8{,}29 + 1{,}28 = 9{,}57.$$

Also gilt: $y = -0{,}64 \cdot x + 9{,}57$.

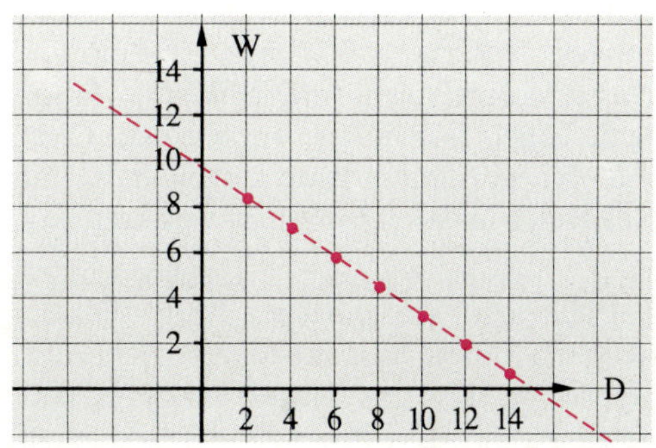

Bild 46

Bemerkung: Man hätte in den vorstehenden Rechnungen auch andere Zahlen der Tabelle verwenden können; möglicherweise hätten sich dann auch andere Werte für m und für n ergeben; diese würden sich aber nur geringfügig von den hier berechneten unterscheiden. Es stellt sich also das Problem, wie man aus den Daten einer solchen Messreihe die „besten“ Näherungswerte für m und für n ermitteln kann. Die Lösung dieses Problems erfordert aber mathematische Hilfsmittel, die uns hier noch nicht zur Verfügung stehen.

Aufgaben und Beispiele

Zum Einstieg

Starte eine Stoppuhr mit dem Anschalten einer Kaffeemaschine und lies ab, wie lange es dauert, bis eine, zwei, drei, vier, fünf, … Tassen Kaffee durchgelaufen sind! Notiere deine Ergebnisse in einer Tabelle!
Lässt sich der Vorgang angenähert durch eine lineare Funktion beschreiben?

Bild 47

1. In den folgenden Tabellen sind die Messergebnisse von physikalischen Versuchen angegeben. Veranschauliche sie in einem Koordinatensystem und untersuche, ob die Versuchsergebnisse angenähert durch eine lineare Funktion beschrieben werden können!

a)

x	0	1	2	3	4
y	0	7,8	15,5	32,5	31,0

b)

x	1	2	3	4	5
y	8,1	11,1	14,7	17,4	20,4

c)

x	10	20	30	40	50
y	2,7	7,3	20,0	54,5	148,4

d)

x	0	5	10	15	20
y	19	16,1	13,3	10,2	7,4

2. Bohre in eine Plastikflasche ein Loch so, dass eingefülltes Wasser in einem feinen Strahl austreten kann. Fange das ausfließende Wasser mit einem Messbecher auf und miss mit einer Uhr, nach wie viel Sekunden 100 cm³, 200 cm³, 300 cm³, ... Wasser ausgelaufen sind (Bild 48). Trage deine Ergebnisse in eine Tabelle ein! Lässt sich der Auslaufvorgang angenähert mit Hilfe einer linearen Funktion beschreiben?

Bild 48

3. Fülle ein Waschbecken mit Wasser, stelle ein Lineal lotrecht hinein, ziehe den Stöpsel, so dass das Wasser langsam austreten kann. Miss den Wasserstand nach 10, 20, 30, ... Sekunden! Trage deine Ergebnisse in eine Tabelle ein! Lässt sich dieser Auslaufvorgang angenähert mit Hilfe einer linearen Funktion beschreiben?

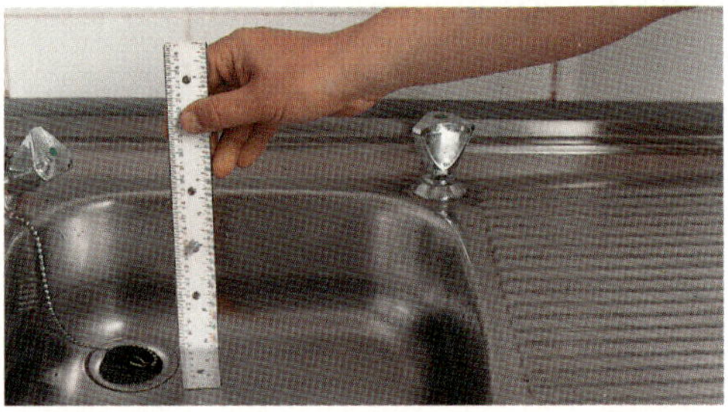
Bild 49

4. Ein Metalldraht ist bei 20 °C genau 1 m lang; bei 80 °C hat er eine Länge von 1,00072 m. Welche Messergebnisse sind für die Länge des Drahtes bei 40 °C, 60 °C, 100 °C, 150 °C und 200 °C zu erwarten, wenn die Länge des Drahtes in Abhängigkeit von der Temperatur durch eine lineare Funktion beschrieben werden kann?

5. Thomas beobachtet, dass der Wasserstand in einer Schleuse, die gerade entflutet wird, in jeweils 2 Minuten um ungefähr 50 cm fällt. Kann er daraus schließen, dass die jeweilige Höhe des Wasserstandes während der Entflutung durch eine lineare Funktion beschrieben werden kann? Untersuche dies zunächst an einem Zahlenbeispiel! Begründe dein Ergebnis.

Bild 50

§ 6 Lineare Gleichungssysteme mit zwei Variablen

I. Lineare Gleichungen mit zwei Variablen

1. Zur Einführung

Häufig ist eine Gerade durch eine Gleichung mit zwei Variablen gegeben, die nicht Normalform hat.

Beispiel

Die Klasse 8b will zugunsten der Aktion Mensch einen Bazar durchführen und hat dafür Geld gesammelt. Julia entdeckt ein Sonderangebot von Compact Discs; diese kosten pro Stück 5 € bzw. 7,50 €. Die Klasse beschließt, 60 € für CDs aus diesem Sonderangebot aufzuwenden. Wie viel CDs können aus den beiden Preisklassen eingekauft werden?

Bild 1

Lösung: Wir wählen für die Anzahl der CDs zu 5 € die Variable x und für die Anzahl der CDs zu 7,50 € die Variable y. Dann kosten die CDs

der ersten Sorte $5 \cdot x$ €, der zweiten Sorte $7{,}5 \cdot y$ €.

Da insgesamt 60 € zur Verfügung stehen, muss gelten:

$$5x + 7{,}5y = 60.$$

Eine solche Gleichung heißt **lineare Gleichung mit zwei Variablen**. Als Grundmenge kommt in diesem Falle für beide Variablen nur die Menge $\mathbb{N}$ in Betracht. Die Lösungsmenge dieser Gleichung kann man leicht durch „Probieren" bestimmen. Wir können aber auch auf die folgende Weise vorgehen. Es gilt:

$$5x + 7{,}5y = 60 \quad \Leftrightarrow \quad 7{,}5y = 60 - 5x \quad \Leftrightarrow \quad y = 8 - \frac{2}{3}x.$$

Wegen des Faktors $\frac{2}{3}$ bei x erhält man für y nur dann natürliche Zahlen, wenn man in x Vielfache von 3, also die Zahlen 0, 3, 6, 9, 12, … einsetzt. Auf diese Weise findet man als Lösungsmenge der Gleichung die Menge

$$L = \{(0|8); (3|6); (6|4); (9|2); (12|0)\}.$$

Für $x = 15$ (und erst recht für jede größere Zahl) ergibt sich für y eine negative Zahl, also kein Element der Grundmenge und somit auch kein Element der Lösungsmenge.

Die Klasse hat also fünf verschiedene Möglichkeiten für den Kauf dieser CDs, wenn sie genau 60 € dafür aufwenden will.

Die Lösungsmenge ist in Bild 2 graphisch dargestellt. Man erkennt, dass die Punkte auf einer Geraden liegen. Wenn für x und für y beliebige rationale Zahlen zugelassen werden, ist also auch die Gleichung

$$5x + 7{,}5y = 60$$

eine Geradengleichung. Das ergibt sich auch daraus, dass die Gleichung – wie oben gezeigt – äquivalent ist zur Gleichung

$$y = -\frac{2}{3}x + 8.$$

Dies ist eine Geradengleichung in Normalform; die Gerade hat die Steigung $-\frac{2}{3}$ und auf der y-Achse den Achsenabschnitt 8.

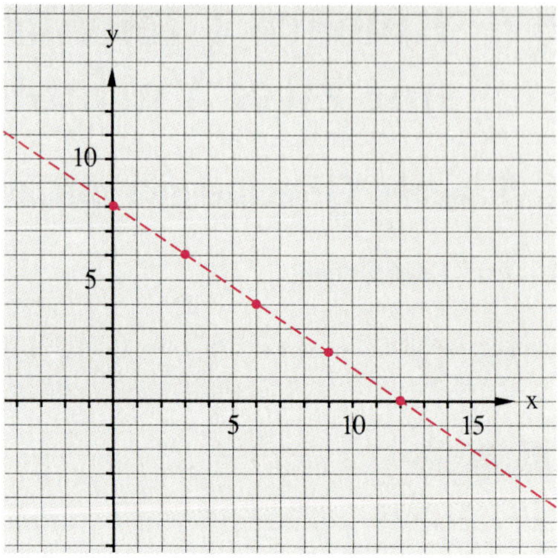

Bild 2

Bemerkung: Bei diesem Beispiel spielt der Gesichtspunkt der Zuordnung zwischen den x- und den y-Werten keine oder allenfalls eine untergeordnete Rolle. Die beiden Variablen x und y sind von der Problemstellung her als gleichberechtigt anzusehen; denn es ist grundsätzlich gleichgültig, für welche der beiden CD-Sorten wir die Variable x wählen. Daher ziehen wir hier den Begriff der Funktion und die damit zusammenhängenden Begriffe der Definitions- und der Wertemenge **nicht** zur Beschreibung der Situation heran.

Aus diesem Grunde bezeichnen wir die Koordinatenachsen hier und in den folgenden Paragraphen nicht als „D-Achse“ bzw. „W-Achse“, sondern einfach als „x-Achse“ bzw. „y-Achse“.

2. Lineare Gleichungen mit zwei Variablen

Die Gleichung des Einführungsbeispiels hat die Form

$$ax + by = c.$$

Auch viele andere Gleichungen kann man durch Äquivalenzumformungen auf diese Form bringen.

Beispiel $3(x + y) = 2(x + 1) - y \iff 3x + 3y = 2x + 2 - y \iff x + 4y = 2$

Wir definieren:

Unter einer „linearen Gleichung mit zwei Variablen“ versteht man eine Gleichung, die man durch Äquivalenzumformungen auf die Form

$$ax + by = c \quad (\text{mit } a, b, c \in \mathbb{Q})$$

bringen kann.

Man nennt a und b die **Koeffizienten** und c das **Absolutglied** der linearen Gleichung.

Wir vereinbaren, dass sowohl für die Variablen x und y wie für die Formvariablen a, b und c rationale Zahlen zugelassen sein sollen, es sei denn, dass es ausdrücklich anders gesagt wird.

Beispiele

1) $2x - 3y = 5$

2) $-\frac{3}{4}x + \frac{5}{4}y = -\frac{1}{3}$

3) $4x + 3y + 1 = 4(x - y) \quad \Leftrightarrow \quad 4x + 3y + 1 = 4x - 4y \quad \Leftrightarrow \quad 0 \cdot x + y = -1$

Dagegen sind die folgenden Gleichungen **keine** linearen Gleichungen.

1) $x^2 + y^2 = 1$ **2)** $x + xy + y = 0$ **3)** $x(2 + y) = 4$ **4)** $y = \frac{2}{x} + 1$

Begründe dies (Aufgabe 6)!

3. Umformung auf die Normalform

Um die durch eine lineare Gleichung festgelegte Gerade zu finden, ist es zweckmäßig, die Gleichung in die **Normalform** zu überführen, also „nach y aufzulösen“.

Beispiel

$$2x + 3y = 4 \quad \Leftrightarrow \quad 3y = -2x + 4$$

$$\Leftrightarrow \quad y = -\frac{2}{3}x + \frac{4}{3} \quad \text{(Bild 3)}$$

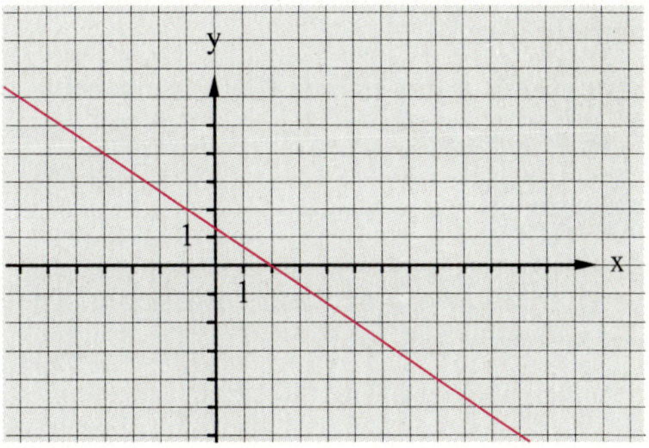

Bild 3

Die entsprechende Umformung können wir auch bei der allgemeinen Gleichung

$$ax + by = c$$

durchführen, allerdings nur unter der Voraussetzung, dass $b \neq 0$ ist:

$$ax + by = c \quad \Leftrightarrow \quad by = -ax + c \quad \Leftrightarrow \quad y = -\frac{a}{b}x + \frac{c}{b}.$$

Es gilt der Satz:

Eine lineare Gleichung der Form $ax + by = c$ stellt, falls $b \neq 0$ ist, im kartesischen Koordinatensystem eine Gerade mit der Steigung $-\frac{a}{b}$ und dem y-Achsenabschnitt $\frac{c}{b}$ dar.

Beispiele

1) $2x-5y=10 \Leftrightarrow y=\frac{2}{5}x-2$ (Bild 4) **2)** $0\cdot x+3y=7 \Leftrightarrow y=0\cdot x+\frac{7}{3}$ (Bild 5)

3) $2x+3y=0 \Leftrightarrow y=-\frac{2}{3}x$ (Bild 6)

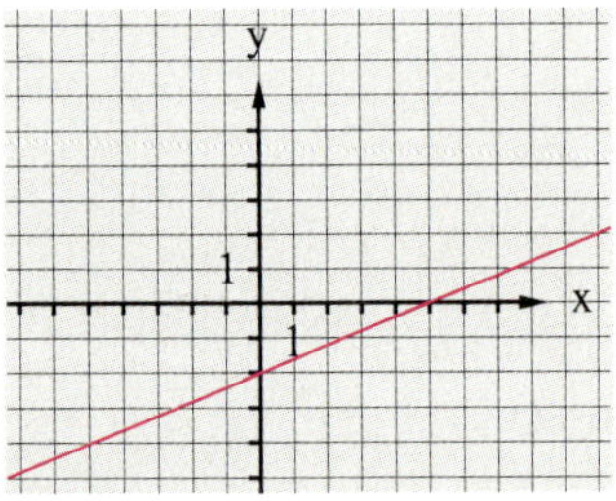

Bild 4 $2x-5y=10$

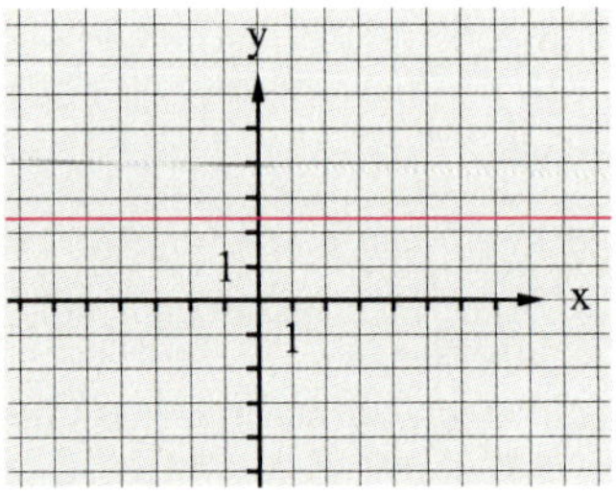

Bild 5 $0\cdot x+3y=7$

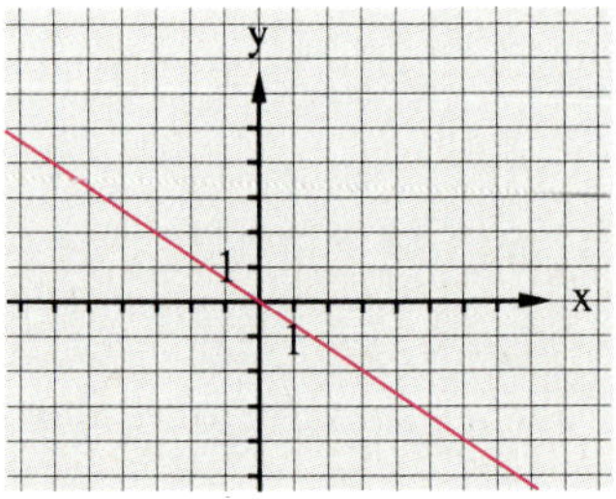

Bild 6 $2x+3y=0$

4. Sonderfälle

An der Normalform $y=-\frac{a}{b}x+\frac{c}{b}$ lassen sich sofort die folgenden Sonderfälle ablesen.

1) Ist $a=0$, so ist die Steigung der Geraden gleich 0; die Gerade verläuft parallel zur x-Achse.

2) Ist $c=0$, so ist der Achsenabschnitt der Geraden gleich 0; die Gerade verläuft durch den Nullpunkt.

Schließlich kann in der Gleichung $ax+by=c$ der Koeffizient des y-Gliedes den Wert Null haben: $b=0$. In diesem Fall lässt sich die Gleichung nicht nach y auflösen.

Beispiel $4x+0\cdot y=8$

Setzt man in y irgendeine rationale Zahl ein, so ergibt sich stets

$$4x=8 \Leftrightarrow x=2.$$

Durch diese Gleichung wird also eine Parallele zur y-Achse dargestellt (Bild 7).

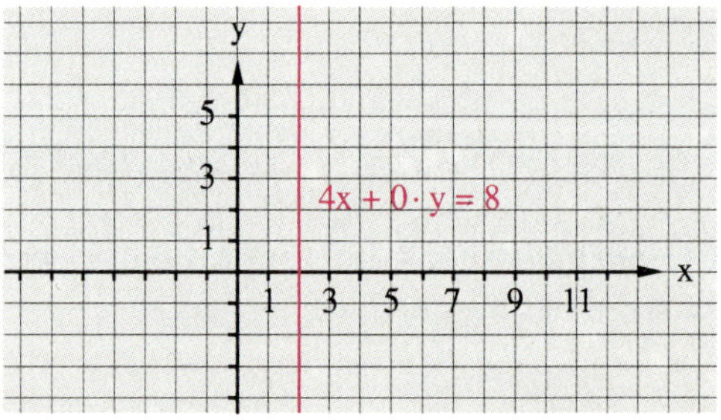

Bild 7

Allgemein gilt unter der Bedingung $a \neq 0$:

$$ax+0\cdot y=c \Leftrightarrow ax=0\cdot y+c \Leftrightarrow x=0\cdot y+\frac{c}{a}.$$

Es gilt also der Satz:

> Eine lineare Gleichung der Form $ax+0\cdot y=c$ mit $a \neq 0$ wird in einem kartesischen Koordinatensystem durch eine Parallele zur y-Achse dargestellt.

Beachte, dass in diesem Falle keine Funktionsgleichung vorliegt!
Ist zusätzlich $c=0$, so handelt es sich um eine Gleichung für die y-Achse:

$$ax+0\cdot y=0 \Leftrightarrow x=0\cdot y, \quad \text{also} \quad x=0.$$

Es bleibt nun noch der Fall zu klären, dass beide Koeffizienten den Wert Null haben.

Beispiele **1)** $0 \cdot x + 0 \cdot y = 7$ **2)** $0 \cdot x + 0 \cdot y = 0$

Die Gleichung 1) ist offensichtlich unerfüllbar.
Die Gleichung 2) ist für alle x, $y \in \mathbb{Q}$, also für alle Punkte der Ebene erfüllt; sie ist demnach allgemein gültig, also eine Gleichung für die gesamte x-y-Ebene.

Allgemein gilt:

Eine Gleichung der Form $0 \cdot x + 0 \cdot y = c$ ist

unerfüllbar, wenn $c \neq 0$ ist. | allgemein gültig, wenn $c = 0$ ist.

5. Geradengleichungen in allgemeiner Form

In beiden Fällen des vorstehenden Satzes wird durch die Gleichung $ax + by = c$ **keine** Gerade dargestellt. Eine solche Gleichung ist also nur dann eine Geradengleichung, wenn

$$a \neq 0 \quad \text{oder} \quad b \neq 0, \quad \text{also} \ (a|b) \neq (0|0)$$

ist. Im Gegensatz zur Normalform werden durch Gleichungen der Form $ax + by = c$ mit $(a|b) \neq (0|0)$ aber auch Parallelen zur y-Achse erfasst, d.h., **jede** Gerade der Koordinatenebene kann durch eine Gleichung dieser Form dargestellt werden.

Daher definiert man:

Eine lineare Gleichung der Form $ax + by = c$ mit $(a|b) \neq (0|0)$ heißt „Geradengleichung in allgemeiner Form".

Beachte:

1) Die Normalform kann stets in die allgemeine Form umgewandelt werden:

$$y = mx + b \quad \Leftrightarrow \quad mx + (-1) \cdot y = -b.$$

2) Die allgemeine Form einer Geradengleichung kann aber nur dann auf die Normalform gebracht werden, wenn $b \neq 0$ ist:

$$ax + by = c \quad \Leftrightarrow \quad y = -\frac{a}{b}x + \frac{c}{b}.$$

Diesem Sachverhalt entspricht die Tatsache, dass durch die Normalform die Parallelen zur y-Achse nicht erfasst werden.

Aufgaben und Beispiele

Zum Einstieg

Karsten besitzt eine elektrische Eisenbahn mit Schienen von 20 cm und von 30 cm Länge. Er will einen Schienenstrang von 2 m Länge bauen.

Bild 8

Vorbemerkung zu den Aufgaben 1 bis 4

Die in den Aufgaben beschriebenen Situationen können jeweils durch eine Gleichung mit zwei Variablen erfasst werden. Stelle diese Gleichung auf, wähle eine geeignete Grundmenge und bestimme durch geschicktes Einsetzen die Lösungsmenge!

1. Eine Schrankwand von 5,20 m (4,60 m) Breite soll aus Einzelteilen von 60 cm bzw. 80 cm Breite zusammengestellt werden.

2. Ein Händler soll von einem Waschmittel 28 kg (32 kg) liefern. Es stehen Tonnen zu 3 kg und zu 5 kg zur Verfügung.

3. Beim Kegelklub „Gut-Holz" hat jedes Mitglied pro Abend 5 € in die Kegelkasse zu zahlen. Hinzu kommen für jeden „Pudel" 20 Cent und für jedes verlorene Spiel 50 Cent. Am Ende eines Kegelabends hat Frau Korsch 8,90 € zu zahlen, Herr Korsch 9 €.

Bild 9

4. Gisela hat im letzten Jahr 50 € (60 €) für Kinobesuche ausgegeben. Es gibt Eintrittskarten zu 5 € und zu 6 €. Lässt sich daraus berechnen, wie oft Gisela im Kino war?

5. Welche Gleichungen sind lineare Gleichungen?

a) $3(x-2y)+6=4x-8$

b) $12x+3y(1-x)=4y-x(1+3y)$

c) $5x(x+y)=5y(x+y)$

d) $7x-3y+1=7x-3y+4$

e) $3-2y(1+x)=4x(2-y)+1$

f) $(2x+1)(y-3)=(y+5)(2x-3)$

g) $(x+1)(x-y)=(y-3)(y-2x)$

h) $(y+3)(x-y)=(x+2)(y-4)-y^2$

6. Begründe, warum die Gleichungen keine linearen Gleichungen sind!

a) $x^2+y^2=1$ **b)** $x+xy+y=1$ **c)** $x(2+y)=4$ **d)** $y=\frac{2}{x}+1$

7. Bestimme Steigung und Achsenabschnitt der Geraden, die zu folgenden linearen Gleichungen gehören, und zeichne die Geraden!

a) $2x + y - 1 = 0$ **b)** $16x - 4y + 6 = 0$ **c)** $x + \frac{4}{3}y + 4 = 0$
d) $-18x - 48y + 72 = 0$ **e)** $3x - \frac{3}{2}y - 6 = 0$ **f)** $2{,}5x - 5y + 8 = 0$

8. Bringe die Geradengleichung auf die Normalform und zeichne die Gerade!

a) $3x - 2y = -5$ **b)** $\frac{1}{5}x + \frac{1}{3}y = \frac{1}{2}$ **c)** $-16x + 32y + 48 = 0$
d) $243x - 81y = 162$ **e)** $\frac{5}{9}x + \frac{5}{6}y = \frac{5}{2}$ **f)** $8(x-1) = 4(y - \frac{3}{2})$
g) $x + y + 1 = 1 - x - y$ **h)** $2(x+3) = 3(y+4)$ **i)** $5 + 4x + 3y = 2y + x + 1$

9. Zeichne die zugehörige Gerade!

a) $3x - 4y = -2$ **b)** $\frac{7}{8}x + \frac{7}{12}y = \frac{7}{4}$ **c)** $4x - 5y = 0$
d) $0 \cdot x + 8y = 20$ **e)** $6x + 0 \cdot y = -9$ **f)** $5x - 2y = -3$
g) $14x - 8y = 0$ **h)** $18x + 72y = 108$ **i)** $-750x + 450y = 0$

10. Bestimme Gleichungen für die beiden Geraden durch den Punkt P, die zur x-Achse bzw. zur y-Achse parallel sind!

a) $P(2|-1)$ **b)** $P(-7|-3)$ **c)** $P(0|6)$ **d)** $P(-4|0)$ **e)** $P(\frac{5}{3}|-\frac{3}{4})$

11. Wie lautet eine Gleichung für die Gerade, die durch den Nullpunkt und durch den Punkt P geht?

a) $P(3|-2)$ **b)** $P(-4|1)$ **c)** $P(\frac{5}{2}|\frac{10}{3})$ **d)** $P(-\frac{3}{2}|4)$ **e)** $P(-2|-5)$
f) $P(0|7)$ **g)** $P(-\frac{1}{2}|0)$ **h)** $P(-1|1)$ **i)** $P(-1|-1)$ **j)** $P(2{,}5|-1{,}5)$

12. Bestimme Gleichungen zu den Geraden in den Bildern 10 bis 12!

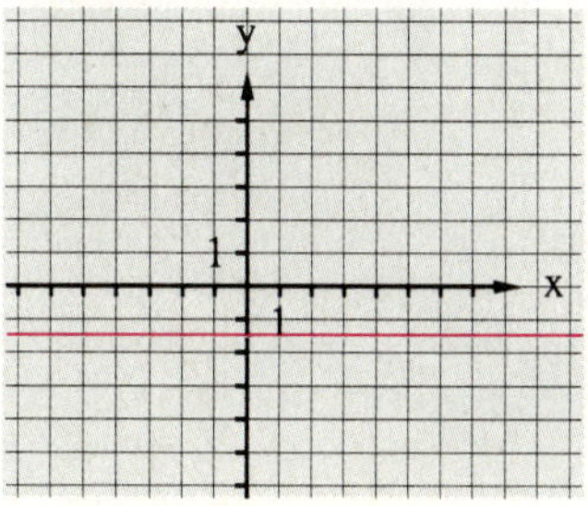

Bild 10

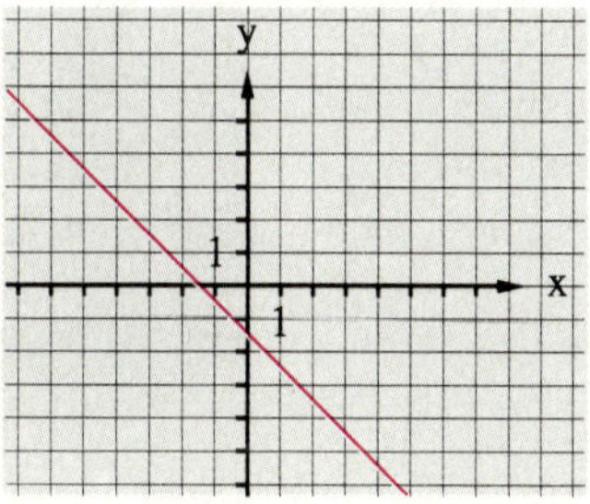

Bild 11

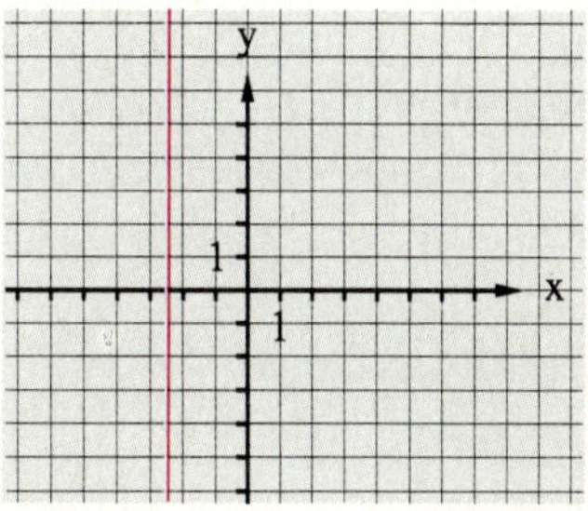

Bild 12

13. Welche Bedingung müssen die Steigung m und der Achsenabschnitt n erfüllen, damit die zugehörige Gerade durch den Punkt P geht? Bestimme jeweils zwei solche Geradengleichungen und zeichne die zugehörigen Geraden!

a) $P(0|0)$ **b)** $P(0|1)$ **c)** $P(2|0)$ **d)** $P(1|-1)$ **e)** $P(-2|6)$

14. Welche Bedingung müssen die Formvariablen a, b und c erfüllen, damit die Gerade zu $ax + by = c$ durch den Punkt P geht? Bestimme jeweils zwei solche Gleichungen und zeichne die zugehörigen Geraden!

a) $P(0|0)$ **b)** $P(0|-2)$ **c)** $P(1|0)$ **d)** $P(1|1)$ **e)** $P(2|-4)$

15. Untersuche zeichnerisch und rechnerisch, ob die drei Punkte auf einer Geraden liegen!

a) $P_1(-5|0)$; $P_2(0|\frac{5}{2})$; $P_3(1|3)$
b) $P_1(-3|2)$; $P_2(0|0)$; $P_3(2|-1)$
c) $P_1(0|\frac{1}{3})$; $P_2(0|-\frac{3}{4})$; $P_3(0|\frac{5}{2})$
d) $P_1(0|2)$; $P_2(1|3)$; $P_3(4|4)$

16. Welche der folgenden Gleichungen sind erfüllbar bzw. unerfüllbar? Welche sind sogar allgemein gültig? Schreibe die Lösungsmenge mit Hilfe des Mengenbildungsoperators!

a) $54y - 12x = 80y + x$
b) $2x + y - 8 = 2x - 8$
c) $\frac{9}{10}x + 2y - 1 = \frac{3}{10}(3x + \frac{20}{3}y)$
d) $x - 5 = 2x - y$
e) $0{,}8x + y = 0{,}4(2{,}5y + 2x)$
f) $4(x + 1) - y = 2(2 - \frac{1}{2}y)$
g) $115x - 69y = 23(2 - 3y)$
h) $4(x + y) - 7x = 3(y - x) + y$
i) $19 - 2(x - 3y) = 6x - 4(2x - 1{,}5y)$
j) $40 = 4x - 4y$
k) $3{,}9y - 13x = 2{,}6(1{,}5y - 2x) + 7{,}8(1 - x)$
l) $3(1{,}4x + y) = 2(1{,}5y + 2{,}1x) + 1$

II. Die konjunktive Verknüpfung von Aussagen und von Aussageformen

1. Zur Einführung

Familie Steiner zieht in eine neue Wohnung. Zur Ausstattung seines Zimmers stellt Herr Steiner seinem Sohn Uli einen Betrag zur Verfügung. 36 € davon will Uli für 8 Poster ausgeben. In einem Geschäft findet Uli Poster zu 6 € und zu 4 €.

Bild 13

Wählen wir für die Anzahl der Poster zu 6 € die Variable x, für die Anzahl der Poster zu 4 € die Variable y, so sind zwei Gleichungen zu erfüllen, nämlich

$$6x + 4y = 36 \quad \textbf{und} \quad x + y = 8.$$

Dies ist ein **lineares Gleichungssystem mit zwei Variablen**.

Da die beiden Gleichungen durch das Wort „**und**" zu einer Aussageform zusammengefasst sind, spricht man von einer **konjunktiven**[1] **Aussageform**.

Verknüpfungen dieser Art kommen in der Mathematik häufig vor; daher wollen wir uns mit ihnen etwas genauer beschäftigen.

[1] conjungere (lat.), verbinden

2. Die konjunktive Verknüpfung von Aussagen

Beispiel

Es soll untersucht werden, wie groß die Bruchzahl $\frac{347}{42}$ ungefähr ist. Eine mögliche Antwort lautet: Die Zahl $\frac{347}{42}$ liegt zwischen 8 und 9. Damit ist gemeint, dass gilt:

$$8 < \frac{347}{42} \quad \textbf{und} \quad \frac{347}{42} < 9.$$

Es handelt sich um eine wahre Aussage; denn beide Teilaussagen, sowohl $8 < \frac{347}{42}$ wie auch $\frac{347}{42} < 9$, sind wahre Aussagen.

Wenn in der Alltagssprache zwei Aussagen durch das Wort „und" verknüpft werden, versteht man das Wort in der Regel genau so wie im vorstehenden mathematischen Fall.

Beispiel

Christian kommt ziemlich spät nach Hause. Seine Mutter fragt ihn: „Wo bist du nur so lange gewesen?" Christian antwortet: „Ich bin zunächst ins Schwimmbad gefahren, und anschließend habe ich zusammen mit meinem Freund Stephan die Hausaufgaben gemacht." Es ist klar, dass Christians Aussage nur dann wahr ist, wenn beide Teilaussagen wahr sind, wenn er also tatsächlich zunächst im Schwimmbad gewesen ist und anschließend mit seinem Freund die Hausaufgaben bearbeitet hat. Wenn er z. B. nach dem Schwimmen nicht zu Stephan, sondern ins Kino gegangen ist, dann ist seine zweite Teilaussage und somit auch seine gesamte Aussage falsch.

3. Erfassung durch eine Wahrheitswerttafel

In der Mathematik kürzt man das Wort „und" meist durch das Zeichen „ $\wedge$ " ab. Werden zwei Aussagen A und B zu einer Aussage

$A \wedge B$, gelesen „A und B"

zusammengefasst, so spricht man von einer **konjunktiven Aussage** oder kurz von einer **Konjunktion**. Eine konjunktive Aussage ist eine **wahre** Aussage, wenn **beide** Teilaussagen wahr sind; in allen anderen Fällen ist sie falsch. Diesen Sachverhalt erfassen wir in einer **Wahrheitswerttafel**.

A	B	$A \wedge B$
w	w	w
w	f	f
f	w	f
f	f	f

Eine konjunktive Aussage, also eine Aussage der Form $A \wedge B$, ist genau dann wahr, wenn beide Teilaussagen wahr sind. In allen anderen Fällen ist sie falsch.

4. Die konjunktive Verknüpfung von Aussageformen

Wie wir schon beim Beispiel auf Seite 130 gesehen haben, können auch **Aussageformen** konjunktiv verknüpft werden.

Beispiel Gegeben sind die beiden Aussageformen

A(x): x ist Teiler von 4 und B(x): x ist Teiler von 6.

Durch konjunktive Verknüpfung ergibt sich die Aussageform:

(x ist Teiler von 4) $\wedge$ (x ist Teiler von 6).

Lösungen dieser Aussageform sind alle Zahlen, die sowohl die erste als auch die zweite Aussageform erfüllen; es sind dies die Zahlen 1 und 2. Also gilt: $L = \{1; 2\}$.

Allgemein gehören zur Lösungsmenge einer konjunktiven Aussageform $A(x) \wedge B(x)$ alle Zahlen, die **sowohl zu L(A) wie zu L(B)** gehören. Diese Zahlen bilden die **Schnittmenge** der beiden Mengen L(A) und L(B), geschrieben

$L(A) \cap L(B)$, gelesen: „L(A) geschnitten mit L(B)“.

Bei unserem **Beispiel** ist $L(A) = \{1; 2; 4\}$ und $L(B) = \{1; 2; 3; 6\}$.

Daher ist

$$L(A) \cap L(B) = \{1; 2; 4\} \cap \{1; 2; 3; 6\} = \{1; 2\}.$$

Wir definieren:

Die Schnittmenge $M \cap N$ zweier Mengen M und N ist die Menge aller Elemente, die sowohl zu M wie zu N gehören.

Beispiele

1) $M = \{1; 2; 3; 4; 5\}$; $N = \{2; 4; 6; 8\}$; dann ist $M \cap N = \{2; 4\}$.
2) $M = \{1; 2; 3; 4; 5\}$; $N = \{1; 3; 5\}$ dann ist $M \cap N = \{1; 3; 5\} = N$.
3) $M = \{1; 3; 5; 7; 9\}$; $N = \{2; 4; 6; 8; 10\}$; dann ist $M \cap N = \{\ \} = \emptyset$.

Im letzten Fall sagt man: Die beiden Mengen M und N sind **elementefremd**.

Für die Lösungsmenge einer konjunktiven Aussageform gilt also der folgende Satz.

Die Lösungsmenge einer konjunktiven Aussageform $A \wedge B$ ist die Schnittmenge der Lösungsmengen der verknüpften Teilaussageformen A und B:

$$L(A \wedge B) = L(A) \cap L(B).$$

Beachte, dass man wegen dieses Zusammenhangs für die konjunktive Verknüpfung und die Schnittmengenbildung ähnliche Zeichen gewählt hat, nämlich $\wedge$ und $\cap$!

Aufgaben und Beispiele

Zum Einstieg

Karsten möchte aus Schienen von 20 cm bzw. 30 cm Länge einen 2 m langen Schienenstrang bauen und dabei höchstens 8 Schienenstücke verwenden.

Bild 14

1. Bestimme den Wahrheitswert der folgenden Aussagen!

a) $2 \cdot 3 = 6 \quad \wedge \quad 2 + 5 = 7$
b) $2 \cdot 7 = 14 \quad \wedge \quad 3 \cdot 7 = 20$
c) $4 + 5 = 8 \quad \wedge \quad 2 \cdot 5 = 11$
d) $4 \cdot 7 < 5 \cdot 6 \quad \wedge \quad 3 \cdot 7 < 4 \cdot 6$
e) $4 \cdot (3 + 8) > 40 \quad \wedge \quad 16 > 3 \cdot (5 + 1)$
f) $5 + 18 \leq 2 \cdot 11 \quad \wedge \quad 12 \geq 4 \cdot 3$

2. Bestimme jeweils die Lösungsmenge in der Grundmenge $\mathbb{N}$!

a) (x ist Teiler von 10) $\wedge$ (x ist Teiler von 6)
b) (x ist Primzahl) $\wedge$ (x ist kleiner als 15)
c) (x ist gerade Zahl) $\wedge$ (x liegt zwischen 1 und 9)
d) (x ist Quadratzahl) $\wedge$ (x ist kleiner als 50)
e) (x ist eine gerade Zahl) $\wedge$ (x + 1 ist eine gerade Zahl)

3. Bestimme die Lösungsmengen der folgenden Aussageformen in der Grundmenge $\mathbb{Z}$!

Beispiel

$$2(x-4) > x-6 \quad \wedge \quad 3(x+2) \leq 13+2x$$
$$\Leftrightarrow \quad 2x-8 > x-6 \quad \wedge \quad 3x+6 \leq 13+2x$$
$$\Leftrightarrow \quad x > 2 \quad \wedge \quad x \leq 7$$

Da nur ganze Zahlen zugelassen sind, ist $L = \{3; 4; 5; 6; 7\}$.

a) $3(x+3) > x+11 \quad \wedge \quad 2(x+4) < 20-x$
b) $5(x-2) > 2(x-8) \wedge 2(x-3) \leq 9-x$
c) $3(x-1) \leq 4x \quad \wedge \quad 1-2(x+1) \geq 3$
d) $5(2-x) \leq 3(4-x) \wedge 4x+1 \leq 2(3+x)$
e) $2(x+10) > 0 \quad \wedge \quad 2(x+4) \leq -2$
f) $4(x+1)-1 \geq 3 \quad \wedge \quad 5(x+2) < 0$
g) $3 > 2(3-x)+1 \quad \wedge \quad 0{,}1x+0{,}3 \leq 1$
h) $3(x+4) > 4(x+2) \wedge 3(x-2) \geq 2(x-2)$

Schnittmengen

4. Bilde die Schnittmenge $A \cap B$!

a) $A = \{1; 2; 3; 4; 5\}$; $B = \{0; 2; 4; 6; 8\}$
b) $A = \{1; 2; 3; 4; 5\}$; $B = \{1; 3; 5; 7; 9\}$
c) $A = \{1; 2; 3; 4\}$; $B = \{-2; -1; 0; 1; 2\}$
d) $A = \{1; 2; 3; 4; 5\}$; $B = \{1; 3; 5\}$
e) $A = \{1; 3; 5; 7\}$; $B = \{2; 4; 6; 8\}$
f) $A = \{1; 2; 3; 4\}$; $B = \{1; 2; 3; \ldots; 10\}$
g) $A = \{-4; -3; -2; -1\}$; $B = \{1; 2; 3; 4\}$
h) $A = \{2; 4; 6; 8\}$; $B = \{\frac{1}{2}; \frac{1}{4}; \frac{1}{6}; \frac{1}{8}\}$
i) $A = \{2; 4; 6; 8\}$; $B = \{3; 6; 9; 12\}$
j) $A = \{1; 2; 3; 4\}$; $B = \{1; 2; 3; 4\}$
k) $A = \{1; 3; 5; 7; 9\}$; $B = \{1; 4; 9; 16\}$
l) $A = \{1; 2; 3; 4\}$; $B = \{-\frac{1}{2}; -\frac{1}{4}; \frac{1}{4}; \frac{1}{2}\}$

5. Es sei A die Menge der durch 3 teilbaren einstelligen Zahlen, B die Menge der natürlichen Zahlen zwischen 4 und 8, C die Menge der natürlichen Zahlen, die kleiner sind als 6, und D die Menge der einstelligen Zahlen, die größer sind als 4.

a) Bilde die Mengen A, B, C und D in der aufzählenden Schreibweise!

b) Bilde $A \cap B$, $B \cap A$, $A \cap C$, $C \cap A$, $A \cap D$ und $D \cap A$!

c) Es gibt noch sechs weitere Schnittmengen. Bilde sie!

6. Bilde die folgenden Schnittmengen!

a) $\mathbb{N} \cap \mathbb{N}$ **b)** $\mathbb{N} \cap \mathbb{Z}$ **c)** $\mathbb{N} \cap \mathbb{B}$ **d)** $\mathbb{N} \cap \mathbb{Q}$

e) $\mathbb{Z} \cap \mathbb{Z}$ **f)** $\mathbb{Z} \cap \mathbb{B}$ **g)** $\mathbb{Z} \cap \mathbb{Q}$ **h)** $\mathbb{B} \cap \mathbb{Q}$

7. Erläutere den folgenden Sachverhalt! In der Klasse 8b sind 9 Schüler Mitglieder von Sportvereinen, und zwar gehören 6 einer Fußballschülermannschaft und 5 der Jugendabteilung eines Schwimmvereins an.

8. Ein Elefant hat acht Beine; zwei vorne, zwei hinten, zwei rechts und zwei links!

9. Welche Beziehung gilt für $A \cap B$, wenn für A und B gilt:

a) $A = B$, **b)** $A \subseteq B$?

10. Welche Beziehung besteht zwischen zwei Mengen A und B, wenn $A \cap B = B$ gilt?

III. Lineare Gleichungssysteme

1. Zur Einführung

Wir kommen zurück auf das Einführungsbeispiel von Seite 130. Dort hat sich eine konjunktive Aussageform ergeben, die aus zwei linearen Gleichungen mit zwei Variablen besteht. Wir schreiben diese Aussageform jetzt mit dem Zeichen „$\wedge$“:

$$6x + 4y = 36 \quad \wedge \quad x + y = 8.$$

Wie wir oben schon gesagt haben, nennt man eine solche Aussageform ein „System von zwei linearen Gleichungen mit zwei Variablen“, kurz: ein **lineares Gleichungssystem**.

Wir bezeichnen ein solches System mit dem Buchstaben „S“. Bezeichnet man die beiden Gleichungen mit G_1 und G_2, so kann man die Lösungsmenge des Gleichungssystems

$$S\colon\ G_1 \wedge G_2$$

als Schnittmenge der Lösungsmengen von G_1 und G_2 bestimmen. Es gilt also:

$$L(S) = L(G_1 \wedge G_2) = L(G_1) \cap L(G_2).$$

Bei unserem Beispiel beziehen sich die beiden Variablen x und y auf Stückzahlen; daher ist für beide Variablen die Menge $\mathbb{N}$ als Grundmenge zu wählen.

Es ist hier nicht schwer, die Lösungsmenge zu bestimmen. Für die erste Gleichung gilt:

$$6x + 4y = 36 \quad \Leftrightarrow \quad 4y = -6x + 36 \quad \Leftrightarrow \quad y = -\frac{3}{2}x + 9.$$

Durch Einsetzen der Zahlen 0, 2, 4, 6, ... in x erhält man:

$$L(G_1) = \{(0|9); (2|6); (4|3); (6|0)\}.$$

Wir brauchen aus dieser Gleichung nur noch diejenigen Zahlenpaare herauszusuchen, die auch der zweiten Gleichung

$$x + y = 8$$

genügen. Man findet nur das Paar (2|6). Es gilt also:

$$L(S) = \{(2|6)\}.$$

Uli kann für 36 € also 2 Poster zu 6 € und 6 Poster zu 4 € kaufen.

2. Allgemeine Definition

Was wir an den vorstehenden Beispielen kennengelernt haben, können wir verallgemeinern.

Wir definieren:

> Eine Aussageform, die aus wenigstens zwei konjunktiv verknüpften Gleichungen besteht, heißt ein „System von Gleichungen".

Sind die Gleichungen des Systems sämtlich lineare Gleichungen, dann spricht man von einem **System linearer Gleichungen**, kurz von einem **linearen Gleichungssystem**.

Ein lineares Gleichungssystem von zwei Gleichungen mit zwei Variablen kann also durch Äquivalenzumformungen auf die folgende Form gebracht werden:

$$a_1 x + b_1 y = c_1 \quad \wedge \quad a_2 x + b_2 y = c_2 \quad \text{mit } a_1, b_1, c_1, a_2, b_2, c_2 \in \mathbb{Q}.$$

Beispiele

1) $2x + 5y = 3 \quad \wedge \quad -4x + 2y = -5$

2) $3x + 0 \cdot y = 5 \quad \wedge \quad 0 \cdot x - 2y = 7$

3. Zeichnerische Lösung

Besteht ein Gleichungssystem aus zwei **Geradengleichungen**, dann kann man die Lösungsmenge des Systems zeichnerisch bestimmen.

Beispiel

Gesucht sind zwei Zahlen; ihre Summe beträgt 10, ihre Differenz 4. Wählt man für die beiden gesuchten Zahlen die Variablen x und y, so ergibt sich aus dem Aufgabentext unmittelbar das lineare Gleichungssystem:

$$x + y = 10 \quad \wedge \quad x - y = 4.$$

Wir bringen beide Gleichungen auf die Normalform und erhalten so das zum ersten äquivalente Gleichungssystem:

$$y = -x + 10 \quad \wedge \quad y = x - 4.$$

Die beiden zugehörigen Geraden (Bild 15) schneiden sich im Punkte P(7|3). Da dies der einzige Punkt ist, den die beiden Geraden gemeinsam haben, gibt es auch nur ein Zahlenpaar, das beiden Gleichungen genügt, nämlich das Paar (7|3). Dass es sich hierbei tatsächlich um eine Lösung handelt, kann man durch Einsetzen leicht bestätigen:

$$7 + 3 = 10 \quad \wedge \quad 7 - 3 = 4 \text{ (w)}.$$

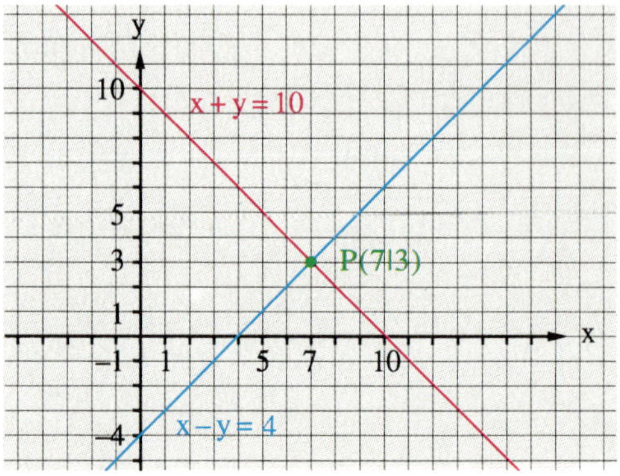

Bild 15

Das Gleichungssystem ist erfüllbar und hat genau eine Lösung; man sagt: Das System ist **eindeutig lösbar**.

Beachte, dass das Wort „Schnittmenge" bei diesem Beispiel eine unmittelbar anschauliche Bedeutung hat: die **Schnittmenge** wird hier bestimmt durch den **Schnittpunkt** der Geraden.

4. Ein zweites Beispiel

$$2x + 4y = 5 \quad \wedge \quad -3x + y = -2.$$

Wir formen wiederum beide Gleichungen in die Normalform um und erhalten dadurch das zum ersten äquivalente Gleichungssystem:

$$y = -\frac{x}{2} + \frac{5}{4} \quad \wedge \quad y = 3x - 2 \text{ (Bild 16)}.$$

Die zu den beiden Gleichungen gehörenden Geraden schneiden sich auch bei diesem Beispiel in einem Punkt P.

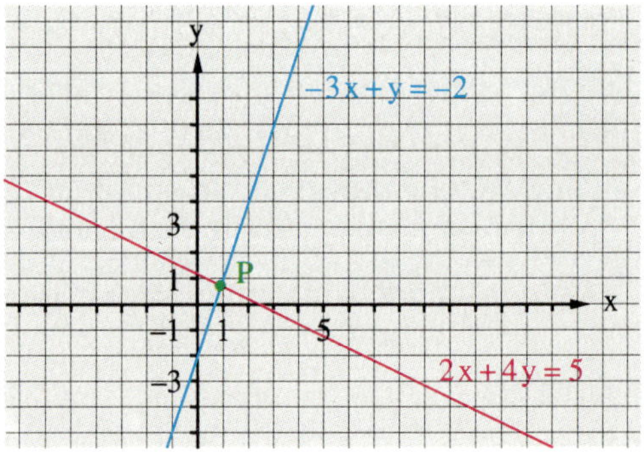

Bild 16

Im Unterschied zum vorigen Beispiel sind die Koordinaten dieses Punktes jedoch offenbar nicht ganzzahlig; man liest ab:

$$x \approx 0{,}9 \quad \text{und} \quad y \approx 0{,}8.$$

Wir setzen das Zahlenpaar (0,9|0,8) zur Probe in das gegebene System ein:

$$1{,}8 + 3{,}2 = 5 \quad \wedge \quad -2{,}7 + 0{,}8 = -2, \quad \text{d.h. } 5 = 5 \quad \wedge \quad -1{,}9 = -2 \text{ (f)}$$

Die erste Gleichung ist zwar erfüllt, die zweite jedoch nicht exakt, sondern nur näherungsweise. Dies hat seinen Grund in der unvermeidbaren Zeichen- und Ableseungenauigkeit.

Wir erkennen an diesem Beispiel, dass es nicht immer möglich ist, zeichnerisch die Lösung eines Gleichungssystems exakt zu bestimmen. Wir werden daher in den beiden folgenden Paragraphen rechnerische Verfahren zur Bestimmung der Lösungsmenge von linearen Gleichungssystemen besprechen.

Aufgaben und Beispiele

Zum Einstieg

Ein Händler soll 62 kg eines Düngemittels liefern. Es stehen Abfüllungen zu 3 kg und zu 10 kg zur Verfügung. Es werden insgesamt 9 Pakete geliefert.

Bild 17

Vorbemerkung zu den Aufgaben 1 und 2

Stelle das zugehörige Gleichungssystem auf und löse es durch geschicktes Einsetzen!

1. Eine Schrankwand von 5,20 m (4,60 m) Breite soll aus Einzelteilen von 60 cm bzw. 80 cm Breite zusammengestellt werden. Es werden insgesamt 7 Teile verwendet.

2. Karsten baut aus der gleichen Anzahl von Gleisstücken von 20 cm bzw. 30 cm Länge ein 2,50 m langes Schienenstück.

3. Welche der folgenden Aussageformen sind lineare Gleichungssysteme?

a) $x + 2y = 0 \quad \wedge \quad 0 \cdot x + y = 0$
b) $4xy + 2 = 0 \quad \wedge \quad 4x^2 + y^2 - 1 = 0$
c) $3x + 5 = 2y \quad \wedge \quad 2x - 1 = 0$
d) $2x + yz = 0 \quad \wedge \quad x - y = 0$
e) $3 + 2y = 0 \quad \wedge \quad 4x + 2y - 1 = 0$
f) $3x + 2y - 4 = 0 \quad \wedge \quad x + y = -3$

4. Löse das Gleichungssystem durch Zeichnung!

a) $4x - y = 1 \quad \wedge \quad x + 2y = 7$
b) $x = 2y \quad \wedge \quad y = x - 1$
c) $x - 2y = 6 \quad \wedge \quad 3x + 2y = -2$
d) $2y - 3x = 8 \quad \wedge \quad 2x + y = y - 4$
e) $2x + y = 3 \quad \wedge \quad 3x - 2y = 8$
f) $3x = y + 4 \quad \wedge \quad 2x + y = 6$
g) $2x + 4y = -10 \quad \wedge \quad x - y = x$
h) $x + y = 2 \quad \wedge \quad x - 2y + 1 = 0$

5. Wähle in folgenden Gleichungssystemen die Steigungen der beiden Geraden so, dass alle Systeme die Lösung (4|4) haben!

a) $y = m_1 x + 2 \quad \wedge \quad y = m_2 x$
b) $y = m_1 x + 4 \quad \wedge \quad y = m_2 x - 2$
c) $y = m_1 x + 8 \quad \wedge \quad y = m_2 x + 1$
d) $y = m_1 x - 4 \quad \wedge \quad y = m_2 x + 5$

6. Wähle in folgenden Gleichungssystemen die Formvariablen so, dass die Lösungsmenge nur das angegebene Zahlenpaar enthält!

a) $y = m_1 x \quad \wedge \quad y = m_2 x + 3;\ (1|\frac{7}{2})$
b) $y = x + n \quad \wedge \quad y = 0 \cdot x + 3;\ (2|3)$
c) $y = -\frac{3}{2}x + n \quad \wedge \quad y = mx - 4;\ (2|0)$
d) $ax + 2y - 4 = 0 \quad \wedge \quad y = mx - 1;\ (2|1)$

Vorbemerkung zu den Aufgaben 7 bis 11

Stelle das zugehörige Gleichungssystem auf und löse es durch eine Zeichnung!

7. Klaus liest in einer Zeitungsanzeige: Langspielplatten für nur 6 €, Singles für nur 1,50 €. Er kauft 5 Platten für 16,50 €.

8. Ein Fuhrunternehmer verfügt über einen Lastkraftwagen zu 3 t und einen solchen zu 4,5 t Nutzlast. Es soll Schutt von 45 t transportiert werden. Der Unternehmer setzt beide Wagen gleich oft ein.

9. Die Summe zweier rationaler Zahlen beträgt 1, ihre Differenz 5.

10. Vermindert man eine erste Zahl um 4 und vermehrt eine zweite um 3, so ist das Produkt dieser Zahlen um 10 kleiner als das Produkt der ursprünglichen Zahlen. Die erste Zahl ist doppelt so groß wie die zweite.

11. Der Umfang eines gleichschenkligen Dreiecks beträgt 10 cm. Jeder Schenkel ist doppelt so lang wie die Basis.

IV. Klassifikation linearer Gleichungssysteme

1. Erfüllbare und unerfüllbare Gleichungssysteme

Schon in § 1 haben wir gelernt, dass man zwischen erfüllbaren und unerfüllbaren Aussageformen zu unterscheiden hat. Erfüllbare Aussageformen können sogar allgemein gültig sein. Daher wird man fragen, ob diese Unterscheidungen auch bei linearen Gleichungssystemen von Bedeutung und ob hier evtl. noch andere Gesichtspunkte wichtig sind.

Besteht das Gleichungssystem aus zwei **Geradengleichungen**, gilt also für die Koeffizienten in der allgemeinen Form $(a_1 | b_1) \neq (0|0)$ und $(a_2 | b_2) \neq (0|0)$, so können wir uns von der geometrischen Veranschaulichung leiten lassen. Wir haben dabei die folgenden Fälle zu unterscheiden.

1) Schneiden sich die beiden Geraden, so ist das Gleichungssystem **erfüllbar** und sogar **eindeutig lösbar**; die Lösungsmenge enthält genau ein Zahlenpaar.

2) Gehört zu beiden Gleichungen **dieselbe Gerade g**, so gehört zu jedem Punkt von g ein Zahlenpaar, das beide Gleichungen erfüllt. Das Gleichungssystem ist dann **erfüllbar**; seine Lösungsmenge ist eine unendliche Menge. (Das Gleichungssystem ist aber **nicht** allgemein gültig.)

Beispiel

$$3x - 2y = 5 \;\wedge\; -6x + 4y = -10 \;\Leftrightarrow\; 2y = 3x - 5 \;\wedge\; 4y = 6x - 10$$
$$\Leftrightarrow\; y = \tfrac{3}{2}x - \tfrac{5}{2} \;\wedge\; y = \tfrac{3}{2}x - \tfrac{5}{2}$$

Es gilt: $L = \{(x|y) \mid y = \frac{3}{2}x - \frac{5}{2}\}$ (Bild 18).

3) Sind die beiden Geraden parallel, aber voneinander verschieden, so haben sie keinen gemeinsamen Punkt. Das Gleichungssystem ist daher **unerfüllbar**.

Beispiel

$$3x + 2y = 6 \quad \wedge \quad 9x + 6y = 3 \quad \Leftrightarrow \quad 2y = -3x + 6 \quad \wedge \quad 6y = -9x + 3$$
$$\Leftrightarrow \quad y = -\tfrac{3}{2}x + 3 \quad \wedge \quad y = -\tfrac{3}{2}x + \tfrac{1}{2}$$

Die beiden Geraden sind parallel (Bild 19); es gilt $L = \emptyset$.

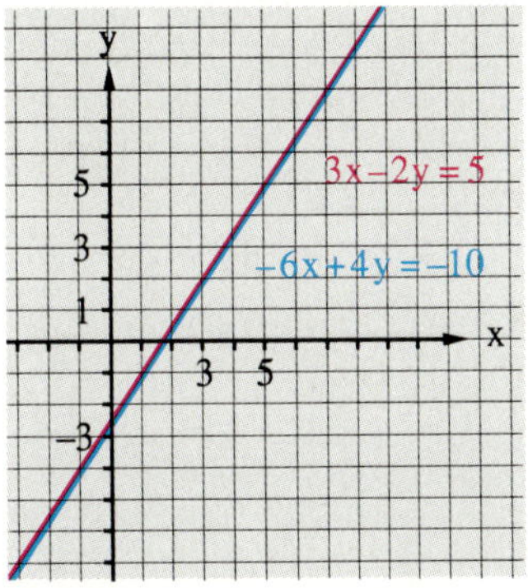

Bild 18

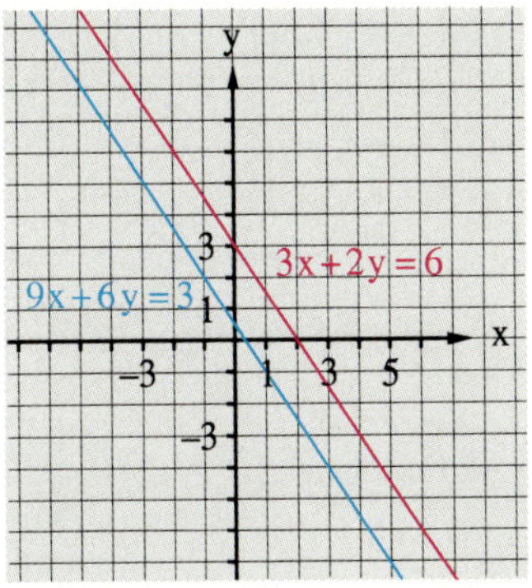

Bild 19

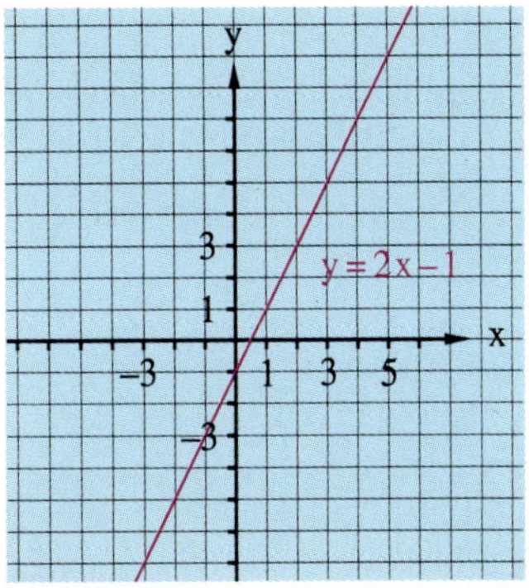

Bild 20

2. Sonderfälle

Es bleiben noch die Fälle zu behandeln, bei denen wenigstens eine der beiden Gleichungen **keine** Geradengleichung ist.

Beispiele

1) $3x + 5y = 7 \quad \wedge \quad 0 \cdot x + 0 \cdot y = 4$

Es gilt: $L = \{(x|y) | 3x + 5y = 7\} \cap \emptyset = \emptyset$.

Da die zweite Gleichung unerfüllbar ist, gilt dies auch für das ganze System.

2) $2x - y = 1 \quad \wedge \quad 0 \cdot x + 0 \cdot y = 0$

Es gilt: $L = \{(x|y) | 2x - y = 1\} = \{(x|y) | y = 2x - 1\}$.

Da die zweite Gleichung allgemein gültig ist, stimmt die Lösungsmenge des Systems mit der der ersten Gleichung überein (Bild 20).

Sind beide Gleichungen allgemein gültig, so ist das ganze System ebenfalls allgemein gültig.

3)
$$3(x + 2y + 1) - x = 6(y - 1) + 2x \quad \wedge \quad 3(x + y) + 2 = x + 5y$$
$$\Leftrightarrow \quad 3x + 6y + 3 - x = 6y - 6 + 2x \quad \wedge \quad 3x + 3y + 2 = x + 5y$$
$$\Leftrightarrow \quad 2x + 6y + 3 = 2x + 6y - 6 \quad \wedge \quad 2x - 2y + 2 = 0$$
$$\Leftrightarrow \quad 0 \cdot x + 0 \cdot y = -9 \quad \wedge \quad x - y = -1$$

Die erste Gleichung ist unerfüllbar, also auch das ganze System; es gilt $L = \emptyset$.

Beispiele

Untersuche, ob die folgenden Gleichungssysteme erfüllbar oder unerfüllbar sind! Bestimme gegebenenfalls die Lösungsmenge!

1) $14(x-3)+2xy-3y=y(5+2x)+10x \quad \wedge \quad 2(x-y)-7=2(y+7)$

2) $5x-2(y+5)=5(x-2)-2y \quad \wedge \quad 3x+2y+3=0$

3) $5(x-y)-3(x-1)=x-3(y-3) \quad \wedge \quad 3(x+1)=2(x+y)+1$

Lösungen:

1)

$$\begin{array}{lrcl}
 & 14(x-3)+2xy-3y=y(5+2x)+10x & \wedge & 2(x-y)-7=2(y+7) \\
\Leftrightarrow & 14x-42+2xy-3y=5y+2xy+10x & \wedge & 2x-2y-7=2y+14 \\
\Leftrightarrow & 14x-10x+2xy-2xy-3y-5y=42 & \wedge & 2x-2y-2y=14+7 \\
\Leftrightarrow & 4x-8y=42 & \wedge & 2x-4y=21 \\
\Leftrightarrow & 8y=4x-42 & \wedge & 4y=2x-21 \\
\Leftrightarrow & y=\frac{x}{2}-\frac{21}{4} & \wedge & y=\frac{x}{2}-\frac{21}{4}
\end{array}$$

Es gilt: $L=\left\{(x|y)\,\middle|\,y=\frac{x}{2}-\frac{21}{4}\right\}$ (Bild 21).

2)

$$\begin{array}{lrcl}
 & 5x-2(y+5)=5(x-2)-2y & \wedge & 3x+2y+3=0 \\
\Leftrightarrow & 5x-2y-10=5x-10-2y & \wedge & 2y=-3x-3 \\
\Leftrightarrow & 0\cdot x+0\cdot y=0 & \wedge & y=-\frac{3}{2}x-\frac{3}{2}
\end{array}$$

Die erste Gleichung ist allgemein gültig und hat daher keinen Einfluss auf die Lösungsmenge; es gilt: $L=\left\{(x|y)\,\middle|\,y=-\frac{3}{2}x-\frac{3}{2}\right\}$ (Bild 22).

3)

$$\begin{array}{lrcl}
 & 5(x-y)-3(x-1)=x-3(y-3) & \wedge & 3(x+1)=2(x+y)+1 \\
\Leftrightarrow & 5x-5y-3x+3=x-3y+9 & \wedge & 3x+3=2x+2y+1 \\
\Leftrightarrow & 5x-3x-x-5y+3y=9-3 & \wedge & 3x-2x-2y=1-3 \\
\Leftrightarrow & x-2y=6 & \wedge & x-2y=-2 \\
\Leftrightarrow & 2y=x-6 & \wedge & 2y=x+2 \\
\Leftrightarrow & y=\frac{x}{2}-3 & \wedge & y=\frac{x}{2}+1
\end{array}$$

Die Geraden sind parallel, aber nicht identisch; daher gilt: $L=\emptyset$; das System ist unerfüllbar (Bild 23).

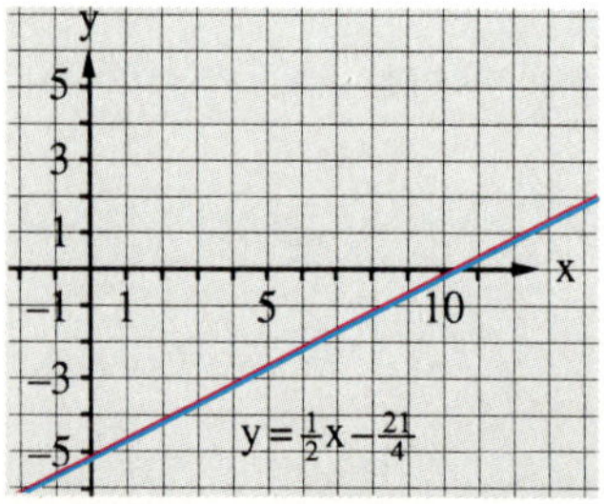

Bild 21

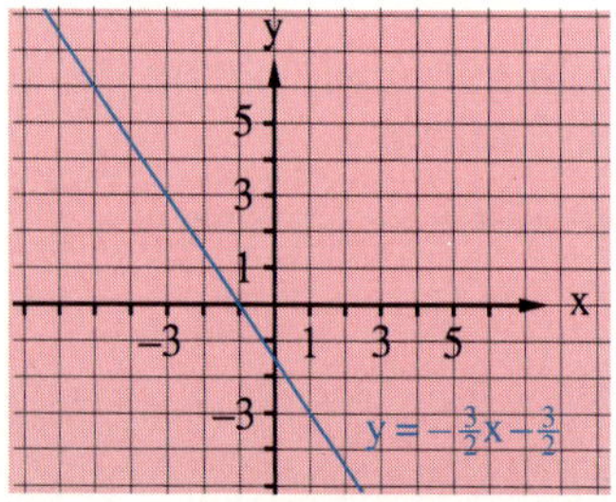

Bild 22

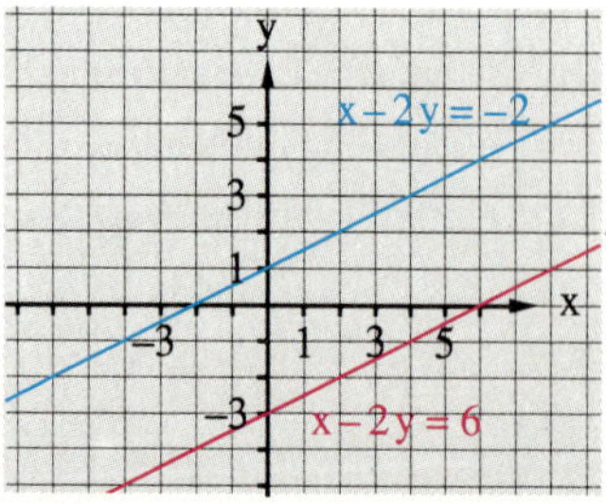

Bild 23

Aufgaben und Beispiele

1. Löse folgende Gleichungssysteme zeichnerisch! Erläutere jeweils den Zusammenhang zwischen der Lösungsmenge und der entsprechenden geometrischen Figur!

a) $6x - 2y + 4 = 0 \quad \wedge \quad 3x - y + 2 = 0$
b) $x + 3y - 9 = 0 \quad \wedge \quad 2x - y - 4 = 0$
c) $y = \frac{3}{4}x - 4 \quad \wedge \quad 8x = 6y$
d) $6x + 2y + 2 = 0 \quad \wedge \quad 2x - y + 4 = 0$
e) $3x - 2y = 6 \quad \wedge \quad 0 \cdot x + 2y + 2 = 0$
f) $y = 4x - 1 \quad \wedge \quad 2y - 8x = 5$

2. Bestimme – soweit möglich – zeichnerisch die Lösungsmengen folgender Gleichungssysteme! Ist das System unerfüllbar, erfüllbar oder sogar allgemein gültig? Ist es eindeutig lösbar oder nicht?

a) $x - 2y + 2 = 0 \quad \wedge \quad 2x + 4 = 4y$
b) $x - y + 3 = 0 \quad \wedge \quad \frac{3}{2}x + 4 = \frac{3}{2}y$
c) $2x + 9y = 5 \quad \wedge \quad 3x + 13{,}5y = 2$
d) $3x - 9y = 18 \quad \wedge \quad 8x + 4y = 20$
e) $\frac{1}{3}x + \frac{5}{6}y = \frac{1}{4} \quad \wedge \quad x + \frac{5}{2}y = \frac{3}{4}$
f) $\frac{3}{4}x + \frac{3}{2} = 9y \quad \wedge \quad x + 2 = 12y$
g) $45x = 80y \quad \wedge \quad 16y - 9x = 1$
h) $2x - 5y = -3 \quad \wedge \quad -3x + 7{,}5y = 4{,}5$
i) $6x - 4y = 8 \quad \wedge \quad 4x - 3y = 6$
j) $3(x+y) = 3y + 3x \quad \wedge \quad 2x - (x-y) = y + x$
k) $60y - 105x = 125 \quad \wedge \quad 7x + 9 = 4y$
l) $32x + 0 \cdot y = 16 \quad \wedge \quad 0 \cdot x + 4y = 12$
m) $3x + 2y = 4x + 8 \quad \wedge \quad 7x - 3y = x - 3$
n) $11x - 5 = 12y + 1 \quad \wedge \quad 22x - 24y = 6$
o) $16(x + \frac{1}{2}y) = 5 - 4x \quad \wedge \quad 5x + 2y = \frac{5}{4}$
p) $4x = 10(4x - y + 3) \quad \wedge \quad 18x + 15 = 5y$
q) $9(x - y) + 4(y - x) = 5(x - y) \quad \wedge \quad 5x - 3y = 3(2x - y) - x$
r) $11(x + 2y - 8) = 64(8 - 2y - x) \quad \wedge \quad x + 2y = 8$
s) $3(x - 2) + 4y = 2(2y - 3) + 3x \quad \wedge \quad 3(x - y) - x = 2x - 3y$

3. Untersuche zeichnerisch und rechnerisch, ob die Gerade durch die Punkte P_1 und P_2 parallel zu der Geraden durch die Punkte P_3 und P_4 ist!

a) $P_1(2|-1)$; $P_2(5|-1)$; $P_3(1|3)$; $P_4(3|3)$
b) $P_1(0|-1)$; $P_2(1|2)$; $P_3(-1|0)$; $P_4(0|3)$
c) $P_1(1|-1)$; $P_2(0|2)$; $P_3(4|1)$; $P_4(3|5)$
d) $P_1(-1|4)$; $P_2(2|0)$; $P_3(-3|7)$; $P_4(1|1)$
e) $P_1(-1|3{,}5)$; $P_2(1|-0{,}5)$; $P_3(-2|3{,}5)$; $P_4(2{,}5|-5{,}5)$
f) $P_1(-1{,}5|-3)$; $P_2(3|3)$; $P_3(-2|-3{,}5)$; $P_4(4|4)$

4. Belege die Formvariablen so, dass die Lösungsmenge leer bzw. unendlich ist!

a) $x - 2y + c_1 = 0 \quad \wedge \quad a_2x + 3y - 3 = 0$
b) $\frac{1}{2}x + y + c_1 = 0 \quad \wedge \quad x - b_2y + 4 = 0$
c) $150x + b_1y + 90 = 0 \quad \wedge \quad 3x - 2y + c_2 = 0$
d) $2{,}4x + 0 \cdot y = c_1 \quad \wedge \quad 4x + b_2y = 3$
e) $75x - 45y = c_1 \quad \wedge \quad a_2x + 135y = 8$
f) $a_1x - 0{,}375y = c_1 \quad \wedge \quad 0 \cdot x - 1{,}5y = 5$

5. Bestimme zeichnerisch die Lösungsmengen!

a) $4x - 10y = 0 \quad \wedge \quad -6x + 18y = 0$
b) $3x - 2y = 0 \quad \wedge \quad 6x = 4y$
c) $6x + 14y = 0 \quad \wedge \quad 15x = -35y$
d) $3x = 5y \quad \wedge \quad 4x + 3y = 0$

6. Ein lineares Gleichungssystem der Form $a_1x + b_1y = 0 \quad \wedge \quad a_2x + b_2y = 0$ heißt homogenes Gleichungssystem.

a) Begründe: Ein homogenes Gleichungssystem ist stets erfüllbar!
b) Unter welcher Bedingung hat ein solches System eine unendliche Lösungsmenge?

7. Setze in den folgenden homogenen Gleichungssystemen in die Formvariable solche Zahlen ein, dass die Lösungsmenge unendlich ist! Ermittle die Lösungsmenge!

a) $9x + by = 0 \quad \wedge \quad 6x - 2y = 0$
b) $-9x + by = 0 \quad \wedge \quad 12x - 8y = 0$
c) $45x + by = 0 \quad \wedge \quad -3x + 2y = 0$
d) $32x + by = 0 \quad \wedge \quad 48x - 6y = 0$
e) $20x + by = 0 \quad \wedge \quad bx + 5y = 0$
f) $15x - by = 0 \quad \wedge \quad bx - \frac{5}{3}y = 0$

§ 7 Lösungsverfahren für lineare Gleichungssysteme

I. Das Einsetzungs- und das Gleichsetzungsverfahren

1. Einführendes Beispiel zum Einsetzungsverfahren

Auf Seite 77 haben wir das folgende Zahlenrätsel behandelt:

Die Summe zweier aufeinander folgender natürlicher Zahlen ist 39.

Wenn wir für die beiden gesuchten Zahlen die Variablen x und y wählen, dann ergibt sich aus dem Aufgabentext das Gleichungssystem

$$x + y = 39 \quad \wedge \quad y = x + 1.$$

Auf Seite 77 haben wir für die größere Zahl nicht eine zweite Variable gewählt, sondern diese Zahl – wie es in der zweiten Gleichung steht – durch den Term $x + 1$ ausgedrückt. Wir haben dort gerechnet:

$$x + (x + 1) = 39 \quad \Leftrightarrow \quad 2x + 1 = 39 \quad \Leftrightarrow \quad 2x = 38 \quad \Leftrightarrow \quad x = 19.$$

Die zweite Zahl wurde aus dem Term $x + 1$ durch Einsetzen der gefundenen Zahl 19 bestimmt:

$$y = 19 + 1 = 20.$$

Diese Rechnung führt uns auf ein rechnerisches Verfahren zur Lösung eines Gleichungssystems.

$$\begin{array}{rrcll} & x + y = 39 & \wedge & y = x + 1 & \\ \Leftrightarrow & x + (x + 1) = 39 & \wedge & y = x + 1 & \text{(Einsetzen des Terms } x + 1 \text{ in } y) \\ \Leftrightarrow & 2x + 1 = 39 & \wedge & y = x + 1 & \\ \Leftrightarrow & 2x = 38 & \wedge & y = x + 1 & \\ \Leftrightarrow & x = 19 & \wedge & y = x + 1 & \\ \Leftrightarrow & x = 19 & \wedge & y = 19 + 1 & \text{(Einsetzen von 19 in } x) \\ \Leftrightarrow & x = 19 & \wedge & y = 20 & \end{array}$$

Es gilt also: $L = \{(19|20)\}$.

Bemerkung: Wenn ein Gleichungssystem – wie in diesem Fall – eine eindeutige Lösung hat, lohnt es sich in der Regel nicht, die Lösungsmenge hinzuschreiben. Wir beenden den Lösungsweg dann meist mit der letzten Aussageform, im vorigen Beispiel also mit der Zeile

$$x = 19 \quad \wedge \quad y = 20.$$

2. Das Einsetzungsverfahren als Äquivalenzumformung

Das an diesem Beispiel durchgeführte Verfahren ist immer dann anwendbar, wenn wenigstens eine der beiden Gleichungen nach einer der beiden Variablen aufgelöst ist oder durch Äquivalenzumformungen aufgelöst werden kann. Hier ist es die zweite Gleichung $y = x + 1$; diese ist nach y aufgelöst; auf der rechten Seite steht der Term $T(x) = x + 1$, der nur noch die Variable x enthält.

Der entscheidende Umformungsschritt besteht darin, dass dieser Term $T(x) = x + 1$ in die Variable y der anderen Gleichung **eingesetzt** wird. Daher heißt dieses Verfahren **Einsetzungsverfahren** oder **Substitutionsverfahren** [1]. Auf diese Weise ergibt sich eine Gleichung, in der nur noch die Variable x vorkommt.

Um ein Gleichungssystem S_2 zu erhalten, welches zum gegebenen System S_1 äquivalent ist, muss man die Substitutionsgleichung $y = T(x)$ mit der umgeformten Gleichung konjunktiv verknüpfen. Aus einem System der Form

$$S_1:\ T_1(x|y) = 0 \quad \wedge \quad y = T(x)$$

wird durch die Substitution also ein System der Form

$$S_2:\ T_1(x|(T(x)) = 0 \quad \wedge \quad y = T(x)$$

hergeleitet. Da die Substitutionsgleichung $y = T(x)$ zu **beiden** Systemen gehört, können den Lösungsmengen **beider** Systeme nur solche Zahlenpaare $(x|y)$ angehören, die diese Gleichung erfüllen, bei denen also y und $T(x)$ jeweils für dieselbe Zahl stehen. Für **diese Zahlenpaare** wird daher durch die Substitution an der ersten Gleichung nichts geändert. Die Lösungsmengen der beiden Systeme stimmen überein; die Umformung von S_1 nach S_2 ist eine Äquivalenzumformung.

3. Ein weiteres Beispiel

Entsprechend kann man verfahren, wenn eine der beiden Gleichungen von der Form $x = T(y)$ ist oder durch Äquivalenzumformungen auf diese Form gebracht werden kann.

Die Stellen, an denen eine Einsetzung vorgenommen wird, sind durch das Wort „Einsetzung“ gekennzeichnet.

Beispiel

$$
\begin{array}{lllll}
 & x + 3y = 9 & \wedge & 4x - 3y = 6 & \\
\Leftrightarrow & x = -3y + 9 & \wedge & 4(-3y + 9) - 3y = 6 & \text{(Einsetzung)} \\
\Leftrightarrow & x = -3y + 9 & \wedge & -12y + 36 - 3y = 6 & \\
\Leftrightarrow & x = -3y + 9 & \wedge & -15y = -30 & \\
\Leftrightarrow & x = -3y + 9 & \wedge & y = 2 & \\
\Leftrightarrow & x = -3 \cdot 2 + 9 & \wedge & y = 2 & \text{(Einsetzung)} \\
\Leftrightarrow & x = 3 & \wedge & y = 2 &
\end{array}
$$

4. Unmittelbar auflösbare Gleichungssysteme

Beim letzten Beispiel hat sich durch Umformung des gegebenen Gleichungssystems S_1 am Ende die konjunktive Aussageform S_2

$$x = 3 \quad \wedge \quad y = 2$$

ergeben. Diese Aussageform können wir auch als ein lineares Gleichungssystem mit zwei Variablen auffassen; dies sieht man deutlicher, wenn man es in der folgenden Form schreibt:

$$x + 0 \cdot y = 3 \quad \wedge \quad 0 \cdot x + y = 2.$$

---

[1] substituere (lat.), ersetzen

Da man einem solchen Gleichungssystem die Lösungsmenge unmittelbar entnehmen kann, wollen wir solche Gleichungssysteme **unmittelbar auflösbar** nennen. Das Ziel aller Lösungsverfahren für lineare Gleichungssysteme ist es, das gegebene System nach Möglichkeit in ein äquivalentes unmittelbar auflösbares System umzuformen.

5. Zeichnerische Darstellung

Wir können beim letzten Beispiel sowohl die Gleichungen des gegebenen Systems S_1 wie die des unmittelbar auflösbaren Systems S_2 im kartesischen Koordinatensystem darstellen.

Wir formen dazu die Gleichungen von S_1 auf die Normalform um:

$$x + 3y = 9 \quad \Leftrightarrow \quad 3y = -x + 9 \quad \Leftrightarrow \quad y = -\tfrac{1}{3}x + 3 \quad \text{und}$$
$$4x - 3y = 6 \quad \Leftrightarrow \quad 3y = 4x - 6 \quad \Leftrightarrow \quad y = \tfrac{4}{3}x - 2.$$

Die Geraden zu S_1 $(x + 3y = 9 \wedge 4x - 3y = 6)$ und zu S_2 $(x = 3 \wedge y = 2)$ sind in Bild 1 eingezeichnet.

Bei eindeutig lösbaren Gleichungssystemen kann das Ziel eines Lösungsverfahrens also folgendermaßen geometrisch gedeutet werden: Die Geraden, die zu den Gleichungen des gegebenen Systems gehören, schneiden sich in einem Punkt P; sie werden ersetzt durch die beiden Geraden durch P, die zu den Koordinatenachsen parallel sind (Bild 1).

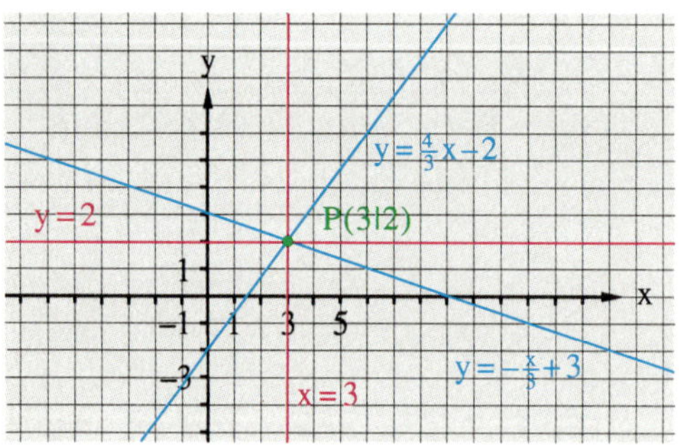

Bild 1

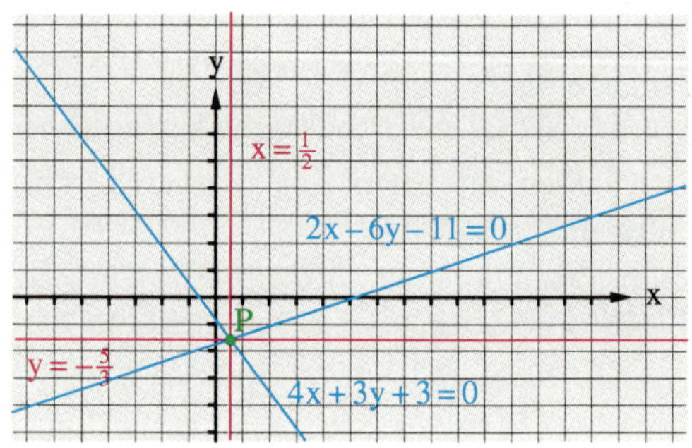

Bild 2

6. Beispiele zu Sonderfällen

Das Einsetzungsverfahren kann immer angewendet werden, auch wenn das System nicht eindeutig lösbar ist.

Beispiele

1)

$$\begin{aligned}
& 2x - 6y - 11 = 0 && \wedge \quad 4x + 3y + 3 = 0 \\
\Leftrightarrow\ & 2x = 6y + 11 && \wedge \quad 4x + 3y + 3 = 0 \\
\Leftrightarrow\ & x = 3y + \tfrac{11}{2} && \wedge \quad 4(3y + \tfrac{11}{2}) + 3y + 3 = 0 \quad \text{(Einsetzung)} \\
\Leftrightarrow\ & x = 3y + \tfrac{11}{2} && \wedge \quad 12y + 22 + 3y + 3 = 0 \\
\Leftrightarrow\ & x = 3y + \tfrac{11}{2} && \wedge \quad 15y = -25 \\
\Leftrightarrow\ & x = 3y + \tfrac{11}{2} && \wedge \quad y = -\tfrac{5}{3} \\
\Leftrightarrow\ & x = 3 \cdot (-\tfrac{5}{3}) + \tfrac{11}{2} && \wedge \quad y = -\tfrac{5}{3} \quad \text{(Einsetzung)} \\
\Leftrightarrow\ & x = \tfrac{1}{2} && \wedge \quad y = -\tfrac{5}{3} \quad \text{(Bild 2)}
\end{aligned}$$

2)

$$\begin{aligned}
& 2x-3y-4=0 && \wedge && -4x+6y+5=0 \\
\Leftrightarrow\ & 2x=3y+4 && \wedge && -4x+6y+5=0 \\
\Leftrightarrow\ & x=\tfrac{3}{2}y+2 && \wedge && -4(\tfrac{3}{2}y+2)+6y+5=0 \quad \text{(Einsetzung)} \\
\Leftrightarrow\ & x=\tfrac{3}{2}y+2 && \wedge && -6y-8+6y+5=0 \\
\Leftrightarrow\ & x=\tfrac{3}{2}x+2 && \wedge && 0\cdot y-3=0
\end{aligned}$$

Da die zweite Gleichung unerfüllbar ist, gilt dies auch für das ganze System. Daher ist $L=\emptyset$.

3)

$$\begin{aligned}
& 10x-4y+2=0 && \wedge && -5x+2y-1=0 \\
\Leftrightarrow\ & 10x-4y+2=0 && \wedge && 2y=5x+1 \\
\Leftrightarrow\ & 10x-4y+2=0 && \wedge && y=\tfrac{5}{2}x+\tfrac{1}{2} \\
\Leftrightarrow\ & 10x-4(\tfrac{5}{2}x+\tfrac{1}{2})+2=0 && \wedge && y=\tfrac{5}{2}x+\tfrac{1}{2} \quad \text{(Einsetzung)} \\
\Leftrightarrow\ & 10x-10x-2+2=0 && \wedge && y=\tfrac{5}{2}x+\tfrac{1}{2} \\
\Leftrightarrow\ & 0\cdot x=0 && \wedge && y=\tfrac{5}{2}x+\tfrac{1}{2}
\end{aligned}$$

Da die erste Gleichung allgemein gültig ist, gilt: $L=\{(x|y)|y=\tfrac{5}{2}x+\tfrac{1}{2}\}$.

7. Das Gleichsetzungsverfahren

Ein Sonderfall des Einsetzungsverfahrens liegt vor, wenn beide Gleichungen des Systems nach **derselben** Variablen aufgelöst sind.

Beispiel

$$\begin{aligned}
& y=2x-5 && \wedge && y=-x+1 \\
\Leftrightarrow\ & y=2x-5 && \wedge && 2x-5=-x+1 \quad \text{(Einsetzung)} \\
\Leftrightarrow\ & y=2x-5 && \wedge && 3x=6 \\
\Leftrightarrow\ & y=2x-5 && \wedge && x=2 \\
\Leftrightarrow\ & y=2\cdot 2-5 && \wedge && x=2 \quad \text{(Einsetzung)} \\
\Leftrightarrow\ & y=-1 && \wedge && x=2
\end{aligned}$$

Da bei diesem Beispiel die beiden Terme $T_1(x)=2x-5$ und $T_2(x)=-x+1$ **gleichgesetzt** werden, nennt man diesen Sonderfall des Einsetzungsverfahrens auch **Gleichsetzungsverfahren**.

Das Gleichsetzungsverfahren lässt sich auch anwenden, wenn auf einer Seite der beiden Gleichungen jeweils dasselbe Vielfache einer Variablen steht.

Beispiel

$$\begin{aligned}
& 3y=4(1-x) && \wedge && 3y=8-2x \\
\Leftrightarrow\ & 8-2x=4(1-x) && \wedge && 3y=8-2x \quad \text{(Gleichsetzung)} \\
\Leftrightarrow\ & 8-2x=4-4x && \wedge && 3y=8-2x \\
\Leftrightarrow\ & 2x=-4 && \wedge && 3y=8-2x \\
\Leftrightarrow\ & x=-2 && \wedge && 3y=8+4 \quad \text{(Einsetzung)} \\
\Leftrightarrow\ & x=-2 && \wedge && y=4
\end{aligned}$$

Aufgaben und Beispiele

Wende in den Aufgaben 1 bis 3 das Einsetzungsverfahren an!

1. a) $4x - y = 5 \wedge y = 3$ **b)** $2x - 3y = 11 \wedge x = -2$ **c)** $2x + 9 = 5y \wedge 2x - 6 = 0$

d) $2x + 7 = 9y \wedge 3y = 4$ **e)** $-4x + 3y = 2 \wedge 2x - 5 = 0$ **f)** $5x - 8y = 14 \wedge 4y = 3$

g) $2y + 6 = 9 \wedge 3x + 5y = 15$ **h)** $-10x + 45 = 0 \wedge 5x + 9 = 3{,}5y$ **i)** $16x - 5y = 0 \wedge 3y + 8 = 0$

2. a) $2x + y = 1 \wedge y = x + 7$ **b)** $x - 3y = 6 \wedge y = 2x - 7$ **c)** $5x + 3y + 3 = 0 \wedge y = 2x + 10$

d) $2x - y = 1 \wedge x = y - 2$ **e)** $7x + 1 = 2y \wedge x = 2y - 7$ **f)** $-5x - 2y = 4 \wedge x = y + 9$

g) $6x + 2y = -1 \wedge y = 2x - 3$ **h)** $2x - y + 2 = 0 \wedge y = 6x + 5$ **i)** $3x + 5y = 5 \wedge y = 3x + 3\frac{2}{5}$

j) $9x + 5y = 23 \wedge 4x - 12 = 0$ **k)** $-12x + 7y + 20 = 0 \wedge -8y + 32 = 0$ **l)** $7x + 2y = 2 \wedge x = -y + 2\frac{3}{7}$

3. a) $\frac{1}{2}x + 2y = -1 \wedge x = 6y + 8$ **b)** $y = 22x + 5 \wedge 120x + 20 = 5y$ **c)** $x = \frac{1}{4}y - \frac{3}{4} \wedge 8x + 6 = 9y$

d) $3x + 5y = 1 \wedge x + 2y = 0$ **e)** $71x + 12 = 15y \wedge 5x - y = 0$ **f)** $5x - y = 0 \wedge 9x + 2{,}5 = 0{,}3y$

g) $2x + 4y = 1 \wedge x = -2y + 1$ **h)** $x + 4y = 6 \wedge 3x + 12y = 18$ **i)** $2x - y = 5 \wedge 6x - 3y = 10$

j) $-9x + 2y = 4 \wedge 5x + 4 = 2y$ **k)** $40{,}5x = 27y \wedge 49{,}5x + 27y = -30$ **l)** $9x + 208y = 16 \wedge -9x + 72y = 54$

4. Wende das **Gleichsetzungsverfahren** an!

a) $y = 2x + 17 \wedge y = x + 10$ **b)** $y = -2x + 2 \wedge y = x + 11$ **c)** $y = 2x - 3 \wedge y = 5x + 6$

d) $x = 4y + 1 \wedge x = 2y + 5$ **e)** $5x = 2y + 1 \wedge 5x = 3y - 6$ **f)** $2y = 2 - 6x \wedge 2y = 6 - 8x$

g) $y = \frac{3}{2}x + 2 \wedge y = \frac{5}{4}x - 3$ **h)** $y = -2x + 7{,}5 \wedge y = 5x + \frac{1}{2}$ **i)** $y = \frac{2}{5}x + 2 \wedge y = \frac{1}{2}x + 4$

5. Berechne die Koordinaten des Schnittpunktes der beiden Geraden!

a) $y = 2x + 3;\ y = -\frac{1}{2}x + \frac{3}{2}$ **b)** $y = 6x - 1;\ y = 3x - 6$

c) $y = -\frac{1}{8}x + \frac{5}{4};\ y = -\frac{1}{2}x + \frac{5}{2}$ **d)** $y = -2x - 4;\ y = \frac{1}{2}x + \frac{7}{2}$

6. Wende das Einsetzungs- oder das Gleichsetzungsverfahren an!

a) $2x + 3 = 4y \wedge 2x = 5y - 1$ **b)** $-x + 1 = 2y + 5 \wedge x = 2y$ **c)** $3x - 5 = 2y + 1 \wedge 2y + 1 = 4x - 1$

d) $y + \frac{3}{4} = 5x \wedge y + \frac{3}{4} = -2x$ **e)** $2x - y = 1 \wedge 2x - y = 4x$ **f)** $3x - 2 = 4y - 3 \wedge 3y + 1 = 3x - 2$

Zahlenrätsel

7. Das Vierfache einer Zahl ist um 25 größer als das Siebenfache einer zweiten Zahl. Das Doppelte der ersten Zahl ist gleich der zweiten Zahl.

8. Addiert man 5 (4) zum Zähler eines Bruches, so erhält man einen Bruch vom Wert 1. Subtrahiert man 7 (4) vom Nenner dieses Bruches, so erhält man einen Bruch vom Wert 2 (1). Welches ist der ursprüngliche Bruch?

Beispiel

Ein Bruch hat den Wert $\frac{4}{3}$. Subtrahiert man vom Zähler 1 und addiert man zum Nenner 1, so hat der neue Bruch den Wert 1.

Lösung: Wählt man für den Zähler des ersten Bruches die Variable x, für den Nenner die Variable y, so muss gelten:

$$\frac{x}{y} = \frac{4}{3} \quad \wedge \quad \frac{x-1}{y+1} = 1, \qquad \text{also} \quad x = \frac{4}{3}y \quad \wedge \quad x - 1 = y + 1.$$

Dieses Gleichungssystem hat die Lösung $x = 8 \wedge y = 6$. Führe die Probe durch!

9. Ein Bruch hat den Wert $\frac{5}{3}$. Addiert man zum Zähler 4, zum Nenner 1, so hat der Bruch den Wert 2.

10. Der Quotient und die Differenz zweier rationaler Zahlen haben beide den Wert 5.

11. Die Quersumme einer zweistelligen Zahl ist 15. Die Einerziffer hat den halben Zahlenwert des Dreifachen der Zehnerziffer. Wie heißt die Zahl?

Aufgaben aus der Geometrie

12. Ein gleichschenkliges Dreieck hat den Umfang 35 cm. Die Basis ist **a)** halb so lang, **b)** 1,5-mal so lang wie ein Schenkel. Wie lang sind die Seiten?

13. Der Umfang eines gleichschenkligen Dreiecks beträgt 25 cm. Ein Schenkel ist um 2 cm länger (4 cm kürzer) als die Basis. Wie lang sind die Seiten?

Vermischte Aufgaben

14. Herr Seifert ist ein begeisterter Langstreckenläufer. Jeden Tag läuft er entweder eine 6 km lange Waldstrecke oder eine 4 km lange Feldstrecke. In 11 Tagen hat er insgesamt 50 km zurückgelegt. Wie viel km ist er im Wald gelaufen?

15. Für einen Ausflug von 825 Personen stehen zwei Arten von Wagen mit einem Fassungsvermögen von 65 und von 80 Personen zur Verfügung. Der Zug soll 12 Wagen haben. Wie viel Wagen von jeder Art sind zu wählen?

16. Bei einer Stichwahl siegte Kandidat A mit 27 Stimmen Mehrheit gegen Kandidat B; das Stimmenverhältnis war 4:3 für ihn. Wie viele gültige Stimmen wurden insgesamt abgegeben; wie viele für A, wie viele für B?

17. Von zwei Brüdern ist der eine 5 (11) Jahre älter als der andere; in 20 (17) Jahren ist er doppelt so alt wie der jüngere Bruder jetzt ist. Wie alt sind beide?

II. Das Additionsverfahren

1. Zur Einführung

Beim Lösen eines Gleichungssystems verfolgt man stets das Ziel, das gegebene System in ein dazu äquivalentes System umzuformen, das unmittelbar auflösbar ist. Wir erläutern nun ein weiteres solches Verfahren an dem folgenden

Beispiel:
$$\begin{aligned} &3x + 2y = 2 \\ \wedge\quad &x - 2y = -18. \end{aligned}$$

Das Beispiel hat die besondere Eigenschaft, dass die Koeffizienten der beiden y-Glieder (2 und -2) sich nur durch ihr Vorzeichen unterscheiden. Diese besondere Eigenschaft kann man ausnutzen, um aus den beiden Gleichungen eine weitere Gleichung herzuleiten, die die Variable y mit dem Faktor 0 enthält, so dass dieser Summand auch weggelassen werden kann. Dies erreicht man dadurch, dass man die beiden Gleichungen addiert; aus diesem Grunde haben wir die Gleichungen des Systems sofort passend untereinander geschrieben. Wir erhalten:

$$4x + 0 \cdot y = -16.$$

Aus dieser Gleichung lässt sich der Wert für x sofort ausrechnen:

$$4x = -16 \quad \Leftrightarrow \quad x = -4.$$

Setzt man diese Zahl in eine der beiden Gleichungen des gegebenen Systems ein, z. B. in die zweite, so erhält man:

$$-4 - 2y = -18 \quad \Leftrightarrow \quad 2y = 14 \quad \Leftrightarrow \quad y = 7.$$

Durch Einsetzen können wir leicht bestätigen, dass das Paar $(-4|7)$ das gegebene Gleichungssystem erfüllt:

$$3 \cdot (-4) + 2 \cdot 7 = 2 \quad \wedge \quad -4 - 2 \cdot 7 = -18 \ \text{(w)}.$$

Wir wissen natürlich noch nicht mit Sicherheit, ob dies die einzige Lösung des gegebenen Gleichungssystems ist.
Die entscheidende Umformung ist bei diesem Lösungsverfahren die Addition der beiden gegebenen Gleichungen. Daher nennt man das Verfahren **Additionsverfahren**. Da bei diesem Schritt eine Gleichung entsteht, die eine der beiden Variablen nicht mehr enthält, da diese Variable also eliminiert wird, spricht man auch vom **Eliminationsverfahren** [1].

2. Das Additionsverfahren als Äquivalenzumformung

Ehe wir das Additionsverfahren an weiteren Beispielen erläutern, haben wir uns noch klarzumachen, dass die bei diesem Verfahren angewendete Umformung tatsächlich eine Äquivalenzumformung ist. Durch Subtraktion der Zahlen auf der rechten Seite der Gleichung kann man das Gleichungssystem zunächst auf die Form

$$S_1\colon\ T_1 = 0 \quad \wedge \quad T_2 = 0$$

bringen.

[1] eliminare (lat.), über die Schwelle bringen

Durch Addition der beiden Gleichungen erhält man dann die Gleichung

$$T_1 + T_2 = 0.$$

Diese kann – für sich genommen – dem System S_1 natürlich nicht äquivalent sein; wir müssen die neue Gleichung $(T_1 + T_2 = 0)$ vielmehr noch konjunktiv mit einer der beiden gegebenen Gleichungen, z. B. der zweiten, verknüpfen; dann erhalten wir das neue Gleichungssystem

$$S_2\colon\ T_1 + T_2 = 0 \quad \wedge \quad T_2 = 0.$$

Wir wollen zeigen, dass S_1 und S_2 stets äquivalent sind.

1) Man erkennt sofort, dass jedes Zahlenpaar $(x|y)$, welches das System $T_1 = 0 \wedge T_2 = 0$ erfüllt, wegen $0 + 0 = 0$ auch Lösung von $T_1 + T_2 = 0 \wedge T_2 = 0$ ist, also gilt $S_1 \Rightarrow S_2$.

2) Umgekehrt gilt aber auch $S_2 \Rightarrow S_1$; dies können wir dadurch zeigen, dass wir S_1 auf ähnliche Weise aus S_2 herleiten, wie wir S_2 aus S_1 hergeleitet haben. Wir subtrahieren nämlich die beiden Gleichungen von S_2 voneinander und erhalten wegen $0 - 0 = 0$:

$$\begin{aligned}
T_1 + T_2 = 0 \quad \wedge \quad T_2 = 0 \quad &\Rightarrow \quad (T_1 + T_2) - T_2 = 0 \quad \wedge \quad T_2 = 0,\\
&\Rightarrow \quad T_1 + (T_2 - T_2) = 0 \quad \wedge \quad T_2 = 0,\\
&\Rightarrow \quad T_1 + 0 = 0 \quad \wedge \quad T_2 = 0,\\
&\Rightarrow \quad T_1 = 0 \quad \wedge \quad T_2 = 0,\\
\text{also:}\quad S_2 \quad &\Rightarrow \quad S_1.
\end{aligned}$$

Somit gilt insgesamt $S_1 \Leftrightarrow S_2$, q.e.d.

In Aufgabe 6 soll gezeigt werden, dass man statt der Gleichung $T_2 = 0$ auch die Gleichung $T_1 = 0$ in das neue System S_2 übernehmen kann. Im konkreten Fall wird man natürlich die Gleichung übernehmen, die als die einfachere erscheint.

3. Vollständige Durchführung des Beispiels

Wir führen das Verfahren an unserem ersten **Beispiel** nochmals vollständig durch.

$$\begin{aligned}
&\begin{cases} 3x + 2y = 2 \\ \wedge\ \ x - 2y = -18 \end{cases} \quad + \\
\Leftrightarrow\ &\begin{cases} 4x = -16 \\ \wedge\ \ x - 2y = -18 \end{cases} \\
\Leftrightarrow\ &\begin{cases} x = -4 \\ \wedge\ \ -4 - 2y = -18 \end{cases} \\
\Leftrightarrow\ &\begin{cases} x = -4 \\ \wedge\ \ -2y = -14 \end{cases} \\
\Leftrightarrow\ &\ x = -4 \wedge y = 7
\end{aligned}$$

4. Ein weiteres Beispiel

Gibt es keine Variable, deren Koeffizienten sich nur durch das Vorzeichen unterscheiden, so muss man beide Gleichungen vor dem Addieren mit geeigneten Faktoren multiplizieren. Sind die Faktoren von null verschieden, so liegen Äquivalenzumformungen vor.

Beispiel

$$\begin{aligned} & 4x + 3y = 3 \\ \wedge\ & 3x + 5y = 16 \end{aligned}$$

Wenn wir die erste Gleichung mit 5 und die zweite mit -3 multiplizieren, dann erhalten wir als Koeffizienten von y die Zahlen 15 und -15; durch den nachfolgenden Additionsschritt wird die Variable y also eliminiert. Wir führen das Beispiel vollständig durch.

$$\begin{aligned}
& \begin{cases} 4x + 3y = 3 & \mid \cdot 5 \\ \wedge\ 3x + 5y = 16 & \mid \cdot (-3) \end{cases} \\
\Leftrightarrow\ & \begin{cases} 20x + 15y = 15 & \mid + \\ \wedge\ -9x - 15y = -48 & \end{cases} \\
\Leftrightarrow\ & \begin{cases} 11x = -33 \\ \wedge\ 4x + 3y = 3 \end{cases} \\
\Leftrightarrow\ & \begin{cases} x = -3 \\ \wedge\ 4 \cdot (-3) + 3y = 3 \end{cases} \\
\Leftrightarrow\ & x = -3 \wedge 3y = 15 \\
\Leftrightarrow\ & x = -3 \wedge y = 5
\end{aligned}$$

(Hier ist die erste Gleichung des gegebenen Systems übernommen worden.)

5. Das Additionsverfahren bei nicht eindeutig auflösbaren Gleichungssystemen (I)

Auch bei nicht eindeutig lösbaren Gleichungssystemen führt das Verfahren zum Ziel.

Beispiele

1)

$$\begin{aligned}
& \begin{cases} 2x - 5y = -1 & \mid \cdot 2 \\ \wedge\ -4x + 10y = 2 & \end{cases} \\
\Leftrightarrow\ & \begin{cases} 4x - 10y = -2 & \mid + \\ \wedge\ -4x + 10y = 2 & \end{cases} \\
\Leftrightarrow\ & \begin{cases} 0 \cdot x + 0 \cdot y = 0 \\ \wedge\ 2x - 5y = -1 \end{cases}
\end{aligned}$$

2)

$$\begin{aligned}
& \begin{cases} 4x - 6y = -2 & \mid \cdot 3 \\ \wedge\ -3x + 4{,}5y = 1 & \mid \cdot 4 \end{cases} \\
\Leftrightarrow\ & \begin{cases} 12x - 18y = -6 & \mid + \\ \wedge\ -12x + 18y = 4 & \end{cases} \\
\Leftrightarrow\ & \begin{cases} 0 \cdot x + 0 \cdot y = -2 \\ \wedge\ 4x - 6y = -2 \end{cases}
\end{aligned}$$

In beiden Beispielen wurde die erste Gleichung des gegebenen Systems übernommen.

Das System ist lösbar, aber nicht eindeutig lösba

1) Die erste Gleichung ist allgemein gültig.

Also gilt: $L = \{(x|y) \mid 2x - 5y = -1\}$.

2) Die erste Gleichung ist unerfüllbar.

Also gilt: $L = \emptyset$.

6. Das erweiterte Additionsverfahren

Bei den bisherigen Beispielen haben wir stets das Additionsverfahren zur Elimination einer der beiden Variablen benutzt. Es steht nichts im Wege, dieses Verfahren auch zweimal anzuwenden und dabei einmal die Variable y und einmal die Variable x zu eliminieren.

Beispiel

$$\begin{array}{llr|l} & & 6x + 2y = 10 & \cdot 3 \\ & \wedge & 4x - 3y = -2 & \cdot 2 \\ \hline \Leftrightarrow & \Big\{ & 18x + 6y = 30 & \\ & \wedge & 8x - 6y = -4 & + \\ \hline \Rightarrow & & 26x = 26 & \\ \Rightarrow & & x = 1 & \end{array}$$

$$\begin{array}{llr|l} & & 6x + 2y = 10 & \cdot 2 \\ & \wedge & 4x - 3y = -2 & \cdot (-3) \\ \hline \Leftrightarrow & \Big\{ & 12x + 4y = 20 & \\ & \wedge & -12x + 9y = 6 & + \\ \hline \Rightarrow & & 13y = 26 & \\ \Rightarrow & & y = 2 & \end{array}$$

Wir fassen die sich auf diese Weise ergebenden Gleichungen zu einem neuen System zusammen:

$$x = 1 \quad \wedge \quad y = 2.$$

Dass das Zahlenpaar (1|2) auch das gegebene System erfüllt, können wir durch Einsetzen bestätigen:

$$6 \cdot 1 + 2 \cdot 2 = 10 \quad \wedge \quad 4 \cdot 1 - 3 \cdot 2 = -2 \ \text{(w)}.$$

Die beiden Systeme sind sogar äquivalent; dies können wir durch Darstellung im kartesischen Koordinatensystem bestätigen.
Es gilt:

$$6x + 2y = 10 \quad \Leftrightarrow \quad y = -3x + 5 \quad \text{und}$$
$$4x - 3y = -2 \quad \Leftrightarrow \quad y = \tfrac{4}{3}x + \tfrac{2}{3} \quad \text{(Bild 3).}$$

Man erkennt, dass die zugehörigen Geraden denselben Schnittpunkt haben wie die Geraden zu $x = 1$ und $y = 2$.

Falls das gegebene System **eindeutig lösbar** ist, liegt auch bei diesem **erweiterten Additionsverfahren** stets eine Äquivalenzumformung vor.

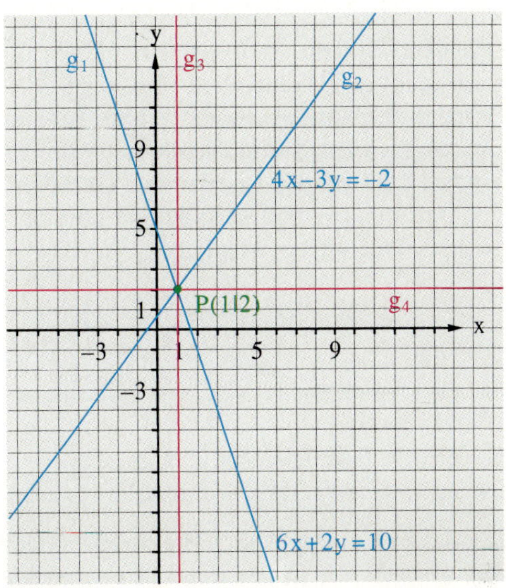

Bild 3

7. Kurzform des Verfahrens

Das erweiterte Additionsverfahren ist vor allem dann mit Vorteil anzuwenden, wenn die Koeffizienten des Gleichungssystems nicht zu große Zahlen sind, weil man dann die erforderlichen Rechenschritte „im Kopf" durchführen kann. Man sollte auf eine übersichtliche Schreibweise achten.

Beispiele

1)
$$\left\{\begin{array}{l} 6x+2y=10 \\ \wedge\ 4x-3y=-2 \end{array}\right. \quad \begin{array}{l|l} \cdot 3 & \cdot 2 \\ \cdot 2 & \cdot(-3) \end{array}$$
$$\Leftrightarrow \left\{\begin{array}{l} 26x = 26 \\ \wedge\ 13y = 26 \end{array}\right.$$
$$\Leftrightarrow \quad x=1 \wedge y=2$$

2)
$$\left\{\begin{array}{l} 3x+y=10 \\ \wedge\ 2x-3y=3 \end{array}\right. \quad \begin{array}{l|l} \cdot 3 & \cdot 2 \\ \cdot 1 & \cdot(-3) \end{array}$$
$$\Leftrightarrow \left\{\begin{array}{l} 11x = 33 \\ \wedge\ 11y = 11 \end{array}\right.$$
$$\Leftrightarrow \quad x=3 \wedge y=1$$

8. Das Additionsverfahren bei nicht eindeutig lösbaren Gleichungssystemen (II)

Falls man das erweiterte Additionsverfahren auf ein Gleichungssystem anwendet, welches nicht eindeutig lösbar ist, braucht nicht immer eine Äquivalenzumformung vorzuliegen. In solchen Fällen ist also Vorsicht geboten.

Beispiele

1) S:
$$\left\{\begin{array}{l} x-2y=-6 \\ \wedge\ -3x+6y=18 \end{array}\right. \quad \begin{array}{l|l} \cdot 3 & \cdot 6 \\ \cdot 1 & \cdot 2 \end{array}$$
$$\Leftrightarrow \left\{\begin{array}{l} 0\cdot x+0\cdot y=0 \\ \wedge\ 0\cdot x+0\cdot y=0 \end{array}\right.$$

Das neue System ist allgemein gültig; es kann nicht zu S äquivalent sein, da S aus Geradengleichungen besteht. Die beiden Gleichungen von S sind zueinander äquivalent; sie gehören also zu derselben Geraden. Zur Bestimmung von L(S) genügt eine der beiden Gleichungen; es gilt:

$$L(S)=\left\{(x|y)\,\middle|\, y=\frac{1}{2}x+3\right\}.$$

2) S:
$$\left\{\begin{array}{l} 3x+y=5 \\ \wedge\ 6x+2y=7 \end{array}\right. \quad \begin{array}{l|l} \cdot 6 & \cdot 2 \\ \cdot(-3) & \cdot(-1) \end{array}$$
$$\Leftrightarrow \left\{\begin{array}{l} 0\cdot x+0\cdot y=9 \\ \wedge\ 0\cdot x+0\cdot y=3 \end{array}\right.$$

Das neue System besteht aus zwei unerfüllbaren Gleichungen, daher ist S ebenfalls unerfüllbar; es gilt: $L(S)=\emptyset$. Die zugehörigen Geraden sind parallel, aber nicht identisch. In diesem Falle ist die Umformung sogar eine Äquivalenzumformung.

Bei beiden Beispielen hätte man schon vor der Rechnung – bei genauem Hinsehen – erkennen können, dass Sonderfälle vorliegen.

Bei Beispiel 1) ergibt sich die zweite Gleichung aus der ersten durch Multiplikation mit dem Faktor −3. Die beiden Gleichungen sind also äquivalent; sie stellen dieselbe Gerade dar. Man sagt: Die beiden Gleichungen sind **voneinander abhängig**.

Auch bei Beispiel 2) liegt eine Abhängigkeit vor; doch bezieht diese sich – im Gegensatz zum ersten Beispiel – nur auf die Terme, die auf den linken Seiten der Gleichungen stehen; es ist

$$2 \cdot (3x + y) = 6x + 2y.$$

Die rechten Seiten machen bei diesem Beispiel diese Abhängigkeit aber nicht mit; denn es ist $2 \cdot 5 \neq 7$. Dies bedeutet, dass durch die beiden Gleichungen nicht identische parallele Geraden dargestellt werden, dass das Gleichungssystem also unerfüllbar ist.
Wenn man genau genug hinsieht, kann man in vielen Fällen die vorliegende Abhängigkeit schon vor dem Rechnen erkennen und feststellen, welcher Sonderfall vorliegt.

Beispiele

Untersuche, ob die Gleichungssysteme unerfüllbar, erfüllbar oder eindeutig lösbar sind!

1) $4x - 2y = 6 \wedge -6x + 3y = -7$

Lösung:
Es gilt: $(-\frac{3}{2})(4x - 2y) = -6x + 3y$,
aber $(-\frac{3}{2}) \cdot 6 \neq -7$.
Also ist das System unerfüllbar.

2) $-6x + 10y = -4 \wedge 15x - 25y = 10$

Lösung:
Es gilt: $(-\frac{5}{2})(-6x + 10y) = 15x - 25y$,
und $(-\frac{5}{2}) \cdot (-4) = 10$.
Die beiden Gleichungen sind also voneinander abhängig.
Es gilt: $L = \{(x|y) \mid y = \frac{3}{5}x - \frac{2}{5}\}$.

Aufgaben und Beispiele

Bestimme in den Aufgaben 1 bis 4 die Lösungsmenge mit dem **Additionsverfahren**!

1. a) $x + y = -1 \wedge x - y = 3$
b) $x - y = -\frac{1}{2} \wedge x + y = \frac{3}{2}$
c) $x + y = \frac{3}{4} \wedge x - y = -\frac{1}{2}$
d) $-x + y = 5 \wedge x + y = -5$
e) $x + y = 13 \wedge -x + y = -25$
f) $x - y = -480 \wedge x + y = -480$
g) $2x - y = -2 \wedge 2x + y = -6$
h) $\frac{1}{2}x + y = 4 \wedge \frac{1}{2}x - y = -2$
i) $2x + y = 0 \wedge 2x - y = 0$
j) $x + 36y = 128 \wedge x - 36y = 272$
k) $x - 15y = -21 \wedge x + 15y = 21$
l) $x + \frac{3}{2}y = \frac{5}{6} \wedge -x + \frac{3}{2}y = -\frac{1}{3}$

2. a) $4x + 16y = 12 \wedge -4x + 16y = 4$
b) $500x - 450y = -350 \wedge 500x + 450y = -150$
c) $\frac{1}{4}x - \frac{1}{4}y = \frac{1}{2} \wedge \frac{1}{4}x + \frac{1}{2}y = 2$
d) $6x - 3y = -18 \wedge 6x + 3y = 18$
e) $\frac{9}{4}x - 15y = -3 \wedge -\frac{9}{4}x - 15y = -27$
f) $54x + 35y = 32 \wedge 55x - 35y = -250$
g) $\frac{1}{2}x + y = 4 \wedge x - y = -1$
h) $-x + \frac{1}{3}y = -\frac{5}{6} \wedge x + y = \frac{1}{2}$
i) $8x + 9y = 23 \wedge -6x + 9y = -33$
j) $0{,}2x - 2y = -0{,}4 \wedge -x + 2y = 6$
k) $\frac{3}{2}x - 2y = -\frac{5}{2} \wedge \frac{3}{2}x + \frac{1}{2}y = 0$
l) $-5x + 3y = -15 \wedge 5x - 9y = 15$

3. a) $3x - 7y = 8 \wedge 3x + 14y = -6$ **b)** $\frac{1}{3}x - y = 4 \wedge \frac{1}{6}x - y = 0$ **c)** $x + \frac{1}{2}y = 8 \wedge -x + 2y = -3$

d) $4x - 5y = 0 \wedge -6x + 5y = -4$ **e)** $8x - 54y = 140 \wedge 8x + 81y = -130$ **f)** $210x - 3y = -180 \wedge 70x + 3y = 40$

g) $9x - \frac{1}{3}y = -12 \wedge 3x + y = 6$ **h)** $2x - 5y = -2 \wedge 3x - 6y = -1$ **i)** $3x + 4y = 56 \wedge 2x - y = 19$

j) $2x - y = 11 \wedge 3x + 2y = 62$ **k)** $7x + 2y = 42 \wedge 4x - y = 39$ **l)** $6x + y = 29 \wedge -3x + 7y = 23$

m) $7x - 4y = 57 \wedge 3x - 8y = 37$ **n)** $12x - 5y = 14 \wedge 20x - 11y = -14$ **o)** $7x - 5y = 12 \wedge -2x + 3y = 6$

4. a) $10x - 3y = 25 \wedge 5x - 2y = 0$ **b)** $2x - 3y = 9 \wedge 3x - 5y = 0$ **c)** $7x - 2y = -1 \wedge 14x - 3y = 9$

d) $4x + y = 26 \wedge 7x - 8y = -13$ **e)** $3x - y = 17 \wedge 9x - y = 59$ **f)** $7x - 8y = -36 \wedge 5x - 3y = 15$

g) $\frac{8}{3}x + \frac{1}{5}y = 15 \wedge x - \frac{2}{3}y = 4$ **h)** $\frac{4}{3}x + \frac{1}{6}y = -5 \wedge \frac{1}{2}x - y = -2$ **i)** $\frac{2}{3}x - \frac{1}{5}y = -1 \wedge \frac{1}{6}x - \frac{3}{10}y = 2$

j) $76x + 45y = 73 \wedge 19x + 28y = 102$ **k)** $3x + 2y = 57 \wedge 17x + 5y = 247$ **l)** $0{,}3x + 0{,}7y = 24 \wedge 0{,}7x + 0{,}3y = 16$

m) $0{,}5x + 0{,}1y = 17{,}1 \wedge 0{,}1x + 0{,}2y = 9{,}9$ **n)** $-0{,}91x + 2y = 4{,}54 \wedge -0{,}78x + y = 0{,}32$ **o)** $2{,}5x + 2{,}4y = 80{,}7 \wedge -0{,}8x + 0{,}9y = 4{,}2$

5. Wende das **Gleichsetzungsverfahren** oder das **Additionsverfahren** an!

a) $15x + 17y = 81 \wedge 15x - 11y = -3$ **b)** $5x + 3y = 68 \wedge 2x + 3y = 38$ **c)** $3x - 5y = 2 \wedge 7x - 5y = 38$

d) $x + 10y = 29 \wedge x - y = -4$ **e)** $4x + 7y = 48 \wedge 3x + 5y = 35$ **f)** $5x + 2y = 43 \wedge -3x + 7y = 7$

g) $2x - y = 11 \wedge 5x - 4y = 20$ **h)** $\frac{2}{3}x + \frac{1}{4}y = 2 \wedge \frac{1}{4}x + \frac{1}{6}y = \frac{1}{6}$ **i)** $3x + 5y = 114 \wedge 4x - 3y = 36$

j) $2y = 8 - x \wedge 2y = x$ **k)** $10x - 3y = 25 \wedge 2y = 5x$ **l)** $3x = 2y + 15 \wedge 19 + x = 2y$

6. Zeige, dass ein Gleichungssystem der Form $T_1 = 0 \wedge T_2 = 0$ äquivalent ist zu den folgenden Gleichungssystemen!

a) $T_1 + T_2 = 0 \wedge T_1 = 0$ **b)** $T_1 - T_2 = 0 \wedge T_1 = 0$ **c)** $T_1 - T_2 = 0 \wedge T_2 = 0$

7. Bringe folgende Gleichungssysteme auf die Form $T_1 = 0 \wedge T_2 = 0$ und bestimme die Lösungsmenge nach dem Additionsverfahren!

a) $3(x + 1) + 4(y - 2) = 36 \wedge 5(x - 2) - 2(y + 1) = 13$ **b)** $7(7x - 30) = 5(4y - 5) \wedge 3(x + 3) = 4(y + 3)$

c) $3(x + y) = 5(3x - y) \wedge 4(x + 2) = 3(x + y - 9)$ **d)** $\frac{1}{3}x + \frac{1}{4}(y + 1) = \frac{9}{4} \wedge \frac{1}{2}(x - 1) + \frac{1}{8}y = \frac{3}{2}$

e) $\frac{1}{4}(x + 0{,}6) + \frac{1}{2}(y + 0{,}5) = 0{,}7 \wedge \frac{1}{4}x + 9(2y + 1{,}05) = 18{,}5$ **f)** $\frac{4x}{3} + \frac{y}{2} = 1 \wedge \frac{2x+1}{2} + \frac{9y}{5} = \frac{11}{5}$

8. Wende das Additionsverfahren an und erläutere das Ergebnis geometrisch!

a) $-8x + 15y = -24 \wedge 12x - 37{,}5y = 36$

b) $10x - 4y = 12 \wedge -15x + 6y = -18$

c) $2x - 3y = 1 \wedge -2x + 3y = -1$

d) $105x - 144y = 256 \wedge 35x - 48y = -96$

e) $7x + 3y = 6 \wedge 4x - y = 17$

f) $0 \cdot x + 15y = 6 \wedge 0 \cdot x + 9y = 3{,}6$

9. Prüfe mit möglichst wenigen Umformungsschritten, ob die folgenden Gleichungssysteme unerfüllbar sind oder eine unendliche Lösungsmenge haben! Interpretiere das Ergebnis geometrisch!

a) $x + 2y = 7 \wedge 5x + 10y = 35$

b) $3x - 4y = 1 \wedge -6x + 8y = 2$

c) $\frac{1}{2}x - 8y = 0 \wedge 2x - 32y = 4$

d) $2y = 8x - 10 \wedge 3y = 12x - 15$

e) $2y + 7x = 7x \wedge 6y = 21$

f) $0{,}1x - 0{,}2y = 0{,}3 \wedge -7x + 14y = -21$

g) $6y - 8x + 1 = 3(2 - x) \wedge 2(3y - 4x + 1) = -3x + 6$

h) $3(y - 4x) + 6(x - 4y) = 0 \wedge 9(4x - y) + 18(4y - x) = 0$

i) $3(x - 1) + 4(x - y) = -2 \wedge 8(y - x) + 6(1 - x) = 4$

j) $2(x + 3) + 3(x - 2y) = 6 \wedge 6(2y - x) - 4(x + 3) = 12$

Zahlenrätsel

10. Welche beiden Zahlen haben die Summe 75 (31) und die Differenz 19 (11)?

11. Das Doppelte einer rationalen Zahl ist um 17 größer (kleiner) als die Hälfte einer zweiten. Die erste Zahl ist um 4 größer (kleiner) als die zweite Zahl. Welche Zahlen sind es?

12. Zwei Zahlen zwischen 24 und 120 bilden je die gleiche Differenz mit 24 bzw. 120. Das arithmetische Mittel von 120 und 24 ist gleich der Differenz (gleich dem arithmetischen Mittel) der beiden Zahlen.

13. Zwei Zahlen haben die Differenz 4. Das Doppelte der ersten Zahl ist um 17 größer (kleiner) als die Hälfte der zweiten Zahl.

14. Multipliziert man eine Zahl mit 7, eine zweite mit 8, so hat die Summe der Produkte den Wert 47. Die Differenz aus der ersten und der zweiten Zahl ist um 2 größer als die zweite Zahl.

15. Multipliziert man eine Zahl mit 8 und eine zweite mit 9, so hat die Summe der Produkte den Wert $\frac{27}{2}$. Multipliziert man die erste Zahl mit 4 und die zweite mit 3, so hat die Summe der Produkte den Wert $\frac{11}{2}$ ($\frac{9}{2}$). Wie heißen die Zahlen?

16. Das Siebenfache einer ersten Zahl ist um 1 größer als das Vierfache einer zweiten. Die erste Zahl ist um 2 kleiner als das Doppelte der zweiten.

17. Eine zweistellige Zahl hat die Quersumme 8 (13). Durch Umstellung der Ziffern erhält man eine um 36 (27) kleinere Zahl. Welche Zahl ist es?

18. Eine zweistellige Zahl wächst um 42, wenn man die Zehnerziffer verdreifacht und die Einerziffer verdoppelt. Man erhält eine um 6 größere Zahl, wenn man nur die Einerziffer vervierfacht. Wie heißt die Zahl?

Weitere Textaufgaben

19. Ein Außenwinkel eines Dreiecks beträgt 110°, die Differenz der beiden ihm nicht anliegenden Innenwinkel beträgt 24°. Berechne die Winkelmaße des Dreiecks!

20. Der Umfang eines Rechtecks beträgt 26 cm. Verlängert man die eine Seite um 1 cm und die andere um 2 cm, so vergrößert sich der Flächeninhalt um 20 cm^2. Wie lang sind die Seiten des Rechtecks?

21. Zwei Kaffeesorten haben verschiedene Preise. Kauft man 5 kg der ersten und 3 kg der zweiten Sorte, dann muss man 60,45 € bezahlen. Kauft man 3 kg der ersten und 5 kg der zweiten Sorte, dann muss man 61,55 € bezahlen.

22. Frau Bart kauft in einem Warenhaus zwei Herrenhemden und drei Paar Strümpfe für insgesamt 75,50 €. Da ein Hemd ihrem Mann nicht passt, gibt sie es am nächsten Tag zurück, kauft bei dieser Gelegenheit noch ein Paar Strümpfe und erhält an der Kasse einen Gutschein über 29 €. Wie viel € kostet ein Hemd? Wie viel € kostet ein Paar Strümpfe?

23. Das Ehepaar Krüger fährt mit dem Auto von Düsseldorf nach Mainz (Bild 4). Das sind etwa 250 km. Von Düsseldorf bis Koblenz sitzt Frau Krüger am Steuer, die restliche Strecke fährt Herr Krüger. In Mainz sagt er zu seiner Frau: „Weißt du eigentlich, dass du 70 km mehr gefahren bist als ich?" Wie weit ist es von Koblenz bis Mainz?

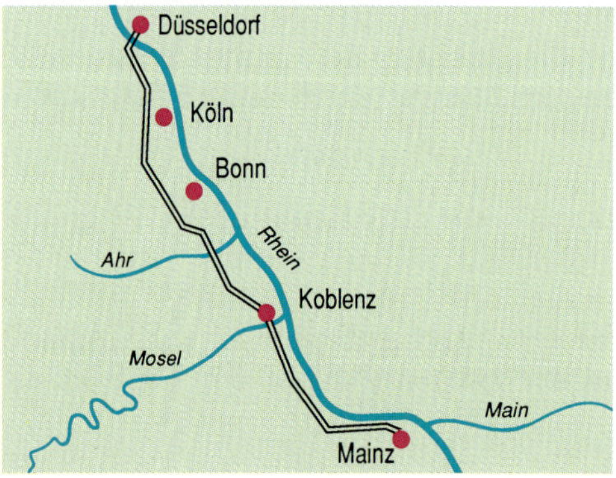

Bild 4

Bild 5

24. Ein Lastschiff hat im Laufe eines Jahres 32-mal den zur Bundesrepublik gehörenden schiffbaren Teil des Rheins und 18-mal den zur Bundesrepublik gehörenden Teil der Mosel befahren und dabei insgesamt 29 252 km zurückgelegt. Ein anderes Lastschiff hat dieselben Strecken 20- bzw. 54-mal befahren und dabei 28 628 km zurückgelegt (Bild 5). Die Mosel ist auf der gesamten Strecke innerhalb der Bundesrepublik schiffbar, beim Rhein sind 87 km (von Schaffhausen bis Rheinfelden) nicht schiffbar. Berechne aus diesen Angaben die Längen der in der Bundesrepublik liegenden Teile der beiden Flüsse!

III. Lineare Gleichungssysteme mit drei Variablen

1. Lineare Gleichungen mit drei Variablen

Lineare Gleichungen können auch mehr als zwei Variable enthalten.

Beispiel $2x + 3y + 4z = 5$ ist eine lineare Gleichung mit drei Variablen.

Wir definieren:

Unter einer **„linearen Gleichung mit drei Variablen"** versteht man eine Gleichung, die man durch Äquivalenzumformungen auf die Form

$$ax + by + cz = d \quad (\text{mit } a, b, c, d \in \mathbb{Q})$$

bringen kann.

a, b, und c sind die **Koeffizienten**, d ist das **Absolutglied** der Gleichung. Wir vereinbaren, dass für die Variablen x, y und z wie für die Formvariablen a, b, c und d rationale Zahlen zugelassen sein sollen, wenn es nicht ausdrücklich anders gesagt wird.

2. Beispiel für ein lineares Gleichungssystem mit drei Variablen

Wir behandeln ein Beispiel, das auf ein System von Gleichungen mit drei Variablen führt.

Beispiel

Um eine neue Kaffeemischung, die 7,95 € pro kg kosten soll, auf dem Markt zu testen, stellt eine Kaffeegroßrösterei 400 kg der Mischung her. Die drei Sorten, die gemischt werden sollen, kosten 7 €, 8,50 € und 9 € pro kg. Von der ersten Sorte soll die doppelte Menge verwendet werden wie von der dritten.
Wir wählen für die von den drei Sorten zu nehmenden Mengen die Variablen x, y und z. Dann ergeben sich aus dem Text die folgenden Bedingungen:

Bild 6

$$x + y + z = 400; \quad 7x + 8{,}5y + 9z = 400 \cdot 7{,}95 = 3180; \quad x = 2z.$$

Da alle drei Gleichungen erfüllt sein müssen, sind sie konjunktiv zu verknüpfen:

$$x + y + z = 400 \quad \wedge \quad 7x + 8{,}5y + 9z = 3180 \quad \wedge \quad x = 2z.$$

Dies ist ein Gleichungssystem von drei linearen Gleichungen mit drei Variablen.

Das System hat genau eine Lösung, nämlich das Zahlentripel $(176|136|88)$ (Aufgabe 4).

3. Ein einfaches Beispiel zum Lösungsverfahren

Allgemein kann ein solches System stets auf die folgende Form gebracht werden:

$$\begin{array}{rl} & a_1 x + b_1 y + c_1 z = d_1 \\ \wedge & a_2 x + b_2 y + c_2 z = d_2 \\ \wedge & a_3 x + b_3 y + c_3 z = d_3 \end{array}$$

Wie man die Lösungsmenge bestimmen kann, zeigen wir zunächst an einem Beispiel von besonders einfacher Form.

Beispiel

$$\begin{array}{rl} & 4x - 2y - 2z = 2 \\ \wedge & 0 \cdot x - 3y + z = 9 \\ \wedge & 0 \cdot x + 0 \cdot y + 2z = 6 \end{array}$$

Die Besonderheit dieses Gleichungssystems besteht darin, dass die Koeffizienten a_2, a_3 und b_3 den Wert null haben. Daher ergibt sich aus der dritten Gleichung sofort der Wert für z:

$$2z = 6 \quad \Leftrightarrow \quad z = 3.$$

Diese Zahl setzt man in die zweite Gleichung ein und erhält:

$$-3y + 3 = 9 \quad \Leftrightarrow \quad -3y = 6 \quad \Leftrightarrow \quad y = -2.$$

Nun setzt man die beiden gefundenen Zahlen in die erste Gleichung ein:

$$4x + 4 - 6 = 2 \quad \Leftrightarrow \quad 4x = 4 \quad \Leftrightarrow \quad x = 1.$$

Also gilt insgesamt:

$$x = 1 \quad \wedge \quad y = -2 \quad \wedge \quad z = 3.$$

4. Beispiel zum Additionsverfahren

Hat das gegebene System nicht die einfache Form des behandelten Beispiels, so wird man versuchen, es mittels des Additionsverfahrens (Eliminationsverfahrens) auf diese Form zu bringen.

Beispiel

$$\begin{array}{rl} & -x - 2y + 4z = 6 \quad | \cdot 2 \quad | \cdot 3 \\ \wedge & 2x + y + 3z = 5 \quad | \cdot 1 \\ \wedge & 3x + 3y - 2z = -2 \quad \quad | \cdot 1 \end{array}$$

$$\Leftrightarrow \left\{ \begin{array}{rl} & -x - 2y + 4z = 6 \\ \wedge & -3y + 11z = 17 \quad | \cdot 1 \\ \wedge & -3y + 10z = 16 \quad | \cdot (-1) \end{array} \right.$$

$$\Leftrightarrow \left\{ \begin{array}{rl} & -x - 2y + 4z = 6 \\ \wedge & -3y + 11z = 17 \\ \wedge & z = 1 \end{array} \right.$$

$$\begin{array}{lllllll} \Leftrightarrow & -x - 2y + 4 = 6 & \wedge & -3y + 11 = 17 & \wedge & z = 1 \\ \Leftrightarrow & -x - 2y = 2 & \wedge & -3y = 6 & \wedge & z = 1 \\ \Leftrightarrow & -x - 2y = 2 & \wedge & y = -2 & \wedge & z = 1 \\ \Leftrightarrow & -x + 4 = 2 & \wedge & y = -2 & \wedge & z = 1 \\ \Leftrightarrow & x = 2 & \wedge & y = -2 & \wedge & z = 1 \end{array}$$

Durch die Kombination der ersten mit der zweiten bzw. mit der dritten Gleichung eliminiert man zweimal die Variable x und erhält dadurch die zweite und die dritte Gleichung des neuen Systems. Die erste Gleichung wird in das neue Gleichungssystem übernommen.

Durch Kombination der beiden neuen Gleichungen eliminiert man dann auch noch die Variable y und erhält dadurch den Wert für z.

5. Beispiele für nicht eindeutig auflösbare Gleichungssysteme

Natürlich gibt es auch Gleichungssysteme mit drei Variablen, die nicht eindeutig lösbar sind. Wir behandeln zwei Beispiele mit dem Additionsverfahren.

Beispiel

$$S: \begin{cases} x + y + z = 0 & \cdot(-3) \\ \wedge\ 0\cdot x + 2y + z = 1 & \\ \wedge\ 3x - y + z = -2 & \cdot 1 \end{cases}$$

$$\Leftrightarrow \begin{cases} x + y + z = 0 & \\ \wedge\ 0\cdot x + 2y + z = 1 & \cdot 2 \\ \wedge\ 0\cdot x - 4y - 2z = -2 & \cdot 1 \end{cases}$$

$$\Leftrightarrow \begin{cases} x + y + z = 0 \\ \wedge\ 0\cdot x + 2y + z = 1 \\ \wedge\ 0\cdot x + 0\cdot y + 0\cdot z = 0 \end{cases}$$

$$\Leftrightarrow \begin{cases} x + y + z = 0 \\ \wedge\ z = 1 - 2y \end{cases}$$

$$\Leftrightarrow \begin{cases} x = -y - (1 - 2y) = -1 + y \\ \wedge\ z = 1 - 2y \end{cases}$$

Die dritte Gleichung ist allgemein gültig; sie kann daher weggelassen werden. Dies bedeutet, dass man die Werte einer Variablen frei wählen kann. Hier ist es am einfachsten, mit Hilfe der beiden verbleibenden Gleichungen die Variablen z und x durch die Variable y auszudrücken. Dann kann man für y eine beliebige rationale Zahl wählen.

Die Lösungsmenge ist also darstellbar in der Form,

$$L(S) = \{(x|y|z) \mid y \in \mathbb{Q} \wedge x = -1 + y \wedge z = 1 - 2y\}.$$

Setzt man in y irgendeine rationale Zahl ein, so ergibt sich ein Element der Lösungsmenge; für $y = 0$ erhält man z.B. $(-1|0|1) \in L(S)$; für $y = 1$ ergibt sich $(0|1|-1) \in L(S)$. Bestätige dies durch Einsetzen in die Gleichungen von S!

Beispiel

$$S: \begin{cases} x + y - z = 4 & \cdot(-4) \quad \cdot 5 \\ \wedge\ 4x - 2y - 2z = 3 & \cdot 1 \\ \wedge\ -5x + 4y + 2z = 0 & \cdot 1 \end{cases}$$

$$\Leftrightarrow \begin{cases} x + y - z = 4 & \\ \wedge\ 0\cdot x - 6y + 2z = -13 & \cdot 3 \\ \wedge\ 0\cdot x + 9y - 3z = 20 & \cdot 2 \end{cases}$$

$$\Leftrightarrow \begin{cases} x + y - z = 4 \\ \wedge\ 0\cdot x - 6y + 2z = -13 \\ \wedge\ 0\cdot x + 0\cdot y + 0\cdot z = 14 \end{cases}$$

Die dritte Gleichung ist unerfüllbar; also ist auch das System S unerfüllbar: $L(S) = \emptyset$.

Aufgaben und Beispiele

1. **a)** $$\begin{aligned}&3x-2y+z=4\\ \wedge\ &2x-y=2\\ \wedge\ &-x+y+2z=-2\end{aligned}$$
b) $$\begin{aligned}&3x+y+z=8\\ \wedge\ &x+3y+z=10\\ \wedge\ &x+y+3z=12\end{aligned}$$
c) $$\begin{aligned}&2x+y-z=2\\ \wedge\ &x+3y+z=-3\\ \wedge\ &x+2y+2z=1\end{aligned}$$
d) $$\begin{aligned}&2x-2y-z=3\\ \wedge\ &-x+3y+2z=1\\ \wedge\ &2x-y-z=2\end{aligned}$$
e) $$\begin{aligned}&x-2y+3z=4\\ \wedge\ &2x-z=1\\ \wedge\ &-3x-2y+2z=2\end{aligned}$$
f) $$\begin{aligned}&-2x+y-z=0\\ \wedge\ &3x-2y+2z=-1\\ \wedge\ &-x+2y-z=1\end{aligned}$$
g) $$\begin{aligned}&x-y-z=2\\ \wedge\ &2x+z=16\\ \wedge\ &-2y+3z=0\end{aligned}$$
h) $$\begin{aligned}&-x+y+z=8\\ \wedge\ &3x+4y=0\\ \wedge\ &y-2z=1\end{aligned}$$
i) $$\begin{aligned}&x-3y=2\\ \wedge\ &2x-y+3z=-1\\ \wedge\ &-x+2y-z=3\end{aligned}$$

2. **a)** $$\begin{aligned}&3x+2y-4z=9\\ \wedge\ &x+5y+3z=16\\ \wedge\ &2x+6y+z=19\end{aligned}$$
b) $$\begin{aligned}&x+2y-3z=-7\\ \wedge\ &4x-3y+5z=24\\ \wedge\ &3x-5y+4z=11\end{aligned}$$
c) $$\begin{aligned}&4x+6y+z=0\\ \wedge\ &x+y+z=2\\ \wedge\ &x-y+z=4\end{aligned}$$
d) $$\begin{aligned}&x+z=1\\ \wedge\ &2x+y+z=2\\ \wedge\ &y+z=1\end{aligned}$$
e) $$\begin{aligned}&2y+4z=0\\ \wedge\ &2x+z=2\\ \wedge\ &4x+y=0\end{aligned}$$
f) $$\begin{aligned}&3x+2y=7\\ \wedge\ &4y+3z=17\\ \wedge\ &2x+z=5\end{aligned}$$
g) $$\begin{aligned}&2x+5y=11\\ \wedge\ &-3y+8z=-5\\ \wedge\ &x+6z=1\end{aligned}$$
h) $$\begin{aligned}&x-4y-2z=-3\\ \wedge\ &-2x+6y+5z=0\\ \wedge\ &3x-8y-12z=11\end{aligned}$$
i) $$\begin{aligned}&x-2y+2z=4\\ \wedge\ &2x+y-3z=-5\\ \wedge\ &-3x+2z=2\end{aligned}$$

3. **a)** $$\begin{aligned}&x+y-z=4\\ \wedge\ &4x-2y-2z=2\\ \wedge\ &-5x+4y+2z=1\end{aligned}$$
b) $$\begin{aligned}&x+y+z=0\\ \wedge\ &2y+z=1\\ \wedge\ &3x-y+z=1\end{aligned}$$
c) $$\begin{aligned}&-4x+12y-8z=-8\\ \wedge\ &x-3y+2z=2\\ \wedge\ &10x-30y+20z=20\end{aligned}$$
d) $$\begin{aligned}&x-2y=6\\ \wedge\ &3x+2y-4z=-8\\ \wedge\ &4x-4z=-3\end{aligned}$$
e) $$\begin{aligned}&8x+6y+3z=15\\ \wedge\ &2x-y+4z=4\\ \wedge\ &-6y+8z=1\end{aligned}$$
f) $$\begin{aligned}&3x-y-z=0\\ \wedge\ &3x+7y-17z=24\\ \wedge\ &-x+3y-5z=8\end{aligned}$$
g) $$\begin{aligned}&3x-12y+5z=5\\ \wedge\ &x+5y-3z=-4\\ \wedge\ &5x-2y-z=2\end{aligned}$$
h) $$\begin{aligned}&5x-2y+10z=25\\ \wedge\ &8x+y-6z=-15\\ \wedge\ &2x-5y+26z=65\end{aligned}$$
i) $$\begin{aligned}&2x-2z=3\\ \wedge\ &5x-21y+30z=18\\ \wedge\ &5x+4{,}5y+4z=11\end{aligned}$$

4. Bestimme die Lösung des zweiten Beispiels auf Seite 157 mit Hilfe des Additionsverfahrens!

5. Welche dreistellige Zahl mit der Quersumme 11 (13) ergibt durch Vertauschung der ersten und dritten Ziffer eine um 198 kleinere (um 594 größere) Zahl, wenn die Einerziffer der gesuchten Zahl um 3 kleiner (um 5 größer) ist als ihre Zehnerziffer?

6. Die Summe dreier rationaler Zahlen beträgt 15. Die erste Zahl verhält sich zur zweiten wie 3:4, die zweite zur dritten wie 4:5.

7. Herr Winter ist 15 (20) Jahre älter als seine beiden Söhne zusammen. Vor 7 Jahren war er sechsmal (fünfmal) so alt wie der ältere und zehnmal (achtmal) so alt wie der jüngere. Wie alt sind Vater und Söhne jetzt?

8. Petra erzählt: „Dieses Jahr feiert unsere Familie ein dreifaches Jubiläum. Meine Mutter und ich sind zusammen 50 Jahre alt, mein Vater und ich sind zusammen 55 Jahre alt und meine Eltern sind zusammen 75 Jahre alt“.

9. Ein Obsthändler hat seinen Verkauf und seinen Umsatz notiert.

	Kirschen	Pflaumen	Erdbeeren	Umsatz
21.7.	40 kg	35 kg	19 kg	368 €
22.7.	45 kg	38 kg	16 kg	385 €
23.7.	37 kg	42 kg	22 kg	394 €

Für wie viel € hat er ein Kilogramm Kirschen, ein Kilogramm Pflaumen und ein Kilogramm Erdbeeren verkauft?

10. In einem Dreieck ergeben sich für die Summen der Maßzahlen je zweier Seiten die Werte 12, 15, 15. Wie lang sind die drei Seiten?

11. In einem Betrieb werden drei verschiedene Produkte mit Hilfe von elektrisch betriebenen Maschinen hergestellt. Die Maschinen benötigen Starkstrom und sind an einen gemeinsamen Stromzähler angeschlossen. Für die Preiskalkulation benötigt die Betriebsleitung Aufschluss darüber, wie hoch der Energieverbrauch für die einzelnen Produkte ist. Da es nicht möglich ist, den Energieverbrauch für die einzelnen Produkte getrennt zu bestimmen, ermittelt der Betriebsingenieur an drei Tagen die Produktionszahlen für die drei Produkte und den Gesamtverbrauch an Energie in Kilowattstunden. Benutze einen Taschenrechner!

	Produkt A	Produkt B	Produkt C	Energieverbrauch in kWh
1. Tag	120	150	110	358
2. Tag	90	180	100	348,5
3. Tag	130	140	80	324,5

IV. Weitere Aufgaben zu linearen Gleichungssystemen

Vermischte Aufgaben

1. Herr Braun und Herr Müller spielen eine Schachpartie mit Zeitkontrolle. Für die ersten 14 Züge braucht Herr Müller dreimal so viel Zeit wie Herr Braun. Für die restlichen Züge benötigt jeder $\frac{7}{4}$ Stunden Bedenkzeit. Insgesamt benötigt Herr Braun nur $\frac{3}{4}$ der Bedenkzeit, die Herr Müller braucht. Welche Bedenkzeit braucht jeder für seine Züge, wie viel für die ersten 14 Züge? Wie lange dauert die Partie?

Bild 7

2. Eine Ware wird mit Rabatt für 28 800 € (6750 €) verkauft. Wäre der Rabatt um 5 % niedriger (2 % höher), so würden beim Verkauf 1800 € mehr (150 € weniger) eingenommen. Wie hoch ist der ursprüngliche Preis? Wie viel Prozent Rabatt werden gegeben?

3. Zwei Geldbeträge werden zum Zinssatz 4,5% (5,5%) für das eine und 6% (6,5%) für das andere Kapital ausgeliehen. Sie bringen zusammen jährlich 4800 € (2500 €) Zinsen. Werden die Zinssätze um 1,5% erhöht (um 0,5% verringert), so ist die jährliche Zinseinnahme um 1500 € höher (um 210 € niedriger). Wie hoch sind die ausgeliehenen Beträge?

4. Eine Firma beschäftigt Arbeitskräfte, die 36 Stunden in der Woche arbeiten, und Teilzeitbeschäftigte, die mit halber Stundenzahl tätig sind. Insgesamt müssen pro Woche 2052 Arbeitsstunden geleistet werden. Wie viele Teilzeitkräfte können beschäftigt werden, wenn aus arbeitstechnischen Gründen die Anzahl der Teilzeitbeschäftigten um 12 geringer ist als die der Vollbeschäftigten?

5. Eine Fabrik arbeitet mit zwei Produktionsanlagen A und B. Die Anlage A arbeitet bei einer Auslastung von 80% ohne Verlust (und ohne Gewinn), die Anlage B, die moderner ist, schon bei 60%. Beide Anlagen stellen bei dieser Auslastung zusammen pro Tag Produkte im Wert von 850000,– € (Selbstkostenpreis) her. Ist die Anlage A mit 90% und die Anlage B mit 80% ausgelastet, so wächst der Gesamtwert der hergestellten Waren um 200000,– €. Welchen Warenwert könnten die Anlage A und die Anlage B bei einhundertprozentiger Auslastung pro Tag herstellen?

6. In einem Ferienkatalog sind für eine Flugreise zwei Preisbeispiele angegeben: 2 Erwachsene und 2 Kinder zahlen 1120 €, 3 Erwachsene und 4 Kinder zahlen 1669,50 €. Wie viel € kostet die Reise für 4 Erwachsene und 5 Kinder, wenn es ab 7 Personen eine Gruppenermäßigung von 10% gibt? **Anleitung:** Wähle die Variablen x und y für die ermäßigten Preise!

Bild 8

7. Für seinen Ziergarten benötigt Herr Schubert jedes Jahr neue Sommerpflanzen. In der Tabelle ist aufgeführt, wie viel Pflanzen der verschiedenen Sorten er in den letzten Jahren gekauft hat. Herr Schubert möchte wissen, ob der Preis für die einzelnen Sorten gleich geblieben ist oder sich geändert hat. Er findet in seinen Unterlagen aber nur den jeweiligen Gesamtpreis. Kann Herr Schubert aus den Angaben der Tabelle seine Frage beantworten?

Bild 9

	Begonien	Tagetes	Geranien	Gesamtpreis
1990	12	6	18	42,60
1991	15	10	10	52,–
1992	15	9	15	54,–

8. Ein Tourist erzählt, dass die englische Währung vor der Einführung des metrischen Systems recht kompliziert gewesen sei. Er sei dreimal auf der Bank gewesen, um ein Pfund Sterling in Kleingeld wechseln zu lassen. Das erste Mal habe er 2 Crowns, 9 Shillings und 12 Pence erhalten; beim nächsten Mal 1 Crown, 13 Shillings und 24 Pence und beim dritten Mal 3 Crowns, 2 Shillings und 36 Pence.

Bild 10

Wie viele Pence, wie viele Shillings und wie viele Crowns hatte ein Pfund? Wie viele Pence hatte ein Shilling und wie viele Shillings hatte ein Crown?

9. Zu Beginn des neuen Schuljahres kaufen Annie, Birgit und Claudia für sich und ihre Geschwister im gleichen Schreibwarengeschäft Hefte.
Annie bezahlt für 6 große, 10 mittlere und 4 kleine Hefte 12,50 €;
Birgit bezahlt für 3 große, 9 mittlere und 3 kleine Hefte 9,15 €;
Claudia bezahlt für 10 große, 10 mittlere und 5 kleine Hefte 16,00 €.
a) Kann man aus diesen Angaben ermitteln, wie viel ein großes, ein mittleres und ein kleines Heft kosten? Begründe deine Antwort!
b) Daniela benötigt 4 große, 8 mittlere und 3 kleine Hefte. Sie behauptet, dass sie aus den Angaben von Annie, Birgit und Claudia errechnen kann, wie viel sie zu bezahlen hat.

Anleitung: Versuche, aus den Gleichungen für die Einkäufe von Annie, Birgit und Claudia die Gleichung für den Einkauf von Daniela herzuleiten!

Aus der Physik

Zum Hebelgesetz[3)]

10. Ein zweiseitiger Hebel ist im Gleichgewicht. Es greifen drei Kräfte an, links die Kraft F_1 mit einem Hebelarm von 9 cm, rechts die Kraft F_2 mit einem Hebelarm von 4 cm und die Kraft $F_3 = 190$ N mit einem Hebelarm von 2 cm. Das Gleichgewicht bleibt erhalten, wenn man die Angriffspunkte von F_1 und F_2 vertauscht und F_3 durch die Kraft $F_4 = 60$ N ersetzt.

11. Bearbeite Aufgabe 10 für den Fall, dass F_1 einen Hebelarm von 15 cm, F_2 einen Hebelarm von 3 cm, $F_3 = 90$ N einen Hebelarm von 6 cm hat und $F_4 = 150$ N ist!

12. An einem zweiseitigen Hebel halten zwei Kräfte F_1 und F_2 im Abstand von 3 cm bzw. 8 cm von der Drehachse einer Kraft $F_3 = 50$ N mit einem Abstand von 9 cm von der Drehachse das Gleichgewicht. Das Gleichgewicht bleibt erhalten, wenn die Kraft F_1 um 20 N verringert, deren Hebelarm auf 6 cm vergrößert und die Kraft F_2 um 20 N vergrößert, deren Hebelarm aber auf 3 cm verringert wird.

13. Bearbeite Aufgabe 12 für den Fall, dass F_1 und F_2 zuerst die Hebelarme 12 cm bzw. 3 cm haben und $F_3 = 140$ N den Hebelarm 6 cm hat! Hier bleibt das Gleichgewicht erhalten, wenn F_1 um 30 N vergrößert wird und den Hebelarm 9 cm erhält und wenn F_2 um 50 N verringert wird und den Hebelarm 4 cm erhält.

---

3) Das Hebelgesetz ist auf Seite 80 erläutert.

Zum Wärmeaustausch

14. Jemand gießt zwei Wassermengen von 24 °C und 80 °C zusammen und erhält Wasser von 58 °C. Er gießt dann noch 4 *l* Wasser von 24 °C und 1 *l* Wasser von 80 °C hinzu und erhält die Mischtemperatur 52 °C. Welche Wassermengen wurden zuerst gemischt?

Anleitung: Werden zwei Wassermengen mit den Massen m_1 bzw. m_2 und den Temperaturen T_1 bzw. T_2 gemischt, so gilt für die sich einstellende Mischtemperatur T:

$$m_1 T_1 + m_2 T_2 = (m_1 + m_2) T.$$

15. Beim Einfüllen eines Bades ergeben 120 *l* warmes und 150 *l* kaltes Wasser die Wassertemperatur von 31 °C. Um die gewünschte Temperatur von 30 °C zu erhalten, muss man noch 18 *l* vom kalten Wasser nachlaufen lassen. Welche Temperatur hat das Wasser aus den verschiedenen Leitungen?

Bewegungsaufgaben

Beispiel

Ein Hubschrauber überfliegt eine Autoschlange auf der Autobahn in Fahrtrichtung in 120 Sekunden, entgegen der Fahrtrichtung in 80 Sekunden. Wie lang ist die Autokette und welche Geschwindigkeit hat sie, wenn der Hubschrauber $50\frac{m}{s}$ fliegt?

Lösung: Legt der Hubschrauber in t Sekunden eine Strecke von y Metern zurück, so gilt für seine Durchschnittsgeschwindigkeit: $x = \frac{y}{t}$ (in der Einheit $\frac{m}{s}$), also $y = t \cdot x$.

Die Strecke y_1, die der Hubschrauber beim Überfliegen der Autoschlange in deren Fahrtrichtung zurücklegt, setzt sich zusammen aus der Länge y der Autoschlange und der Länge y_2 der Strecke, um die die Autoschlange während der Flugzeit von 120 Sekunden vorangekommen ist:

$$y_1 = y + y_2.$$

Es gilt: $y_1 = 120 \cdot 50\,\text{m} = 6000\,\text{m}$ und $y_2 = 120x$.

Es ergibt sich also:

$$y_1 = y + y_2 = y + 120x = 6000.$$

Für die Länge y_3 der Strecke, die der Hubschrauber beim Überfliegen der Autoschlange gegen deren Fahrtrichtung zurücklegt, gilt entsprechend:

$$y_3 = y - y_4;$$

dabei bezeichnet y_4 die Länge der Strecke, die die Autoschlange dem Hubschrauber während der Flugzeit entgegengekommen ist. Mit $y_3 = 80 \cdot 50\,\text{m} = 4000\,\text{m}$ und $y_4 = 80x$ erhält man als zweite Gleichung

$$y_3 = y - y_4 = y - 80x = 4000.$$

Wir lösen das lineare Gleichungssystem nach dem Gleichsetzungsverfahren:

$$\begin{aligned} & y + 120x = 6000 \quad \wedge \quad y - 80x = 4000 \\ \Leftrightarrow\ & y = 6000 - 120x \quad \wedge \quad y = 4000 + 80x. \end{aligned}$$

Aus $4000 + 80x = 6000 - 120x$ erhält man $x = 10$ und daraus $y = 4000 + 800 = 4800$.
Die Fahrzeugschlange bewegt sich also mit einer Geschwindigkeit von

$$10\,\frac{\mathrm{m}}{\mathrm{s}} = \frac{10 \cdot 60 \cdot 60}{1000}\,\frac{\mathrm{km}}{\mathrm{h}} = 36\,\frac{\mathrm{km}}{\mathrm{h}}.$$

Sie hat eine Länge von 4,8 km.

16. Bei einem Fahrradrennen fährt ein Begleitfahrzeug mit einer Geschwindigkeit von $48\,\frac{\mathrm{km}}{\mathrm{h}}$ am mit gleichmäßiger Geschwindigkeit fahrenden Hauptfeld vorbei. Es benötigt vom Ende bis zur Spitze 40 Sekunden. Unter gleichen Bedingungen benötigt es in umgekehrter Richtung 10 Sekunden. Mit welcher Geschwindigkeit fährt das Feld und wie lang ist es?

Bild 11

17. Ein Auto fährt einem anderen nach, das $\frac{1}{2}$ Stunde ($\frac{3}{4}$ Stunde) vorher abgefahren ist; nach 2 Stunden (90 Minuten) hat es noch einen Rückstand von 8 km (9 km), nach weiteren 2 Stunden (75 Minuten) einen Vorsprung von 8 km (6 km). Wie viel Kilometer legt jedes Auto durchschnittlich in der Stunde zurück?

18. Fahren zwei Züge von zwei 270 km entfernten Stationen gleichzeitig ab, so begegnen sie sich nach 3 Stunden. Würde der eine Zug 45 Minuten früher abfahren, so würde er den anderen 2 Stunden 40 Minuten nach dessen Abfahrt treffen. Wie viel Kilometer legt jeder Zug in der Stunde zurück?

Bild 12

19. Ein Radfahrer fährt mit Rückenwind einen Kilometer in 100 Sekunden und braucht gegen den Wind 150 Sekunden. Wie lange würde er bei Windstille für einen Kilometer brauchen und mit welcher Geschwindigkeit bläst der Wind?

§ 8 Produkte und Potenzen von Summen

I. Produkte von Summen

1. Umformen eines Produktes in eine Summe

Schon auf Seite 44f. haben wir uns mit Anwendungen des **Distributivgesetzes** beschäftigt.

Beispiel $2a \cdot (3b + 7c) = 2a \cdot 3b + 2a \cdot 7c = 6ab + 14ac$

Mit Hilfe des Distributivgesetzes können wir auch ein Produkt, bei dem jeder Faktor eine Summe ist, in eine Summe umformen.

Beispiel $(3a + 4b) \cdot (2x + 5y)$

Wir führen für einen der beiden Faktoren zunächst eine Abkürzung ein, z.B. $T = 3a + 4b$. Dann ergibt sich nach dem Distributivgesetz:

$$\begin{aligned}(3a + 4b) \cdot (2x + 5y) &= T \cdot (2x + 5y) \\ &= T \cdot 2x + T \cdot 5y \\ &= (3a + 4b) \cdot 2x + (3a + 4b) \cdot 5y \\ &= 3a \cdot 2x + 4b \cdot 2x + 3a \cdot 5y + 4b \cdot 5y \\ &= 6ax + 8bx + 15ay + 20by.\end{aligned}$$

In der dritten Zeile haben wir T wieder durch $3a + 4b$ ersetzt; in der vierten Zeile haben wir wiederum zweimal das Distributivgesetz angewendet.

2. Regel für das Multiplizieren von Summen

Dem behandelten Beispiel können wir die folgende Regel für das Multiplizieren von Summen entnehmen.

Zwei Summen werden miteinander multipliziert, indem man jeden Summanden der ersten Summe mit jedem Summanden der zweiten Summe multipliziert und die Produkte addiert.

Beispiele

1) $$\begin{aligned}(4p + 3q) \cdot (2r - 5s) &= 4p \cdot 2r - 4p \cdot 5s + 3q \cdot 2r - 3q \cdot 5s \\ &= 8pr - 20ps + 6qr - 15qs\end{aligned}$$

2) $$\begin{aligned}(3m - 4n) \cdot (6x - 5z) &= 3m \cdot 6x - 3m \cdot 5z - 4n \cdot 6x + 4n \cdot 5z \\ &= 18mx - 15mz - 24nx + 20nz\end{aligned}$$

3) $$\begin{aligned}(5u + 7v) \cdot (4u - 3w) &= 5u \cdot 4u - 5u \cdot 3w + 7v \cdot 4u - 7v \cdot 3w \\ &= 20u^2 - 15uw + 28uv - 21vw\end{aligned}$$

Obige Regel lässt sich auch auf Summen mit mehr als zwei Summanden anwenden.

Beispiel

$$(3p-2q)\cdot(4a+7b-5c)=3p\cdot 4a+3p\cdot 7b-3p\cdot 5c-2q\cdot 4a-2q\cdot 7b+2q\cdot 5c$$
$$=12ap+21bp-15cp-8aq-14bq+10cq$$

3. Das Faktorisieren von Summen

Umgekehrt kann man in vielen Fällen mit Hilfe des Distributivgesetzes eine Summe aus vier oder mehr Summanden in ein Produkt umformen.

Beispiele

1) $ax+bx+3ay+3by=x(a+b)+3y(a+b)=(x+3y)(a+b)$

2) $8pm+12pn-6qm-9qn=4p(2m+3n)-3q(2m+3n)=(4p-3q)(2m+3n)$

3) $30cp-40cq-42dp+56dq=5c(6p-8q)-7d(6p-8q)=(5c-7d)(6p-8q)$

Mit Hilfe des Distributivgesetzes kann man auch Summen und Differenzen von Potenzen vereinfachen, wenn die zu addierenden Terme in der Basis übereinstimmen.

Beispiele

1) $3b^4+5b^4=(3+5)\,b^4=8b^4$

2) $x^5-x^2=x^2(x^3-1)$

Unterscheiden sich die zu addierenden oder zu subtrahierenden Terme dagegen in der Basis, so ist eine Vereinfachung nicht möglich, auch wenn die Exponenten übereinstimmen. So können die Terme a^2+b^2; x^2-2y^2; $4p^2+3q^2-7r^2$ nicht weiter vereinfacht werden.

Hierbei ist zu beachten, dass es ein „Distributivgesetz für Potenzen" **nicht** gibt; die Gleichung $a^2+b^2=(a+b)^2$ ist **keineswegs allgemein gültig**; sie ist sogar fast immer falsch.

Beispiel $3^2+4^2=9+16=25$; aber $(3+4)^2=7^2=49$.

Mit Termen der Form $(a+b)^2$ werden wir uns im folgenden Abschnitt beschäftigen.

Aufgaben und Beispiele

Forme die Produkte in den Aufgaben 1 und 2 in gleichwertige Summen um!

1. a) $(3a+b)(5+b)$ **b)** $(4-x)(x+3)$ **c)** $(y+4)(y-2)$ **d)** $(p+5)(3+p)$
e) $(x+8)(x-5)$ **f)** $(m+n)(a-b)$ **g)** $(r-s)(x-y)$ **h)** $(x+y)(y-z)$
i) $(xy+3)(4-xy)$ **j)** $(2u-v)(u+3v)$ **k)** $(a-3b)(b+5a)$ **l)** $(6c-d)(3c+d)$
m) $(8a+2b)(2x-3y+5z)$ **n)** $(5x-3y)(6p-5q+4r)$ **o)** $(4a+b+5c)(3x-2y)$
p) $(x+1)(y+2)(z+3)$ **q)** $(a-1)(b+2)(c-3)$ **r)** $(p-2)(q-3)(r-4)$

2. a) $(r+2s)(3r-s)$ **b)** $(4m+n)(3m-2n)$ **c)** $(5p-3q)(7p-2q)$
d) $(2c+3d)(4c-5d)$ **e)** $(4x-3y)(7y+5x)$ **f)** $(8a+5b)(3a+2b)$
g) $(2p-5q)(3p+q)$ **h)** $(4x^2-3y^2)(7y+5x)$ **i)** $(m+3n)(2n^2-m^2)$
j) $(x+1)(x+2)(x+3)$ **k)** $(a-1)(a+2)(a-3)$ **l)** $(z-1)(z-2)(z-3)$
m) $(2x-y)(x+2y)(x-y)$ **n)** $(5a+3b)(3a+2b)(2a+3b)$ **o)** $(p-3q)(p-q)(2p+q)$
p) $(3a+2b+5c)(4a-b+2c)$ **q)** $(6u-8v+3w)(2w-7u+5v)$
r) $(2a+4b-7c)(3a-2b-c)$ **s)** $(4x+5y-z)(6x-5y-7z)$
t) $(5c-7d+3e)(-2c+3d-8e)$ **u)** $(2x-7y-3z)(x-2y+4z)$

Faktorisiere die Terme in den Aufgaben 3 bis 5!

3. a) $5p+7p$ **b)** $12x-5x$ **c)** $14r-5r+2r$ **d)** $17y+5y-8y$
e) $8a+8b$ **f)** $24m+12n$ **g)** $25p-15q+10r$ **h)** $24a+18b-12c$
i) $mn+mp$ **j)** $ab+ac-ad$ **k)** $pq+rq-sq$ **l)** $3a+ab-ac$
m) $14p^2q-21pq^2$ **n)** x^2-7x **o)** $p-p^2$ **p)** $rs-s^2$
q) $3u^2-9u$ **r)** $10t^2+5t$ **s)** $12q^3-8pq^2$ **t)** $25x^2y+20y^3$
u) $21ap+35bp$ **v)** $-16qx+56qy$ **w)** $20x^2-45xy$ **x)** $51rs-119s^2$
y) $11a-3b+4a+14b-7a-15b$ **z)** $-54p-33q+87p-68r+77q+46r$

4. a) $25a+13b-8b$ **b)** $52x+24y-28x-12y$ **c)** $46m-4n-50m-4n$
d) $13xy+12yz+11xy$ **e)** $70ab+20ac-30ab$ **f)** $9pq-12pr+15ps$
g) $18ab^2p-30a^2bq$ **h)** $-14bc^2s+49b^2ct$ **i)** $150a^2x^2y-180ax^2y^2$
j) $8m^4+24m^2$ **k)** $27v^2-18v^3$ **l)** $12r^6+18r^5$
m) $14p^2q-21pq^2$ **n)** $15g^2h-25gh^2$ **o)** $21e^2f^3-28e^3f^2$
p) $60u^4v^2-48u^2v^4$ **q)** $25xy^3+55x^3y$ **r)** $36c^3de^2-27c^2d^2e^2$

5. a) $18m^2n^2+12mn^3+21m^3n$ **b)** $6rs^2-15r^2s+9rst$ **c)** $28x^2yz+21xy^2z-35xyz^2$
d) $22ab^2c-33a^2bc+44abc^2$ **e)** $12p^3q^3-15p^4q^2+21p^2q^4$
f) $-24u^2v^4+32u^3v^3-12u^4v^2$ **g)** $15a^4b+25a^3b^2-30a^2b^3$
h) $8x^2y^2z-12xy^2z^2+16x^2yz^2$ **i)** $18c^3d^2-27c^2d^3+45cd^4$

Vereinfache die Terme in den Aufgaben 6 und 7 so weit wie möglich!

6. a) $(4a+3b)+(2a-b)$ **b)** $(5p-3q)+(2p+7q)$ **c)** $(6r+s)-(4r-2s)$
d) $(11x-2y)-(3x-5y)$ **e)** $(2m-3n)+(5m-n)$ **f)** $(3x-2y+4z)-(x-4y-z)$
g) $16x-(9y-7x)+13y$ **h)** $23a-(12b-81a)-15b$ **i)** $8p-(5q+4p)+7q$
j) $(3ab+2cd)-(ab-5cd)$ **k)** $(4xy-3xz)+(3xz+7xy)$
l) $3(4x-5y)-13(x+2y)-2(6y-x)$ **m)** $2(5p-q)+3(2q-p)-4(2p-3q)$
n) $4x(3x-6y)-5y(2x+3y)$ **o)** $(3a+2b)5c+(3b-4c)5a$

7. a) $(z+2)(z-4)+(z-3)(z-5)$ **b)** $(x-2)(x-4)-(x+3)(x+5)$
c) $(5a+4)(7a+5)+(3a+2)(6a+3)$ **d)** $(3m+2)(6m-3)-(5m-4)(7m-6)$
e) $(3y+x)(7x-y)-(6x-y)(x-y)$ **f)** $(a-6b)(b-3a)-(a+7b)(2b-a)$
g) $3x^2(2xy-y^2)+3y^2(2x^2-xy)$ **h)** $3a(4ab^2-2bc^2)-6b(a^2b-3ac^2)$
i) $(-2xy)(3y-2z)-3yz(x+5z)$ **j)** $(a^2+ab)(a+b)-(a^2-ab)(a-b)$

Faktorisiere die Terme in den Aufgaben 8 und 9 so weit wie möglich!

8. a) $3b^2+7b^2$ **b)** $4x^2-3x^2$ **c)** $5p^3-7p^3+4p^3$ **d)** $6r^3-r^3+2r^3$
e) b^6+b^4 **f)** x^3-x^5 **g)** $y^4+y^9+y^7$ **h)** $e^5+e^3-e^4$
i) $f^6-f^4-f^3$ **j)** x^3+y^3 **k)** m^4+2n^4 **l)** c^3-c^2+c
m) $6a^4+3b^4-5a^4+2b^4$ **n)** $12p^2-7q^2+3p^2-q^2$ **o)** $25x^4-17y^4+5x^4-3y^4$
p) $a^3+b^5-a^7+b^2$ **q)** $p^4-q^6-p^7+q^5$ **r)** $4x^3y+12x^2y^2-24xy^3$
s) $6r^3s^2-15r^2s^3+21r^4s$ **t)** $4a^3-6b^5-8a^5+9b^6$ **u)** $18a^3b^5-27a^4b^4+36a^5b^3$

9. a) $3a(r+s)+4b(r+s)$ **b)** $(6p-5q)c+(6p-5q)d$ **c)** $3r(p-q)-2s(p-q)$
d) $a(c-4)+b(4-c)$ **e)** $3a(4x-3y)-12x+9y$ **f)** $p(m-n)+m-n$
g) $x(3v-5w)-y(5w-3v)$ **h)** $7r(q-2p)-4p+2q$ **i)** $3r+s-4a(s+3r)$
j) $4u-7v+5s(14v-8u)$ **k)** $5a+b-2c(2b+10a)$ **l)** $3ap-aq+3bp-bq$
m) $rx+2ry-sx-2sy$ **n)** $2pc-4pd-3qc+6qd$ **o)** $12mx-8my+15nx-10ny$
p) $4ae-10be+6af-15bf$ **q)** $6eg+18eh-7fg-21fh$ **r)** $20kn+28km+15pn+21pm$
s) $3pr-21ps-2qr+14qs$ **t)** $35ux+10uy-21vx-6vy$
u) $60ax-40ay-84bx+56by$ **v)** $a^2x^2-2a^2y^2+b^2x^2-2b^2y^2$
w) $4a^2r+12a^2s-3b^2r-9b^2s$ **x)** $21p^2r^2+15p^2s^2-14q^2r^2-10q^2s^2$
y) $4f^2m^2-12g^2m^2+5f^2n^2-15g^2n^2$ **z)** $56u^2v^2-35u^3-24v^3+15uv$

Textaufgaben

10. Eine Treppe von 8 Stufen (Bild 1) soll mit Teppichboden ausgelegt werden. Jede Stufe ist a cm breit, b cm hoch und 2b cm tief. Oberhalb der Treppe soll ein Stück Flur der Breite a cm und der Länge 5a cm mit der gleichen Ware ausgelegt werden.
a) Drücke die Größe der auszulegenden Fläche als ein Produkt aus!
b) Berechne mit Hilfe dieses Terms für $a = 100$ und $b = 15$, wie viel der Teppichboden bei einem Quadratmeterpreis von 37,50 € kostet!

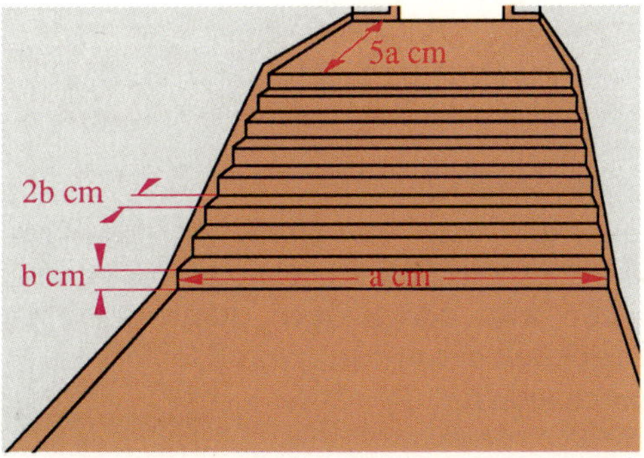

Bild 1

11. Bei einer Flurbereinigung soll ein rechteckiges Grundstück gegen ein flächengleiches Quadrat eingetauscht werden. Die Quadratseite ist 50 m (90 m) kürzer als eine Rechteckseite und 40 m (30 m) länger als die andere.

12. a) Herr Braunfels besitzt ein schmales rechteckiges Grundstück, welches zum Bebauen wenig geeignet ist, weil eine Seite 47 m länger ist als die andere. Ihm wird zum Tausch ein von der Form günstigeres rechteckiges Grundstück angeboten, dessen Seiten um 7 m länger bzw. 27 m kürzer sind als die entsprechenden Seiten seines Grundstücks. Dafür muss er einen Flächenverlust von 20 m^2 in Kauf nehmen.
b) In einem anderen Fall unterscheiden sich die Rechteckseiten um 50 m. Die eine Seite wird um 20 m verlängert, die andere um 20 m verkürzt. Das neue Grundstück, das allerdings z.T. in einem steilen Hang liegt, ist sogar um 600 m^2 größer als das ursprüngliche.

13. In einem Rechteck ist eine Seite 17 m (12 m) länger als die andere. Verkürzt man die längere Seite um 7 m (4 m) und verlängert man die kürzere Seite um 5 m (2 m), so erhält man ein flächengleiches Rechteck.

14. Sabine hat ein Aquarium. Sie wundert sich darüber, wie lange es dauert, bis das Aquarium mit Wasser gefüllt ist. Ihr Vater meint: „Wenn die Länge a, die Breite b und die Höhe c jeweils um $\frac{1}{5}$ kleiner wären, würde es nur etwa halb so lange dauern, bis das Aquarium gefüllt ist." Hat er recht?

Bild 2

II. Die binomischen Formeln

1. Die erste binomische Formel

Häufig kommt es vor, dass eine Summe oder eine Differenz zu potenzieren ist. Wir betrachten zunächst Potenzen mit dem Exponenten 2, sogenannte „zweite Potenzen" oder „Quadrate":

$$\begin{aligned}(a+b)^2 &= (a+b)\cdot(a+b) && \text{(Definition des Potenzbegriffes)}\\ &= a^2 + ab + ba + b^2 && \text{(Distributivgesetz)}\\ &= a^2 + 2ab + b^2 && \text{(Kommutativ- und Distributivgesetz).}\end{aligned}$$

Für alle $a, b \in \mathbb{Q}$ gilt: $(a+b)^2 = a^2 + 2ab + b^2$.

Diese allgemein gültige Gleichung nennt man die **erste binomische Formel**. Das Glied $2ab$ heißt das „gemischte Glied". In Bild 3 wird dieses Glied durch den Flächeninhalt der beiden roten Rechtecke veranschaulicht.

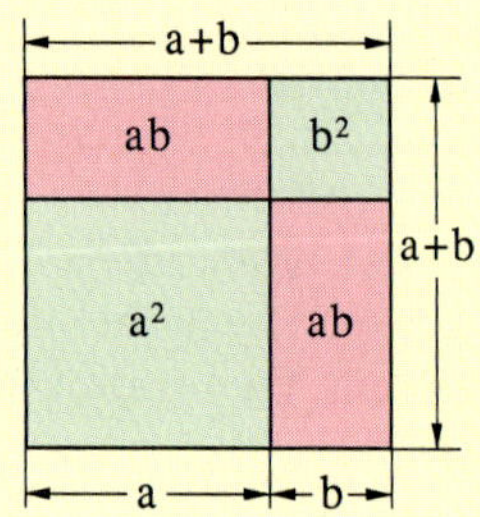

Bild 3

Beispiele

1) $(2x+3y)^2 = (2x)^2 + 2\cdot 2x\cdot 3y + (3y)^2 = 4x^2 + 12xy + 9y^2$

2) $(7p+5q)^2 = (7p)^2 + 2\cdot 7p\cdot 5q + (5q)^2 = 49p^2 + 70pq + 25q^2$

2. Die zweite binomische Formel

Entsprechend gilt für das Quadrat einer Differenz:

$$\begin{aligned}(a-b)^2 &= (a-b)\cdot(a-b) && \text{(Definition des Potenzbegriffes)}\\ &= a^2 - ab - ba + b^2 && \text{(Distributivgesetz)}\\ &= a^2 - 2ab + b^2 && \text{(Kommutativ- und Distributivgesetz).}\end{aligned}$$

Für alle $a, b \in \mathbb{Q}$ gilt: $(a-b)^2 = a^2 - 2ab + b^2$.

Beachte, dass diese **zweite binomische Formel** sich aus der ersten ergibt, wenn man b durch $-b$ ersetzt! Weise dies nach (Aufgabe 5)!

Beispiele

1) $(4c-5d)^2=(4c)^2-2\cdot 4c\cdot 5d+(5d)^2=16c^2-40cd+25d^2$
2) $(3r-8s)^2=(3r)^2-2\cdot 3r\cdot 8s+(8s)^2=9r^2-48rs+64s^2$

3. Die dritte binomische Formel

In diesem Zusammenhang wird meist auch die sogenannte **dritte binomische Formel** hergeleitet, obwohl diese sich nicht auf die Potenz einer Summe bezieht:

$$(a+b)\cdot(a-b)=a^2-ab+ba-b^2=a^2-b^2.$$

Für alle a, $b\in\mathbb{Q}$ gilt: $(a+b)\cdot(a-b)=a^2-b^2$.

Beispiele

1) $(3a+7b)(3a-7b)=(3a)^2-(7b)^2=9a^2-49b^2$
2) $(1-4x)(1+4x)=1^2-(4x)^2=1-16x^2$
3) $(x^2+y^2)(x^2-y^2)=(x^2)^2-(y^2)^2=x^2\cdot x^2-y^2\cdot y^2=x^4-y^4$

4. Faktorisieren mit Hilfe der binomischen Formeln

Die drei binomischen Formeln können umgekehrt auch zur Faktorisierung von Summen angewendet werden.

Beispiele

1) $4m^2+12mn+9n^2=(2m)^2+2\cdot(2m)\cdot(3n)+(3n)^2=(2m+3n)^2$
2) $64x^2-80xy+25y^2=(8x)^2-2\cdot(8x)\cdot(5y)+(5y)^2=(8x-5y)^2$
3) $81p^2-121q^2=(9p)^2-(11q)^2=(9p+11q)(9p-11q)$

Aufgaben und Beispiele

Wende in den Aufgaben 1 bis 3 die binomischen Formeln an!

1. a) $(a+3)^2$ **b)** $(x+4)^2$ **c)** $(b-2)^2$ **d)** $(y-5)^2$
e) $(2x+1)^2$ **f)** $(3+4y)^2$ **g)** $(3a-2)^2$ **h)** $(5-3z)^2$
i) $(2r+5)^2$ **j)** $(7x+3)^2$ **k)** $(4z-1)^2$ **l)** $(8a+1)^2$
m) $(5-2x)^2$ **n)** $(1-8x)^2$ **o)** $(13+12b)^2$ **p)** $(25+25v)^2$
q) $(\frac{1}{2}+x)^2$ **r)** $(2a+\frac{1}{3})^2$ **s)** $(\frac{1}{3}y-3)^2$ **t)** $(\frac{1}{5}x+10)^2$

2. a) $(3p+5q)^2$ **b)** $(2m-3n)^2$ **c)** $(4a+5b)^2$ **d)** $(6x-2y)^2$
e) $(5x-4y)^2$ **f)** $(7c-3d)^2$ **g)** $(-5r+2s)^2$ **h)** $(-4x-9y)^2$
i) $(-11p-13q)^2$ **j)** $(\frac{1}{2}x+2y)^2$ **k)** $(\frac{2}{3}a+4b)^2$ **l)** $(\frac{1}{2}x-\frac{1}{2}y)^2$
m) $(-\frac{2}{5}a-10b)^2$ **n)** $(-\frac{1}{3}y-\frac{1}{2}z)^2$ **o)** $(\frac{4}{5}a-\frac{5}{4}b)^2$ **p)** $(\frac{2}{3}u+\frac{6}{5}r)^2$
q) $(x^2+y^2)^2$ **r)** $(2x^2-y^2)^2$ **s)** $(1{,}2a^2+10b^2)^2$ **t)** $(0{,}7p^2-0{,}5q^2)^2$

3. **a)** $(x+5)(x-5)$ **b)** $(3+y)(3-y)$ **c)** $(\frac{1}{2}-u)(\frac{1}{2}+u)$
d) $(\frac{2}{3}+x)(\frac{2}{3}-x)$ **e)** $(t+13)(t-13)$ **f)** $(z-20)(z+20)$
g) $(a+30)(a-30)$ **h)** $(100-x)(100+x)$ **i)** $(5b+6a)(6a-5b)$
j) $(3z-4y)(3z+4y)$ **k)** $(7x+9y)(9y-7x)$ **l)** $(13a-12b)(13a+12b)$
m) $(\frac{2}{3}x+\frac{5}{3}y)(\frac{2}{3}x-\frac{5}{3}y)$ **n)** $(\frac{7}{2}a-\frac{4}{9}b)(\frac{7}{2}a+\frac{4}{9}b)$
o) $(0{,}3p+0{,}9q)(0{,}3p-0{,}9q)$ **p)** $(0{,}1x-0{,}2y)(0{,}1x+0{,}2y)$
q) $(2a^2b-3ab^2)(2a^2b+3ab^2)$ **r)** $(-6x^2y+13xy^2)(13xy^2+6x^2y)$

4. Vereinfache mit Hilfe der binomischen Formeln!
a) $(4x-9y)(4x+9y)$ **b)** $(8a-3)(8a+3)$ **c)** $(4x-7)(7+4x)$
d) $(4p-3q)(3q-4p)$ **e)** $(9m^2+7n)(7n-9m^2)$ **f)** $(2a^2-5b^2)(5b^2-2a^2)$
g) $(5a-3b)(3b+5a)$ **h)** $(3r-2s)(6r+4s)$ **i)** $(4u+7v)(8u+14v)$
j) $(3c^2-7)(3c^2+7)$ **k)** $(2p^2-5)(4p^2-10)$ **l)** $(r-4s)(3r+12s)$
m) $(5p-3q)(6q-10p)$ **n)** $(4r^2+3t)(6t-8r^2)$ **o)** $(7a^2-2b^2)(2b^2-7a^2)$
p) $(8m+10n)(4m-5n)$ **q)** $(12x-6y)(2y+4x)$ **r)** $(2a^2-3ab)(2a+3b)$
s) $(4y-7z)(8yz+14z^2)$ **t)** $(2p-9q)(4pq-18q^2)$ **u)** $(4ab-8b^2)(2a+4b)$

5. Zeige, dass sich die zweite binomische Formel aus der ersten ergibt, wenn man b durch −b ersetzt!

6. Berechne mit Hilfe der binomischen Formeln!

Beispiele

1) $31^2=(30+1)^2=30^2+2\cdot 30\cdot 1+1^2=900+60+1=961$

2) $22\cdot 18=(20+2)\cdot(20-2)=20^2-2^2=400-4=396$

a) 61^2 **b)** 72^2 **c)** 91^2 **d)** 203^2 **e)** 199^2
f) 78^2 **g)** 498^2 **h)** 601^2 **i)** $31\cdot 29$ **j)** $52\cdot 48$
k) $51\cdot 49$ **l)** $99\cdot 101$ **m)** $201\cdot 199$ **n)** $302\cdot 298$ **o)** $503\cdot 497$
p) 1002^2 **q)** 999^2 **r)** 404^2 **s)** 798^2 **t)** 3004^2
u) $203\cdot 197$ **v)** $38\cdot 42$ **w)** $410\cdot 390$ **x)** $591\cdot 609$ **y)** $204\cdot 196$

Forme in den Aufgaben 7 bis 9 die angegebenen Terme mit Hilfe der binomischen Formeln um und fasse zusammen!

7. **a)** $(2a-3b)^2+(2a+3b)^2$ **b)** $(4p+5q)^2-(4p-5q)^2$
c) $(6s+2t)(6s-2t)-(6s-2t)^2$ **d)** $(9m+4n)^2-(9m+4n)(9m-4n)$
e) $(6a+3b)^2+(2a-7b)^2$ **f)** $(6a+3b)^2-(2a-7b)^2$
g) $(2r+5s)^2+(7r-3s)^2$ **h)** $(2r+5s)^2-(7r-3s)^2$
i) $(2r-5s)^2+(7r+3s)^2$ **j)** $(2r-5s)^2-(7r+3s)^2$

8. **a)** $(2x+1)^2+(3x-2)^2+(4x-9)^2$ **b)** $(a-3b)^2-(2a+b)^2+(a-2b)^2$
c) $(y+2)(y-2)-(2y+3)(2y-3)$ **d)** $(p-3q)(p+3q)-(2p-5q)^2$
e) $(2a-b)^2+(3a+5b)^2-(4a+3b)^2$ **f)** $(3r-s)^2-(r-3s)^2+(r-3s)(r+3s)$

9. **a)** $(2x-3)(2x+3)(x+7)$ **b)** $(4p+3q)(3q-4p)(p-q)$
c) $(3a-b)(a+2b)(b-3a)$ **d)** $(2x-3y)(4x+y)(2x-3y)$
e) $(5r-s)(2r+3s)(2r-3s)$ **f)** $(7m+5n)(5n-7m)(7m-5n)$

Faktorisiere in den Aufgaben 10 bis 14 mit Hilfe der binomischen Formeln!

10. **a)** $x^2 + 4x + 4$ **b)** $x^2 - 4x + 4$ **c)** $a^2 + 6a + 9$ **d)** $b^2 - 10b + 25$
e) $y^2 + 20y + 100$ **f)** $z^2 - 8z + 16$ **g)** $c^2 - 16c + 64$ **h)** $k^2 + 24k + 144$
i) $p^2 - 2pq + q^2$ **j)** $s^2 - 2sr + r^2$ **k)** $x^2 + y^2 - 2xy$ **l)** $2uv + u^2 + v^2$
m) $2mn - m^2 - n^2$ **n)** $-a^2 + 2ab - b^2$ **o)** $2s^2 + 4st + 2t^2$ **p)** $5g^2 - 10gh + 5h^2$

11. **a)** $p^2 - 36$ **b)** $r^2 - 49$ **c)** $v^2 - 16$ **d)** $q^2 - 169$ **e)** $x^2 - 225$
f) $y^2 - 400$ **g)** $z^2 - 625$ **h)** $a^2 - 900$ **i)** $x^2 - y^2$ **j)** $t^2 - s^2$
k) $36 - u^2$ **l)** $81 - v^2$ **m)** $196 - p^2$ **n)** $144 - q^2$ **o)** $a^2 - 1$
p) $1 - b^2$ **q)** $4m^2 - 9$ **r)** $1 - 16z^2$ **s)** $81u^2 - 121$ **t)** $49 - 169v^2$
u) $4p^2 - q^2$ **v)** $16a^2 - 25b^2$ **w)** $4x^2y^2 - z^2$ **x)** $25p^2q^2 - 49r^2s^2$ **y)** $\frac{1}{4}x^2 - \frac{1}{9}y^6$

12. **a)** $a^2 + a + \frac{1}{4}$ **b)** $x^2 - 3x + \frac{9}{4}$ **c)** $z^2 - \frac{1}{4}$ **d)** $y^2 - \frac{9}{16}$
e) $v^2 + 9v + \frac{81}{4}$ **f)** $b^2 - \frac{49}{100}$ **g)** $c^2 - 0{,}01$ **h)** $p^2 - 7p + \frac{49}{4}$
i) $4x^2 + 4x + 1$ **j)** $9z^2 - 6z + 1$ **k)** $16y^2 - 24y + 9$ **l)** $36a^2 + 48a + 16$
m) $9p^2 - 36$ **n)** $25a^2 - 100$ **o)** $49q^2 - 169$ **p)** $121x^2 - 225$
q) $\frac{1}{4}z^2 - \frac{1}{9}$ **r)** $\frac{4}{9}y^2 - \frac{25}{36}$ **s)** $0{,}09x^2 - 0{,}25$ **t)** $0{,}16a^2 - 0{,}81$

13. **a)** $c^2 + 4cd + 4d^2$ **b)** $m^2 + 6mn + 9n^2$ **c)** $y^2 - 8yx + 16x^2$ **d)** $z^2 - 24zy + 144y^2$
e) $49p^2 - 81q^2$ **f)** $16x^2 - 64y^2$ **g)** $100a^2 - 225b^2$ **h)** $289y^2 - 324z^2$
i) $9x^2 - 30xy + 25y^2$ **j)** $25r^2 - 100s^2$ **k)** $25a^2 + 60ab + 36b^2$ **l)** $1 - 8pq + 16p^2q^2$

14. **a)** $49p^2 - 70pq + 25q^2$ **b)** $25r^2 - 80rs + 64s^2$ **c)** $64a^2 - 144ab + 81b^2$
d) $81m^2 + 90mn + 25n^2$ **e)** $121x^2 + 144y^2 - 264xy$ **f)** $102uv - 9u^2 - 289v^2$
g) $121x^4 + 22x^2 + 1$ **h)** $16 - 8b^3 + b^6$ **i)** $m^6 + 4m^3n^3 + 4n^6$
j) $1 - \frac{49}{144}t^8$ **k)** $2{,}25m^4 - 6{,}25n^4$ **l)** $1{,}69x^4 - 1{,}96y^4$

15. Faktorisiere die folgenden Terme so weit wie möglich!

Beispiel

$$3a^2b - 12b^3 = 3b(a^2 - 4b^2) = 3b(a - 2b)(a + 2b)$$

a) $d^3 - d$ **b)** $12 - 3p^4$ **c)** $x^2y - y^3$
d) $3y^2 - 27$ **e)** $16x^2 - 36$ **f)** $5u^3v - 20uv^3$
g) $48abu^2 - 72abuv + 27abv^2$ **h)** $24pq^2 - 18p^2q$ **i)** $18g^3h - 2gh^3$
j) $8m^2 - 18n^2$ **k)** $8x^2 - 8xy + 2y^2$ **l)** $a^3 - ab^2$
m) $80ax^2 + 120axy + 45ay^2$ **n)** $x^3 + 2x^2y + 2y^2$ **o)** $9a^3b - 25ab^3$
p) $p^3 + p^2q - 2pq^2$ **q)** $by^2 - 8by - 16b$ **r)** $x^5 + 18x^3 + 81x$
s) $4a^2x^2 + 9b^2x^2 - 12abx^2$ **t)** $18u - 12u^2 + 2u^3$ **u)** $32p^3q - 98pq^3$

16. Faktorisiere so weit wie möglich!

Beispiel

$$256 - x^8 = (16 - x^4)(16 + x^4) = (4 - x^2)(4 + x^2)(16 + x^4)$$
$$= (2 - x)(2 + x)(4 + x^2)(16 + x^4)$$

a) $z^4 - 9$ **b)** $y^4 - 1$ **c)** $a^4 - b^4$ **d)** $16 - r^8$
e) $p^4 - 81q^4$ **f)** $16r^4 - 625s^2$ **g)** $\frac{y^4}{256} - 16z^8$ **h)** $\frac{81x^4}{256} - \frac{16y^4}{625}$

17. Beweise die binomischen Formeln für dritte Potenzen!
a) $(a+b)^3 = a^3 + 3a^2b + 3ab^2 + b^3$ **b)** $(a-b)^3 = a^3 - 3a^2b + 3ab^2 - b^3$

18. a) Begründe an Hand von Bild 4, dass $4^2 - 3^2 = 4 + 3$ ist!
b) Veranschauliche durch ein ähnliches Bild die Gleichung $5^2 - 4^2 = 5 + 4$!
c) Zeige rechnerisch, dass die Differenz der Quadrate zweier aufeinander folgender natürlicher Zahlen gleich der Summe dieser Zahlen ist!
Anleitung: Die auf n folgende natürliche Zahl ist n + 1.
d) Benutze c), um die Quadrate der natürlichen Zahlen von 20 bis 30 zu berechnen!

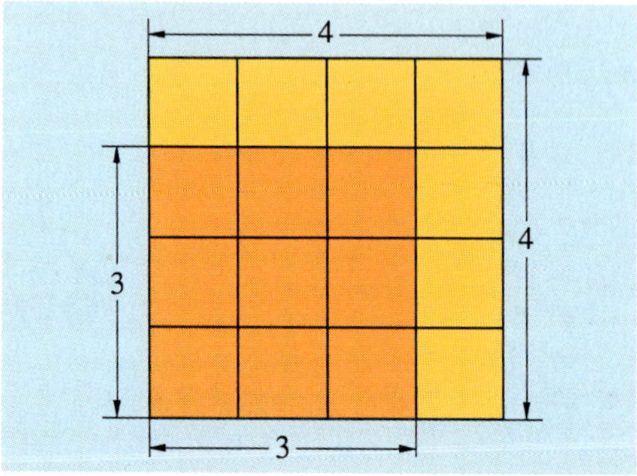

Bild 4

19. Mit einem Messgerät kann man Längen auf 1% genau messen. Eine Seite eines quadratischen Feldes wurde vermessen; es ergab sich eine Länge von 63,50 m. Wie genau kann man den Flächeninhalt aus dieser Messung bestimmen?

20. a) Die eine Seite eines quadratischen Grundstücks wird um einen Meter verlängert, die andere um einen Meter verkürzt. Wie ändern sich der Umfang und der Flächeninhalt des Grundstücks?
b) Löse a) für eine Verlängerung bzw. Verkürzung um zwei (drei; einen halben) Meter!
c) Einem Käufer werden rechteckige Grundstücke, die den gleichen Umfang haben, angeboten. Das eine ist quadratisch, das andere aber nicht. Welches Grundstück hat den größeren Flächeninhalt? **Anleitung:** Bezeichne den Überstand der einen Rechteckseite mit x!

21. Auf einem quadratischen Grundstück wird in einer Ecke ein Gebäude mit quadratischer Grundfläche errichtet. Der unbebaute Teil des Grundstücks ist 10 m breit und umfasst 340 m² (Bild 5). Welche Maße haben das Grundstück und die Grundfläche des Gebäudes?

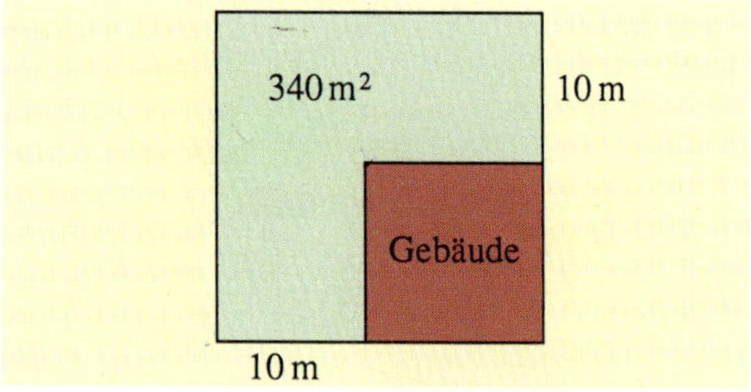

Bild 5

22. Ein Bauherr besitzt ein quadratisches Grundstück. Durch Zukauf kann er beide Quadratseiten um 8 m verlängern. Dies bedeutet eine Vergrößerung der Fläche um 336 m². Welche Maße haben das alte und das neue Grundstück?

23. Eine Rechteckseite ist 6 cm länger als die andere. Das Rechteck soll durch Verlängerung der kürzeren Seite um 2 cm in ein flächengleiches Quadrat verwandelt werden. Wie lang sind die Seiten des Rechtecks und des Quadrates?

§ 9 Bruchterme

I. Bruchterme und ihre Definitionsmengen

1. Zur Einführung

Herr Franzen – ein energiebewusster Autofahrer – führt Buch über den Benzinverbrauch seines Autos. Er notiert bei jedem Tanken den Tachostand und die getankte Menge an Kraftstoff. Da er den Tank seines Wagens stets bis zum Rand füllt, entspricht die getankte Benzinmenge genau der seit dem letzten Tanken verbrauchten Kraftstoffmenge. Daher kann Herr Franzen jeweils den Durchschnittsverbrauch für je 100 km berechnen.

Bild 1

Tachoanzeige (in km)	19382	19794	20257	20764	21219	21747
Benzinmenge (in l)	–	37,1	39,8	45,1	39,6	45,4
Durchschnittsverbrauch pro 100 km (in l)	–	9,0	8,6	8,9	8,7	8,6

Wie hat Herr Franzen die Werte in der dritten Zeile der Tabelle berechnet?

Lösung: Der Durchschnittsverbrauch ist proportional zur Länge der zurückgelegten Strecke. Man kann also wie in der nebenstehenden Tabelle rechnen.

Länge s (in km)	Verbrauch V (in l)
s	V
↓ $:s$	↓ $:s$
1	$\frac{V}{s}$
↓ $\cdot 100$	↓ $\cdot 100$
100	$100 \cdot \frac{V}{s}$

Die Länge s der zwischen zwei Tankvorgängen zurückgelegten Strecke ergibt sich jeweils aus der Differenz der vom Tachometer angezeigten Werte s_1 und s_2:

$$s = s_2 - s_1.$$

Somit gilt für den Durchschnittsverbrauch für je 100 km: $D = \frac{100 \cdot V}{s_2 - s_1}$.

Beispiel

Für den Durchschnittsverbrauch zwischen dem zweiten und dem dritten Tanken gilt:

$$D = \frac{100 \cdot 45{,}1}{20764 - 20257} = \frac{4510}{507} \approx 8{,}9.$$

Das Auto hat in dieser Zeit also durchschnittlich 8,9 l Benzin je 100 km verbraucht.

2. Bruchterme

Der Durchschnittsverbrauch D ist also jeweils aus dem Term $\frac{100 \cdot V}{s_2 - s_1}$ zu berechnen.

Dieser Term hat die Form eines Bruches, bei dem im Nenner Variable vorkommen. Man nennt einen solchen Term daher einen **Bruchterm**. Bruchterme sind in unseren bisherigen Überlegungen nur gelegentlich vorgekommen. Z.B. haben wir festgestellt, dass eine **antiproportionale** Funktion f stets durch einen Term der Form

$$f(x) = \frac{c}{x},$$

also durch einen Bruchterm, festgelegt wird.

Wir haben uns mit Bruchtermen bisher aber noch nicht eingehend befasst. Dies hat einen besonderen Grund. Die Division rationaler Zahlen unterliegt nämlich einer wichtigen Einschränkung:

Die Division durch die Zahl Null ist nicht definiert.

Wie wir im Band für das 7. Schuljahr gezeigt haben, kann die Division durch 0 auch nicht definiert werden, ohne dass Widersprüche zu den für rationale Zahlen geltenden Gesetzen auftreten (Aufgaben 1 und 2).

Wir wollen uns im Folgenden mit Bruchtermen näher befassen. Wir lassen deshalb von jetzt ab auch zu, dass eine Variable im Nenner eines Bruches auftritt oder dass sogar mehrere Variable in einem Nenner vorkommen.

Beispiele **1)** $\frac{3x+5}{x-4}$ **2)** $\frac{a+4b}{2a-b}$

Wir vereinbaren auch hier, dass die Menge $\mathbb{Q}$ Grundmenge für alle vorkommenden Variablen sein soll, wenn es nicht ausdrücklich anders gesagt wird.

3. Die Definitionsmenge eines Bruchterms

Setzt man in die Variablen eines Terms von der bisher behandelten Art, also eines Terms ohne Nenner, Zahlen ein, so geht ein solcher Term stets in ein definiertes Zahlzeichen über; denn bei diesen Termen kann eine Division durch null nicht vorkommen und alle anderen dabei auszuführenden Rechenoperationen sind ohne Einschränkung ausführbar.

Beispiel $T(x) = 7x(3-2x) + 10$; $T(3) = 7 \cdot 3 \cdot (3 - 2 \cdot 3) + 10 = -53$

Bei Bruchtermen kann dagegen der Fall eintreten, dass bei bestimmten Einsetzungen im Nenner die Zahl Null auftritt.

Beispiel $T(x) = \frac{2x+7}{x-2}$

Wie man sofort sieht, wird der Nenner null, wenn man in die Variable x die Zahl 2 einsetzt:

$$T(2) = \frac{2 \cdot 2 + 7}{2 - 2} = \frac{11}{0}.$$

Der Term geht beim Einsetzen der Zahl 2 also nicht in ein definiertes Zahlzeichen über.

Es liegt nahe, diejenigen Zahlen, bei deren Einsetzen der Term in ein definiertes Zahlzeichen übergeht, zu einer Menge zusammenzufassen. Diese Menge wird **Definitionsmenge** des Terms T genannt.

Diejenigen rationalen Zahlen, bei deren Einsetzen ein Term T in ein definiertes Zahlzeichen übergeht, bilden die **Definitionsmenge** D des Terms.

4. Der Begriff der Restmenge

Bei der Bestimmung der Definitionsmenge eines Bruchterms hat man die Zahlen zu ermitteln, die den Nenner des Terms zu null machen; man nennt diese Zahlen **Nullstellen** des Nenners. Diese Zahlen sind aus der Menge $\mathbb{Q}$ herauszunehmen, um die Definitionsmenge zu erhalten; stets gilt also $D \subseteq \mathbb{Q}$.

Beispiel $T(x) = \frac{4x - 5}{x(x-3)}$

Der Nenner $x(x-3)$ hat die Nullstellen 0 und 3; diese bilden die Menge $\{0; 3\}$. Die Definitionsmenge ist die sogenannte **Restmenge** zwischen der Menge $\mathbb{Q}$ und der Menge $\{0; 3\}$; man schreibt:

$D = \mathbb{Q} \setminus \{0; 3\}$, gelesen „$\mathbb{Q}$ ohne die Menge aus 0 und 3".

Wir definieren:

Unter der **Restmenge** $M \setminus N$ (gelesen „M ohne N") zweier Mengen M und N versteht man die Menge aller Elemente, die zu M, aber nicht zu N gehören.

Beispiele

1) $\{1; 2; 3; 4; 5\} \setminus \{2; 4\} = \{1; 3; 5\}$

2) $\{2; 4; 6; 8; 10\} \setminus \{6; 8; 10\} = \{2; 4\}$

3) $\{1; 2; 3; 4; 5\} \setminus \{1; 2; 3; 4; 5\} = \{\ \} = \emptyset$

In diesen Beispielen ist die zweite Menge (N) stets eine (echte oder unechte) **Teilmenge** der ersten Menge (M); es gilt $N \subseteq M$.

In obiger Definition wird für die Restmenge $M \setminus N$ aber **nicht** vorausgesetzt, dass N Teilmenge von M ist. Gilt **nicht** $N \subseteq M$, so sind bei der Bildung von $M \setminus N$ aus M die Elemente herauszunehmen, die auch in N enthalten sind.

Beispiele

1) $\{1; 2; 3; 4; 5\} \setminus \{2; 4; 6; 8; 10\} = \{1; 3; 5\}$

2) $\{1; 3; 5; 7; 9\} \setminus \{2; 4; 6; 8; 10\} = \{1; 3; 5; 7; 9\}$

3) $\{2; 4; 6\} \setminus \{2; 4; 6; 8; 10\} = \{\ \} = \emptyset$

5. Die Bestimmung der Definitionsmenge eines Bruchterms

Beispiele

1) $\frac{3x-4}{x-2}$; die einzige Nullstelle des Nenners ist die Zahl 2; daher ist $D = \mathbb{Q}\setminus\{2\}$; wir schreiben kurz auch $D = \mathbb{Q}^{\neq 2}$, gelesen „$\mathbb{Q}$ ungleich 2".

2) $\frac{y+3}{y(y-5)}$; Nullstellen des Nenners sind die Zahlen 0 und 5; daher ist $D = \mathbb{Q}\setminus\{0; 5\}$.

3) $\frac{z+1}{z^2+4}$; der Nenner besitzt keine Nullstelle, weil die Gleichung $z^2 + 4 = 0$ in $\mathbb{Q}$ unerfüllbar ist; daher ist $D = \mathbb{Q}$.

Aufgaben und Beispiele

Zum Einstieg

Dirk absolviert täglich einen Waldlauf auf einer Strecke von 7,4 km Länge. Um seine Leistung zu kontrollieren, notiert er jeweils seine Start- und seine Ankunftszeit.

Tag	3.5.	4.5.	5.5.	6.5.	7.5.
Startzeit	$16^{\underline{03}}$	$16^{\underline{41}}$	$16^{\underline{52}}$	$17^{\underline{15}}$	$16^{\underline{33}}$
Ankunftszeit	$16^{\underline{33}}$	$17^{\underline{12}}$	$17^{\underline{21}}$	$17^{\underline{47}}$	$17^{\underline{01}}$

a) Berechne die durchschnittliche Laufgeschwindigkeit für die fünf Läufe!

b) Stelle einen Term auf, mit dem man die Durchschnittsgeschwindigkeit in der Einheit $\frac{km}{h}$ berechnen kann!

Bild 2

Division rationaler Zahlen

1. Erläutere an den Beispielen $12:(-4) = -3$ und $(-\frac{3}{5}):(-\frac{2}{7}) = \frac{21}{10}$, wie die Division rationaler Zahlen auf die Multiplikation zurückgeführt werden kann!

2. Erläutere am Beispiel $5:0$ analog zu Aufgabe 1, dass die Division einer Zahl durch die Zahl 0 nicht definiert werden kann!

Restmengen

3. Bilde die Mengen $A\setminus B$ und $B\setminus A$!

a) $A = \{1; 2; 3; 4; 5\}$; $B = \{0; 2; 4; 6; 8\}$

b) $A = \{1; 2; 3; 4; 5\}$; $B = \{1; 3; 5; 7; 9\}$

c) $A = \{1; 2; 3; 4\}$; $B = \{-2; -1; 0; 1; 2\}$

d) $A = \{1; 2; 3; 4; 5\}$; $B = \{1; 3; 5\}$

e) $A = \{1; 3; 5; 7\}$; $B = \{2; 4; 6; 8\}$

f) $A = \{1; 2; 3; 4\}$; $B = \{1; 2; 3; \ldots; 10\}$

g) $A = \{2; 4; 6; 8\}$; $B = \{3; 6; 9; 12\}$

h) $A = \{1; 2; 3; 4\}$; $B = \{1; 2; 3; 4\}$

i) $A = \{1; 3; 5; 7; 9\}$; $B = \{1; 4; 9; 16\}$

j) $A = \{1; \frac{1}{2}; \frac{1}{3}; \frac{1}{4}; \frac{1}{5}\}$; $B = \{\frac{1}{2}; \frac{1}{4}; \frac{1}{6}; \frac{1}{8}\}$

4. a) Es gelte $A \subseteq B$. Bilde die Menge $A\setminus B$!

b) Es gelte $A \cap B = \emptyset$. Bilde die Mengen $A\setminus B$ und $B\setminus A$!

5. Es sei A eine beliebige Menge. Bilde die Mengen $A \setminus A$, $A \setminus \emptyset$ und $\emptyset \setminus A$!

6. Was kann man über zwei Mengen A und B aussagen, wenn gilt:
a) $A \setminus B = A$; **b)** $A \setminus B = \emptyset$; **c)** $A \setminus \emptyset = B$?

7. Wenn jemand 3 € hat, so hat er auch 2 €; wenn jemand 3 € und 2 € hat, so hat er auch 5 €. Also hat jeder, der 3 € hat, auch 5 €.
Erläutere den Trugschluss mit Hilfe von Mengenverknüpfungen!

8. Zwei Väter und zwei Söhne gehen spazieren; und doch sind es nur drei Personen. Wie ist dies möglich? Erläutere den Sachverhalt mit Hilfe von Mengenverknüpfungen!

Definitionsmengen von Termen

9. Bestimme die Definitionsmengen folgender Terme!

a) $\frac{x+2}{x-2}$ **b)** $\frac{x-3}{x+1}$ **c)** $\frac{x}{x+2}$ **d)** $\frac{x+5}{x}$ **e)** $\frac{x-1}{7-x}$ **f)** $\frac{2x}{4+x}$ **g)** $\frac{x+2}{2x-1}$

h) $\frac{x^2}{1-3x}$ **i)** $\frac{7+2x}{4x-5}$ **j)** $\frac{x-3}{3x+2}$ **k)** $\frac{x^2+2}{x(x-3)}$ **l)** $\frac{2x-5}{x(x+2)}$ **m)** $\frac{3+x}{x(8-x)}$ **n)** $\frac{4}{(5+x)x}$

o) $\frac{3x-5}{x^2-3x}$ **p)** $\frac{x^2+1}{x^2-5x}$ **q)** $\frac{4x+3}{6x+x^2}$ **r)** $\frac{x^2}{x^2-1}$ **s)** $\frac{x+2}{9-x^2}$ **t)** $\frac{x+1}{x^2+1}$

u) $\frac{1}{(x-2)^2}$ **v)** $\frac{2x+3}{(5-x)^2}$ **w)** $\frac{x+8}{x^2+6x+9}$ **x)** $\frac{x+3}{x(x^2-16)}$ **y)** $\frac{x^2-2}{9x-x^3}$ **z)** $\frac{5x+7}{2x^3-8x}$

10. Bilde einen Bruchterm, der die folgende Definitionsmenge hat!
a) $\mathbb{Q} \setminus \{1\}$ **b)** $\mathbb{Q} \setminus \{-\frac{1}{2}; 1\}$ **c)** $\mathbb{Q} \setminus \{-1; 0; 2\}$ **d)** $\mathbb{Q} \setminus \{-2{,}5; -0{,}5\}$ **e)** $\mathbb{Q}$

II. Das Rechnen mit Bruchtermen

1. Zur Einführung

In § 2 haben wir uns ausführlich mit dem Umformen von Termen in gleichwertige Terme befasst. Dabei war es im Allgemeinen das Ziel, den gegebenen Term zu vereinfachen.
Auch Bruchterme sind häufig in einfachere Terme umzuformen. Es liegt nahe, sich dabei an den Regeln zu orientieren, die uns aus der Bruchrechnung bekannt sind.
Die einfachste Möglichkeit, einen gegebenen Bruch zu vereinfachen, ist das **Kürzen**. Dies ist immer möglich, wenn Zähler und Nenner gemeinsame Teiler haben, also als Produkte mit gemeinsamen Faktoren geschrieben werden können.

Beispiel $\frac{12}{18} = \frac{2 \cdot 6}{3 \cdot 6} = \frac{2}{3}$

Wenn wir diesen Sachverhalt allgemein für einen Bruch der Form $\frac{a \cdot c}{b \cdot c}$ formulieren wollen, so ist zu beachten, dass die im Nenner auftretenden Faktoren von 0 verschieden sein müssen, dass also gelten muss:

$$b \neq 0 \wedge c \neq 0.$$

Bemerkung: Zur Vereinfachung schreiben wir diese Bedingung kurz in der Form: $b, c \neq 0$.
Allgemein gilt also:

$$\frac{a \cdot c}{b \cdot c} = \frac{a}{b} \quad \text{(für } b, c \neq 0\text{)}.$$

2. Beispiele zum Kürzen von Bruchtermen

Nach dieser Regel können wir auch bei Bruchtermen verfahren, deren Zähler und Nenner Produkte mit gemeinsamen Faktoren sind oder in Produkte mit gemeinsamen Faktoren umgeformt werden können. Auch hier ist zu beachten, dass die auftretenden Nenner von 0 verschieden sein müssen.

Beispiele

1) $\frac{15a-12}{3a-9} = \frac{3(5a-4)}{3(a-3)} = \frac{5a-4}{a-3}$ (für $a \neq 3$)

Der gegebene Term $\frac{15a-12}{3a-9}$ und auch der Ergebnisterm $\frac{5a-4}{a-3}$ sind für $a = 3$ nicht definiert. Daher fügen wir am Ende der Rechnung in Klammern die Einschränkung „für $a \neq 3$" hinzu.

2) $\frac{x^2+x}{x^2-x} = \frac{x(x+1)}{x(x-1)} = \frac{x+1}{x-1}$ (für $x \neq 0; 1$)

Da der gegebene Term für 0 und für 1 nicht definiert ist, lautet die einschränkende Bedingung $x \neq 0 \wedge x \neq 1$, kurz geschrieben $x \neq 0; 1$. Beachte, dass man dem Ergebnisterm nur die Einschränkung $x \neq 1$ entnehmen kann!

Beispiele

1) $\frac{x^2+5x}{2x+10} = \frac{x(x+5)}{2(x+5)} = \frac{x}{2}$ (für $x \neq -5$)

2) $\frac{4y+12}{y^2-9} = \frac{4(y+3)}{(y-3)(y+3)} = \frac{4}{y-3}$ (für $y \neq 3; -3$)

3) $\frac{6a^2-3ab}{ab-a^2} = \frac{3a(2a-b)}{a(b-a)} = \frac{3(2a-b)}{b-a}$ (für $a \neq 0; a \neq b$)

4) $\frac{r^3-rs^2}{r^3-r^2s} = \frac{r(r^2-s^2)}{r^2(r-s)} = \frac{r(r+s)(r-s)}{r^2(r-s)} = \frac{r+s}{r}$ (für $r \neq 0; r \neq s$)

3. Die Multiplikation von Bruchtermen

Die **Multiplikation von Bruchzahlen** ist definiert durch:

$$\frac{a}{b} \cdot \frac{c}{d} = \frac{a \cdot c}{b \cdot d} \quad \text{(für } b, d \neq 0\text{).}$$

Nach dieser Regel sind auch Bruchterme miteinander zu multiplizieren. Auch hier ist zu beachten, dass die auftretenden Nenner von 0 verschieden sein müssen.

Beispiele

1) $\frac{2}{x} \cdot \frac{x+3}{x-5} = \frac{2(x+3)}{x(x-5)}$ (für $x \neq 0; 5$)

2) $\frac{3a^2}{4b^2} \cdot \frac{2b}{5a} = \frac{3a^2 \cdot 2b}{4b^2 \cdot 5a} = \frac{3a}{10b}$ (für $a, b \neq 0$)

3) $\frac{y^2-1}{y^2-9} \cdot \frac{y-3}{y+1} = \frac{(y^2-1)(y-3)}{(y^2-9)(y+1)} = \frac{(y+1)(y-1)(y-3)}{(y+3)(y-3)(y+1)} = \frac{y-1}{y+3}$ (für $y \neq -3; 3; -1$)

4. Die Division von Bruchtermen

Die **Division von Bruchzahlen** ist definiert durch:

$$\frac{a}{b} : \frac{c}{d} = \frac{a}{b} \cdot \frac{d}{c} = \frac{a \cdot d}{b \cdot c} \quad \text{(für b, c, d} \neq 0\text{).}$$

Bei den einschränkenden Bedingungen ist zu beachten, dass beim Divisor sowohl der Zähler (c) wie der Nenner (d) ungleich 0 sein müssen. Nach dieser Regel sind auch Bruchterme durcheinander zu dividieren.

Beispiele

1) $\frac{3}{x} : \frac{x-2}{4} = \frac{3}{x} \cdot \frac{4}{x-2} = \frac{12}{x(x-2)}$ (für $x \neq 0; 2$)

2) $\frac{5}{y+1} : \frac{10}{y-1} = \frac{5}{y+1} \cdot \frac{y-1}{10} = \frac{5(y-1)}{10(y+1)} = \frac{y-1}{2(y+1)}$ (für $y \neq -1; 1$)

3) $\frac{7a}{3b} : \frac{4a}{5b^2} = \frac{7a}{3b} \cdot \frac{5b^2}{4a} = \frac{7a \cdot 5b^2}{3b \cdot 4a} = \frac{35}{12} b$ (für $a; b \neq 0$)

4) $\frac{x+5}{x-3} : \frac{x^2-25}{x^2-3x} = \frac{x+5}{x-3} \cdot \frac{x^2-3x}{x^2-25} = \frac{(x+5)x(x-3)}{(x-3)(x+5)(x-5)} = \frac{x}{x-5}$ (für $x \neq 3; -5; 5; 0$)

Die einschränkende Bedingung im letzten Beispiel $x \neq 3; -5; 5; 0$ ergibt sich folgendermaßen:

a) Wegen des Nenners des Dividenden $(x-3)$ muss gelten: $x \neq 3$;
b) wegen des Zählers des Divisors (x^2-25) muss gelten: $x \neq -5; 5$;
c) wegen des Nenners des Divisors (x^2-3x) muss gelten: $x \neq 0; 3$.

5. Die Addition von Bruchtermen

Für die **Addition** bzw. für die **Subtraktion** von **Bruchzahlen**, die durch gleichnamige Bruchzahlen dargestellt sind, gilt:

$$\frac{a}{c} + \frac{b}{c} = \frac{a+b}{c} \quad \text{bzw.} \quad \frac{a}{c} - \frac{b}{c} = \frac{a-b}{c} \quad \text{(für c} \neq 0\text{).}$$

Man kann diese Regel mit Hilfe des **Distributivgesetzes** beweisen, wenn man berücksichtigt, dass jeder Bruch als Produkt geschrieben werden kann.

Beispiel $\frac{4}{5} + \frac{2}{5} = 4 \cdot \frac{1}{5} + 2 \cdot \frac{1}{5} = (4+2)\frac{1}{5} = \frac{4+2}{5} = \frac{6}{5}$.

Allgemein gilt für $c \neq 0$:

$$\frac{a}{c} + \frac{b}{c} = a \cdot \frac{1}{c} + b \cdot \frac{1}{c} = (a+b) \cdot \frac{1}{c} = \frac{a+b}{c}.$$

Sind Bruchzahlen in nicht gleichnamiger Darstellung gegeben, so ist vor dem Addieren bzw. Subtrahieren der **Hauptnenner** zu bestimmen, das ist das kleinste gemeinsame Vielfache (kgV) der einzelnen Nenner. Durch Erweitern können dann alle Summanden durch gleichnamige Brüche dargestellt werden.

Beispiel $\frac{5}{12} + \frac{2}{15} = \frac{25}{60} + \frac{8}{60} = \frac{33}{60} = \frac{11}{20}$

In der gleichen Weise sind auch Bruchterme zu addieren (bzw. zu subtrahieren), wenn in den Nennern nur Zahlzeichen, aber keine Variablen auftreten.

Beispiel $\frac{a}{4}+\frac{7b}{6}+\frac{4a}{9}-\frac{5b}{12}$

Der Hauptnenner H ist in bekannter Weise durch Zerlegung der einzelnen Nenner in Primfaktoren zu bestimmen. (E_1, E_2 usw. sind die Erweiterungsfaktoren.)

$4 = 2 \cdot 2$	$E_1 = 3 \cdot 3 = 9$
$6 = 2 \cdot \quad 3$	$E_2 = 2 \cdot 3 = 6$
$9 = \quad 3 \cdot 3$	$E_3 = 2 \cdot 2 = 4$
$12 = 2 \cdot 2 \cdot 3$	$E_4 = 3$
$H = 2 \cdot 2 \cdot 3 \cdot 3 = 36$	

Also ist: $\frac{a}{4}+\frac{7b}{6}+\frac{4a}{9}-\frac{5b}{12}=\frac{9a}{36}+\frac{42b}{36}+\frac{16a}{36}-\frac{15b}{36}=\frac{9a+42b+16a-15b}{36}$

$$=\frac{25a+27b}{36}.$$

Beachte: Da bei diesem Beispiel in keinem Nenner eine Variable auftritt, gilt die Umformung ohne Einschränkung.

6. Beispiele zur Addition von Bruchtermen mit variablem Nenner

Kommen in den Nennern der zu addierenden Bruchterme Variable vor, so ist der **Hauptnenner** H entsprechend zu bestimmen.

Beispiele

1) $\frac{4}{x^2}+\frac{4}{xy}+\frac{1}{y^2}$

Bestimmung des Hauptnenners

$x^2 = x \cdot x$	$E_1 = y^2$
$xy = x \cdot \quad y$	$E_2 = xy$
$y^2 = \quad y \cdot y$	$E_3 = x^2$
$H = x \cdot x \cdot y \cdot y = x^2 y^2$	

Also ist:

$$\frac{4}{x^2}+\frac{4}{xy}+\frac{1}{y^2}=\frac{4y^2}{x^2y^2}+\frac{4xy}{x^2y^2}+\frac{x^2}{x^2y^2}$$
$$=\frac{4y^2+4xy+x^2}{x^2y^2}=\frac{(2y+x)^2}{x^2y^2}$$
$$=\left(\frac{2y+x}{xy}\right)^2 \quad \text{(für } x, y \neq 0\text{).}$$

2) $\frac{1}{x^2-x}+\frac{x-3}{x^2-1}$

Bestimmung des Hauptnenners

$x^2 - x = x(x-1)$	$E_1 = x+1$
$x^2 - 1 = \quad (x-1)(x+1)$	$E_2 = x$
$H = x(x-1)(x+1)$	

Also ist:

$$\frac{1}{x^2-x}+\frac{x-3}{x^2-1}=\frac{(x+1)+x(x-3)}{x(x-1)(x+1)}$$
$$=\frac{x+1+x^2-3x}{x(x-1)(x+1)}=\frac{x^2-2x+1}{x(x-1)(x+1)}=\frac{(x-1)^2}{x(x-1)(x+1)}=\frac{x-1}{x(x+1)}$$

(für $x \neq 0; 1; -1$).

3) $\frac{1}{a^2-ab}+\frac{1}{ab+b^2}-\frac{2}{a^2-b^2}$

Bestimmung des Hauptnenners

$a^2-ab=a(a-b)$	$E_1=b(a+b)$
$ab+b^2=\quad b(a+b)$	$E_2=a(a-b)$
$a^2-b^2=\quad (a-b)\ (a+b)$	$E_3=ab$
$H=a(a+b)\,b(a-b)=ab(a+b)(a-b)$	

Also ist:

$$\frac{1}{a^2-ab}+\frac{1}{ab+b^2}-\frac{2}{a^2-b^2}$$

$$=\frac{b(a+b)+a(a-b)-2ab}{ab(a+b)(a-b)}$$

$$=\frac{ab+b^2+a^2-ab-2ab}{ab(a+b)(a-b)}=\frac{a^2-2ab+b^2}{ab(a+b)(a-b)}$$

$$=\frac{(a-b)^2}{ab(a+b)(a-b)}=\frac{a-b}{ab(a+b)} \quad \text{(für } a, b \neq 0;\ a \neq -b;\ a \neq b\text{).}$$

Aufgaben und Beispiele

Kürze in den Aufgaben 1 bis 3 so weit wie möglich und gib die einschränkenden Bedingungen an!

1. a) $\frac{4a+8}{4a-20}$ **b)** $\frac{7b+35}{14b-42}$ **c)** $\frac{12-8c}{16-4c}$ **d)** $\frac{42-6d}{18+9d}$ **e)** $\frac{8a+8b}{12a-12b}$

f) $\frac{2m-4}{5m-10}$ **g)** $\frac{5n+15}{10m+30}$ **h)** $\frac{12p+8}{21p+14}$ **i)** $\frac{30+24q}{10-8q}$ **j)** $\frac{2ab-5a}{2b^2-5b}$

k) $\frac{r}{r^2+r}$ **l)** $\frac{s^2-s}{s^2-7s}$ **m)** $\frac{x^2+3x}{2x^2-x}$ **n)** $\frac{2y^2-3y}{5y^2-10y}$ **o)** $\frac{6-15z}{14z-35z^2}$

2. a) $\frac{a^2+3a}{a^2-9}$ **b)** $\frac{b^2-4}{b^2+2b}$ **c)** $\frac{c+4}{c^2-16}$ **d)** $\frac{2p+6}{p^2+6p+9}$ **e)** $\frac{4q-4}{q^2-2q+1}$

f) $\frac{r^2-25}{r^2-5r}$ **g)** $\frac{2s^2+12s}{s^2-36}$ **h)** $\frac{x^2+10x+25}{2x^2-50}$ **i)** $\frac{y^3-2y^2+y}{y^3-y}$ **j)** $\frac{z^2+4z}{3z-z^2}$

3. Faktorisiere und kürze!

Beispiel

$$\frac{15y^2-9xy}{12x^2-20xy}=\frac{3y(5y-3x)}{4x(3x-5y)}=\frac{-3y(3x-5y)}{4x(3x-5y)}=-\frac{3y}{4x} \quad \text{(für } x \neq 0 \text{ und } 3x \neq 5y\text{)}$$

a) $\frac{a^2-ab}{a^2-b^2}$ **b)** $\frac{r^2-rs}{rs-s^2}$ **c)** $\frac{x^2+2xy}{xy+2y^2}$ **d)** $\frac{4pq-8q^2}{6q^2-3pq}$ **e)** $\frac{9mn-6n^2}{10mn-15m^2}$

Multiplikation von Bruchtermen

4. Kürze – falls möglich – **vor** dem Ausmultiplizieren und gib die einschränkenden Bedingungen an!

a) $\frac{a}{4}\cdot\frac{b}{5}$ **b)** $\frac{p}{3}\cdot\frac{q}{8}$ **c)** $3\cdot\frac{r}{7}$ **d)** $\frac{-x}{7}\cdot\frac{-y}{4}$ **e)** $\frac{3}{a}\cdot\frac{4}{b}$ **f)** $\frac{-2}{x}\cdot\frac{5}{y}$

g) $\frac{5}{m}\cdot(-3)$ **h)** $\frac{-7}{p}\cdot\frac{-4}{q}$ **i)** $\frac{x}{y}\cdot\frac{y}{x}$ **j)** $\frac{2a}{15b}\cdot\frac{9b}{4a}$ **k)** $\frac{14x^2}{3y}\cdot\frac{6y^2}{7x}$ **l)** $\frac{-18p}{5q^2}\cdot\frac{10q}{9p^2}$

m) $5m^2\cdot\frac{4n}{15m}$ **n)** $\frac{-15x}{8y}\cdot 4xy^3$ **o)** $\frac{-28r}{15s^2}\cdot\frac{20s}{-21s^2}$ **p)** $\frac{4}{x}\cdot\frac{x}{y}\cdot\frac{-3y}{x}$

q) $\frac{7a^2}{4b}\cdot\left(-\frac{16b^2}{21a}\right)\cdot\frac{5b}{3a}$ **r)** $\frac{5m}{6n}\cdot\frac{12n}{7n}\cdot\frac{21n}{25m}$ **s)** $\frac{3pq^3}{5r^2s}\cdot\frac{10p^2s^3}{9q^2r}\cdot\frac{6q^2r^3}{5ps^2}$ **t)** $\frac{6a^2b}{-2xy^4}\cdot\frac{-4x^2y}{9ab^3}\cdot\frac{-2ax}{3by}$

5. Kürze – falls möglich – **vor** dem Ausmultiplizieren und gib die einschränkenden Bedingungen an!

a) $\frac{4}{x+y} \cdot \frac{x+y}{5}$ **b)** $\frac{3p}{a-b} \cdot \frac{4a-4b}{5pq}$ **c)** $\frac{2}{u^2-uv} \cdot (u-v)$ **d)** $\frac{5x-5y}{3p+3q} \cdot \frac{4p+4q}{10x-10y}$

e) $\frac{4a+6b}{9} \cdot \frac{3}{8a+12b}$ **f)** $\frac{3p+4q}{5} \cdot \frac{15}{6p+8q}$ **g)** $\frac{4x-y}{3m+5n} \cdot \frac{6m+10n}{8x-2y}$ **h)** $\frac{5p-10q}{3x+4y} \cdot \frac{6x+8y}{20q-10p}$

i) $\frac{ab-ac}{bd} \cdot \frac{cd}{b^2-bc}$ **j)** $\frac{a^2+2a}{a^2-3a} \cdot \frac{a-3}{a+2}$ **k)** $\frac{b-4}{b^2+2b} \cdot \frac{b+2}{b^2-4b}$ **l)** $\frac{xy-y^2}{-4xy} \cdot \frac{3xy}{x^2-xy}$

m) $\frac{x^2-4}{9-y^2} \cdot \frac{3y+y^2}{x^2-4x+4}$ **n)** $\frac{a^2+6a+9}{b^2+4b} \cdot \frac{16-b^2}{a^2-9}$ **o)** $\frac{2u^2-8v^2}{a^2+2ab+b^2} \cdot \frac{3a+3b}{4u-8v}$ **p)** $\frac{p^2-pq}{r^2-4s^2} \cdot \frac{r^2+2rs}{q^2-pq}$

6. Wende das Distributivgesetz an, kürze und gib die einschränkenden Bedingungen an!

a) $4ab\left(\frac{2}{a}+\frac{3}{b}\right)$ **b)** $5xy\left(\frac{1}{10x}+\frac{2}{15y}\right)$ **c)** $(-4pq)\left(\frac{3}{8p}-\frac{5}{4q}\right)$ **d)** $3x^2y\left(\frac{5y}{6x}-\frac{7x}{9y}\right)$

e) $\left(\frac{18}{m}+\frac{15}{n}\right)\cdot 3mn$ **f)** $\frac{3a}{b}\left(\frac{4a}{7b}-\frac{5b}{6a}\right)$ **g)** $\frac{36a^2b}{13c^2}\left(\frac{39bc}{4a^2}-\frac{65c}{ab^2}\right)$ **h)** $\frac{2xy}{3pq}\left(\frac{9x^2p}{14yq^2}+\frac{15y^2q}{16xp^2}\right)$

i) $(a+b)\left(\frac{5}{a}+\frac{3}{b}\right)$ **j)** $\left(\frac{4}{x}+\frac{5}{y}\right)(x-2y)$ **k)** $(3x-4y)\left(\frac{2}{3x}-\frac{5}{4y}\right)$

l) $\left(\frac{5}{p}-\frac{2}{q}\right)(4p-3q)$ **m)** $(4a+3b-2c)\left(\frac{1}{a^2bc}-\frac{3}{ab^2c}+\frac{5}{abc^2}\right)$

n) $\left(\frac{a}{3}-\frac{b}{4}\right)\left(\frac{6}{a}-\frac{1}{b}\right)$ **o)** $\left(\frac{5}{x}+\frac{3}{y}\right)\left(\frac{2}{x}-\frac{7}{y}\right)$ **p)** $\left(\frac{4a}{b}-\frac{3b}{a}\right)\left(\frac{a}{2b}+\frac{b}{6a}\right)$

q) $\left(\frac{x}{3}-\frac{y}{4}+\frac{z}{7}\right)\left(\frac{2}{x}+\frac{3}{y}\right)$ **r)** $\left(\frac{p^2}{q}-\frac{q^2}{p}\right)\left(\frac{3p}{q}+\frac{5q}{p}\right)$ **s)** $\left(\frac{4m}{3n}+\frac{5n}{6m}\right)\left(\frac{2}{n^2}-\frac{7}{m^2}\right)$

Division von Bruchtermen

7. Kürze – falls möglich – vor dem Zusammenfassen und gib die einschränkenden Bedingungen an!

Beispiel

$$\frac{10ab^2}{21p^2q} : \frac{8a^2b}{15pq^2} = \frac{10ab^2}{21p^2q} \cdot \frac{15pq^2}{8a^2b} = \frac{5b\cdot 5q}{7p\cdot 4a} = \frac{25bq}{28ap} \quad (\text{für } a, b, p, q \neq 0)$$

a) $\frac{a}{6}:\frac{b}{7}$ **b)** $\frac{x}{3}:\frac{y}{8}$ **c)** $\frac{p}{5}:\frac{3}{q}$ **d)** $\frac{m}{6}:\frac{9}{m}$ **e)** $\frac{-x}{3}:\frac{5}{y}$

f) $\left(-\frac{p}{14}\right):\frac{7}{p}$ **g)** $\frac{2x}{y}:\frac{x}{4y}$ **h)** $\frac{3a}{4b}:\frac{5b}{2a}$ **i)** $\frac{5x}{6y}:\left(-\frac{10x}{9y}\right)$ **j)** $4:\frac{p}{3}$

k) $\frac{m}{4n}:3m$ **l)** $\left(-\frac{x^2}{y^2}\right):xy$ **m)** $(-3p^2q):\frac{4p}{7q}$ **n)** $8xy:\left(\frac{-4x}{3y}\right)$ **o)** $\frac{3r^2s}{4ab^2}:\left(-\frac{9rs^2}{16a^2b}\right)$

p) $\left(\frac{5m}{7n}:\frac{6m}{11n}\right):\frac{5n}{3m}$ **q)** $\frac{5u}{9v}:\left(\frac{6v}{7u}:\frac{3v}{5u}\right)$ **r)** $\left(\frac{ab^2}{c^2}:\frac{a^2b}{c}\right):\left(-\frac{b^2c}{a}\right)$

s) $\left(\frac{4a^2b}{-2xy^2}\right):\left(\frac{-6ab^2}{5x^2y}:\frac{2ax}{9by}\right)$ **t)** $\left(\frac{5x}{6y^2}:\frac{3x^2}{8z}\right):\frac{15z^2}{4y}$ **u)** $\left(\frac{3m}{5n^2}:\frac{4n}{9m^2}\right):\frac{6m}{5n}$

8. Verfahre wie in Aufgabe 7!

a) $\frac{3}{a+b}:\frac{9}{a+b}$ **b)** $\frac{3p}{2x-2y}:\frac{6q}{5x-5y}$ **c)** $\frac{2u+6v}{3m}:\frac{u+3v}{5n}$ **d)** $\frac{x^2-xy}{6a}:\frac{xy-y^2}{9b}$

e) $\frac{x+4}{x^2-3x}:\frac{x^4+4x}{2x-6}$ **f)** $\frac{3m-n}{4x+2y}:\frac{2n-6m}{6x+3y}$ **g)** $\frac{u^2-uv}{4}:(u-v)$ **h)** $(2x+y):\frac{4y+8x}{3a+b}$

i) $\frac{pq-q^2}{-3mn}:\frac{p^2-pq}{6mn}$ **j)** $\frac{a^2-ab}{3x-6y}:\frac{ab-b^2}{4y-2x}$ **k)** $\frac{uv-2v^2}{u+v}:\frac{u-2v}{3u+3v}$ **l)** $(p+q)^2:\frac{p^2+pq}{4pq}$

9. Verfahre wie in Aufgabe 8!

a) $\dfrac{\frac{a^2-2a}{a^2-3a}}{\frac{a^2-4}{a^2-6a+9}}$ **b)** $\dfrac{\frac{b^2-8b+16}{b^2-2b}}{\frac{b^2-16}{b^2+4b}}$ **c)** $\dfrac{\frac{m^2-2m}{m+1}}{\frac{m^2-4}{2m+4}}$ **d)** $\dfrac{\frac{c^2+2cd+d^2}{r^2-s^2}}{\frac{4c^2+4cd}{3rs-3s^2}}$ **e)** $\dfrac{\frac{x^2-9}{x^2-3x}}{\frac{4x+12}{x^2+3}}$ **f)** $\dfrac{\frac{4-y^2}{z^2-9}}{\frac{4y+2y^2}{z^2-3z}}$

10. Berechne den Wert des Terms für die angegebene Einsetzung! Forme den Term dazu zunächst so um, dass die Rechnung möglichst einfach wird!

a) $\frac{x^2-y^2}{x-y}$; $(\frac{1}{2}|-\frac{1}{2})$ **b)** $\frac{x^2-9y^2}{y^2-xy}\cdot\frac{x^2-xy}{x+3y}$; $(-1|1)$ **c)** $(x-1)\cdot\frac{y+1}{xy+x-y-1}$; $(-\frac{3}{2}|-\frac{2}{3})$

d) $\frac{x^2-2x+1}{y^2+2y+1}$; $(-\frac{1}{5}|\frac{1}{5})$ **e)** $\left(\frac{1}{x}-\frac{1}{y}\right)\cdot(x-y)$; $(0{,}5|1{,}5)$ **f)** $(x-y^2):(y^2-x)$; $(7{,}3|-4{,}3)$

g) $\frac{x^2-1}{y+1}:\frac{x+1}{y-1}$; $(\frac{2}{3}|-\frac{1}{3})$ **h)** $(4y+8x):\frac{2x+y}{3x+y}$; $(-2{,}5|10)$ **i)** $\frac{xy-x^2}{y}:\frac{x}{xy-y^2}$; $(100|99)$

Addition und Subtraktion von Bruchtermen

11. a) $\frac{4}{5}+\frac{2}{3}$ **b)** $\frac{5}{7}-\frac{1}{2}$ **c)** $\frac{3}{8}-\frac{2}{9}+\frac{5}{12}$ **d)** $\frac{a}{3}+\frac{4a}{9}$

e) $\frac{x}{6}+\frac{2y}{5}$ **f)** $\frac{5p}{12}-\frac{7q}{15}$ **g)** $\frac{p}{8}-\frac{3p}{10}+\frac{5p}{12}$ **h)** $\frac{4y}{5}-\frac{7b}{20}+\frac{6a}{25}$

i) $\frac{m}{5}+\frac{n}{6}-\frac{1}{3}$ **j)** $1-\frac{r}{7}+\frac{s}{3}$ **k)** $\frac{20}{21}+\frac{3u}{14}-\frac{6u}{35}$ **l)** $3v+\frac{u}{6}-\frac{2v}{5}-\frac{u}{4}$

12. a) $\frac{y-x}{2}-y$ **b)** $\frac{x+y}{2}-y$ **c)** $x-\frac{x-y}{2}$ **d)** $\frac{x+y}{2}+\frac{x-y}{2}$

e) $\frac{x+y}{2}-\frac{x-y}{2}$ **f)** $\frac{x+y}{3}+\frac{x-y}{2}$ **g)** $\frac{3u-2v}{10}+\frac{u+4v}{15}$ **h)** $\frac{3r+2s}{4}+\frac{s-3r}{3}$

i) $\frac{4p-5q}{14}+\frac{3p-q}{21}$ **j)** $\frac{4u-3v}{10}+\frac{3u-4v}{15}-\frac{u-3v}{6}$

k) $\frac{5p+q}{18}-\frac{3p-2q}{24}+\frac{p-6q}{12}$ **l)** $\frac{2a-b}{14}+\frac{b-2a}{15}+\frac{a-b}{21}$

m) $\frac{a+2b-c}{6}-\frac{3a+b-2c}{9}+\frac{a-2b+3c}{15}$ **n)** $\frac{3p-2q+r}{6}+\frac{p+3q-r}{9}-\frac{2p-q+3r}{12}$

o) $\frac{3x-4y}{4}+\frac{x+5y}{3}-\frac{3x-y}{12}+\frac{5x-2y}{8}$ **p)** $\frac{2a+b}{5}+\frac{7}{20}a+\frac{4b-3a}{4}+\frac{4}{5}b$

13. a) $\frac{3}{a}+\frac{4}{a}$ **b)** $\frac{5}{b}-\frac{3}{b}$ **c)** $\frac{3}{x}+\frac{7}{x}-\frac{2}{x}$ **d)** $\frac{7}{a}+\frac{5}{b}$

e) $\frac{6}{x}+\frac{5}{y}$ **f)** $\frac{7}{x^2}-\frac{3}{xy}+\frac{2}{y^2}$ **g)** $\frac{2}{5x}-\frac{3}{2y}+\frac{4}{3z}$ **h)** $\frac{7}{a^2b}-\frac{5}{ab^2}$

i) $\frac{1}{x+2}+\frac{2}{x-1}+\frac{1}{x+1}$ **j)** $\frac{2a+1}{x}-\frac{4-3a}{y}$ **k)** $\frac{2r+s}{a}+\frac{3s-r}{b}$ **l)** $\frac{4a}{3b}+\frac{5b}{2a}-2$

m) $\frac{2}{xy}-\frac{3}{xz}+\frac{5}{yz}$ **n)** $\frac{1}{a-b}-\frac{1}{a+b}$ **o)** $\frac{1}{x+1}-\frac{2}{x}+\frac{1}{x-1}$ **p)** $\frac{3}{p^2}+\frac{2}{p}-\frac{5}{p^3}$

q) $\frac{4a}{xy}-\frac{3b}{xz}+\frac{6c}{yz}$ **r)** $\frac{3m}{np}+\frac{2n}{mp}-\frac{5p}{mn}$ **s)** $\frac{a}{b}-\frac{a-b}{b-a}$ **t)** $\frac{4c}{3ab}+\frac{3a}{2bc}-\frac{b}{ac}$

14. a) $\frac{1}{x+y}-\frac{2}{x-y}$ **b)** $\frac{a}{a-b}+\frac{b}{a+b}$ **c)** $\frac{x}{x-1}+\frac{x+2}{x-3}$ **d)** $\frac{y-1}{y+1}+\frac{y+1}{y-1}$ **e)** $\frac{z+3}{z-1}+\frac{z-2}{z}$

f) $\frac{3b}{a+1}-\frac{2a}{b-1}$ **g)** $\frac{a}{a+b}+\frac{b}{a-b}$ **h)** $\frac{a}{a+b}-\frac{b}{a-b}$ **i)** $\frac{b}{a+b}-\frac{a}{a-b}$ **j)** $\frac{x+y}{x-y}+\frac{x-y}{x+y}$

k) $\frac{x+y}{x-y}-\frac{x-y}{x+y}$ **l)** $\frac{a-b}{a+b}-\frac{a}{a-b}$ **m)** $\frac{a}{a+b}-\frac{a+b}{a-b}$ **n)** $\frac{3}{x}+\frac{4}{x-1}-\frac{5}{x-1}$ **o)** $\frac{1}{a-b}+\frac{1}{b-c}+\frac{1}{c-a}$

15. **a)** $\frac{3x+2y}{4x} - \frac{x-3y}{2y}$ **b)** $\frac{2p-q}{3q} + \frac{5q-3p}{4p}$ **c)** $\frac{r+3s}{2r} + \frac{s-3r}{3s}$ **d)** $\frac{x^2-y^2}{x^2y} + \frac{x^2+y^2}{xy^2}$

e) $\frac{u-3v}{2u} + \frac{3u+v}{5v} - \frac{1}{3}$ **f)** $\frac{1}{u^2} - \frac{2}{uv} + \frac{1}{v^2}$ **g)** $\frac{2a-b+c}{ab} - \frac{a-2b+3c}{bc} + \frac{2a+b-2c}{ac}$

h) $\frac{4p+7q}{5pr} - \frac{p-5r}{2qr} + \frac{2q-r}{pq}$ **i)** $\frac{3a-b}{4ab} + \frac{5b-3c}{6bc} + \frac{2c-a}{8ac}$ **j)** $\frac{4m+3n}{5mk} - \frac{7n-4k}{9nk} + \frac{6m-5k}{15mn}$

16. **a)** $\frac{a+2}{2a+2} + \frac{3a-1}{3a+3}$ **b)** $\frac{5m+1}{3m-12} - \frac{2m-1}{4m-16}$ **c)** $\frac{x-3}{4x+12} + \frac{1-x}{6x+18}$ **d)** $\frac{x-3y}{2x+4y} - \frac{2x+y}{3x+6y}$

e) $\frac{x+2y}{6x-3y} + \frac{2y-x}{10x-5y}$ **f)** $\frac{3a+b}{a^2-b^2} + \frac{2a-b}{a^2-ab}$ **g)** $\frac{y}{x^2+xy} + \frac{3y+x}{y^2-x^2}$ **h)** $\frac{r+s}{r^2-rs} - \frac{4s}{r^2-s^2}$

i) $\frac{p}{p^3-p^2q} - \frac{p+q}{q^3-p^2q}$ **j)** $\frac{m}{m^2+mn} + \frac{m-n}{m^2+2mn+n^2}$ **k)** $\frac{x^2+y^2}{x^2y-y^3} + \frac{2x}{x^2-y^2}$ **l)** $\frac{3m-n}{m^2-n^2} - \frac{p+q}{mn-n^2}$

m) $\frac{1}{pq+q^2} - \frac{2}{p^2-q^2} + \frac{1}{p^2-pq}$ **n)** $\frac{b}{a^2-b^2} + \frac{a}{ab-b^2} - \frac{a}{b^2-a^2}$ **o)** $\frac{1}{x^2-x} - \frac{2}{x^2-1} + \frac{1}{x+1}$

p) $\frac{u+3}{u^2-6u+9} - \frac{2u}{u^2-9} - \frac{u-3}{u^2+6u+9}$ **q)** $\frac{2p-q}{p^2+2pq+q^2} + \frac{2p+q}{p^2-2pq+q^2} - \frac{4p}{p^2-q^2}$

17. Berechne das Produkt, indem du zuerst das Distributivgesetz anwendest! Gib – falls erforderlich – die einschränkenden Bedingungen an!

a) $2\left(\frac{1}{3}+\frac{1}{4}\right)$ **b)** $\frac{1}{2}\left(\frac{1}{5}-\frac{1}{6}\right)$ **c)** $-3\left(\frac{5}{6}-\frac{8}{9}\right)$

d) $x\left(\frac{1}{x^2}+\frac{1}{xy}\right)$ **e)** $xy\left(\frac{2}{x^2}-\frac{3}{y^2}\right)$ **f)** $ab\left(\frac{1}{a}-\frac{1}{b}\right)$

g) $\left(\frac{x}{y}+\frac{y}{x}\right)xy$ **h)** $\left(\frac{1+x}{1-x}+\frac{x+1}{x-1}\right)(x-1)$ **i)** $\left(\frac{1}{x^2-1}+\frac{1}{x-1}\right)\frac{x+1}{2}$

18. Berechne die Produkte von Aufgabe 17, indem du zuerst die Addition oder Subtraktion in der Klammer ausführst. In welchen Fällen ist die erste, in welchen Fällen ist die zweite Rechnung einfacher?

III. Das Dividieren von Summen

1. Division einer Summe durch eine Zahl

Die Regel für die Addition von Bruchzahlen,

$$\frac{a}{c}+\frac{b}{c}=\frac{a+b}{c} \quad (\text{für } c \neq 0),$$

kann auch in umgekehrter Richtung angewendet werden:

$$\frac{a+b}{c}=\frac{a}{c}+\frac{b}{c} \quad (\text{für } c \neq 0).$$

In Worten:

> Eine Summe wird durch eine Zahl (oder durch einen Term) dividiert, indem jeder Summand durch die Zahl (oder durch den Term) dividiert wird.

Beispiele

1) $\frac{5x+10y}{5} = \frac{5x}{5} + \frac{10y}{5} = x + 2y$

2) $\frac{6a^2-10ab}{2a} = \frac{6a^2}{2a} - \frac{10ab}{2a} = 3a - 5b \quad (\text{für } a \neq 0)$

3) $\frac{51b^2-85bc+68ab}{17b} = \frac{51b^2}{17b} - \frac{85bc}{17b} + \frac{68ab}{17b} = 3b - 5c + 4a \quad (\text{für } b \neq 0)$

2. Division einer Summe durch eine Summe

Es bleibt nun noch die Division von Summen durch Summen zu behandeln. Wie eine solche Division durchgeführt werden kann, wollen wir uns an einem einfachen Zahlenbeispiel klarmachen, etwa 384 : 12. Das übliche Verfahren zur Berechnung dieses Quotienten ist rechts ausführlich geschrieben. Beachte die Zerlegung von Dividend und Divisor!

$$\begin{array}{l} 384 : 12 = 32 \\ \underline{36} \\ 24 \\ \underline{24} \\ 0 \end{array} \qquad \text{oder ausführlich:} \qquad \begin{array}{l} (300 + 80 + 4) : (10 + 2) = 30 + 2 \\ \underline{-(300 + 60)} \\ \qquad\quad 20 + 4 \\ \qquad \underline{-(20 + 4)} \\ \qquad\qquad 0 \end{array}$$

Es wird zuerst der größte Summand des Dividenden durch den größten Summanden des Divisors dividiert (300 : 10 = 30); dann wird „zurückmultipliziert“ und durch Subtraktion der Rest bestimmt, der noch dividiert werden muss. Dann wird der größte Summand des Restes durch den größten Summanden des Divisors geteilt (20 : 10 = 2) und wieder zurückmultipliziert usw. Ist der Dividend ein Vielfaches des Divisors, so ergibt sich schließlich der Rest null; sonst bleibt ein von null verschiedener Rest übrig. Dieses Verfahren kann auf die Division von Summentermen übertragen werden.

Beispiel

$$\begin{array}{l} (x^2 + 6x + 8) : (x + 4) = x + 2 \quad (\text{für } x \neq -4) \\ \underline{-(x^2 + 4x)} \\ \qquad\quad 2x + 8 \\ \qquad \underline{-(2x + 8)} \\ \qquad\qquad 0 \end{array}$$

Dass die durch das Zurückmultiplizieren gewonnenen Terme subtrahiert werden sollen, deutet man zweckmäßigerweise dadurch an, dass man die Vorzeichen dieser Terme ändert und dann addiert.

$$\begin{array}{l} (x^2 + 6x + 8) : (x + 4) = x + 2 \quad (\text{für } x \neq -4) \\ \underline{\pm x^2 \pm 4x} \\ \qquad\quad 2x + 8 \\ \qquad \underline{\pm 2x \pm 8} \\ \qquad\qquad 0 \end{array}$$

Durch Rückmultiplikation kann man die Probe auf die Richtigkeit der Rechnung machen.

$$(x + 2)(x + 4) = x^2 + 4x + 2x + 8 = x^2 + 6x + 8$$

Beachte, dass die letzte Gleichung in $\mathbb{Q}$ allgemein gültig ist, während die vorhergehende Umformung nur unter der einschränkenden Bedingung $x \neq -4$ gilt!

Beispiel

$$
\begin{array}{l}
(y^3 + 3y^2 - 4y - 12) : (y-2) = y^2 + 5y + 6 \quad (\text{für } y \neq 2) \\
\underline{\pm y^3 \mp 2y^2} \\
\qquad 5y^2 - 4y \\
\qquad \underline{\pm 5y^2 \mp 10y} \\
\qquad\qquad 6y - 12 \\
\qquad\qquad \underline{\pm 6y \mp 12} \\
\qquad\qquad\qquad 0
\end{array}
$$

Probe durch Rückmultiplikation:

$$(y-2)(y^2+5y+6) = y^3+5y^2+6y-2y^2-10y-12 = y^3+3y^2-4y-12$$

3. Ein Beispiel mit Rest

Nicht immer ist der Dividend ein Vielfaches des Divisors; bei einer solchen Divisionsaufgabe bleibt ein Rest. Wir behandeln zunächst ein **Zahlenbeispiel**.

$$
\begin{array}{l}
221 : 18 = 12 + \frac{5}{18} \\
\underline{18} \\
41 \\
\underline{36} \\
5
\end{array}
$$

Der Rest 5 ist noch durch 18 zu dividieren; also lautet das Ergebnis: $12 + \frac{5}{18}$.
Auch bei einem solchen Beispiel kann die Probe durchgeführt werden:
$(12 + \frac{5}{18}) \cdot 18 = 12 \cdot 18 + \frac{5}{18} \cdot 18 = 216 + 5 = 221.$

Entsprechend kann man auch bei Bruchtermen vorgehen.

Beispiel

$$
\begin{array}{l}
(x^2 - 5x + 3) : (x-2) = x - 3 - \dfrac{3}{x-2} \quad (\text{für } x \neq 2) \\
\underline{\pm x^2 \mp 2x} \\
\qquad -3x + 3 \\
\qquad \underline{\mp 3x \pm 6} \\
\qquad\qquad -3
\end{array}
$$

Der Rest -3 ist noch durch den Term $x-2$ zu dividieren; daher lautet das Ergebnis: $x - 3 - \frac{3}{x-2}$. Dieser Term hat die gleiche Definitionsmenge wie der gegebene Term. Die Terme sind also gleichwertig in $\mathbb{Q}^{\neq 2}$.

Man kann durch Rückmultiplikation auch in diesem Falle die Probe machen:

$$
\begin{aligned}
\left(x - 3 - \frac{3}{x-2}\right)(x-2) &= (x-3)(x-2) - \frac{3(x-2)}{x-2} \\
&= x^2 - 2x - 3x + 6 - 3 \\
&= x^2 - 5x + 3
\end{aligned}
$$

Aufgaben und Beispiele

Division von Summen

1. Dividiere und gib gegebenenfalls die einschränkenden Bedingungen an!

a) $(5x+5):5$ **b)** $(14a-7b):7$ **c)** $(21x+28y):7$
d) $(4x-3y):(-1)$ **e)** $(24pq-18q^2):6q$ **f)** $(65r^2-39rs):13r$
g) $(5a-3b+c):(-1)$ **h)** $(pq-pr):(-p)$ **i)** $(6u^2v^2-9uv^3):3uv^2$
j) $(15m^2n^2+18m^3n^2):3m^2n^2$ **k)** $(25xy^4-15x^4y):(-5xy)$ **l)** $(28c^2d^2+21cd^3):7cd^2$

2. Forme die angegebenen Terme in gleichwertige um, indem du sie als Summe bzw. als Differenz von Bruchtermen darstellst und dann dividierst!

a) $\frac{3ab-6b^2}{3b}$ **b)** $\frac{4xy+8yz}{4y}$ **c)** $\frac{5a^2b+15ab^2}{5ab}$ **d)** $\frac{12p^2q-16pq^2}{4pq}$ **e)** $\frac{8xy+4y^2-12xy}{4y}$

f) $\frac{14by-28ay+49cy}{-7y}$ **g)** $\frac{2x^2y^2z-6xy^2z^2+8x^2yz^2}{-2xyz}$ **h)** $\frac{-18p^3q^2r+24pq^3r^2-36p^2qr^3}{-6pqr}$

i) $\frac{25a^4b^2c^3+30a^3b^4c^2-15a^2b^3c^4}{5a^2b^2c^2}$ **j)** $\frac{144u^2v^2-216uv^3+72u^3v}{36uv}$ **k)** $\frac{24m^4nk-42mn^4k+54mnk^4}{6mnk}$

3. Bearbeite Aufgabe 2, indem du im Zähler das Distributivgesetz anwendest und dann kürzt! Welches Verfahren ist einfacher?

4. Führe die Division aus und gib die einschränkenden Bedingungen an!

a) $\left(\frac{4a}{3b}+\frac{2a}{5b}\right):2ab$ **b)** $\left(\frac{4}{x}-\frac{5}{y}\right):\frac{3}{xy}$ **c)** $\left(\frac{2}{p}-\frac{7}{q}\right):5pq$ **d)** $\left(\frac{m}{n}-\frac{n}{m}\right):\frac{3}{mn}$

e) $\left(\frac{2p}{q}-\frac{3q}{4p}\right):\left(-\frac{5p}{4q}\right)$ **f)** $\left(\frac{15a^2}{4b}-\frac{7b^2}{3a}\right):\frac{4a}{5b}$ **g)** $\left(\frac{9x^2y}{5ab^2}-\frac{3a^2b}{7xy^2}\right):\frac{4ab}{3xy}$ **h)** $\left(\frac{15x^2y}{28ab}+\frac{20xy^2}{21a^2}\right):\frac{5xy}{7a}$

Führe in den Aufgaben 5 bis 7 die Division aus und gib die einschränkenden Bedingungen an!

5. a) $(x^2+x-6):(x-2)$ **b)** $(x^2+6x-7):(x+7)$ **c)** $(x^2-5x+6):(x-3)$
d) $(x^2-2x-3):(x+1)$ **e)** $(y^2+y-20):(y+4)$ **f)** $(y^2-7y-8):(y-8)$
g) $(z^2+6z-7):(z-1)$ **h)** $(p^2-2p-3):(p-3)$ **i)** $(u^2-u-20):(5-u)$
j) $(p^3-q^3):(p-q)$ **k)** $(a^4-b^4):(a-b)$ **l)** $(x^5+y^5):(x+y)$
m) $(m^5-n^5):(m-n)$ **n)** $(c^6-d^6):(c^2-d^2)$ **o)** $(u^6+v^6):(u^2+v^2)$
p) $(1-64y^3):(1-4y)$ **q)** $(z^4-1):(z+1)$ **r)** $(81a^4-16b^4):(3a-2b)$

6. a) $(x^2+4x-3):(x-1)$ **b)** $(x^2+5x-3):(x+7)$ **c)** $(y^2+3y-5):(y+2)$
d) $(y^2-4y+1):(y+3)$ **e)** $(z^2+z-5):(z-2)$ **f)** $(z^2+3z-7):(z-4)$
g) $(4u^2-3u+2):(2u-1)$ **h)** $(6v^2-5v+1):(3v+2)$ **i)** $(x^3+9x-3):(x-2)$
j) $(6x^3+2x-3):(2x+1)$ **k)** $(z^3+6):(z-3)$ **l)** $(y^3-15):(y+5)$
m) $(r^4-16):(r+4)$ **n)** $(16s^4-1):(4s+1)$ **o)** $(27m^3-4):(3m+2)$

7. a) $(a^3+a^2b-ab^2-b^3):(a-b)$ **b)** $(x^3y-4xy^3):(x^2y+2xy^2)$
c) $(x^5+x^4+x^3+x^2+x+1):(x+1)$ **d)** $(x^4+4x^3+6x^2+4x+1):(x+1)$
e) $(-x^4+y^4):(x-y)$ **f)** $(y^6-x^6):(y^2-x^2)$

8. Dividiere und mache jeweils durch Rückmultiplikation die Probe! Was fällt dir auf? Formuliere eine Regel!

a) $(x^3-1):(x-1)$ **b)** $(x^4-1):(x-1)$ **c)** $(x^5-1):(x-1)$ **d)** $(x^6-1):(x-1)$

§ 10 Bruchgleichungen und einfache Bruchungleichungen

I. Beispiele für Bruchgleichungen

1. Zur Einführung

Für den neuen Sandkasten im Garten von Familie Heusch muss noch Spielsand beschafft werden. Herr Heusch besitzt ein Fass, mit dem er fünfzehnmal fahren müsste, um den Sandkasten zu füllen. Er leiht sich daher bei seinem Nachbarn, Herrn Mathar, eine größere Tonne. Mit beiden Gefäßen zusammen braucht er nur sechsmal zu fahren. Wie viel Fahrten müsste Herr Mathar mit seiner Tonne durchführen, um den gleich großen Sandkasten in seinem Garten zu füllen?

Bild 1

Lösung: Wir erfassen die Anzahl der Fahrten, die Herr Mathar mit seiner Tonne durchführen müsste, durch die Variable x. Das Fass von Herrn Heusch fasst $\frac{1}{15}$, das von Herrn Mathar $\frac{1}{x}$ und beide Gefäße zusammen $\frac{1}{6}$ der gesamten Menge Sand. Es muss also gelten:

$$\frac{1}{15} + \frac{1}{x} = \frac{1}{6}.$$

Diese Bruchgleichung ist einfach zu lösen; man erhält:

$$\frac{1}{15} + \frac{1}{x} = \frac{1}{6} \Leftrightarrow \frac{1}{x} = \frac{1}{6} - \frac{1}{15} = \frac{5-2}{30} = \frac{3}{30} = \frac{1}{10}.$$

Daraus folgt: x = 10. Herr Mathar müsste mit seiner Tonne also zehn Fahrten durchführen.

2. Ein zweites Beispiel

Du weißt sicherlich, dass man beim Fotografieren am Fotoapparat die Entfernung einstellen muss, um ein scharfes Bild zu erhalten (Bild 2). Der physikalische Grund dafür ist, dass man mit einer Linse nur dann ein scharfes Bild eines Gegenstandes erhält, wenn die Gegenstandsweite g, die Bildweite b und die Brennweite f der Linse der sogenannten „Linsenformel“

$$\frac{1}{g} + \frac{1}{b} = \frac{1}{f}$$

genügen (Bild 3).

Bild 2

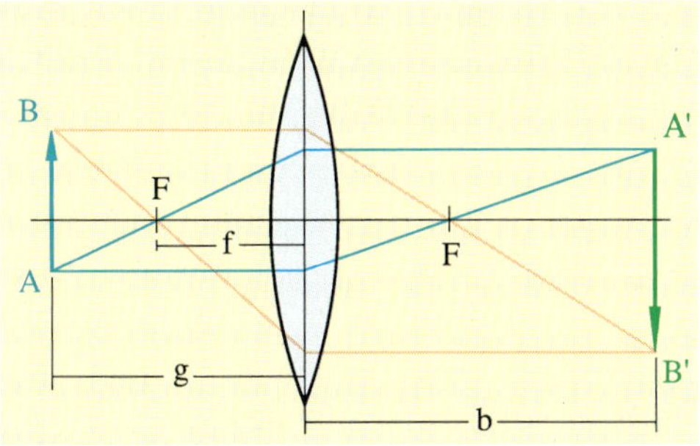

Bild 3

Da in der Linsenformel Bruchterme vorkommen, handelt es sich um eine **Bruchgleichung**. Wenn zwei der drei Größen g, b und f gegeben sind, kann man daraus die dritte berechnen.

Beispiel

Von einer Kerze, die sich in 60 cm Entfernung von einer Lupe befindet, erhält man in 15 cm Entfernung hinter der Lupe ein scharfes Bild (Bild 4). Wie groß ist die Brennweite der Lupe?

Lösung:

Es gilt: $\frac{1}{f} = \frac{1}{60} + \frac{1}{15} = \frac{1+4}{60} = \frac{5}{60} = \frac{1}{12}.$

Daher ist f = 12. Die Lupe hat also eine Brennweite von 12 cm.

Bild 4

3. Ein drittes Beispiel

Die berühmte Rennstrecke von Monte Carlo hat eine Länge von ca. 3,3 km. Vier Runden vor Schluss hat Fahrer Jacky einen Vorsprung von etwa 500 m vor seinem Verfolger René. Ein schlauer Reporter bemerkt: „Da muss René in den letzten vier Runden aber schon 5 km/h schneller fahren als Jacky, wenn er den Rückstand noch aufholen will." Wie groß sind die Durchschnittsgeschwindigkeiten der Rennfahrer in den letzten vier Runden, wenn die Aussage des Reporters zutrifft?

Bild 5

Lösung: Für die Durchschnittsgeschwindigkeit eines Autos, das in der Zeit t eine Strecke der Länge s zurücklegt, gilt:

$$v = \frac{s}{t}.$$

Zur Vereinfachung der Rechnung wollen wir im Folgenden unter v, s und t nur die Maßzahlen der betreffenden Größen verstehen. Da 4 Runden eine Länge von $4 \cdot 3{,}3$ km $= 13{,}2$ km haben, gilt für das erste Auto: $v = \frac{13{,}2}{t}$ und für das zweite Auto: $v + 5 = \frac{13{,}7}{t}$.

Da die Fahrzeit beider Autos zum Ziel gleich sein soll, lösen wir die Gleichungen nach t auf:

$$t = \frac{13{,}2}{v} \quad \text{und} \quad t = \frac{13{,}7}{v+5}.$$

Also muss gelten: $\frac{13{,}2}{v} = \frac{13{,}7}{v+5}$. Auch diese Gleichung ist eine Bruchgleichung, da die Variable v im Nenner vorkommt. Wir können diese Gleichung z.B. dadurch lösen, dass wir die Brüche auf den Hauptnenner $v(v + 5)$ bringen:

$$\frac{13{,}2(v+5)}{v(v+5)} = \frac{13{,}7\,v}{v(v+5)}.$$

Da die Nenner übereinstimmen, kann diese Gleichung nur erfüllt sein, wenn auch die Zähler gleich sind:

$$13{,}2 \cdot (v+5) = 13{,}7\,v \Leftrightarrow 13{,}2\,v + 13{,}2 \cdot 5 = 13{,}7 \cdot v$$
$$\Leftrightarrow 0{,}5 \cdot v = 13{,}2 \cdot 5 \Leftrightarrow v = \frac{13{,}2 \cdot 5}{0{,}5} = 132.$$

Wenn die Aussage des Reporters stimmt, fährt Jacky also mit einer Geschwindigkeit von 132 km/h; René müsste mit einer Geschwindigkeit von 137 km/h fahren, wenn er Jacky noch einholen will. Wir berechnen noch die Fahrzeit für die letzten vier Runden:

$$t = \frac{13{,}2}{132} = 0{,}1. \qquad \text{Probe: } t = \frac{13{,}7}{137} = 0{,}1.$$

Die letzten vier Runden müssen dann in einer Zeit von 0,1 h, also 6 min, gefahren werden.

Aufgaben und Beispiele

1. Eine Linse hat eine Brennweite von 30 cm.

a) In welchem Abstand von der Linse erhält man das scharfe Bild einer Kerze, die 40 cm vor der Linse steht?

b) In welchem Abstand von der Linse muss ein Gegenstand stehen, damit man auf einem Bildschirm, der 50 cm hinter der Linse steht, ein scharfes Bild erhält?

2. Ein Schwimmbecken kann durch einen Zulauf in 24 Stunden mit Wasser gefüllt werden. Welche Leistungsfähigkeit muss ein zweiter Zulauf haben, damit das Becken von beiden zusammen in 18 Stunden gefüllt wird?

3. Für Ausschachtungsarbeiten steht ein Bagger zur Verfügung, der die Arbeit in 30 Tagen erledigen würde. Welche Leistungsfähigkeit muss ein zweiter Bagger haben, damit die Arbeiten beim Einsatz beider Bagger in 12 Tagen bewältigt werden können?

4. Zwei Freunde wollen sich an einem Ort treffen; der erste muss 175 km, der zweite 200 km bis zum Zielort fahren. Die beiden Freunde fahren mit ihren Autos gleichzeitig los. Um auch zur gleichen Zeit anzukommen, fährt der zweite mit einer um 10 km/h höheren Durchschnittsgeschwindigkeit. Mit welcher Geschwindigkeit müssen die beiden fahren? Wie viel Fahrzeit brauchen beide bis zum Zielort?

5. Löse Aufgabe 4 für den Fall, dass der erste Freund 200 km, der zweite 250 km weit zu fahren hat und durchschnittlich 20 km/h schneller als der erste fährt!

II. Lösungsverfahren für Bruchgleichungen

1. Zur Einführung

Wir beginnen mit einem einfachen

Beispiel: $\frac{x-3}{x-5} = 3 - \frac{x-7}{x-5}$.

Es liegt nahe, die Summe auf der rechten Seite der Gleichung in einen Bruch mit dem Nenner $x - 5$ umzuformen, also den ersten Summanden mit $x - 5$ zu erweitern. Wir erhalten:

$$\frac{x-3}{x-5} = \frac{3(x-5)-(x-7)}{x-5} \Leftrightarrow \frac{x-3}{x-5} = \frac{3x-15-x+7}{x-5} \Leftrightarrow \frac{x-3}{x-5} = \frac{2x-8}{x-5}.$$

Da die Nenner der beiden Bruchterme übereinstimmen, kann die Gleichung nur erfüllt sein, wenn auch die Zähler gleich sind:

$$x - 3 = 2x - 8 \Leftrightarrow x = 5.$$

Die einzige Lösung der gegebenen Gleichung kann also nur die Zahl 5 sein. Wir setzen diese Zahl zur Probe in die gegebene Gleichung ein:

$$\frac{5-3}{5-5} = 3 - \frac{5-7}{5-5}, \quad \text{also } \frac{2}{0} = 3 - \frac{-2}{0}.$$

Zu unserer Überraschung stellen wir fest, dass die Zahl 5 gar nicht Lösung der Gleichung sein kann; denn die in der Gleichung auftretenden Bruchterme sind für $x = 5$ nicht definiert, weil die Nenner beim Einsetzen dieser Zahl zu null werden. Daraus folgt, dass die gegebene Gleichung überhaupt keine Lösung besitzt, dass sie unerfüllbar in $\mathbb{Q}$ ist, dass $L = \emptyset$ ist.

2. Die Definitionsmenge einer Bruchgleichung

Dass die Zahl 5 nicht Lösung der Gleichung

$$\frac{x-3}{x-5} = 3 - \frac{x-7}{x-5}$$

sein kann, hätten wir schon von vorneherein feststellen können; denn man erkennt sofort, dass die Terme der Gleichung für $x = 5$ nicht definiert sind. Entsprechend können wir beim

Beispiel $\frac{x+2}{x-1} = \frac{5}{x+3}$

sofort feststellen, dass die Zahlen 1 und -3 nicht Lösungen der Gleichung sein können, weil für die Zahl 1 der linke, für die Zahl -3 der rechte Term nicht definiert ist. Es liegt nahe, diejenigen rationalen Zahlen für die **beide** Seiten einer Gleichung (oder Ungleichung) in definierte Zahlzeichen übergehen, zur **Definitionsmenge** D der Gleichung (bzw. Ungleichung) zusammenzufassen.

Wir definieren:

Diejenigen rationalen Zahlen, bei deren Einsetzen beide Seiten einer Gleichung (Ungleichung) in definierte Zahlzeichen übergehen, bilden die Definitionsmenge D der Gleichung (Ungleichung).

Beispiele

1) $\frac{x^2-4}{x+1}=\frac{3x+2}{x^2-9}$; es ist $D=\mathbb{Q}\setminus\{-3;\,-1;\,3\}$.

2) $\frac{2}{x-1}<\frac{3x}{x+5}$; es ist $D=\mathbb{Q}\setminus\{-5;\,1\}$.

Stets gilt also: $D\subseteq\mathbb{Q}$.

Da eine Gleichung (Ungleichung) für die Zahlen, die nicht zur Definitionsmenge gehören, gar nicht definiert ist, können diese Zahlen auch nicht Lösungen der Gleichung (Ungleichung) sein. Stets gilt also:

$$L\subseteq D\subseteq\mathbb{Q}.$$

3. Untersuchung der beim Einführungsbeispiel durchgeführten Umformungen

Beim **Beispiel** unter 1. haben wir die Gleichung zuerst auf den „Hauptnenner“ gebracht. Dabei haben wir Terme durch gleichwertige Terme ersetzt. Diese Umformungen sind also sicherlich Äquivalenzumformungen. Dann haben wir geschlossen: Weil die Nenner gleich sind, müssen auch die Zähler gleich sein. Diese Umformung ist aber keineswegs immer eine Äquivalenzumformung, sondern im Allgemeinen nur eine **Folgerungsumformung**; denn die neue Gleichung hat die Lösung 5, die alte aber nicht. Wir müssen also schreiben:

$$\frac{x-3}{x-5}=\frac{2x-8}{x-5}\;\Rightarrow\; x-3=2x-8.$$

Am Ende müssen wir prüfen, ob die sich ergebenden Lösungen zur Definitionsmenge D gehören oder nicht; denn nur Zahlen aus D können Lösungen der gegebenen Gleichung sein.

4. Ein weiteres Beispiel

$$\frac{2}{x+3}=\frac{1}{x+1};\quad \text{es ist } D=\mathbb{Q}\setminus\{-3;\,-1\};$$

$$\Leftrightarrow\; \frac{2(x+1)}{(x+3)(x+1)}=\frac{x+3}{(x+1)(x+3)}$$

$$\Rightarrow\; 2x+2=x+3$$

$$\Rightarrow\; x=1$$

Da die Zahl 1 zu D gehört, ist sie in der Tat Lösung der gegebenen Bruchgleichung.

Probe: $\frac{2}{1+3}=\frac{1}{1+1}$, also $\frac{2}{4}=\frac{1}{2}$ (w).

Bemerkungen:

1) Die beiden letzten Gleichungen sind natürlich zur drittletzten Gleichung sogar äquivalent. Dennoch haben wir Folgerungspfeile geschrieben, um damit anzudeuten, dass diese beiden Gleichungen aus der gegebenen Bruchgleichung nur gefolgert worden sind.

2) Man kann zur Gleichung $2(x+1) = x+3$ auch noch auf etwas andere Weise kommen. Im ersten Schritt multipliziert man die Gleichung auf beiden Seiten mit dem „Hauptnenner" $(x+3)(x+1)$ und erhält:

$$\frac{2}{x+3} \cdot (x+3)(x+1) = \frac{1}{x+1} \cdot (x+3)(x+1);$$

dann kürzt man auf beiden Seiten der Gleichung; dies führt ebenfalls zu $2(x+1) = x+3$.

Bei ausreichender Übung kann man den Zwischenschritt weglassen und sofort auf die Gleichung $2(x+1) = x+3$ schließen; es handelt sich dabei aber im Allgemeinen nicht um eine Äquivalenz-, sondern nur um eine Folgerungsumformung:

$$\frac{2}{x+3} = \frac{1}{x+1} \quad \Rightarrow \quad 2(x+1) = x+3.$$

Aufgaben und Beispiele

Bestimme in den Aufgaben 1 bis 5 die Definitionsmenge und die Lösungsmenge! Mache bei jeder Teilaufgabe, die eine nicht leere endliche Lösungsmenge hat, die Probe!

1. a) $\frac{4}{x} = 2$ **b)** $\frac{5}{x-1} = 1$ **c)** $\frac{10}{x+3} = 2$ **d)** $\frac{6}{x-2} = 3$ **e)** $\frac{15}{x+3} = 5$ **f)** $\frac{21}{1-x} = 7$

g) $\frac{32}{3-x} = 8$ **h)** $\frac{18}{7-x} = 6$ **i)** $\frac{24}{8-x} = 4$ **j)** $\frac{15}{2x+1} = 3$ **k)** $\frac{24}{5-3x} = 8$ **l)** $\frac{16}{3+2x} = 4$

2. a) $\frac{3}{x-1} = \frac{2}{x-2}$ **b)** $\frac{3}{x-4} = \frac{18}{x+1}$ **c)** $\frac{6}{x+4} = \frac{9}{1-x}$ **d)** $\frac{2}{x+3} = \frac{1}{x+1}$ **e)** $\frac{4}{x} = \frac{6}{x+2}$

f) $\frac{x+4}{x+1} = \frac{x+5}{x+3}$ **g)** $\frac{x+8}{x+4} = \frac{x-2}{x-1}$ **h)** $\frac{x+3}{x-7} = \frac{3-x}{7-x}$ **i)** $\frac{x+2}{x+10} = \frac{x}{x+6}$ **j)** $\frac{x+10}{x+30} = \frac{x-7}{x+3}$

k) $\frac{x-1}{x+1} = \frac{x+15}{x+21}$ **l)** $\frac{x-14}{x+6} = \frac{x+2}{x-18}$ **m)** $\frac{2x+1}{2x-1} = \frac{x+1}{x+1}$ **n)** $\frac{4x+8}{3x+6} = \frac{4-8x}{3-6x}$ **o)** $\frac{5x+1}{7x-1} = \frac{10x-3}{14x-2}$

3. a) $\frac{x+3}{x+1} + 3 = \frac{7x+3}{x+1}$ **b)** $\frac{x+1}{x-2} - 3 = \frac{5-x}{x-2}$ **c)** $\frac{x+5}{x+1} - 1 = \frac{4}{x+1}$ **d)** $\frac{x+4}{x-2} - 2 = \frac{3x+8}{x-2}$

e) $\frac{1}{x+2} = 3 + \frac{4}{x+2}$ **f)** $3 - \frac{x-5}{x-1} = \frac{x+3}{x-1}$ **g)** $\frac{x+3}{x+1} + 2 = \frac{x+2}{x+1}$ **h)** $\frac{x+3}{3-x} = 1 - \frac{x+2}{x-3}$

i) $\frac{x+1}{x-2} = 1 - \frac{x-5}{x-2}$ **j)** $\frac{x+2}{x+5} + 1 = \frac{7+2x}{x+5}$ **k)** $\frac{x+2}{x-1} = 3 - \frac{x-4}{x-1}$ **l)** $\frac{x+1}{x-3} = 2 + \frac{x-7}{x-3}$

m) $\frac{x+5}{x-7} = 3 - \frac{x+1}{x-7}$ **n)** $\frac{x-6}{x-2} = 5 - \frac{x+2}{x-2}$ **o)** $\frac{x+1}{x+6} = 1 - \frac{x-3}{x+6}$ **p)** $\frac{x-5}{x-4} = 3 - \frac{x-3}{x-4}$

4. a) $\frac{1}{x(x-1)} - \frac{1}{x(x+1)} = \frac{4}{(x+1)(x-1)}$ **b)** $\frac{1}{x(x+2)} - \frac{1}{x(x+1)} = \frac{1}{(x+1)(x+2)}$

c) $\frac{3}{(x-1)(x+2)} + \frac{2}{(x-1)(x+1)} = \frac{4}{(x+1)(x+2)}$ **d)** $\frac{1}{x^2+2x} + \frac{1}{x^2-x} - \frac{1}{(x-1)(x+2)} = 0$

e) $\frac{3}{(x-1)(x+2)} - \frac{2}{x^2-1} = \frac{2}{(x+1)(x+2)}$ **f)** $\frac{1}{(x-1)(x-3)} + \frac{1}{x^2-1} = \frac{2}{(x+1)(x-3)}$

5. a) $x + y = 21 \wedge \frac{x}{y} = \frac{3}{4}$

b) $x + y = 0{,}54 \wedge \frac{x}{y} = 5$

c) $2x + 3y = 72 \wedge \frac{x}{y} = \frac{9}{10}$

d) $4x + 2y = 3 \wedge \frac{8x+3}{4y-9} = 0$

e) $\frac{5}{2x+3} + \frac{7}{4-y} = 0 \wedge \frac{2y-15}{3x+3} = 0$

f) $\frac{y-1}{x-1} = 0 \wedge \frac{x-1}{y-1} = 0$

g) $\frac{2x+1}{3x-y} = 1 \wedge \frac{y-2}{3x+y} = 2$

h) $\frac{x+3}{y-10} = \frac{x+12}{y-7} \wedge \frac{2x-3}{y+6} = \frac{2x+6}{y+15}$

i) $\frac{x-5}{y-5} = \frac{x+5}{y+9} \wedge \frac{x}{y} = \frac{5}{6}$

Textaufgaben

6. Bestimme zwei Zahlen, für die der Quotient und die Differenz den Wert 5 haben!

7. a) Ein Bruch hat den Wert $\frac{5}{6}$. Vermehrt man den Zähler und vermindert man den Nenner um 10, so ist der neue Bruch der Kehrwert des ursprünglichen.
b) Ein Bruch hat den Wert $\frac{5}{3}$. Vermindert man den Zähler und vermehrt man den Nenner um 8, so ist der neue Bruch der Kehrwert des ursprünglichen.

8. Der Quotient zweier Zahlen hat den Wert $\frac{3}{4}$.
a) Addiert man 1 zur ersten und subtrahiert man 1 von der zweiten Zahl, so haben Summe und Differenz denselben Wert.
b) Addiert man 2 zur ersten und subtrahiert man 2 von der zweiten Zahl, so haben Summe und Differenz denselben Wert.

9. Fritz hat festgestellt, dass er in einem U-Bahnhof 20 Sekunden benötigt, um die normale Treppe (Bild 6) hochzueilen. Lässt er sich dagegen von der Rolltreppe hochfahren, so ist er in 30 Sekunden oben. Welche Zeit braucht er, wenn er die Rolltreppe benutzt und gleichzeitig auf dieser hochsteigt? Wir nehmen an, dass die normale Treppe und die Rolltreppe in Stufenhöhe und Stufenbreite übereinstimmen.

Bild 6

10. Im Rahmen einer Radrundfahrt findet ein Zeitfahren statt. Wegen eines plötzlich auftretenden Gegenwindes kann ein Fahrer die erste Hälfte der Strecke nur mit einer Durchschnittsgeschwindigkeit von 20 km/h zurücklegen.
a) Mit welcher Durchschnittsgeschwindigkeit müsste er die zweite Hälfte der Strecke fahren, um insgesamt noch eine Durchschnittsgeschwindigkeit von 24 km/h erreichen zu können?
b) Kann der Fahrer die zweite Hälfte der Strecke so schnell fahren, dass er für die gesamte Strecke noch auf eine Durchschnittsgeschwindigkeit von 40 km/h kommt? Begründe deine Antwort!

III. Die adjunktive Verknüpfung von Aussagen und von Aussageformen

1. Eine einfache Bruchungleichung

Analog zu Bruchgleichungen kann man auch Bruchungleichungen behandeln. Da hier aber neue Probleme auftreten, betrachten wir zunächst ein einfaches

Beispiel: $\frac{2}{x+1} > 1.$

Die Definitionsmenge dieser Ungleichung ist $D = \mathbb{Q}\setminus\{-1\} = \mathbb{Q}^{\neq -1}$.

Wir multiplizieren beide Seiten der Ungleichung mit dem Nenner $x + 1$. Dabei sind zwei Fälle zu unterscheiden:

1) Es kann $x + 1 > 0$ sein; dann ist nach dem Monotoniegesetz der Multiplikation (Seite 61) die Richtung der Ungleichung beizubehalten.

2) Es kann $x + 1 < 0$ sein; dann ist nach dem Monotoniegesetz der Multiplikation die Richtung der Ungleichung zu ändern.

Es ergeben sich also zwei Möglichkeiten:

1) $2 > x + 1$, falls $x + 1 > 0$ ist;

2) $2 < x + 1$, falls $x + 1 < 0$ ist.

Will man diese Bedingungen zu **einer** Aussageform zusammenfassen, so hat man sie **nicht** etwa mit dem Wort „**und**" zu verknüpfen; denn die Bedingungen $x + 1 > 0$ und $x + 1 < 0$ schließen sich ja gegenseitig aus; bei Verknüpfungen mit dem Wort „und" (bzw. mit dem Zeichen „ $\wedge$ ") würde sich also eine unerfüllbare Aussageform ergeben.

Die Bedingungen sind vielmehr mit dem Wort „**oder**" zu einer sogenannten **adjunktiven Aussageform** zu verknüpfen. Aus diesem Grund wollen wir uns im Folgenden mit der adjunktiven Verknüpfung von Aussagen und Aussageformen befassen.

Die Lösung obiger Bruchungleichung werden wir auf Seite 203 bestimmen.

2. Die Bedeutung des Wortes „oder" in der Alltagssprache

Das Wort „oder" wird in der Alltagssprache in vielen Situationen verwendet.

Beispiele

1) Vor dem entscheidenden Spiel gegen den Abstieg sagt der Trainer zu seinen Spielern: „Ihr wisst Bescheid: wir gewinnen das Spiel **oder** wir müssen absteigen."

Bild 7

2) Bei der Urteilsverkündung teilt der Richter dem Verurteilten das Strafmaß mit: „Sie haben 500 € Buße zu zahlen **oder** Sie erhalten 10 Tage Freiheitsstrafe.“

Bild 8

In beiden Beispielen ist das Wort „oder“ im Sinne von „entweder-oder“ gemeint. Die Aussage von Beispiel 1) ist in zwei Fällen wahr:

a) Die Mannschaft gewinnt das Spiel, braucht dann aber **nicht** abzusteigen;
b) die Mannschaft gewinnt das Spiel **nicht**, muss dann aber absteigen.

Die Aussage des Trainers wäre falsch, wenn die Mannschaft auch nach dem Gewinn des Spiels absteigen müsste. Sie wäre auch falsch, wenn die Mannschaft nicht absteigen müsste, obwohl sie das Spiel nicht gewonnen hat.

Die Aussage von Beispiel 2) ist ebenfalls in zwei Fällen wahr:

a) Der Verurteilte zahlt die Buße, braucht dann aber **nicht** ins Gefängnis;
b) der Verurteilte zahlt die Buße **nicht**, muss dann aber die Freiheitsstrafe auf sich nehmen.

Niemand wird verlangen, dass der Verurteilte sowohl die Buße zahlen als auch die Freiheitsstrafe ableisten muss. Natürlich wäre die Aussage des Richters auch dann falsch, wenn der Verurteilte keine der beiden Strafen auf sich nehmen müsste.

Bei beiden Beispielen ist die gesamte Aussage also wahr, wenn eine der beiden durch das Wort „oder“ verknüpften Aussagen wahr, die andere aber falsch ist. In den beiden anderen Fällen – beide Teilaussagen wahr, beide Teilaussagen falsch – ist die Gesamtaussage falsch.

3. Das Wort „oder“ in der Mathematik

In der Mathematik wird das Wort „oder“ meistens in einer anderen Bedeutung verwendet als bei obigen Beispielen. Dies wollen wir uns an einem einfachen **Beispiel** klarmachen.

Gilt für zwei rationale Zahlen a und b

$$a \cdot b = 0,$$

so kann $a = 0$ **oder** $b = 0$ sein.

Sicherlich hat ein Produkt den Wert 0, wenn einer der beiden Faktoren gleich 0, der andere ungleich 0 ist.

Beispiele $0 \cdot 7 = 0$ und $(-5) \cdot 0 = 0$

Wie aber ist es, wenn **beide** Faktoren den Wert 0 haben, wenn also $a = 0$ und $b = 0$ ist? Auch in diesem Falle gilt: $a \cdot b = 0 \cdot 0 = 0$.

Dies bedeutet: Würden wir in diesem Zusammenhang das Wort „oder“ genauso verstehen wie bei den obigen Alltagsbeispielen 1) und 2), so wäre die Äquivalenzaussage

$$a \cdot b = 0 \Leftrightarrow a = 0 \quad \text{oder} \quad b = 0$$

falsch.

4. Das ausschließende und das nicht ausschließende „Oder“

Wir haben also zwischen zwei verschiedenen Bedeutungen des Wortes „oder“ zu unterscheiden.

1) In der Alltagssprache wird das Wort „oder“ meistens im Sinne von „entweder-oder“ verstanden; man spricht vom **ausschließenden Oder**, weil die Gesamtaussage **falsch** ist, wenn beide Teilaussagen wahr sind. (Im Lateinischen steht für dieses „entweder-oder“ in der Regel „aut … aut“.)

2) In der Mathematik wird das Wort „oder“ dagegen meist als **nicht ausschließendes Oder** verwendet; damit ist gemeint, dass die Gesamtaussage auch dann **wahr** ist, wenn beide Teilaussagen wahr sind. (Im Lateinischen steht für dieses nicht ausschließende Oder in der Regel „vel … vel“.)

Man kürzt in der Mathematik das nicht ausschließende Oder durch das Zeichen „$\vee$“ ab, schreibt also z. B.

$$a = 0 \quad \vee \quad b = 0.$$

(Man kann bei diesem Zeichen an den Anfangsbuchstaben des lateinischen „vel“ denken.)

Auch in der Alltagssprache wird das Wort „oder“ gelegentlich im nicht ausschließenden Sinne verwendet.

Beispiel

Auf der Rückseite von früheren Banknoten der Deutschen Bundesbank stand der Satz:

> „Wer Banknoten nachmacht … oder nachgemachte … in den Verkehr bringt, wird mit Freiheitsstrafe nicht unter zwei Jahren bestraft.“

Bild 9

Jemand, der Banknoten nachgemacht und dann selbst in Umlauf gebracht hat, wird sich vor Gericht sicherlich nicht damit herausreden können, dass er vorbringt, er habe das „oder“ in diesem Satz im ausschließenden Sinne verstanden. Da er beides getan habe, müsse er straffrei bleiben.

In juristischen Texten, z. B. bei Gesetzen, Erlassen, Verfügungen, Urteilen usw., wird in solchen Fällen neuerdings der Deutlichkeit halber geschrieben: „… und/oder …“.

Beispiel

In einem Urteil wird dem Beklagten untersagt, eine von ihm aufgestellte Behauptung zu verbreiten **und/oder** verbreiten zu lassen.

5. Erfassung durch eine Wahrheitswerttafel

Die Bedeutung des nicht ausschließenden Oder kann man übersichtlich in einer Tabelle darstellen. Man bezeichnet die beiden Teilaussagen mit „A“ und mit „B“. Eine Aussage der Form

$A \vee B$, gelesen „A oder B“

nennt man dann eine **adjunktive Aussage** oder kurz eine **Adjunktion**. Man erfasst die möglichen Wahrheitswerte von A, von B und von $A \vee B$ in einer Wahrheitswerttabelle oder **Wahrheitswerttafel**.

A	B	$A \vee B$
w	w	w
w	f	w
f	w	w
f	f	f

Zusammenfassend können, wir sagen:

> Eine adjunktive Aussage, also eine Aussage der Form $A \vee B$, ist genau dann falsch, wenn beide Teilaussagen (A und B) falsch sind. In allen anderen Fällen ist sie wahr.

6. Die adjunktive Verknüpfung von Aussageformen

Auch Aussageformen können adjunktiv verknüpft werden.

Beispiel (x ist Teiler von 4) $\vee$ (x ist Teiler von 6)

Zur Lösungsmenge dieser Aussageform gehören alle Zahlen, die die erste, die zweite oder beide Aussageformen erfüllen; es sind dies die Zahlen 1; 2; 3; 4 und 6. Also gilt:

$$L = \{1; 2; 3; 4; 6\}.$$

Allgemein gehören zur Lösungsmenge einer adjunktiven Aussageform

$$A(x) \vee B(x)$$

alle Zahlen, die zu L(A), zu L(B) oder zu beiden Mengen gehören; diese Zahlen bilden die **Vereinigungsmenge** der beiden Mengen L(A) und L(B), geschrieben

$L(A) \cup L(B)$, gelesen „L(A) vereinigt mit L(B)“.

Bei unserem Beispiel ist $L(A) = \{1; 2; 4\}$ und $L(B) = \{1; 2; 3; 6\}$. Daher ist

$$L(A) \cup L(B) = \{1; 2; 4\} \cup \{1; 2; 3; 6\} = \{1; 2; 3; 4; 6\}.$$

Wir definieren:

> Die Vereinigungsmenge $M \cup N$ zweier Mengen M und N ist die Menge aller Elemente, die zu M oder zu N oder zu beiden Mengen gehören.

Beispiele

1) $M = \{1; 2; 3; 4; 5\}$; $N = \{2; 4; 6; 8\}$; dann ist $M \cup N = \{1; 2; 3; 4; 5; 6; 8\}$.
2) $M = \{1; 2; 3; 4; 5\}$; $N = \{1; 3; 5\}$; dann ist $M \cup N = \{1; 2; 3; 4; 5\} = M$.
3) $M = \{1; 3; 5; 7; 9\}$; $N = \{2; 4; 6; 8; 10\}$; dann ist $M \cup N = \{1; 2; 3; 4; 5; 6; 7; 8; 9; 10\}$.

Für die Lösungsmenge einer adjunktiven Aussageform gilt also der Satz:

Die Lösungsmenge einer adjunktiven Aussageform $A \vee B$ ist die Vereinigungsmenge der Lösungsmengen der verknüpften Teilaussageformen A und B:

$$L(A \vee B) = L(A) \cup L(B).$$

Beachte, dass man wegen dieses Zusammenhangs für die adjunktive Verknüpfung und für die Bildung der Vereinigungsmenge ähnliche Zeichen gewählt hat, nämlich: $\vee$ und $\cup$!

Beispiele

1) $4x + 1 = 2x - 5 \quad \vee \quad 3(x-1) = x + 5$
$\Leftrightarrow \quad 2x = -6 \quad \vee \quad 3x - 3 = x + 5$
$\Leftrightarrow \quad x = -3 \quad \vee \quad 2x = 8$
$\Leftrightarrow \quad x = -3 \quad \vee \quad x = 4$

Also ist $L = \{-3; 4\}$.

2) $x^2 + 5x = 0 \quad \Leftrightarrow \quad x(x+5) = 0 \quad \Leftrightarrow \quad x = 0 \quad \vee \quad x + 5 = 0$
$\Leftrightarrow \quad x = 0 \quad \vee \quad x = -5$

Also ist $L = \{0; -5\}$.

Aufgaben und Beispiele

Zum Einstieg

Erläutere, in welchen Fällen die folgenden Aussagen wahr sind!

1) Der Bus hält, wenn jemand einsteigen oder wenn jemand aussteigen will.

2) Familie Franzen wird am Samstag oder am Sonntag in den Urlaub starten.

Bild 10

Zur adjunktiven Verknüpfung

1. Untersuche, ob das Wort „oder“ im ausschließenden Sinn oder im nicht ausschließenden Sinn benutzt ist!
a) Der Gewinner erhält 5000 € bar oder eine zweiwöchige Südamerikareise.
b) Wer Zigaretten raucht oder viel Alkohol trinkt, gefährdet seine Gesundheit.
c) Man darf 200 Zigaretten oder 250 g Tabak in die Bundesrepublik zollfrei einführen (Bild 11).
d) Briefe, die länger als 23,5 cm oder breiter als 12,5 cm sind, sind keine Standardbriefe.

Freimengen

Soweit sich aus den vorstehenden Sonderregelungen nichts anderes ergibt, sind folgende Waren im Reiseverkehr aus Drittländern, aus „tax-free-shops“, aus steuerlichen Sondergebieten, von der Insel Helgoland und bei Einreisen mit dem Schiff von Hoher See (vgl. Seite 86 u. 87) abgabenfrei:

1. Tabakwaren,
wenn Sie **mindestens 17 Jahre** alt sind:
200 Zigaretten oder
100 Zigarillos oder 50 Zigarren
250 Gramm Rauchtabak oder
eine anteilige Zusammenstellung dieser Waren;

Bild 11

2. Bestimme die Wahrheitswerte der folgenden Aussagen!
a) $2 \cdot 3 = 6 \quad \vee \quad 2 + 5 = 7$
b) $2 \cdot 7 = 14 \quad \vee \quad 3 \cdot 7 = 20$
c) $4 + 5 = 8 \quad \vee \quad 2 \cdot 5 = 11$
d) $13 \cdot 5 < 65 \quad \vee \quad 13 \cdot 5 \geq 65$
e) $7 + 3 \cdot 4 < 30 \quad \vee \quad 5 + 7 > 3 \cdot 4$
f) $4 \cdot 5 + 1 \geq 3 \cdot 7 \quad \vee \quad 6 < 3 \cdot 3$

Vereinigungsmengen

3. Bilde die Vereinigungsmenge $A \cup B$!
a) $A = \{1; 2; 3; 4; 5\}$; $B = \{0; 2; 4; 6; 8\}$
b) $A = \{1; 2; 3; 4; 5\}$; $B = \{1; 3; 5; 7; 9\}$
c) $A = \{1; 2; 3; 4\}$; $B = \{-2; -1; 0; 1; 2\}$
d) $A = \{1; 2; 3; 4; 5\}$; $B = \{1; 3; 5\}$
e) $A = \{1; 3; 5; 7\}$; $B = \{2; 4; 6; 8\}$
f) $A = \{1; 2; 3; 4\}$; $B = \{1; 2; 3; \ldots; 10\}$
g) $A = \{-4; -3; -2; -1\}$; $B = \{1; 2; 3; 4\}$
h) $A = \{2; 4; 6; 8\}$; $B = \{\frac{1}{2}; \frac{1}{4}; \frac{1}{6}; \frac{1}{8}\}$
i) $A = \{2; 4; 6; 8\}$; $B = \{3; 6; 9; 12\}$
j) $A = \{1; 2; 3; 4\}$; $B = \{1; 2; 3; 4\}$
k) $A = \{1; 3; 5; 7; 9\}$; $B = \{1; 4; 9; 16\}$
l) $A = \{1; 2; 3; 4; 5\}$; $B = \{\frac{1}{2}; \frac{1}{3}; \frac{1}{4}; \frac{1}{5}\}$

4. Es sei A eine beliebige Menge. Bilde die Mengen $A \cup A$ und $A \cup \emptyset$!

5. a) Es gelte $A = B$. Bilde die Menge $A \cup B$!
b) Es gelte $A \subseteq B$. Bilde die Menge $A \cup B$!
c) Es gelte $A \cap B = A$. Bilde die Menge $A \cup B$!

6. Was kann man über zwei Mengen A und B aussagen, wenn gilt
a) $A \cup B = B$, **b)** $A \cup B = \emptyset$?

Adjunktive Aussageformen

7. Ermittle jeweils die Lösungsmenge in der Menge $\mathbb{N}$!
a) (x ist Teiler von 10) $\vee$ (x ist Teiler von 6)
b) (x ist Teiler von 12) $\vee$ (x ist Teiler von 60)
c) (x ist eine gerade Zahl) $\vee$ (x + 1 ist eine gerade Zahl)
d) (2x + 1 ist eine gerade Zahl) $\vee$ (2x + 2 ist eine ungerade Zahl)

8. Ermittle die Lösungsmenge in der Menge $\mathbb{Q}$!

a) $2x+2=6(x-7) \vee 3(x-5)=2x+6x$ **b)** $3(x-4)=4(x-3) \vee 9(x-7)=12x-3$

c) $3x+3=3(x-2) \vee 2(1-x)=3(x-2)$ **d)** $5(x-1)=3(x+2) \vee 2(7+x)=14+2x$

e) $\frac{1}{2}x+2=\frac{3}{4}(\frac{4}{3}-x) \vee 1-\frac{x}{3}=\frac{x}{2}-1$ **f)** $\frac{x+1}{2}-\frac{x}{3}=0 \vee 1-\frac{x}{3}=\frac{x}{2}-1$

g) $(\frac{1}{4}-x)-(x-\frac{1}{4})=0 \vee 2x=1-(5-\frac{1}{2}x)$

h) $-2x=-4(\frac{1}{10}+\frac{1}{2}x) \vee \frac{x}{4}-\frac{x}{5}-1=\frac{1}{20}(x-20)$

9. Untersuche, ob die Aussageform allgemein gültig in $\mathbb{Q}$ ist!

a) $x=1 \quad \vee \quad x>1$ **b)** $x^2 \geq 0 \quad \vee \quad x>0$ **c)** $x<1 \quad \vee \quad x>1$

d) $x=0 \quad \vee \quad x<2x$ **e)** $x \leq 10 \quad \vee \quad -x<10$ **f)** $2x \leq -4 \quad \vee \quad x>-1$

10. Der Betrag einer rationalen Zahl x ist folgendermaßen definiert:

$$|x|=\begin{cases} x & \text{für } x \geq 0, \\ -x & \text{für } x<0. \end{cases}$$

Beispiele **1)** $|5|=5$ **2)** $|-3|=-(-3)=3$

a) Bestimme: $|3|$; $|-7|$; $|0|$; $|-8{,}1|$; $|91{,}4|$; $|-\frac{1}{4}|$; $|\frac{1}{6}-\frac{1}{3}|$!

b) Begründe, dass allgemein gilt: $|x|=a \Leftrightarrow x=a \vee x=-a$ (für $a \in \mathbb{Q}^{>0}$)!

11. Bestimme die Lösungsmenge! Benutze die Äquivalenzbeziehung von Aufgabe 10b)!

Beispiel

$|3-x|=2 \Leftrightarrow 3-x=2 \quad \vee \quad 3-x=-2 \Leftrightarrow -x=-1 \quad \vee \quad -x=-5$
$\Leftrightarrow x=1 \quad \vee \quad x=5$ Also ist $L=\{1; 5\}$.

a) $|x|=5$ **b)** $|x|=\frac{1}{2}$ **c)** $|x|=-1$ **d)** $|2x|=0$

e) $|x-2|=1$ **f)** $|x+0{,}5|=3$ **g)** $|1{,}5-x|=0$ **h)** $|0{,}1+x|=1{,}1$

i) $|5x-10|=25$ **j)** $|5-\frac{x}{4}|=\frac{1}{2}$ **k)** $|8x+9|=31$ **l)** $|x^2+1|=0$

IV. Einfache Bruchungleichungen

1. Lösung des Beispiels von Seite 197

Auf Seite 197 haben wir schon erörtert, dass man bei der Lösung der Bruchungleichung

$$\frac{2}{x+1}>1$$

die beiden Fälle mit $x+1>0$ und $x+1<0$ zu unterscheiden hat.
Der erste Fall führt auf die Bedingung $2>x+1 \quad \wedge \quad x+1>0$, der zweite Fall führt auf die Bedingung $2<x+1 \quad \wedge \quad x+1<0$.
Diese beiden Bedingungen sind adjunktiv zu verknüpfen:

$$(2>x+1 \quad \wedge \quad x+1>0) \quad \vee \quad (2<x+1 \quad \wedge \quad x+1<0).$$

Durch Umformung ergibt sich:

$$(x<1 \quad \wedge \quad x>-1) \quad \vee \quad (x>1 \quad \wedge \quad x<-1).$$

Der zweite Teil der Aussageform $(x < 1 \wedge x > -1) \vee (x > 1 \wedge x < -1)$, also die Aussageform $(x > 1 \wedge x < -1)$ ist unerfüllbar; denn es gibt keine Zahl, die größer als 1 und zugleich kleiner als -1 wäre. Den ersten Teil der Aussageform können wir kurz folgendermaßen schreiben:

$$-1 < x < 1.$$

Die Lösungsmenge ist also:

$$L = \{x \mid -1 < x < 1\} \text{ (Bild 12).}$$

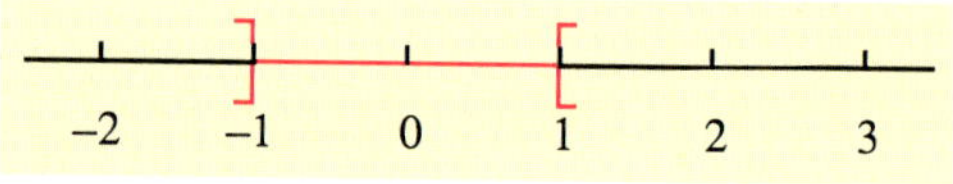

Bild 12

Als „Stichprobe" setzen wir aus der Lösungsmenge die Zahl 0 ein:

$$\frac{2}{0+1} > 1, \quad \text{also } 2 > 1 \text{ (w).}$$

2. Intervalle

An der Darstellung der Lösungsmenge des vorstehenden Beispiels auf einer Zahlengeraden (Bild 12) erkennt man, dass es sich um die rationalen Zahlen zwischen -1 und 1, um ein **Intervall** handelt. Da die beiden Randzahlen (-1 und 1) nicht zum Intervall gehören, spricht man von einem **offenen Intervall**. Man verzeichnet dieses (beiderseits) offene Intervall mit „$]-1; 1[$". Die nach außen gerichteten Häkchen deuten an, dass die Randzahlen nicht zum Intervall gehören, dass das Intervall also nach beiden Seiten offen ist.

Wenn bei einem Intervall die Randzahlen a und b zum Intervall gehören, schreibt man „$[a; b]$" und spricht von einem (beiderseits) **abgeschlossenem Intervall**.

Intervalle können auch an der einen Seite offen und an der anderen Seite abgeschlossen sein. Es gibt vier Möglichkeiten.

Beispiele

1) $[0; 4] = \{x \mid 0 \leq x \leq 4\}$

2) $[-2; 1[= \{x \mid -2 \leq x < 1\}$

3) $]-1; 3] = \{x \mid -1 < x \leq 3\}$

4) $]2; 5[= \{x \mid 2 < x < 5\}$

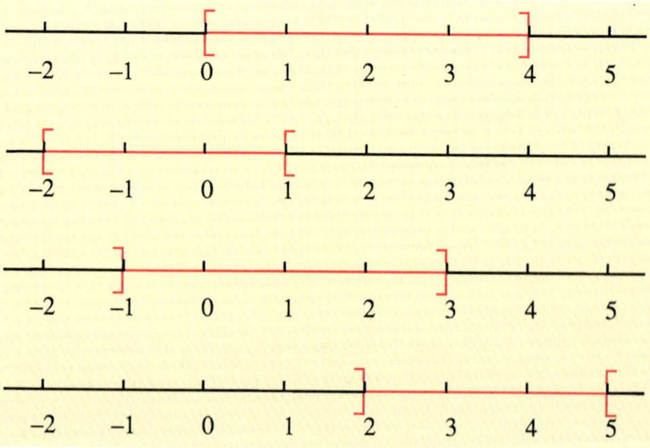

Bild 13

3. Ein zweites Beispiel einer Bruchungleichung

Beispiel $\frac{3}{x-1} \leq 1$; es ist $D = \mathbb{Q} \setminus \{1\} = \mathbb{Q}^{\neq 1}$.

Wir multiplizieren auch hier beide Seiten der Ungleichung mit $x - 1$ und erhalten:

$$(3 \leq x-1 \quad \wedge \quad x-1 > 0) \quad \vee \quad (3 \geq x-1 \quad \wedge \quad x-1 < 0)$$
$$\Leftrightarrow \quad (x \geq 4 \quad \wedge \quad x > 1) \quad \vee \quad (x \leq 4 \quad \wedge \quad x < 1).$$

Der erste Teil der Aussageform $(x \geq 4 \wedge x > 1)$ kann ersetzt werden durch $x \geq 4$, weil jede Zahl die größer (oder gleich) 4 ist auch größer als 1 ist. Der zweite Teil $(x \leq 4 \wedge x < 1)$ kann ersetzt werden, durch $x < 1$, weil jede Zahl, die kleiner als 1 ist, erst recht kleiner als 4 ist. Es ergibt sich also die adjunktive Aussageform

$$x \geq 4 \quad \vee \quad x < 1.$$

Die Lösungsmenge ist: $L = \{x \mid x \geq 4 \quad \vee \quad x < 1\}$ (Bild 14).

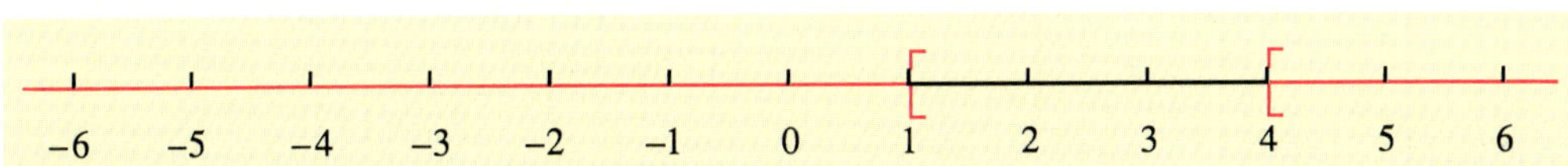

Bild 14

Wir können die Lösungsmenge auch als Restmenge schreiben: $L = \mathbb{Q} \setminus [1; 4[$. Zur „Stichprobe" setzen wir aus den beiden Bereichen der Lösungsmenge die Zahlen 4 und -2 ein.

1) $\frac{3}{4-1} \leq 1$, also $1 \leq 1$ (w) **2)** $\frac{3}{-2-1} \leq 1$, also $-1 \leq 1$ (w)

4. Abkürzung des Verfahrens

Gelegentlich kann man durch Überlegungen die durchzuführende Rechnung abkürzen.

Beispiel $\frac{x-1}{x+2} > 0$

Ein Bruch hat einen positiven Wert, wenn Zähler und Nenner beide positiv oder beide negativ sind. Nun gilt aber für alle $x \in \mathbb{Q}$: $x + 2 > x - 1$. Zähler und Nenner sind positiv, wenn der „kleinere" Term positiv ist, wenn also gilt: $x - 1 > 0$, also $x > 1$. Zähler und Nenner sind negativ, wenn der „größere" Term negativ ist, wenn also gilt: $x + 2 < 0$, also $x < -2$. Somit gilt:

$$\frac{x-1}{x+2} > 0 \quad \Leftrightarrow \quad x > 1 \quad \vee \quad x < -2.$$

Also ist $L = \{x \mid x < -2 \quad \vee \quad x > 1\} = \mathbb{Q} \setminus [-2; 1]$ (Bild 15).

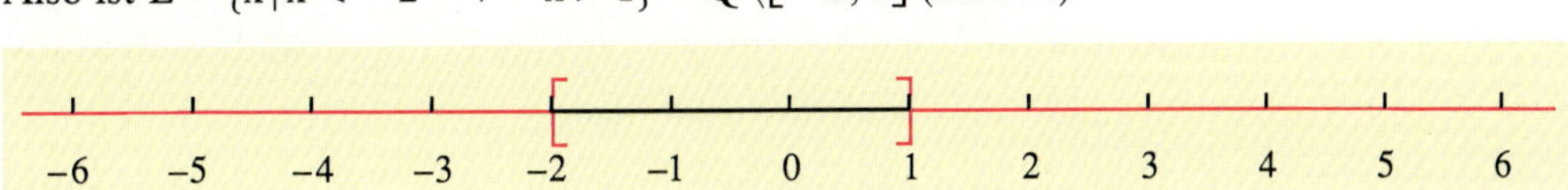

Bild 15

Aufgaben und Beispiele

1. Bestimme die Lösungsmenge und stelle sie auf der Zahlengeraden dar!

a) $\frac{10}{x-2} < 5$ **b)** $\frac{1}{x-3} > -1$ **c)** $\frac{4}{x+1} \geq 3$ **d)** $\frac{5}{x+2} \leq 3$

e) $\frac{x+1}{x-1} \geq 0$ **f)** $\frac{x+2}{x+5} < 0$ **g)** $\frac{2x-1}{4x+2} \leq 0$ **h)** $\frac{x+3}{2x-8} > 0$

i) $\frac{x+2}{x-1} \leq 2$ **j)** $\frac{x-3}{x+2} > 5$ **k)** $\frac{2x+3}{3x-5} \geq 4$ **l)** $\frac{3x-5}{2x+4} < 3$

2. Bestimme die Lösungsmenge und stelle sie auf der Zahlengeraden dar!

Beispiele

1) $|x| < 2$. Wir wenden die Betragsdefinition (Seite 203, Aufgabe 11) an:

$$\begin{aligned} |x| < 2 &\Leftrightarrow (x < 2 \ \wedge \ x \geq 0) \ \vee \ (-x < 2 \ \wedge \ x < 0) \\ &\Leftrightarrow (x < 2 \ \wedge \ x \geq 0) \ \vee \ (x > -2 \ \wedge \ x < 0) \\ &\Leftrightarrow (0 \leq x < 2) \ \vee \ (-2 < x < 0) \\ &\Leftrightarrow -2 < x < 2 \end{aligned}$$

Die Lösungsmenge ist $L = \{x \mid -2 < x < 2\} =]-2; 2[$ (Bild 16).

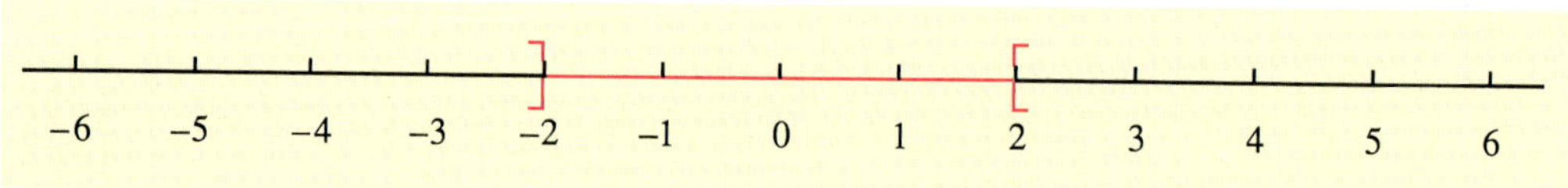

Bild 16

2)
$$\begin{aligned} |x-2| \geq 1 &\Leftrightarrow (x-2 \geq 1 \ \wedge \ x-2 \geq 0) \ \vee \ (-x+2 \geq 1 \ \wedge \ x-2 < 0) \\ &\Leftrightarrow (x \geq 3 \ \wedge \ x \geq 2) \ \vee \ (-x \geq -1 \ \wedge \ x < 2) \\ &\Leftrightarrow (x \geq 3 \ \wedge \ x \geq 2) \ \vee \ (x \leq 1 \ \wedge \ x < 2) \\ &\Leftrightarrow x \geq 3 \ \vee \ x \leq 1 \end{aligned}$$

Die Lösungsmenge ist $L = \{x \mid x \leq 1 \ \vee \ x \geq 3\} = \mathbb{Q} \setminus]1; 3[$ (Bild 17).

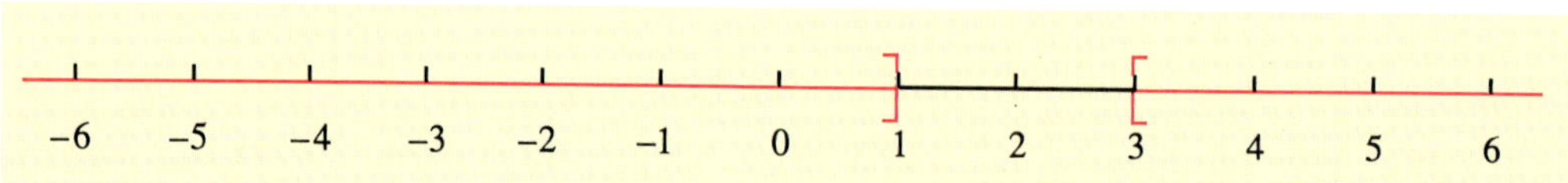

Bild 17

a) $|x-1| \leq 1$ **b)** $|x+5| < 7$ **c)** $|3-x| \leq 2$ **d)** $|x+3| > 2$

e) $|4-x| \geq 3$ **f)** $|x+1| > \frac{1}{2}$ **g)** $|2+x| < \frac{1}{2}$ **h)** $|3-2x| \leq 11$

i) $|3+2x| \geq 7$ **j)** $|4+3x| \leq 5$ **k)** $|3x-4| > 5$ **l)** $|\frac{1}{2}x + \frac{3}{2}| < \frac{1}{2}$

m) $|\frac{1}{2}x - \frac{3}{2}| \geq \frac{1}{2}$ **n)** $|0{,}4x + 2| > 0{,}4$ **o)** $|0{,}1x - 1| < 4$ **p)** $|7 - 0{,}2x| \geq 8$

§ 11 Eigenschaften von Vielecken

I. Trapeze und Parallelogramme

1. Begriffe und Bezeichnungen bei Vierecken

Durch vier Punkte, die ein Viereck ABCD bilden, sind insgesamt sechs Strecken bestimmt, nämlich die **Seiten** $\overline{AB}$, $\overline{BC}$, $\overline{CD}$ und $\overline{AD}$, sowie die **Diagonalen** $\overline{AC}$ und $\overline{BD}$ des Vierecks (Bild 1). Die Eckpunkte eines Vierecks bezeichnen wir in der Regel im positiven Umlaufsinn mit A, B, C und D, die Maße der Innenwinkel bei diesen Punkten der Reihe nach mit α, β, γ und δ sowie die Seitenlängen, bei A beginnend, im positiven Umlaufsinn mit a, b, c und d. Es ist also $a = |\overline{AB}|$, $b = |\overline{BC}|$, $c = |\overline{CD}|$ und $d = |\overline{DA}|$.
Die Länge der Diagonalen bezeichnen wir mit e und f; es ist also $e = |\overline{AC}|$ und $f = |\overline{BD}|$.

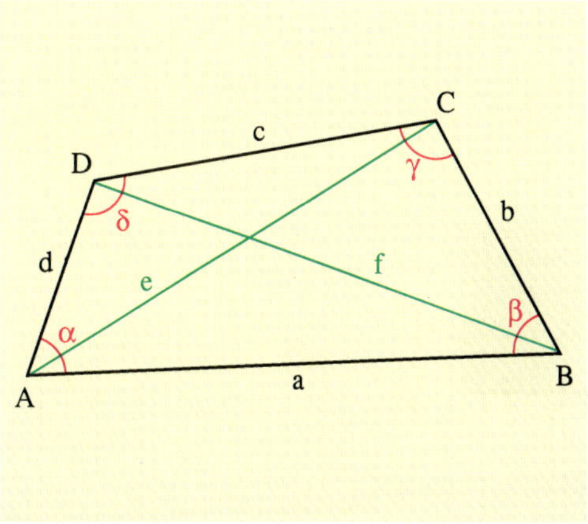

Bild 1

2. Konvexe Vierecke

Bild 2 zeigt, dass eine Diagonale auch außerhalb des Vierecks liegen kann. In diesem Fall bildet die Diagonale $\overline{AC}$ mit den Seiten $\overline{AD}$ und $\overline{CD}$ ein Dreieck, in dem der vierte Eckpunkt B des Vierecks liegt. Mit solchen Vierecken wollen wir uns hier nicht weiter beschäftigen. Wir werden nur noch Vierecke wie in Bild 1 betrachten, bei denen keiner der vier Eckpunkte im Inneren des von den anderen Punkten gebildeten Dreiecks liegt. Solche Vierecke heißen **konvexe** [1] Vierecke.
Wenn wir künftig von Vierecken sprechen, sollen damit konvexe Vierecke gemeint sein. Wir erwähnen diese Eigenschaft nur dann ausdrücklich, wenn sie wichtig ist.

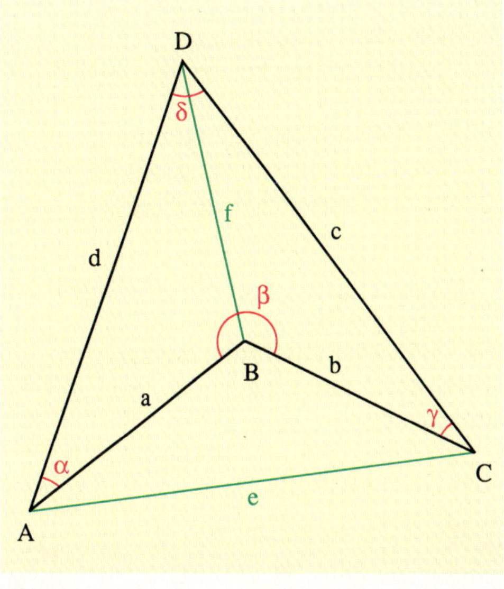

Bild 2

[1] convertere (lat.), nach außen wenden

3. Was ist ein Trapez?

Der Querschnitt einer Hafenmole (Bild 3) ist ein Viereck, bei dem zwei Seiten zueinander parallel sind. Ein solches Viereck heißt Trapez (Bild 4).

Ein Viereck heißt **Trapez** genau dann, wenn es (wenigstens) ein Paar zueinander paralleler Seiten besitzt. Die beiden zueinander parallelen Seiten heißen **Grundseiten**, die beiden anderen **Schenkel** des Trapezes.

Bild 3

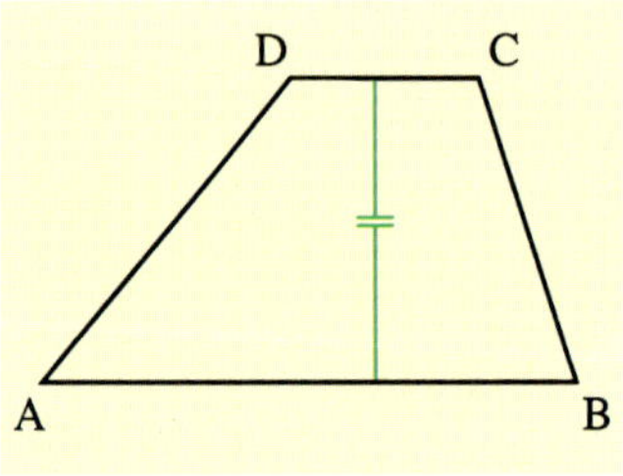

Bild 4

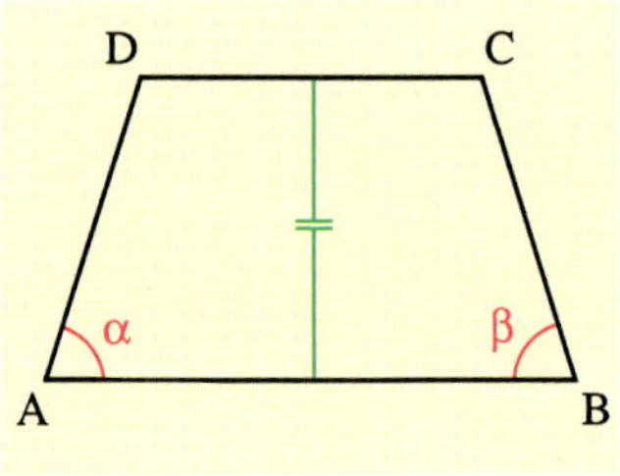

Bild 5

Die beiden Schenkel können wie in Bild 4 verschieden lang sein; sie können aber auch gleich lang sein (Bild 5). Ein solches Trapez heißt gleichschenkliges Trapez. Bei einem gleichschenkligen Trapez sind außerdem die Basiswinkel gleich groß; es gilt: $\alpha = \beta$.

4. Parallelogramme

Bild 6 zeigt ein Parallelogramm. Darunter versteht man – wie dir bereits bekannt ist – ein Viereck, in dem **alle** gegenüberliegenden Seiten zueinander parallel sind. Ein Parallelogramm besitzt also **zwei Paare** paralleler Seiten.
Daher erfüllt ein Parallelogramm auch die Definition für ein Trapez; jedes Parallelogramm ist also zugleich ein Trapez.

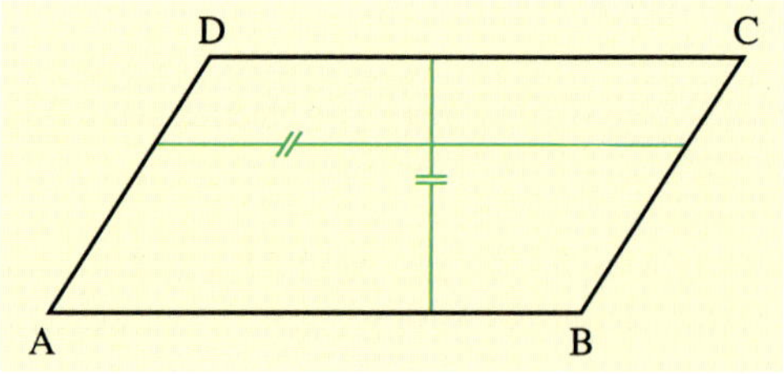

Bild 6

5. Eigenschaften von Parallelogrammen

Wir haben bereits früher gezeigt, dass in jedem Parallelogramm die gegenüberliegenden Seiten nicht nur parallel, sondern auch gleich lang sind. Zu diesem Satz gilt auch die Umkehrung:

Sind in einem Viereck die gegenüberliegenden Seiten gleich lang, dann ist es ein Parallelogramm.

Beweis: Für das Viereck ABCD in Bild 7 setzen wir voraus, dass die gegenüberliegenden Seiten gleich lang sind. Das Viereck unterteilen wir durch die Diagonale $\overline{BD}$ in die beiden Dreiecke ABD und CDB.

Diese beiden Dreiecke haben die Seite $\overline{BD}$ gemeinsam; nach Voraussetzung ist ferner $|\overline{AB}| = |\overline{CD}|$ und $|\overline{DA}| = |\overline{BC}|$.

Daher sind die beiden Dreiecke kongruent, und folglich sind die Wechselwinkel in Bild 7 maßgleich:

$$\beta_1 = \delta_2 \quad \text{und} \quad \beta_2 = \delta_1 .$$

Aus $\beta_1 = \delta_2$ folgt nach der Umkehrung des Wechselwinkelsatzes $\overline{AB} \parallel \overline{CD}$. Entsprechend folgt aus $\beta_2 = \delta_1$ auch für das andere Seitenpaar: $\overline{DA} \parallel \overline{BC}$; q.e.d.

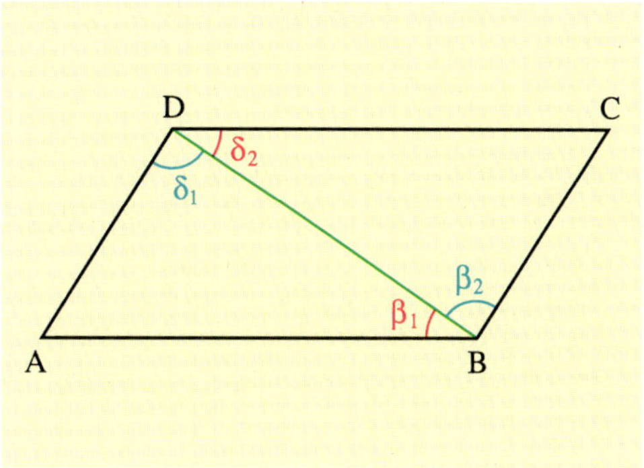

Bild 7

6. Beispiel eines Beweises

Beispiel

Beweise: Ein Viereck ist genau dann ein Parallelogramm, wenn die gegenüberliegenden Winkel maßgleich sind!

Lösung: Es sind zwei Wenn-dann-Sätze zu beweisen:

1) Wenn ein Viereck ein Parallelogramm ist, dann sind die gegenüberliegenden Winkel maßgleich.

2) Wenn in einem Viereck die gegenüberliegenden Winkel maßgleich sind, dann ist das Viereck ein Parallelogramm.

Zu 1)

Voraussetzung: In Bild 8 gilt $\overline{AB} \parallel \overline{DC}$ und $\overline{AD} \parallel \overline{BC}$.

Behauptung: $\alpha = \gamma$ und $\beta = \delta$.

Beweis: Mit den Bezeichnungen von Bild 8 gilt:
$\alpha = \beta'$ nach dem Stufenwinkelsatz und
$\beta' = \gamma$ nach dem Wechselwinkelsatz.

Daraus folgt $\alpha = \gamma$. Entsprechend ergibt sich $\beta = \delta$, q.e.d.

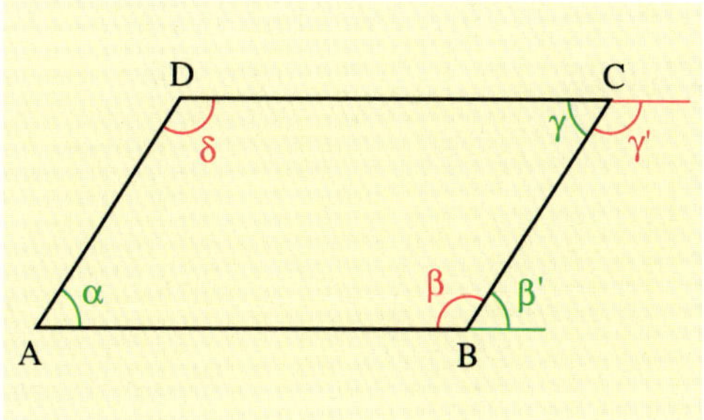

Bild 8

Zu 2)

Voraussetzung: Im Viereck ABCD gilt $\alpha = \gamma$ und $\beta = \delta$ (Bild 8).

Behauptung: Das Viereck ist ein Parallelogramm, d.h., es gilt: $\overline{AB} \parallel \overline{DC}$ und $\overline{AD} \parallel \overline{BC}$.

Beweis: Es gilt: $\alpha + \beta + \gamma + \delta = 360°$ (Winkelsumme im Viereck). Wegen $\alpha = \gamma$ und $\beta = \delta$ folgt daraus $2\alpha + 2\beta = 360°$, also $\alpha + \beta = 180°$.

Ferner gilt $\beta + \beta' = 180°$ (Nebenwinkelsatz) und somit $\alpha = 180° - \beta$ und $\beta' = 180° - \beta$, also $\alpha = \beta'$. Nach der Umkehrung des Stufenwinkelsatzes gilt also

$$\overline{AD} \parallel \overline{BC}.$$

Entsprechend ergibt sich $\overline{AB} \parallel \overline{DC}$, q.e.d.

Aufgaben und Beispiele

Zum Einstieg

Das Wasser, das die alte Mühle am Lenzenbach antreibt, wird in einer langen Holzrinne zum Mühlrad geführt. Die Rinne ist unten 40 cm breit, die Seitenbretter sind 30 cm breit und mit einem Winkel von 120° angesetzt. Wie breit ist die Rinne oben?

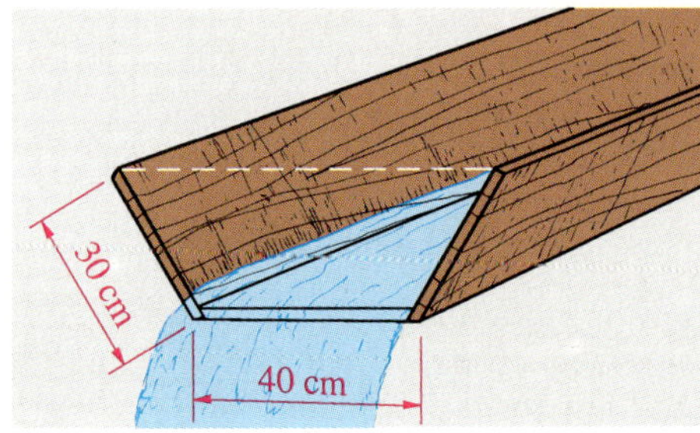

Bild 9

Konstruktionen

1. Konstruiere ein Viereck aus den gegebenen Stücken!

a) $a = 3$ cm; $b = 4$ cm; $c = 4{,}6$ cm; $d = 5{,}2$ cm; $\alpha = 100°$

b) $a = 4{,}2$ cm; $b = 3{,}8$ cm; $c = 4{,}1$ cm; $d = 2{,}7$ cm; $e = 5{,}3$ cm

c) $a = 2{,}9$ cm; $e = 4{,}5$ cm; $c = 3{,}3$ cm; $\beta = 107°$; $\varepsilon = 27°$; ($\sphericalangle \varepsilon = \sphericalangle DCA$).

2. Konstruiere ein Trapez mit der Grundseite $\overline{AB}$ aus den gegebenen Stücken!

Beispiel

Gegeben: $d = 1{,}9$ cm; $e = 2{,}5$ cm; $f = 2{,}65$ cm; $\alpha = 64°$.

Lösung: Wir zeichnen eine Planfigur (Bild 10) und finden als Teildreieck, mit dem wir beginnen können, das Dreieck ABD.

Planfigur

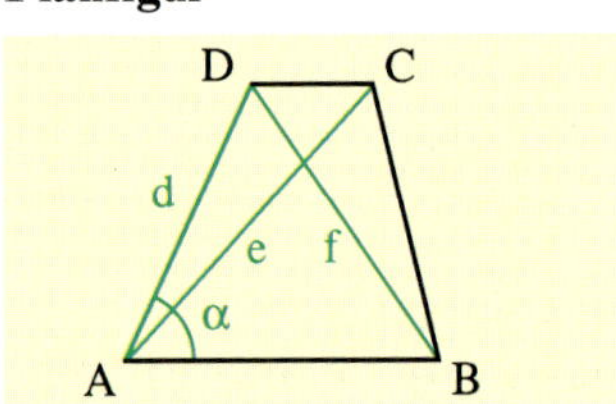

Plan

Punkte	festgelegt durch
A; B; D	SsW
C	1) Parallele zu $\overline{AB}$ durch D 2) K(A; e)

Konstruktion

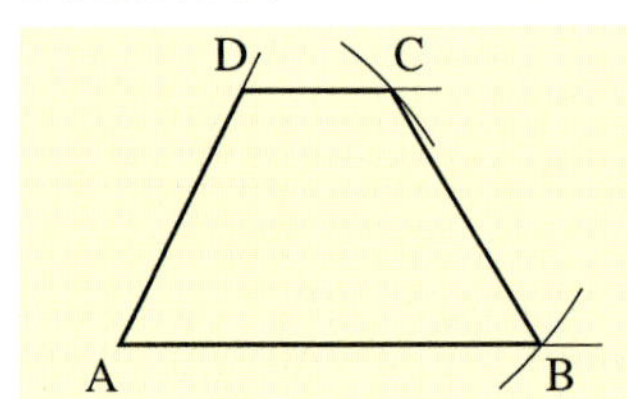

Bild 10

a) $a = 4{,}9$ cm; $b = 3{,}6$ cm; $\alpha = 64°$; $\beta = 70°$

b) $a = 5{,}6$ cm; $d = 4{,}2$ cm; $e = 6$ cm; $f = 5{,}3$ cm

c) $a = 3{,}5$ cm; $d = 2{,}3$ cm; $\alpha = 110°$; $\beta = 115°$

d) $a = 6$ cm; $b = 4{,}4$ cm; $c = 1{,}5$ cm; $\gamma = 140°$

e) $d = 4{,}5$ cm; $e = 5{,}8$ cm; $f = 6{,}1$ cm; $\alpha = 47°$

f) $a = 5{,}3$ cm; $c = 2{,}5$ cm; $h = 3{,}2$ cm; $\beta = 75°$

g) $a = 2{,}9$ cm; $h = 3{,}4$ cm; $\alpha = 110°$; $\beta = 130°$

h) $a = 7{,}2$ cm; $b = 4{,}3$ cm; $c = 3{,}6$ cm; $d = 3{,}8$ cm
Anleitung: Benutze die Parallele durch C zu $\overline{AD}$!

i) $a = 6{,}6$ cm; $b = 4$ cm; $\alpha = 100°$; $h = 3{,}7$ cm

j) $a = 5{,}8$ cm; $b = 4{,}5$ cm; $\alpha = 73°$; $\beta = 50°$

3. Konstruiere ein Parallelogramm aus den gegebenen Stücken! Entnimm die Bedeutung dir unbekannter Bezeichnungen aus Bild 12!

a) $a = 5\,cm;\ b = 4\,cm;\ \alpha = 72°$
b) $a = 3{,}5\,cm;\ b = 6{,}5\,cm;\ \beta = 120°$
c) $a = 3{,}7\,cm;\ e = 6{,}2\,cm;\ \beta = 84°$
d) $a = 5{,}3\,cm;\ b = 4{,}8\,cm;\ e = 6{,}2\,cm$
e) $a = 4\,cm;\ f = 7{,}5\,cm;\ \beta = 135°$
f) $a = 5\,cm;\ e = 6\,cm;\ f = 7\,cm$
g) $a = 3{,}9\,cm;\ \beta = 125°;\ \varepsilon = 35°$
h) $a = 5{,}4\,cm;\ \varepsilon = 72°;\ \varphi = 41°$
i) $a = 3{,}4\,cm;\ e = 3\,cm;\ \eta = 150°$
j) $e = 4{,}2\,cm;\ f = 5{,}2\,cm;\ \eta = 68°$
k) $a = 6\,cm;\ \varepsilon = 31°;\ \eta = 105°$
l) $a = 4{,}1\,cm;\ h_a = 3{,}3\,cm;\ \alpha = 124°$
m) $b = 3{,}5\,cm;\ \varphi = 63°;\ h_b = 2{,}7\,cm$
n) $a = 3{,}4\,cm;\ b = 5\,cm;\ h_a = 2{,}5\,cm$

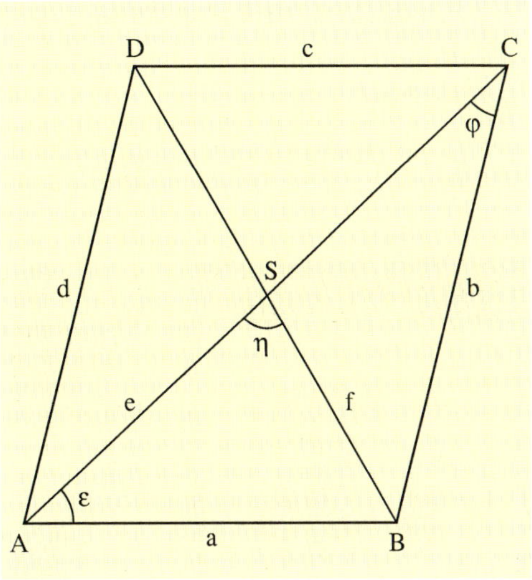

Bild 12

Beweise und Begründungen

4. Zerlege die folgenden Sätze in zwei Wenn-dann-Sätze und beweise diese! (Vergleiche das Beispiel auf Seite 209!)
a) Ein Viereck ist genau dann ein Parallelogramm, wenn es ein Paar paralleler und maßgleicher gegenüberliegender Seiten besitzt.
b) Ein Viereck ist genau dann ein Parallelogramm, wenn sich die Diagonalen halbieren.
c) Ein Viereck ist genau dann ein Parallelogramm, wenn sich jeweils zwei benachbarte Winkel zu 180° ergänzen.

5. Beweise die folgenden Sätze und überlege, ob auch ihre Umkehrungen gelten!
a) Bilden in einem Trapez die Schenkel mit einer Grundseite maßgleiche Winkel, so sind die Schenkel gleich lang.
Anleitung: Fälle von C und D die Lote auf die gegenüberliegende Seite!
b) Bilden in einem Trapez die Schenkel mit einer Grundseite maßgleiche Winkel, so bilden sie auch mit der anderen Grundseite maßgleiche Winkel.

6. Sind die folgenden Aussagen wahr? Beweise sie oder widerlege sie durch ein Gegenbeispiel!
a) Ein Viereck ist genau dann ein Parallelogramm, wenn es ein Paar paralleler und ein Paar gegenüberliegender maßgleicher Seiten besitzt.
b) Ein Viereck ist genau dann ein Parallelogramm, wenn es ein Paar paralleler gegenüberliegender Seiten und ein Paar maßgleicher gegenüberliegender Winkel besitzt.

7. Beweise: Wenn es in einem Trapez eine Diagonale gibt, die die andere halbiert, so ist es ein Parallelogramm! Hinweis: Benutze die Aussage von Aufgabe 4b!

8. Ein Viereck hat zwei maßgleiche Gegenseiten; ferner halbiert eine Diagonale die andere. Ist es in jedem Fall ein Parallelogramm?

II. Rauten und Drachenvierecke

1. Definition der Begriffe

Die Bundespost hat eine Briefmarkenserie mit den Wappen der Bundesländer herausgegeben. Das bayerische Wappen (Bild 13) enthält ein Feld weißer und blauer Vierecke mit gleich langen Seiten (Bild 14). Ein solches Viereck heißt **Raute** oder **Rhombus** (Bild 15).

Bild 13

Bild 14

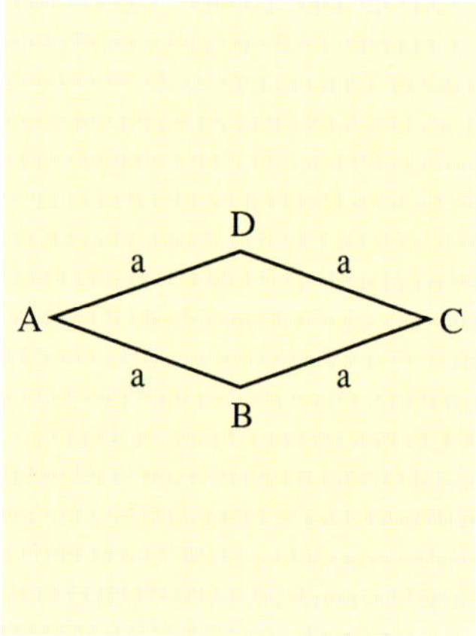

Bild 15

Ein Viereck heißt **Raute** genau dann, wenn die vier Seiten gleich lang sind.

Beachte: Da alle Seiten eines Quadrates gleich lang sind, ist jedes Quadrat auch eine Raute.

2. Eigenschaften von Rauten

Da bei einer Raute alle Seiten gleich lang sind, sind auch jeweils die gegenüberliegenden Seiten gleich lang. Daher ist jede Raute auch ein Parallelogramm.
Bild 16 zeigt, dass sich die Diagonalen bei einer Raute nicht nur halbieren (wie bei einem Parallelogramm), sondern auch aufeinander senkrecht stehen; es gilt sogar der Satz:

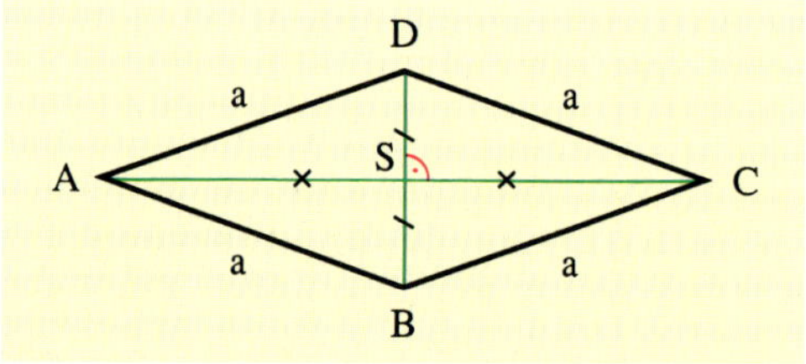

Bild 16

Ein Viereck ist genau dann eine Raute, wenn die Diagonalen aufeinander senkrecht stehen und sich halbieren.

Beweis: Zunächst gehen wir davon aus, dass das Viereck ABCD in Bild 16 eine Raute ist. Diese Raute wird durch die beiden Diagonalen in vier Teildreiecke unterteilt. Da ABCD auch ein Parallelogramm ist, halbiert der Diagonalenschnittpunkt S beide Diagonalen. Daher stimmen die vier Teildreiecke in zwei Seitenlängen überein. Die Teildreiecke stimmen auch in der dritten Seitenlänge überein, da das Viereck ABCD eine Raute ist.

Nach dem Kongruenzsatz SSS sind folglich alle Teildreiecke kongruent. Daher sind alle Winkel bei S gleich groß, also rechte Winkel.

Gehen wir nun umgekehrt davon aus, dass die Diagonalen im Viereck ABCD aufeinander senkrecht stehen und sich halbieren. Dann sind die vier Teildreiecke in Bild 16 ebenfalls kongruent, nämlich nach dem Kongruenzsatz SWS. Daher müssen auch die Hypotenusen aller Teildreiecke gleich lang sein. Das Viereck ABCD ist also eine Raute, q.e.d.

3. Der Umkreis eines Rechtecks

Jedes Rechteck ist ein spezielles Parallelogramm, nämlich ein Parallelogramm mit vier rechten Winkeln. Daher halbieren sich in jedem Rechteck die Diagonalen. Da die Diagonalen außerdem gleich lang sind, ist der Diagonalenschnittpunkt von allen vier Eckpunkten gleich weit entfernt. Er ist der Mittelpunkt eines Kreises, der durch alle vier Eckpunkte geht (Bild 17). Daher gilt der Satz:

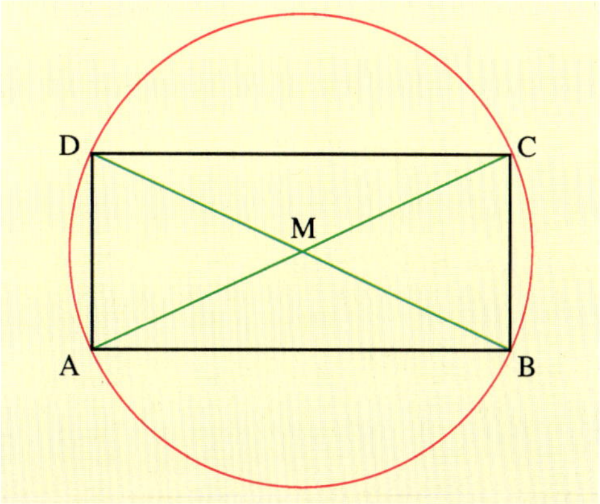

Bild 17

Jedes Rechteck besitzt genau einen **Umkreis**. Sein Mittelpunkt ist der Diagonalenschnittpunkt.

4. Was ist ein Drachenviereck?

Um Windvögel oder Drachen (Bild 18) zu bauen, musst du zwei Holzstäbe zu einem Kreuz zusammenfügen, ihre Enden durch eine Schnur miteinander verbinden und dieses Gerüst mit Papier, Stoff oder Folie bespannen.

Ein solches Viereck heißt **Drachenviereck**, die Schnüre bilden seine Seiten, die Holzstäbe seine Diagonalen. Die Diagonalen müssen senkrecht aufeinander stehen. Außerdem muss mindestens eine der beiden Diagonalen durch die andere halbiert werden (Bild 19). Wir definieren:

Bild 18

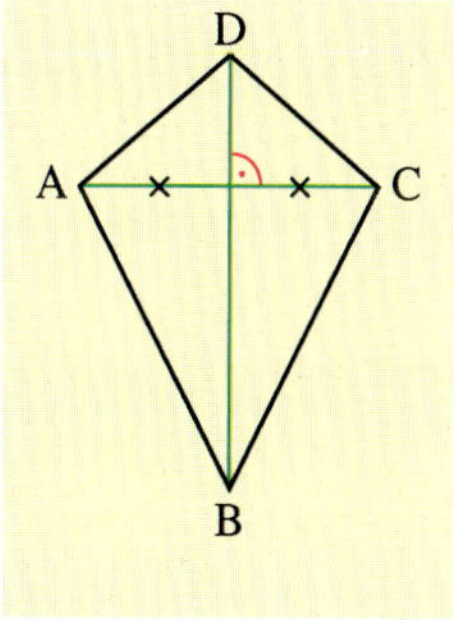

Bild 19

Ein Viereck heißt **Drachenviereck** genau dann, wenn die Diagonalen aufeinander senkrecht stehen und wenigstens eine durch die andere halbiert wird.

5. Eine Eigenschaft von Drachenvierecken

Im Drachenviereck von Bild 20 sind sowohl die Seiten $\overline{AD}$ und $\overline{CD}$ als auch die Seiten $\overline{AB}$ und $\overline{BC}$ gleich lang, es besitzt also zwei Paare benachbarter maßgleicher Seiten. Umgekehrt ist aber nicht jedes Viereck mit zwei Paaren benachbarter maßgleicher Seiten ein Drachenviereck, wie das Viereck in Bild 21 zeigt: $\overline{AB}$ und $\overline{BC}$ sowie $\overline{BC}$ und $\overline{CD}$ sind zwei verschiedene Paare benachbarter maßgleicher Seiten; das Viereck ABCD ist aber kein Drachenviereck. In dem folgenden Satz ist dieser Sonderfall ausgeschlossen.

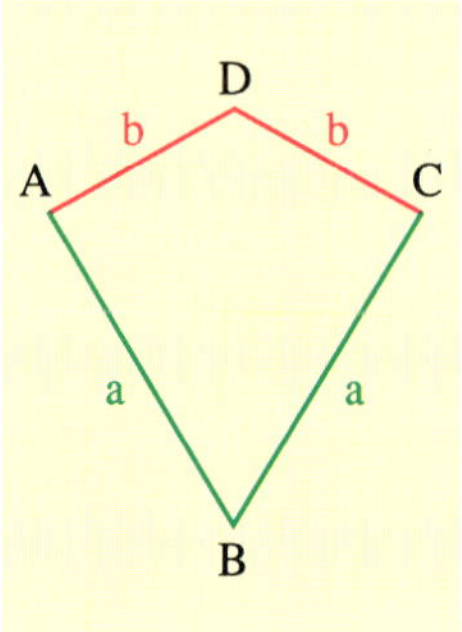

Bild 20

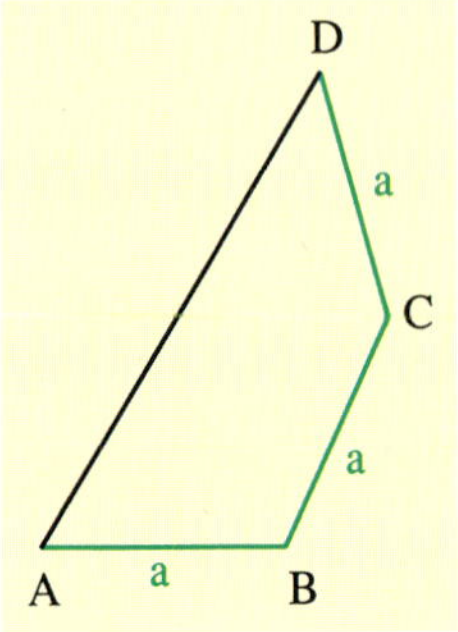

Bild 21

> Ein Viereck ist genau dann ein Drachenviereck, wenn gilt: Zwei benachbarte Seiten sind maßgleich und die beiden anderen Seiten sind ebenfalls maßgleich.

Der Beweis soll in Aufgabe 3 geführt werden.

Aufgaben und Beispiele

Zum Einstieg

Reichen Längenmessungen aus, um festzustellen, ob ein Vorfahrtsschild ein Quadrat ist?

Bild 22

Konstruktionen

1. Konstruiere eine Raute aus den gegebenen Stücken!

Beispiel

Gegeben: a = 1,6 cm; f = 1,6 cm.

Lösung:

Planfigur

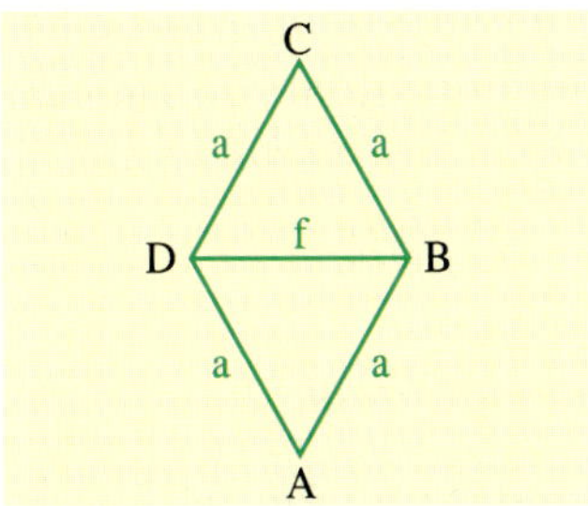

Bild 23

Plan

Punkte	festgelegt durch
A; B; D	SSS
C	1) K(D; a) 2) K(B; a)

Konstruktion

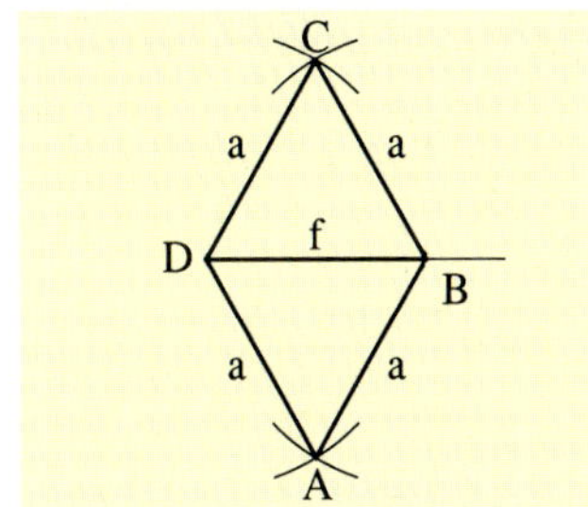

Bild 24

a) a = 3,4 cm; $\beta = 124°$

b) e = 6,1 cm; $\alpha = 70°$

c) e = 5,4 cm; f = 6,6 cm

d) f = 7,2 cm; $\beta = 47°$

e) a = 2,6 cm; $\varepsilon = 73°$ ($\sphericalangle \varepsilon = \sphericalangle BAC$)

f) a = 3,9 cm; h = 3,7 cm

2. Konstruiere ein Drachenviereck aus den folgenden Stücken! Setze dabei voraus, dass a = b ist!

a) a = 4 cm; d = 3 cm; $\alpha = 105°$

b) a = 5 cm; c = 3 cm; $\beta = 45°$

c) a = 5 cm; e = 2,5 cm; d = 3,5 cm

d) a = 2,5 cm; e = 3 cm; f = 6 cm

e) e = 3 cm; f = 4,2 cm; $\beta = 80°$

f) e = 2,5 cm; f = 4 cm; $\delta = 60°$

Beweise und Begründungen

3. a) Christiane, Julia und Philipp wollen aus vier Teilen eines Baukastens (Bild 25) Vierecke legen. Christiane erhält ein Rechteck, Julia ein Parallelogramm, das kein Rechteck ist, Philipp ein Drachenviereck. Wie haben Christiane, Julia und Philipp die Teile verwendet?

b) Zerlege den folgenden Satz in zwei Wenn-dann-Sätze und beweise diese! (Vergleiche das Beispiel von Seite 209!)
Ein Viereck ist genau dann ein Drachenviereck, wenn zwei benachbarte Seiten maßgleich sind und die beiden anderen Seiten ebenfalls maßgleich sind.

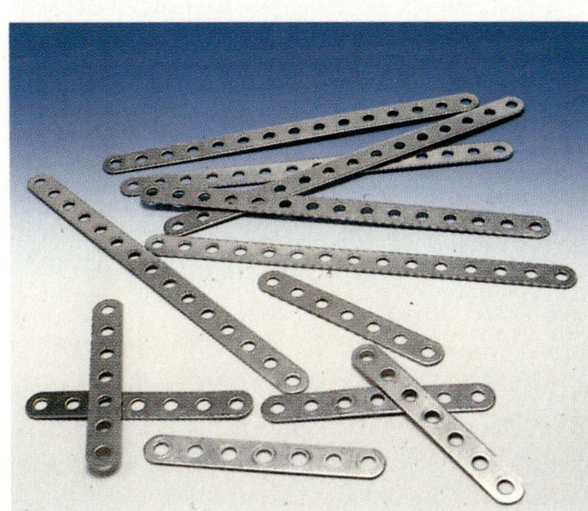

Bild 25

4. a) Zeige: In jedem Drachenviereck gibt es ein Paar maßgleicher gegenüberliegender Winkel!
b) Bilde die Umkehrung und prüfe, ob sie wahr oder falsch ist!

5. Zeige: In jedem Drachenviereck gibt es eine Diagonale, die zugleich Winkelhalbierende zweier Vieleckswinkel ist!

6. Beweise den Satz!
a) Wenn in einem Viereck zwei nebeneinander liegende Seiten gleich lang sind und die Diagonalen aufeinander senkrecht stehen, so ist es ein Drachenviereck.
b) Wenn in einem Viereck die Diagonalen aufeinander senkrecht stehen und eine von ihnen zugleich Winkelhalbierende zweier Viereckswinkel ist, so ist das Viereck ein Drachenviereck.

7. Beweise den Satz!
a) Wenn sich in einem Drachenviereck die Diagonalen gegenseitig halbieren, so ist es eine Raute.
b) Ein Viereck ist genau dann eine Raute, wenn jede Diagonale zugleich Winkelhalbierende zweier Viereckswinkel ist.
c) Ein Parallelogramm, in dem eine Diagonale auch Winkelhalbierende ist, ist eine Raute.
d) Stehen in einem Parallelogramm die Diagonalen aufeinander senkrecht, so ist es eine Raute.

8. a) Im Lehrtext wird gezeigt, dass jedes Viereck, das ein Rechteck ist, einen Umkreis besitzt. Zeige durch ein Gegenbeispiel, dass die Umkehrung dieses Satzes nicht gilt!
b) Beschreibe Vierecke, die keinen Umkreis haben!

9. Untersuche, ob die Aussage wahr ist! Beweise sie gegebenenfalls oder widerlege sie durch ein Gegenbeispiel!
a) Ein Viereck mit zwei rechten Winkeln ist ein Rechteck.
b) Ein Viereck mit einem rechten Winkel und drei gleich langen Seiten ist ein Quadrat.

Wo steckt der Fehler?

10. Herr G.O. Metrie behauptet: Alle Dreiecke sind gleichschenklig.
Hier ist sein Beweis (Bild 26): ABC ist ein beliebiges Dreieck. Die Winkelhalbierende von $\sphericalangle ACB$ und die Mittelsenkrechte der Seite $\overline{AB}$ schneiden sich im Punkt S. Die Senkrechte zu $\overline{SC}$ in S schneidet die Seiten $\overline{AC}$ und $\overline{BC}$ in den Punkten E bzw. F.
Man kann nun zeigen, dass gilt:
$ESC \cong FSC$, $ADS \cong BDS$ und $ASE \cong BSF$.
Daraus folgt, dass $|\overline{AC}| = |\overline{BC}|$, das Dreieck ABC also gleichschenklig ist. Da das Dreieck beliebig gewählt wurde, sind alle Dreiecke gleichschenklig.
Was sagst du zu diesem Beweis?

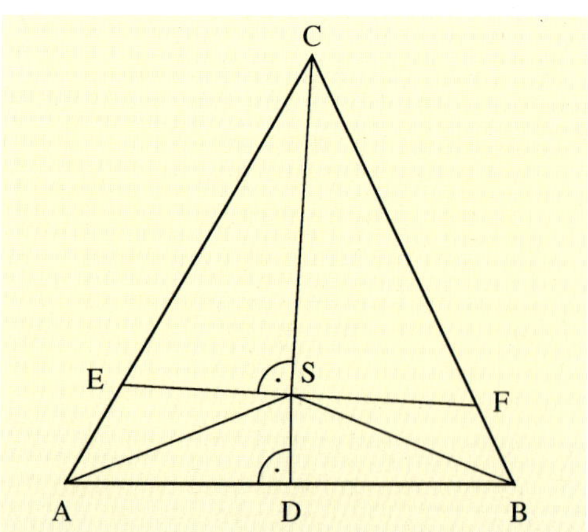

Bild 26

III. Symmetrische Figuren

1. Zur Einführung

In der Natur gibt es vielfältige symmetrische Formen (Bilder 27 und 28). Auch Bauwerke, Gärten, Maschinen oder Gebrauchsgegenstände sind häufig symmetrisch gestaltet oder mit symmetrischen Figuren verziert (Bild 29).

Bild 27: Schmetterling

Bild 28: Schneekristalle

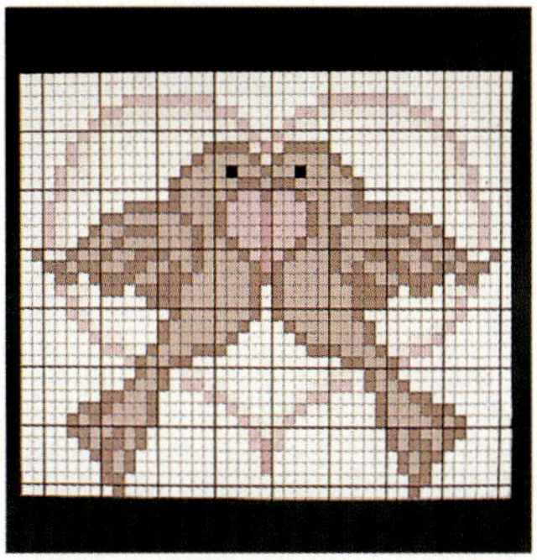

Bild 29: Stickmuster

Spiegelt man den Schmetterling (Bild 27) an seiner Mittelachse, so wird er auf sich selbst abgebildet; er ist **achsensymmetrisch**. Auch das Stickmuster (Bild 29) ist achsensymmetrisch.

Dreht man einen Schneekristall (Bild 28) mit einem Drehwinkel von 60°, 120°, 180°, 240° oder 300° um seinen Mittelpunkt, so wird er ebenfalls auf sich selbst abgebildet, er ist **drehsymmetrisch**.

Eine Abbildung, durch die eine Figur auf sich selbst abgebildet wird, nennt man eine **Deckabbildung** der Figur.

Stets ist auch die Drehung um 360° (oder um 0°) eine solche Deckabbildung; sie heißt die **identische Abbildung**. Wir empfinden eine Figur aber nur dann als symmetrisch, wenn sie eine von der identischen Abbildung verschiedene Deckabbildung besitzt. Wir sprechen dann von einer **echten Deckabbildung** der Figur. Wir können also sagen:

> Eine Figur F ist genau dann **symmetrisch**, wenn sie mindestens eine echte Deckabbildung besitzt.

Weitere **Beispiele** für symmetrische Figuren zeigen die Bilder 30 bis 32.

Bild 30: Zifferblatt einer Uhr

Bild 31: Spielkarte

Bild 32: Fenster im Freiburger Münster

2. Achsensymmetrie bei Dreiecken und bei Trapezen

Durch Spiegelung an einer Achse g kann man achsensymmetrische Figuren erzeugen: Spiegelt man eine Strecke $\overline{AB}$ an einer Geraden g, so entsteht ein achsensymmetrisches Dreieck, wenn g z.B. durch B, aber nicht durch A geht (Bild 33). Wenn g aber keinen Punkt mit der Strecke $\overline{AB}$ gemeinsam hat, dann erhält man ein achsensymmetrisches Viereck (Bild 34).

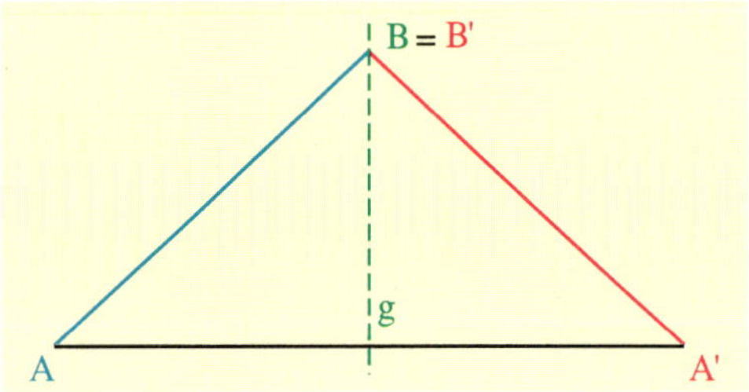

Bild 33

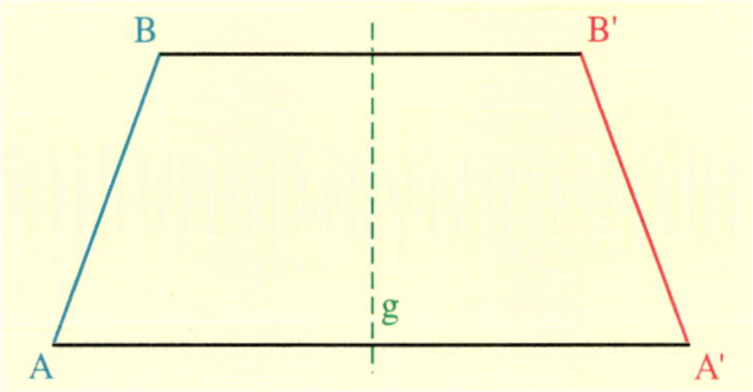

Bild 34

Da die Strecke $\overline{AB}$ in beiden Fällen auf eine kongruente Bildstrecke abgebildet wird, handelt es sich in Bild 33 um ein gleichschenkliges Dreieck, in Bild 34 um ein gleichschenkliges Trapez. Die Spiegelungsachse ist in beiden Fällen die Mittelsenkrechte der Strecke $\overline{AA'}$; sie heißt auch **Symmetrieachse der Figur**.
In beiden Fällen gilt auch die Umkehrung des Sachverhaltes, insgesamt also der Satz:

> Dreiecke und Trapeze sind genau dann gleichschenklig, wenn sie achsensymmetrisch sind.

Die Beweise sollen in den Aufgaben 20a und b geführt werden.

3. Achsensymmetrie bei Drachenvierecken

Ein achsensymmetrisches Viereck erhält man aber auch, wenn man ein Dreieck ABC z.B. an der Geraden g(B, C) spiegelt (Bild 35). Wegen $|\overline{AB}| = |\overline{A'B}|$ und $|\overline{AC}| = |\overline{A'C}|$ handelt es sich um ein Drachenviereck mit der Diagonalen g(B, C) als Symmetrieachse. Auch in diesem Fall gilt die Umkehrung, insgesamt also der Satz:

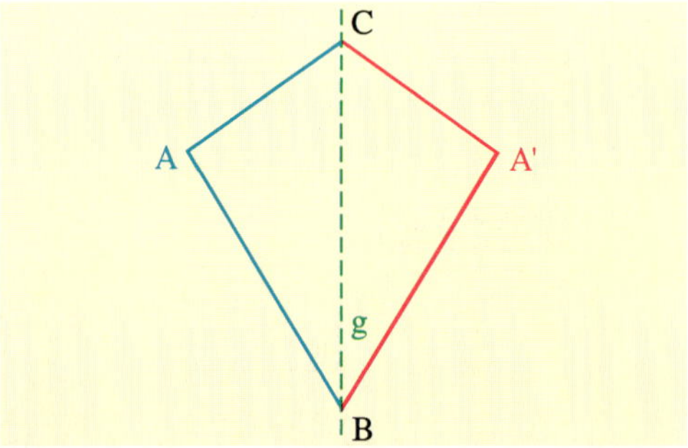

Bild 35

> Ein Viereck ist genau dann ein Drachenviereck, wenn es achsensymmetrisch zu einer seiner Diagonalen ist.

Der Beweis soll in Aufgabe 20c geführt werden.

4. Punktsymmetrische Figuren

Bei der Behandlung der Drehsymmetrie beschränken wir uns auf den einfachsten Fall, bei dem die Deckabbildung eine Halbdrehung ist. Bild 36 zeigt einen Punkt A, der durch eine Halbdrehung um das Zentrum Z auf den Punkt A′ abgebildet wird. Da die Punkte A, Z und A′ stets auf einer Geraden liegen und da

$$|\overline{AZ}| = |\overline{A'Z}|$$

ist, nennt man die Abbildung auch eine **Punktspiegelung**. Jede Figur, die durch eine Punktspiegelung auf sich selbst abgebildet wird, heißt daher **punktsymmetrisch**; der Punkt Z ist das Symmetriezentrum.

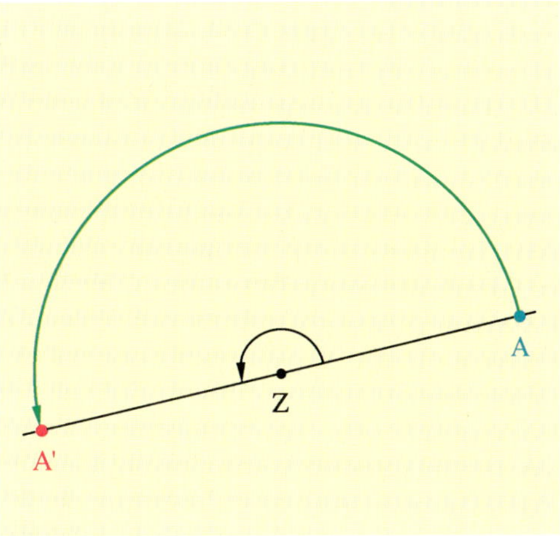

Bild 36

5. Punktsymmetrische Vierecke

Wir bilden eine Strecke $\overline{AB}$ durch eine Punktspiegelung an einem Zentrum Z, das nicht auf $\overline{AB}$ liegt, auf die Strecke $\overline{A'B'}$ ab und verbinden die vier Punkte A, B, A′ = C und B′ = D miteinander (Bild 37). Wir erhalten so ein punktsymmetrisches Viereck. Da die gegenüberliegenden Eckpunkte wechselseitig aufeinander abgebildet werden, gilt auch C′ = A und D′ = B. Daher werden auch die gegenüberliegenden Seiten aufeinander abgebildet und es gilt $|\overline{AB}| = |\overline{CD}|$ und $|\overline{BC}| = |\overline{DA}|$. Das Viereck ABCD ist also nach dem Satz von Seite 208 ein Parallelogramm.

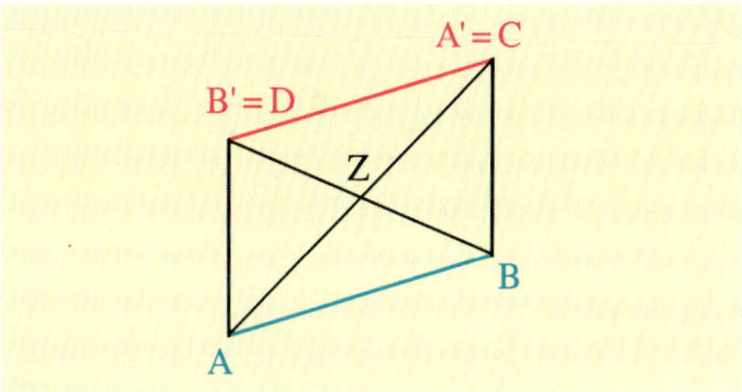

Bild 37

Ein punktsymmetrisches Viereck ist also ein Parallelogramm.

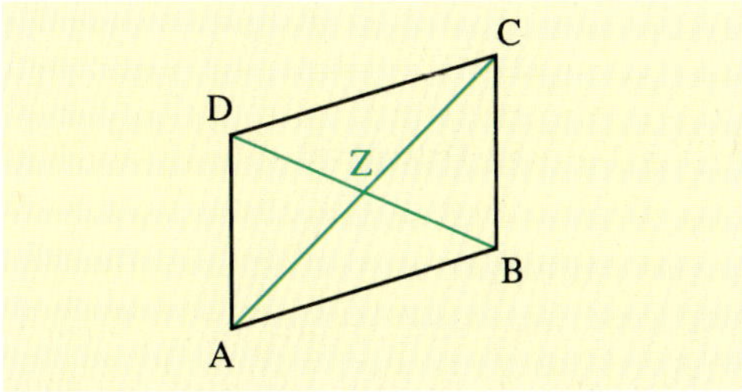

Bild 38

Umgekehrt gilt sogar:

Jedes Parallelogramm ist punktsymmetrisch.

Beweis: Da sich in jedem Parallelogramm ABCD (Bild 38) die Diagonalen halbieren (vergleiche Aufgabe 4b auf Seite 211), wird durch die Punktspiegelung mit dem Diagonalenschnittpunkt Z als Zentrum das Parallelogramm auf sich abgebildet. Das Parallelogramm ABCD ist also punktsymmetrisch, q.e.d.

6. Kennzeichnung der Vierecke durch Deckabbildungen

Zu jedem Viereck gehören bestimmte Deckabbildungen. Durch diese Deckabbildungen (unter Einschluss der identischen Abbildung) kann man die verschiedenen Vierecksarten charakterisieren und in einem Diagramm anordnen (Bild 39).

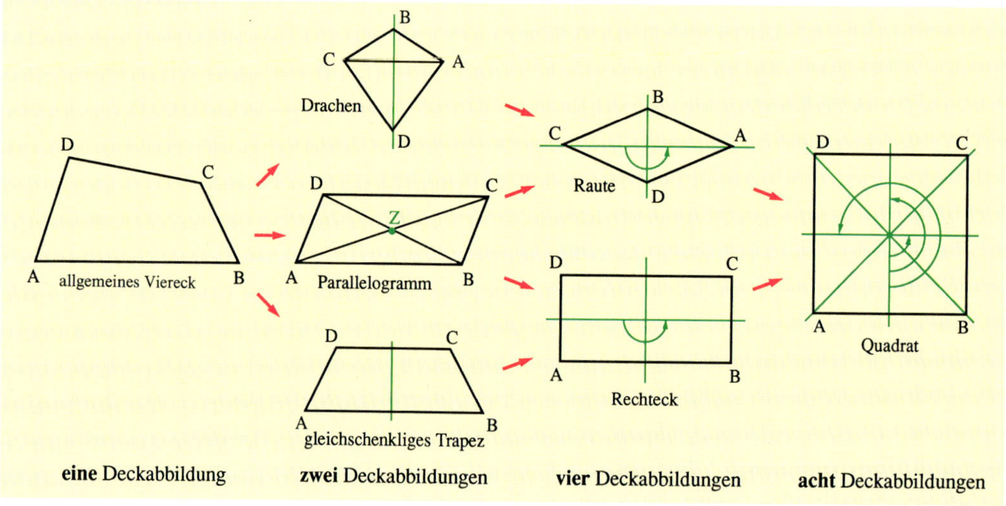

Bild 39

Die Pfeile im Diagramm zeigen jeweils von einem Viereck zu einem anderen Viereck. Alle Eigenschaften des links stehenden Vierecks besitzt auch das rechts stehende Viereck. Das rechts stehende Viereck besitzt jedoch zusätzliche Eigenschaften.

Beispiele

1) Jedes Quadrat ist ein spezielles Rechteck.
2) Die Deckabbildungen des Rechtecks sind auch Deckabbildungen des Quadrats.

Aufgaben und Beispiele

Zum Einstieg

Bild 40 zeigt die Hälfte einer Maske. Übertrage sie in dein Heft und ergänze sie zu einer vollständigen Maske, die zur Geraden g symmetrisch ist! Gibt es Teile der Maske, die noch weitere Symmetrien haben?

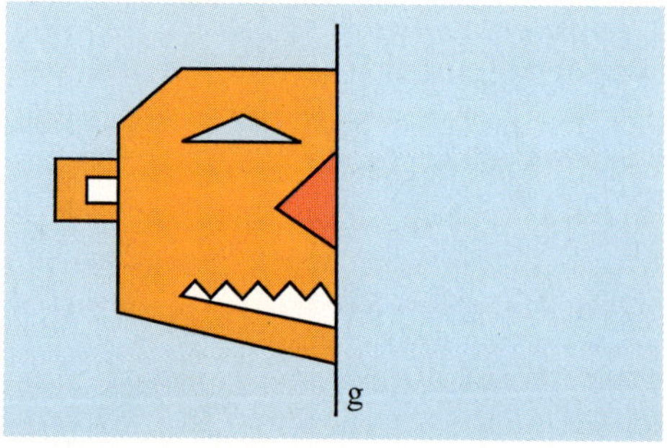

Bild 40

Beobachtungen

1. a) Nenne symmetrische Formen aus der Natur, der Kunst und der Technik!
b) Beschreibe auch Formen, die auf den ersten Blick symmetrisch erscheinen, es aber genau genommen gar nicht sind!

2. Welche der Buchstaben und Ziffern in Bild 41 sind symmetrisch? Übertrage die symmetrischen Zeichen in dein Heft und zeichne die Symmetrieachsen ein!

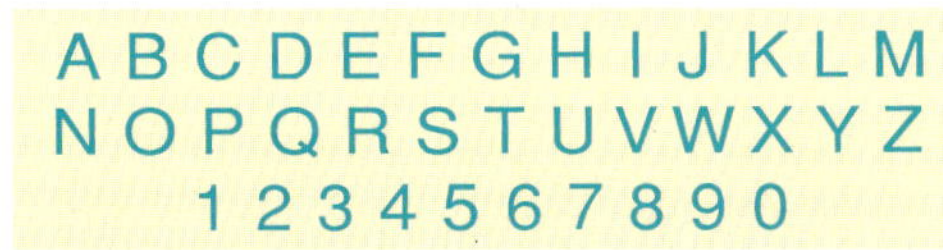

Bild 41

3. Martin und Christoph stehen in Berlin vor dem Brandenburger Tor (Bild 42). Martin sagt: „Das Tor ist ganz symmetrisch gebaut.“ Christoph entgegnet: „Das kannst du doch gar nicht beurteilen.“ Wer hat recht?

Bild 42

Zeichnen symmetrischer Figuren

4. Führe die folgenden Abbildungen mit der Figur aus Bild 43 aus! Welche Symmetrieeigenschaften hat das dadurch entstandene Gesamtbild?
a) Spiegelung an g **b)** Spiegelung an h
c) Spiegelung an P (Mittelpunkt von $\overline{AC}$)
d) Spiegelung an Q (Mittelpunkt von $\overline{AB}$)
e) dreimalige Drehung um B mit 120°

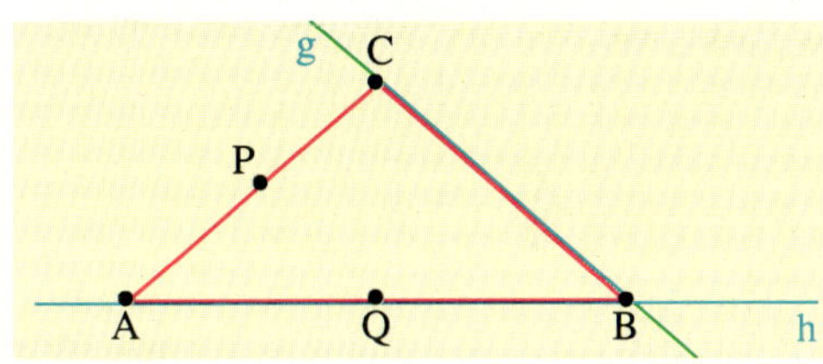

Bild 43

5. a) Zeichne ein gleichschenkliges Dreieck mit der Basis $\overline{AB}$, $a = 4$ cm und $\gamma = 45°$!
b) Drehe das Dreieck um C mit dem Drehwinkel 45°!
c) Drehe die entstandene Gesamtfigur um C mit dem Drehwinkel 90° und die dadurch entstandene Figur um 180°! Was für eine Figur hast du jetzt erhalten?
d) Was muss man ändern, wenn man aus einem Dreieck ein regelmäßiges Sechseck (Fünfeck, 10-Eck, 12-Eck) erzeugen will?

Achsensymmetrische Figuren

6. Zeichne **a)** ein Viereck, **b)** ein Fünfeck, **c)** ein Sechseck, das eine Symmetrieachse hat, indem du zunächst eine Gerade als Symmetrieachse zeichnest und dann die Lage der Eckpunkte bestimmst! Wie viele Ecken der Figuren können dabei auf der Symmetrieachse liegen?

7. a) Zeichne ein Viereck, das zu seinen beiden Diagonalen achsensymmetrisch ist! Welche Form hat das entstandene Viereck?
b) Zeichne ein Sechseck, das mehr als eine Symmetrieachse hat, aber kein regelmäßiges Sechseck ist!
c) Gibt es auch Vielecke mit ungerader Eckenzahl, die mehr als eine Symmetrieachse haben, aber keine regelmäßigen Vielecke sind?

8. a) Wie viele Symmetrieachsen hat ein Quadrat?
b) Wie viele Symmetrieachsen hat ein regelmäßiges Fünfeck?
c) Beschreibe die Lage der Symmetrieachsen im Quadrat und vergleiche sie mit der Lage im regelmäßigen Fünfeck!
d) Stelle eine allgemeine Vermutung über die Symmetrie regelmäßiger Vielecke mit gerader (ungerader) Eckenzahl auf!

9. Zeichne ein Dreieck, das eine Symmetrieachse hat! Füge einen vierten Punkt hinzu, so dass als Gesamtfigur ein achsensymmetrisches Viereck entsteht! Wo liegt dieser Punkt? Wie muss man seine Lage wählen, damit das Viereck zwei Symmetrieachsen hat?

10. a) Zeichne eine Gerade g und einen Punkt A auf g! Wie muss man die Lage von drei weiteren Punkten wählen, damit g Symmetrieachse des entstehenden Vierecks ist?
b) Zeichne eine Gerade g! Wie muss man die Eckpunkte eines Vierecks wählen, das g als Symmetrieachse hat und von dem kein Eckpunkt auf g liegen soll?
c) Wie muss man allgemein bei einem Vieleck mit gerader Eckenzahl vorgehen?
d) Welcher der beiden Symmetriefälle ist bei einem Vieleck mit ungerader Eckenzahl nicht möglich?

11. Zeichne drei Spiegelungsachsen, die durch einen gemeinsamen Punkt S verlaufen und sich dort jeweils unter einem Winkel von 60° schneiden!
a) Ein Punkt P liege auf einer der Achsen. Wo liegen die Bildpunkte, wenn man dreimal an der jeweils im positiven Drehsinn nächstgelegenen Achse spiegelt? Was für eine Figur entsteht, wenn man die Punkte der Reihe nach verbindet?
b) Verfahre entsprechend mit einem Punkt Q, der auf keiner der drei Achsen liegt! Spiegele aber insgesamt sechsmal!

12. a) Zeichne einen Kreis! Zeichne sieben Symmetrieachsen ein! Wie liegen alle Symmetrieachsen? Wie viele Symmetrieachsen hat der Kreis?
b) Zeichne zwei konzentrische Kreise! Wie viele Symmetrieachsen hat die Gesamtfigur?

13. Zeichne zwei verschieden große Kreise, die die folgende Bedingung erfüllen! Zeige, dass die gezeichnete Figur eine Symmetrieachse hat!
a) Die Kreise schneiden sich. **b)** Der kleinere Kreis liegt in dem größeren Kreis.
c) Der kleinere Kreis liegt außerhalb des größeren Kreises.

Punktsymmetrische und drehsymmetrische Figuren

14. Beim nächsten Schulfest will die Klasse 8c ein selbst erstelltes Quartett verkaufen. Auf den Spielkarten sind die Personen doppelt abgebildet, entweder wie in Bild 44 oder wie in Bild 45.
a) Durch welche Abbildung wird jeweils der obere Teil der Karte auf den unteren abgebildet?
b) Warum ist es günstiger, die Karten so wie in Bild 45 zu gestalten?

Bild 44

Bild 45

15. a) Spiegele ein Dreieck ABC am Mittelpunkt von $\overline{AB}$! Was für eine Figur ergibt sich? Begründe deine Antwort!
b) Spiegele ein gleichseitiges Dreieck ABC am Schnittpunkt seiner Mittelsenkrechten! Was für eine Figur ergibt sich, wenn man alle Ecken der Reihe nach verbindet? Begründe deine Antwort!

16. a) Konstruiere ein punktsymmetrisches Sechseck! Muss ein solches Sechseck regelmäßig sein?
b) Warum gelingt es nicht, ein punktsymmetrisches Dreieck zu konstruieren?
c) Warum kann man kein punktsymmetrisches Fünfeck konstruieren?
d) Wie viele Eckpunkte kann ein punktsymmetrisches Vieleck haben?

17. Wir wollen Dreiecke auf Drehsymmetrie untersuchen.
a) Zeichne ein Dreieck mit den Maßen $a = 5$ cm, $b = 4$ cm und $\gamma = 65°$! Konstruiere seinen Umkreis! Kennzeichne den Winkel, um den man das Dreieck drehen muss, damit die Ecke C auf die Ecke A abgebildet wird! Führe die Drehung aus! Wird das Dreieck durch diese Drehung auf sich selbst abgebildet?
b) Zeichne ein gleichschenkliges Dreieck, das nicht gleichseitig ist! Führe eine Drehung aus, durch die einer der beiden Schenkel auf den anderen abgebildet wird! Bildet diese Drehung das ganze Dreieck auf sich selbst ab?
c) Welche Form haben alle drehsymmetrischen Dreiecke? Nenne alle Deckabbildungen dieser Dreiecke!

18. Zeichne ein beliebiges Dreieck ABC und spiegele es an den Mittelpunkten der drei Seiten! Welche Eigenschaften hat die entstehende Gesamtfigur verglichen mit dem Dreieck ABC? Begründe deine Antwort!

19. Zeichne eine Figur mit den folgenden Eigenschaften:
a) drehsymmetrisch und punktsymmetrisch,
b) drehsymmetrisch, aber nicht punktsymmetrisch,
c) drehsymmetrisch und achsensymmetrisch,
d) drehsymmetrisch, aber weder achsensymmetrisch noch punktsymmetrisch!

20. a) Unter welchen Bedingungen ist eine Figur aus zwei Kreisen drehsymmetrisch?
b) Zeichne eine Figur aus drei nicht konzentrischen Kreisen, die drehsymmetrisch, aber nicht punktsymmetrisch ist!

Beweise und Begründungen

21. a) Zeige: Jedes gleichschenklige Dreieck ist achsensymmetrisch! Lege dazu eine Zeichnung an und zeige, dass die Ecken eines gleichschenkligen Dreiecks aufeinander abgebildet werden, wenn man an der Mittelsenkrechten der Basis spiegelt!
b) Zeige: Jedes gleichschenklige Trapez ist achsensymmetrisch! Welche Gerade ist die Symmetrieachse?
c) Zeige: Jedes Drachenviereck ist achsensymmetrisch!

22. Begründe: Ein Dreieck mit zwei Spiegelungsachsen hat immer auch drei Spiegelungsachsen.

23. Zeige, dass alle Strecken, alle Geraden und alle Kreise punktsymmetrisch sind!

§ 12 Flächen- und Rauminhalt

I. Der Flächeninhalt eines Parallelogramms

1. Zur Einführung

Bisher können wir nur den Flächeninhalt von Rechtecken bestimmen. Bei einem Parallelogramm wie in Bild 1 können wir den Flächeninhalt auf den eines Rechtecks zurückführen. Dazu zerschneiden wir das Parallelogramm so, dass wir aus den Teilen ein Rechteck zusammensetzen können. Wie das möglich ist, zeigen die Bilder 2 und 3.

Das Parallelogramm in Bild 1 mit einer Grundseite der Länge g und einer Höhe der Länge h hat also den gleichen Flächeninhalt wie ein Rechteck mit den Seitenlängen g und h. Also gilt für dieses Parallelogramm: $\mathbf{A = g \cdot h}$.

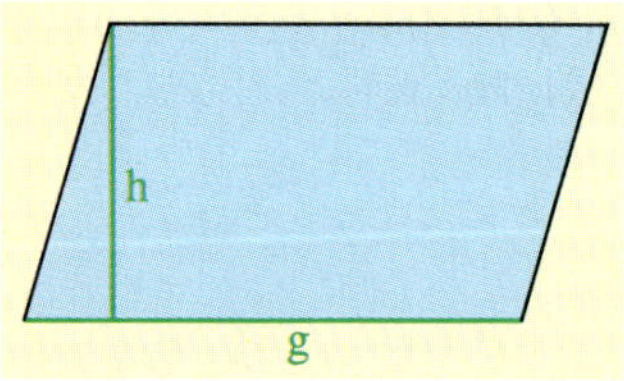

Bild 1

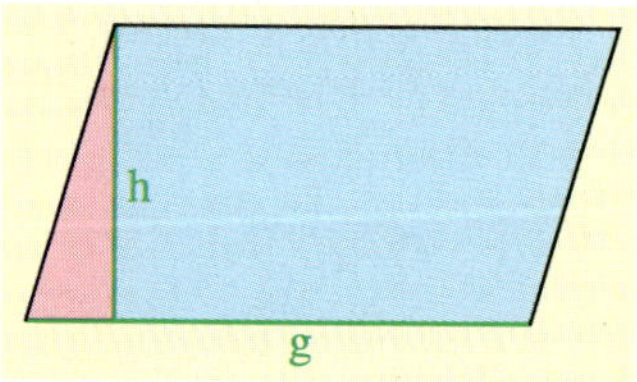

Bild 2

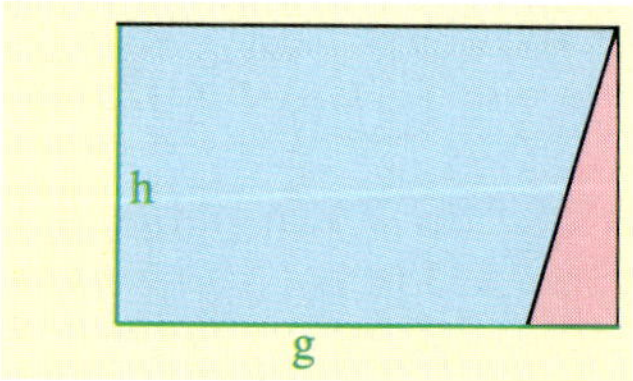

Bild 3

2. Der Begriff der Zerlegungsgleichheit

Sowohl das Parallelogramm (Bild 2) als auch das Rechteck (Bild 3) sind **zerlegt** in ein Viereck und in ein Dreieck. Diese Teilflächen sind jeweils zueinander kongruent. Man sagt: Das Parallelogramm und das Rechteck sind **zerlegungsgleich**. Wir definieren:

Zwei Flächen F_1 und F_2 heißen **zerlegungsgleich** genau dann, wenn man sie in paarweise kongruente Teilflächen zerlegen kann.

Beispiel

Alle Figuren in Bild 4 sind zerlegungsgleich.

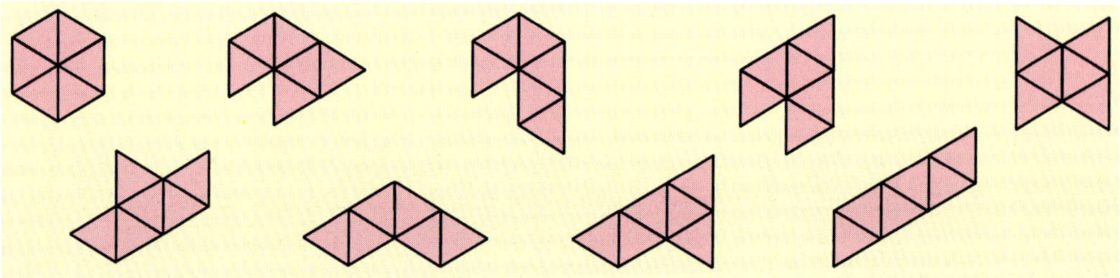

Bild 4

3. Der Flächeninhalt eines beliebigen Parallelogramms

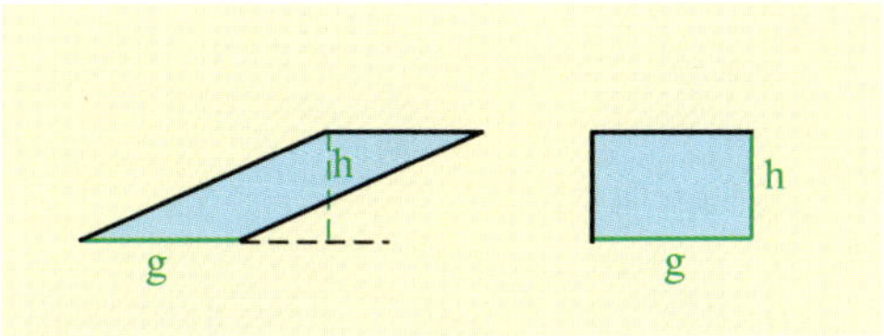

Bild 5

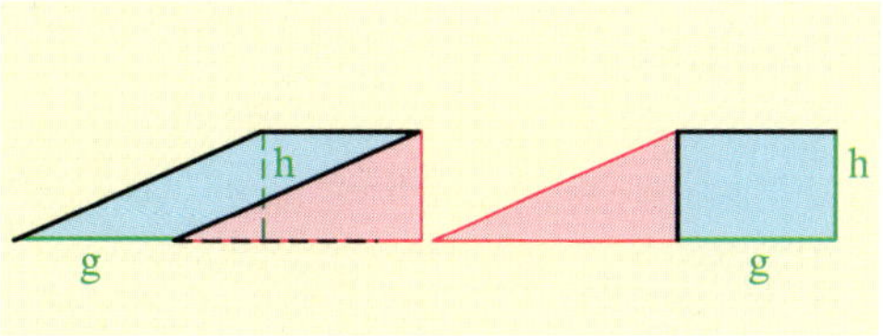

Bild 6

Das Parallelogramm in Bild 5 kann man nicht wie das Parallelogramm in Bild 1 in ein Rechteck mit den Seitenlängen g und h umwandeln. Man kann aber sowohl das Parallelogramm als auch das Rechteck durch kongruente Dreiecke zu kongruenten Vierecken **ergänzen** (Bild 6). Daher gilt auch für diesen Fall $\mathbf{A = g \cdot h}$.

Hat die Grundseite eines Parallelogramms die Länge g und hat die zugehörige Höhe die Länge h, so gilt für den Flächeninhalt A des Parallelogramms:

$$A = g \cdot h.$$

4. Der Begriff der Ergänzungsgleichheit

Wie in Bild 6 kann man auch bei anderen Figuren den Flächeninhalt vergleichen, indem man sie durch kongruente Flächen zu kongruenten Flächen **ergänzt**. Wir definieren:

Zwei Flächen F_1 und F_2 heißen **ergänzungsgleich** genau dann, wenn man sie durch paarweise kongruente Flächen zu kongruenten Flächen ergänzen kann.

Beispiel

Die Figuren in Bild 7 werden durch zwei kongruente Quadrate und durch zwei kongruente Dreiecke zu kongruenten Quadraten ergänzt (Bild 8), sind also ergänzungsgleich.

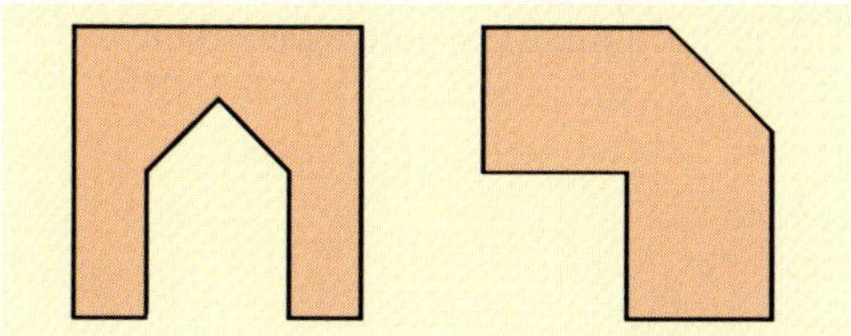

Bild 7

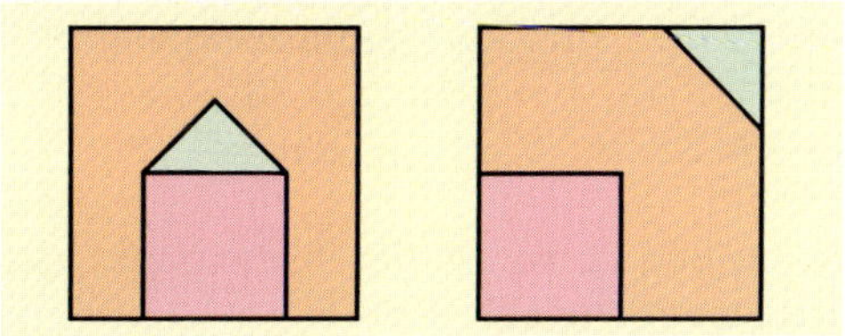

Bild 8

Ebene Figuren sind also in drei Fällen **flächengleich**, d.h., sie haben den gleichen Flächeninhalt. Wir halten dies fest in der Definition:

Zwei Flächen F_1 und F_2 heißen **flächengleich** genau dann, wenn sie kongruent, wenn sie zerlegungsgleich oder wenn sie ergänzungsgleich sind.
Wir sagen auch: Die Flächen F_1 und F_2 haben den gleichen Flächeninhalt.

Aufgaben und Beispiele

Zum Einstieg

Arndt entwirft ein Plakat für eine Sammelaktion seiner Klasse zugunsten des Malteser-Hilfsdienstes. Dazu schneidet er ein großes Malteserkreuz aus weißer Pappe aus (Bild 9).
Marietta behauptet: Du wirfst ja den größeren Teil der Pappe weg.

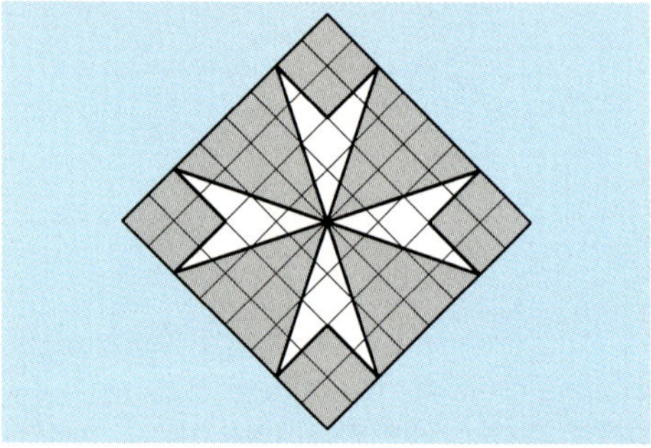

Bild 9

Zerlegungs- und Ergänzungsgleichheit

1. a) Zeige, dass das Quadrat und das Dreieck in Bild 10 zerlegungsgleich sind! Begründe die Kongruenz der Teildreiecke mit Hilfe der Kongruenzsätze!
b) Zeige, dass das Rechteck und das Parallelogramm in Bild 11 zerlegungsgleich sind! Begründe die Kongruenz der Teilflächen!
c) Sind die Flächen von Bild 11 auch zerlegungsgleich zu den Flächen aus Bild 10?

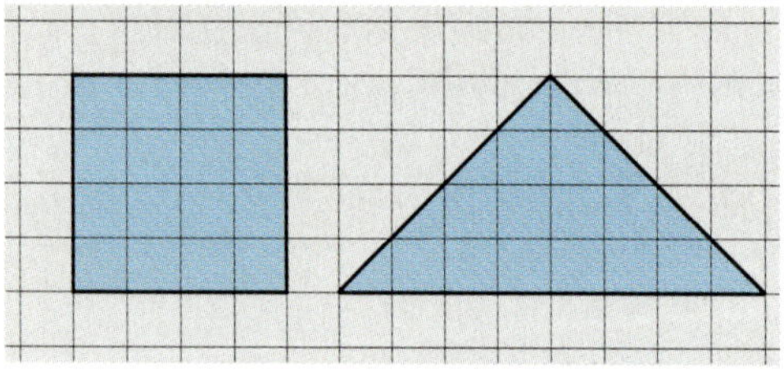

Bild 10

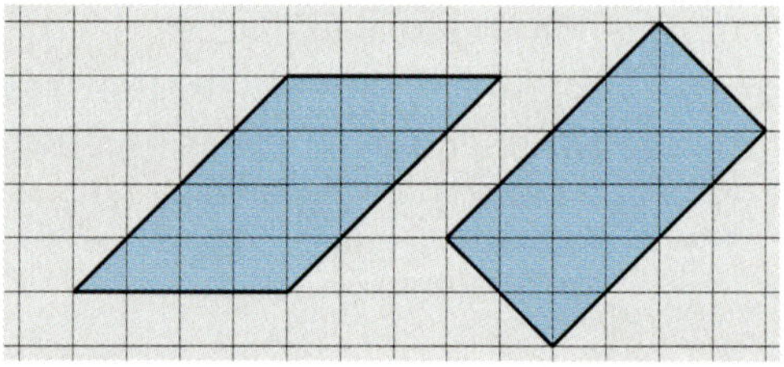

Bild 11

2. Zeichne ein Parallelogramm aus den gegebenen Stücken! Zeichne dann ein Rechteck, das zu dem Parallelogramm zerlegungsgleich ist! Begründe die Zerlegungsgleichheit!
a) $a = 5\text{ cm};\ b = 3\text{ cm};\ \alpha = 30°$
b) $a = 3{,}5\text{ cm};\ b = 2{,}5\text{ cm};\ \alpha = 120°$
c) $a = 2{,}5\text{ cm};\ b = 5\text{ cm};\ \alpha = 40°$
d) $a = 2\text{ cm};\ b = 5\text{ cm};\ \alpha = 160°$

3. In Bild 12 ist M der Mittelpunkt der Rechtecksseite $\overline{ED}$.
a) Was bedeutet dies für die Dreiecke MEC und MDB?
b) Zeige: Das Dreieck ABC und das Rechteck ABDE sind zerlegungsgleich.
c) Begründe, dass E die Strecke $\overline{AC}$ halbiert!
d) Berechne den Flächeninhalt des Dreiecks ABC, wenn $|\overline{AB}| = 5\text{ cm}$ und $|\overline{AC}| = 4\text{ cm}$ ist!

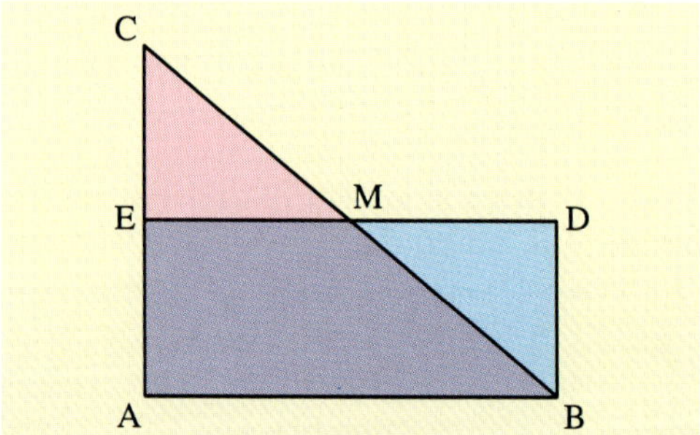

Bild 12

4. a) Zeichne ein Parallelogramm aus $a = 3$ cm, $h_a = 2$ cm und $\alpha = 45°$! Ergänze das Parallelogramm durch zwei Dreiecke zu einem Rechteck!
b) Zeichne ein kongruentes Rechteck und zeichne in dieses Rechteck die beiden Dreiecke so ein, dass sie zusammen ebenfalls ein Rechteck bilden!
c) Was für eine Figur bleibt übrig? Was hat diese mit dem Parallelogramm zu tun?

5. Die Eckpunkte des Parallelogramms EFGH in Bild 13 liegen auf den Seiten des Rechtecks ABCD. H und F sind Mittelpunkte der entsprechenden Rechtecksseiten. E (oder G) kann beliebig gewählt werden. Zeige, dass der Flächeninhalt des Parallelogramms halb so groß ist wie der des Rechtecks!

6. Zerschneide ein Trapez so, dass sich daraus ein Rechteck mit gleicher Höhe zusammensetzen lässt!

7. Vergleiche die Bilder 14 und 15! Was stimmt hier nicht? Wo steckt der Fehler?

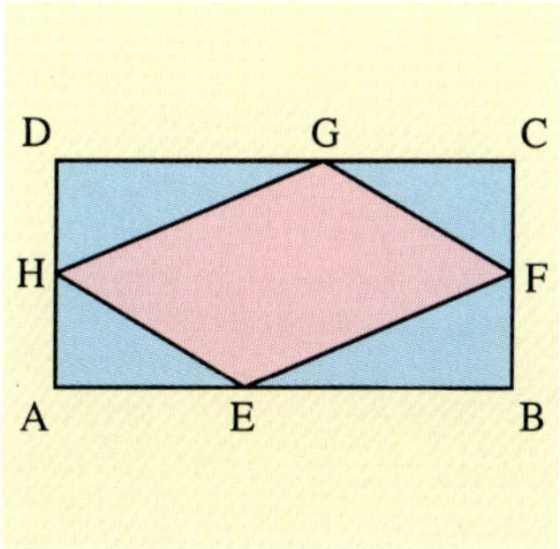

Bild 13

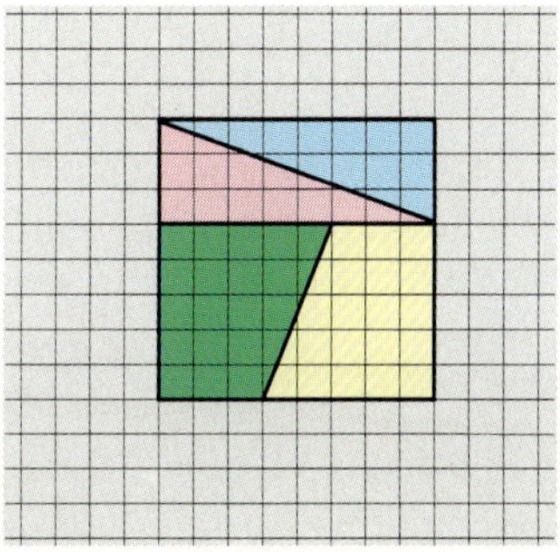
Bild 14

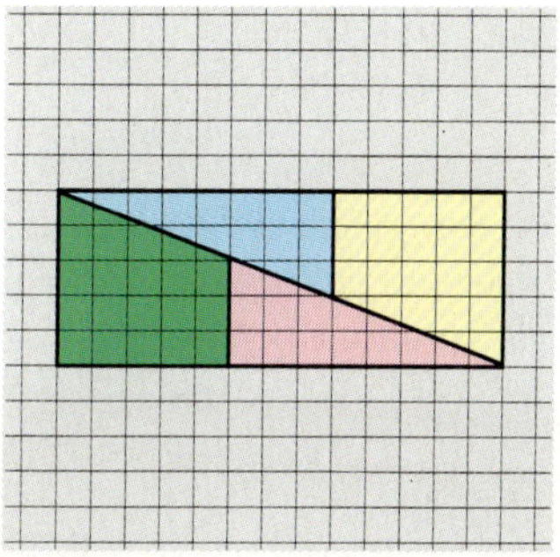
Bild 15

Berechnungen am Parallelogramm

8. Berechne für ein Parallelogramm g bzw. h aus den gegebenen Stücken!

Beispiel

Gegeben: $A = 38\ \text{cm}^2$ und $g = 2{,}5$ cm; gesucht: h.
Lösung: Für den Flächeninhalt eines Parallelogramms gilt $A = g \cdot h$. Also gilt:
$38\ \text{cm}^2 = 2{,}5\ \text{cm} \cdot h \Leftrightarrow h = 38\ \text{cm}^2 : 2{,}5\ \text{cm} \Leftrightarrow h = 15{,}2\ \text{cm}$.
Die Höhe des Parallelogramms beträgt 15,2 cm.

a) $A = 12{,}6\ \text{cm}^2$; $g = 2{,}8$ cm
b) $A = 59{,}22\ \text{m}^2$ und $g = 6{,}3$ m
c) $A = 23\ \text{cm}^2$; $h = 1{,}5$ cm
d) $A = 48\ \text{m}^2$; $h = 13$ m

9. Berechne h_b für ein Parallelogramm mit $a = 7{,}8$ cm, $b = 23{,}4$ cm und $h_a = 6{,}3$ cm!

10. Zwei flächengleiche Parallelogramme haben 63 mm bzw. 84 mm lange Grundlinien. h_1 und h_2 seien die Längen der zugehörigen Höhen. Wie groß ist h_2, wenn $h_1 = 3{,}6$ cm ist?

11. Um wie viel Prozent wächst der Flächeninhalt eines Parallelogramms mit $g = 4$ cm und $h = 2{,}5$ cm, wenn die Höhe (Grundseite) um 1 mm verlängert wird?

II. Der Flächeninhalt von Vielecken

1. Der Flächeninhalt eines Dreiecks

In Bild 16 sind durch die Punkte B und C des Dreiecks ABC Parallelen zu den gegenüberliegenden Dreieckseiten gezeichnet; diese schneiden sich im Punkt D.
Das Dreieck DCB ist zum gegebenen Dreieck ABC kongruent; denn $\overline{BC}$ ist eine gemeinsame Seite der beiden Dreiecke und die Innenwinkel bei B und bei C sind Wechselwinkel. Für das Parallelogramm gilt:

$$A = c \cdot h_c;$$

für das Dreieck gilt daher:

$$A = \tfrac{1}{2} \cdot c \cdot h_c.$$

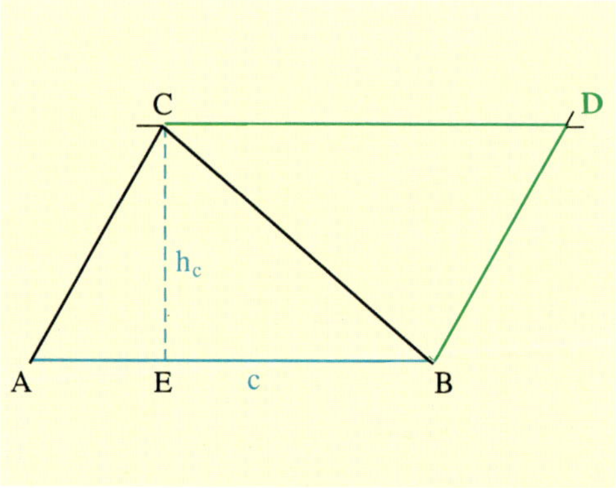

Bild 16

In der gleichen Weise kann man den Flächeninhalt eines Dreiecks auch mit Hilfe der Seitenlängen a bzw. b und mit Hilfe der zugehörigen Höhen h_a bzw. h_b ausdrücken. Wir haben damit bewiesen:

> Für den Flächeninhalt eines Dreiecks gilt:
> $$A = \tfrac{1}{2} \cdot a \cdot h_a = \tfrac{1}{2} \cdot b \cdot h_b = \tfrac{1}{2} \cdot c \cdot h_c.$$

Beispiel

Sind von einem Dreieck $c = 4{,}3$ cm und $h_c = 5{,}2$ cm gegeben, dann beträgt sein Flächeninhalt:

$$\begin{aligned} A &= \tfrac{1}{2} \cdot 4{,}3\,\text{cm} \cdot 5{,}2\,\text{cm} \\ &= \tfrac{1}{2} \cdot 4{,}3 \cdot 5{,}2\,\text{cm}^2 \\ &= 11{,}18\,\text{cm}^2. \end{aligned}$$

Bild 17 zeigt verschiedene Dreiecke, für die gilt $c = 4{,}3$ cm und $h_c = 5{,}2$ cm. Diese Dreiecke sind nicht kongruent, haben aber den gleichen Flächeninhalt, weil sie in der Länge einer Seite und in der Länge der zugehörigen Höhe übereinstimmen.

Stimmen also zwei Dreiecke in der Länge einer Seite und in der Länge der zugehörigen Höhe überein, so sind sie flächengleich.

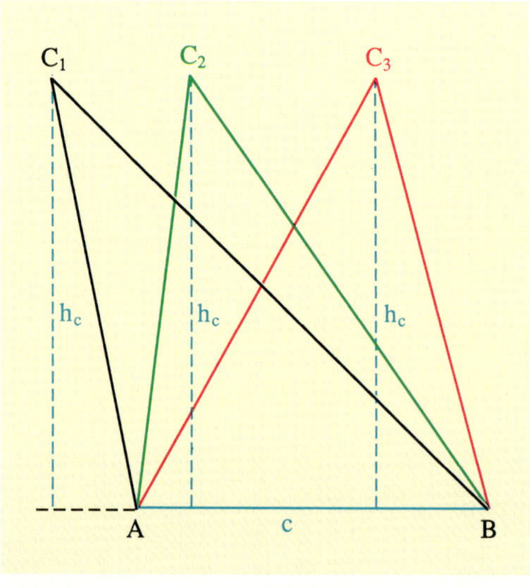

Bild 17

2. Der Flächeninhalt eines Trapezes

Den Flächeninhalt eines Trapezes kann man durch Zerlegung des Trapezes in zwei Dreiecke bestimmen (Bild 18).

Für das Dreieck ABC gilt:

$$A_1 = \frac{1}{2} \cdot a \cdot h;$$

für das Dreieck CDA gilt:

$$A_2 = \frac{1}{2} \cdot c \cdot h.$$

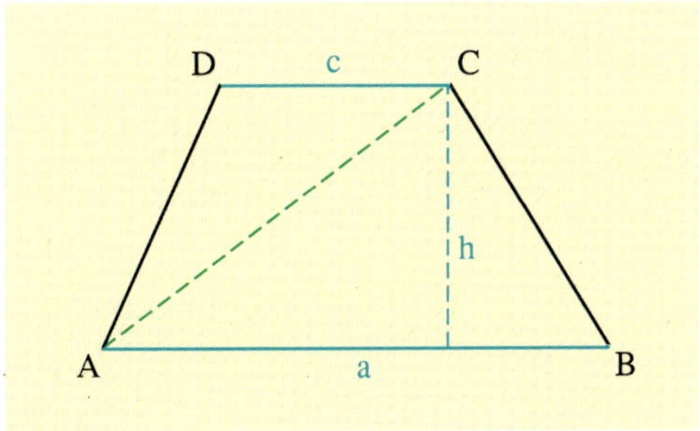

Bild 18

Somit gilt für das gesamte Trapez:

$$A = A_1 + A_2 = \frac{1}{2} \cdot a \cdot h + \frac{1}{2} \cdot c \cdot h = \frac{1}{2} \cdot (a + c) \cdot h.$$

Wir haben damit den folgenden Satz bewiesen:

Für den Flächeninhalt A eines Trapezes gilt: $A = \frac{1}{2} \cdot (a + c) \cdot h$.

3. Der Flächeninhalt eines beliebigen Vierecks

Um den Flächeninhalt eines **beliebigen Vierecks** ABCD zu bestimmen, zeichnet man eine Diagonale, z. B. die Diagonale $\overline{AC}$ (Bild 19). Hierdurch entstehen zwei Dreiecke ABC und ACD.

Der Flächeninhalt des Vierecks ABCD ist gleich der Summe der Flächeninhalte der beiden Dreiecke. Mit den Bezeichnungen von Bild 19 ergibt sich also

$$A = \frac{1}{2} \cdot h_1 \cdot e + \frac{1}{2} \cdot h_2 \cdot e = \frac{1}{2} \cdot (h_1 + h_2) \cdot e.$$

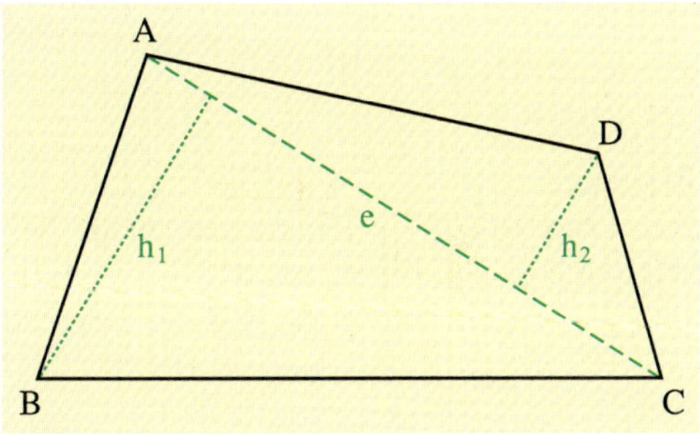

Bild 19

4. Der Flächeninhalt eines Vielecks

Der Flächeninhalt eines **Vielecks** lässt sich nach folgenden Methoden bestimmen.

1 Dreiecksmethode:
Man unterteilt das Vieleck durch Diagonalen in Dreiecke (Bild 20). Die Summe der Flächeninhalte aller so entstehenden Dreiecke ist gleich dem Flächeninhalt des Vielecks.

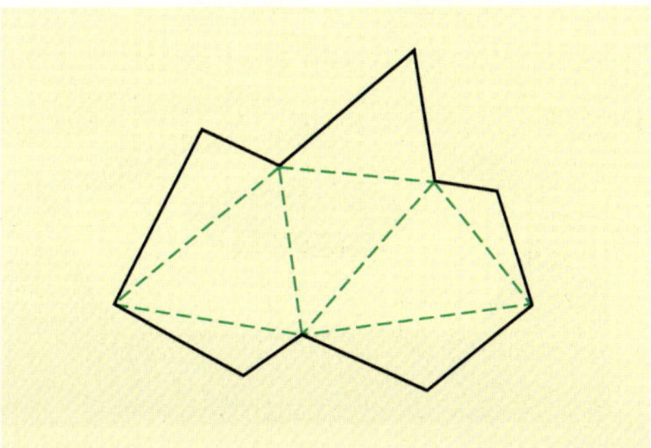
Bild 20

[2] **Trapezmethode I:**
Man zeichnet die längste Diagonale und fällt auf diese von den Ecken aus die Lote (Bild 21). Die Summe der Flächeninhalte aller so entstehenden Dreiecke und Trapeze ist gleich dem Flächeninhalt des Vielecks.

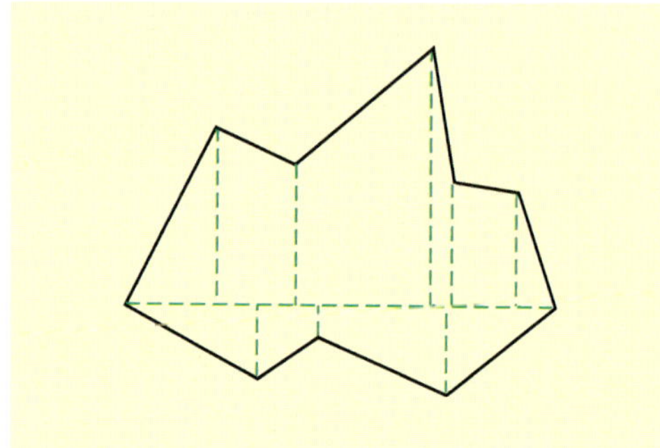

Bild 21

[3] **Trapezmethode II:**
Man fällt von den Ecken aus die Lote auf eine beliebige außerhalb der Figur liegende Gerade (Bild 22). Dadurch entstehen Trapeze, die das Vieleck teilweise überdecken und Trapeze, die ganz außerhalb des Vielecks liegen. Man erhält den Flächeninhalt des Vielecks durch geeignete Addition und Subtraktion der Flächeninhalte aller so gebildeten Trapeze.

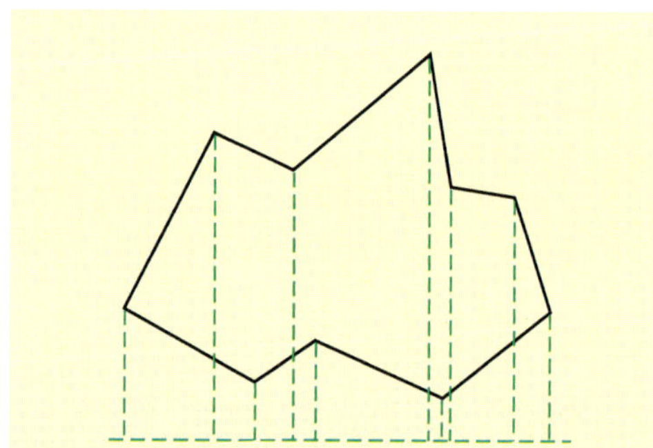

Bild 22

Beachte:
Die Trapezmethode I lässt sich nicht bei allen Figuren anwenden. Bild 23 zeigt eine solche Figur, bei der diese Methode nicht anwendbar ist. Dagegen sind die Dreiecksmethode und die Trapezmethode II stets anwendbar.

Bild 23

Aufgaben und Beispiele

Zum Einstieg
Eine Firma kauft Konferenztische mit trapezförmigen Tischflächen und den Maßen $a = 1{,}2$ m, $b = c = d = 0{,}6$ m. Zeige mit Hilfe einer Zeichnung (Maßstab 1:20), dass man sechseckige und dreieckige Tischgruppen (Bild 24 bzw. Bild 25) zusammenstellen kann! Wie groß sind die Flächen der beiden Tischgruppen?

Bild 24

Bild 25

Flächenberechnungen

1. Berechne den Flächeninhalt eines Dreiecks aus folgenden Stücken!
a) $a = 26{,}4$ cm; $h_a = 0{,}3$ m **b)** $b = 183$ cm; $h_b = 113$ cm **c)** $c = 3{,}7$ cm; $h_c = 22$ mm

2. In einem Dreieck ist $a = 4$ cm; $b = 4{,}8$ cm und $h_b = 3{,}3$ cm. Berechne h_a!

3. a) In einem Dreieck ist $h_a = 3$ cm und $A = 8{,}01\ \text{cm}^2$. Berechne a!
b) In einem Dreieck ist $b = 9{,}6$ cm und $A = 32{,}64\ \text{cm}^2$. Berechne h_b!

4. Welchen Flächeninhalt hat ein rechtwinkliges Dreieck mit folgenden Kathetenlängen?
a) 4 cm und 5 cm **b)** 6,4 m und 5,8 m **c)** 0,48 m und 26 cm

5. Berechne den Flächeninhalt eines Trapezes aus folgenden Stücken!
a) $a = 6{,}83$ cm; $c = 5{,}71$ cm; $h = 2$ cm **b)** $a = 5$ cm; $c = 3$ cm; $h = 6$ cm
c) $a = 1{,}5$ m; $c = 0{,}8$ m; $h = 1{,}2$ m **d)** $a = 8{,}2$ cm; $c = 4{,}9$ cm; $h = 7$ cm

6. Von einem Trapez sind der Flächeninhalt und die Längen der Grundseiten gegeben. Welche Höhe hat das Trapez?
a) $A = 288{,}6\ \text{cm}^2$; $a = 28$ cm; $c = 16{,}4$ cm **b)** $A = 35\ \text{cm}^2$; $a = 16{,}5$ cm; $c = 11{,}5$ cm

7. Von einem Trapez sind der Flächeninhalt, die Länge der Höhe und die Länge einer Grundseite gegeben. Berechne die Länge der anderen Grundseite!
a) $A = 358{,}15\ \text{cm}^2$; $a = 13{,}4$ cm; $h = 24{,}7$ cm **b)** $A = 51\ \text{m}^2$; $a = 8$ m; $h = 6$ m

Beobachtungen und Begründungen

8. Konstruiere ein Dreieck aus $b = 4$ cm, $\gamma = 130°$ und $h_b = 3$ cm! Zeige, dass für dieses Dreieck $A = \frac{1}{2} b \cdot h_b$ gilt, indem du das Dreieck zu einem Parallelogramm mit der Grundseite $\overline{AC}$ ergänzt!

9. a) Konstruiere in **einer** Zeichnung Dreiecke mit $c = 5$ cm, $a = 3$ cm und den Winkelmaßen $\beta = 30°, 60°, 90°, 120°, 150°$! Alle Dreiecke sollen die Seite $\overline{AB}$ gemeinsam haben.
b) Warum haben diese Dreiecke verschiedene Flächeninhalte?
c) Für welchen Wert von β wird der Flächeninhalt am größten? Berechne diesen Flächeninhalt! Warum ist der Flächeninhalt für dieses Winkelmaß am größten?
d) Gibt es Werte von β, für die der Flächeninhalt der Dreiecke gleich ist?

10. Bild 26 zeigt eine Beweisfigur für die Formel des Flächeninhalts eines Dreiecks. Dabei ist D Mittelpunkt von $\overline{BC}$.
a) Beschreibe, wie das Parallelogramm AEFC entstanden ist!
b) Zeige, dass das Dreieck ABC und das Parallelogramm AEFC flächengleich sind!
c) Leite daraus die Formel für den Flächeninhalt des Dreiecks her!
d) Ist diese Beweismethode auch anwendbar, wenn $\sphericalangle\alpha$ oder $\sphericalangle\beta$ stumpfe Winkel sind?

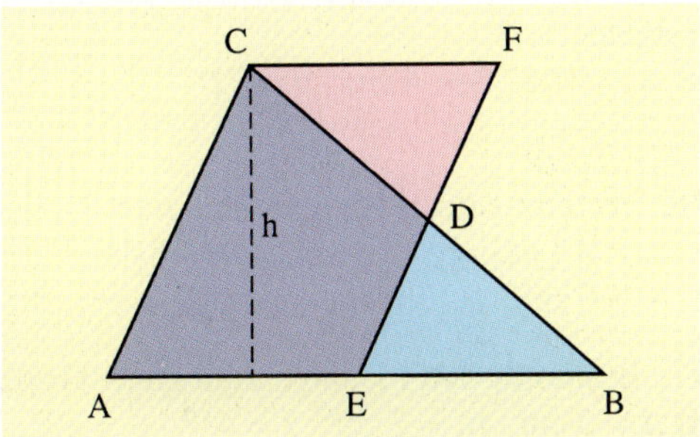

Bild 26

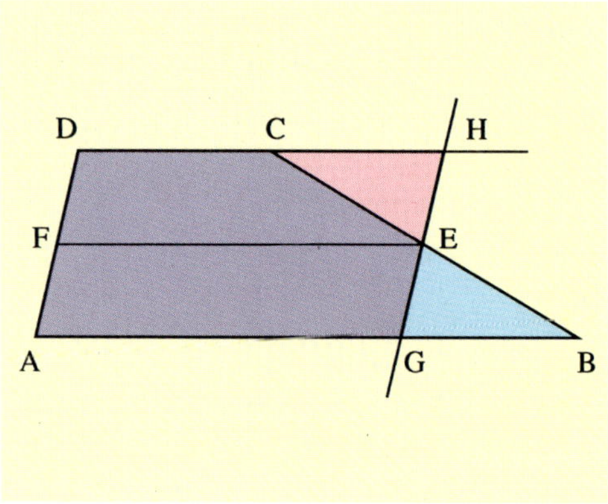

Bild 27

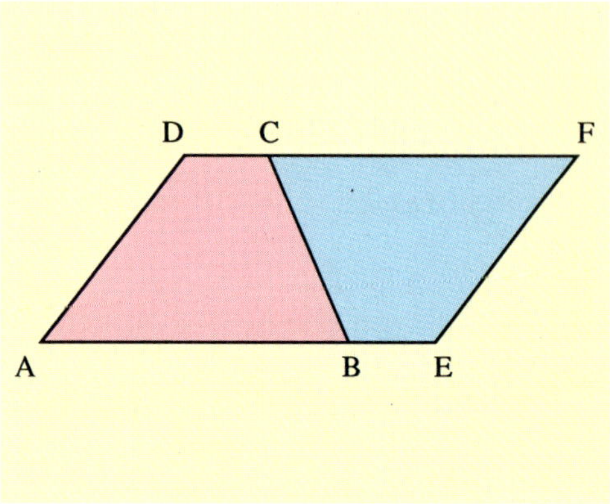

Bild 28

11. Man kann den Flächeninhalt eines Trapezes ABCD auch durch Konstruktion eines flächengleichen Parallelogramms AGHD bestimmen (Bild 27). E ist dabei der Mittelpunkt der Seite $\overline{BC}$, und $\overline{GH}$ ist parallel zu $\overline{AD}$.

a) Warum ist das Parallelogramm AGHD flächengleich zu dem Trapez ABCD?

b) Drücke die Länge der Seite $\overline{AG}$ des Parallelogramms durch Längen aus, die im Trapez vorkommen, und leite dann die Formel für den Flächeninhalt eines Trapezes her!

c) Die Strecke $\overline{FE}$ ist parallel zu $\overline{AB}$. Bestimme ihre Länge m! Wie lässt sich der Flächeninhalt eines Trapezes mit Hilfe von m berechnen?

12. Die Formel für den Flächeninhalt eines Trapezes soll mit Hilfe der Beweisfigur in Bild 28 hergeleitet werden. Erkläre zuerst die Konstruktion der Beweisfigur und leite dann die Formel her!

13. Zeige, dass für den Flächeninhalt eines Vierecks mit senkrecht aufeinander stehenden Diagonalen gilt $A = \frac{1}{2}e \cdot f$, wenn e und f die Längen dieser Diagonalen sind! Untersuche dazu geeignete Teildreiecke, in die das Viereck durch die Diagonalen zerlegt wird!

14. Verbinde in einem Dreieck ABC den Mittelpunkt M des Inkreises mit den Ecken. Weise nach, dass $A = \varrho \cdot s$ ist, wenn s der halbe Dreiecksumfang und ϱ der Radius des Inkreises ist!

Konstruieren, Messen und Berechnen

Bei mehreren der folgenden Aufgaben musst du zunächst einzelne für die Berechnung des Flächeninhalts notwendigen Stücke näherungsweie aus einer Zeichnung ermitteln.

15. Bestimme den Flächeninhalt eines Parallelogramms, das durch die folgenden Stücke festgelegt ist!

a) $a = 5$ cm; $b = 4$ cm; $\alpha = 72°$

b) $a = 5{,}3$ cm; $b = 4{,}8$ cm; $e = 6{,}2$ cm

c) $a = 4$ cm; $f = 7{,}5$ cm; $\beta = 135°$

d) $a = 4{,}5$ cm; $e = 6{,}2$ cm; $f = 3{,}8$ cm

16. Bestimme den Flächeninhalt eines Dreiecks, das durch die folgenden Stücke festgelegt ist!

a) $a = 4{,}1$ cm; $b = 3{,}6$ cm; $c = 4{,}8$ cm

b) $a = 3{,}7$ cm; $h_b = 3{,}2$ cm; $\alpha = 46°$

c) $c = 4$ cm; $w_\alpha = 3$ cm; $\alpha = 50°$

d) $a = 5{,}2$ cm; $c = 4{,}3$ cm; $\alpha = 115°$

17. Bestimme den Flächeninhalt eines Trapezes, das durch die folgenden Stücke festgelegt ist!

a) $a = 5$ cm; $h_a = 2$ cm; $\alpha = 45°$; $\beta = 80°$

b) $b = 3$ cm; $c = 3$ cm; $d = 3{,}5$ cm; $f = 4{,}5$ cm

18. Bestimme den Flächeninhalt eines Vierecks, das durch die folgenden Stücke festgelegt ist!
a) $a = 4{,}2$ cm, $b = 3{,}8$ cm, $c = 4{,}1$ cm, $d = 2{,}6$ cm, $e = 5{,}3$ cm
b) $a = 3$ cm, $b = 4$ cm, $c = 4{,}6$ cm, $d = 5{,}2$ cm, $\alpha = 100°$

19. Welchen Flächeninhalt hat ein regelmäßiges Sechseck mit 4 cm Seitenlänge? Beachte, dass man ein Sechseck in sechs gleichseitige Dreiecke unterteilen kann!

20. Zeichne in ein rechtwinkliges Koordinatensystem (mit der Längeneinheit 1 cm) die Punkte $A(2|3)$, $B(3|4)$, $C(5|4{,}5)$, $D(6|3)$ und $E(8{,}5|1{,}5)$ ein! Verbinde sie der Reihe nach und berechne nach der Trapezmethode II den Flächeninhalt der Figur ABCDE!

Anwendungen

Auch hier müssen benötigte Maße teilweise aus maßstäblichen Zeichnungen entnommen werden.

21. a) Gefährliche Kurven werden oft durch Schilder wie in Bild 29 kenntlich gemacht. Welcher Anteil der Fläche des Schildes ist rot, welcher Anteil ist weiß?
b) Gefahrenstellen werden oft durch rot-weiß gestreifte Schilder wie in Bild 30 gekennzeichnet. Welcher Anteil der Fläche des Schildes ist rot, welcher Anteil ist weiß?

Bild 29

Bild 30

22. a) In Bild 31 sind die Maße einer Seitenscheibe eines Autos angegeben. Zeichne sie im Maßstab 1:10 und berechne ihren Flächeninhalt!
b) Verfahre genauso mit der Heckscheibe in Bild 32!

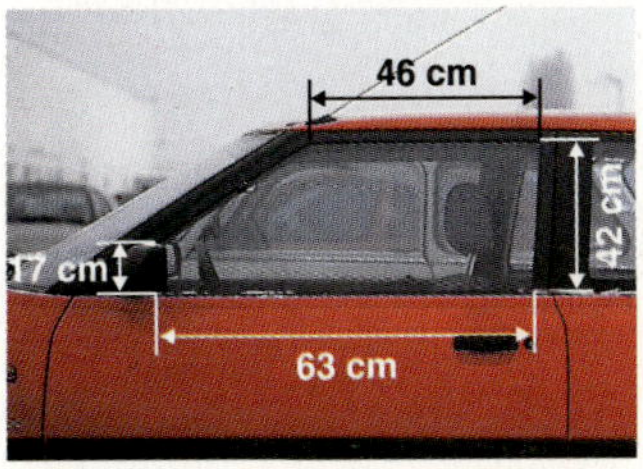

Bild 31

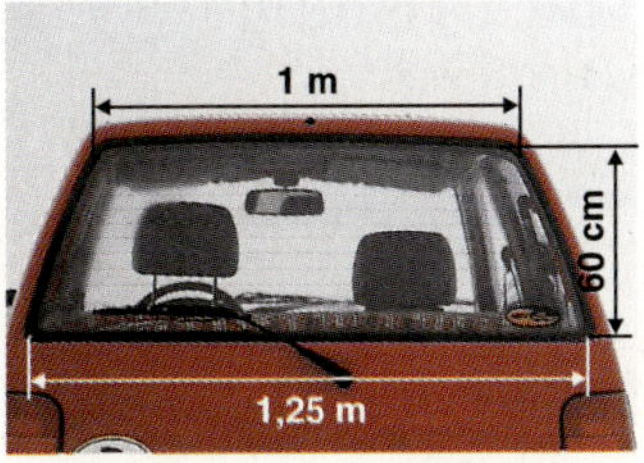

Bild 32

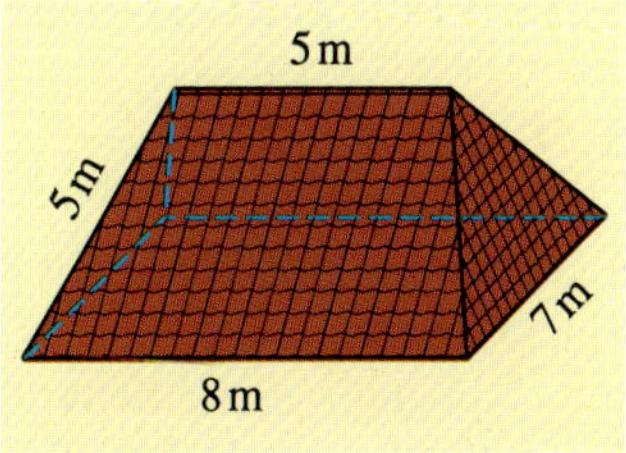

Bild 33

23. Wie groß ist die gesamte Dachfläche des Walmdaches von Bild 33?

24. Familie Huber will das Dachgeschoss ihres Hauses durch Mansarden mit dreieckigen Fenstern ausbauen (Bild 34).
a) Wie groß ist die Fensterfläche?
b) Wie groß sind die seitlichen Flächen der Mansarde, die neu mit Dachziegeln belegt werden müssen?
c) Wie groß ist die Öffnung, die in der alten Dachfläche entsteht?

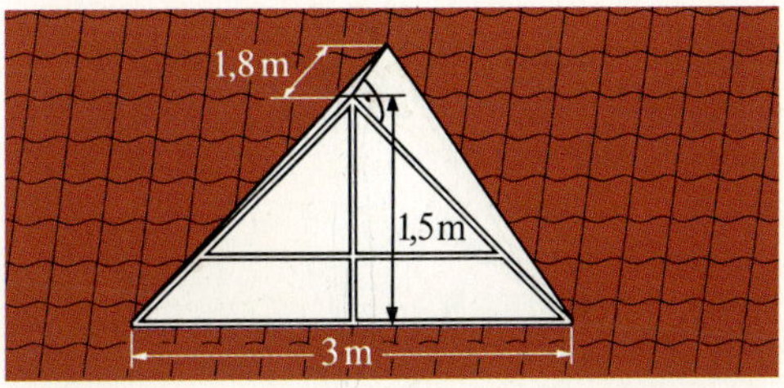

Bild 34

25. Frau Claus möchte den Boden ihrer Küche mit sechseckigen Fliesen auslegen, die an zwei Ecken rechte Winkel haben (Bild 35). Berechne mit den eingezeichneten Maßen den Flächeninhalt einer Fliese, ohne weitere Längen zu messen!

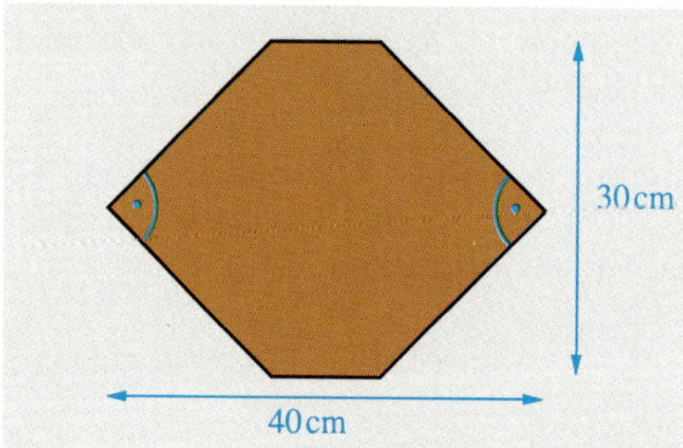

Bild 35

Bild 36

26. a) Zeichne ein gleichschenkliges Dreieck mit 5 cm langen Schenkeln, die miteinander einen Winkel von 72° bilden!
b) Ergänze dieses Dreieck durch vier weitere zu dem gezeichneten Dreieck kongruente Dreiecke zu einem regelmäßigen Fünfeck! Bestimme den Flächeninhalt des Fünfecks!
c) Welchen Flächeninhalt hat ein regelmäßiges Sechseck mit der gleichen Seitenlänge wie das Fünfeck?
d) Ein Fußball besteht aus 12 regelmäßigen Fünfecken und 20 regelmäßigen Sechsecken (Bild 36). Wie groß ist die Oberfläche eines Fußballs, wenn die einzelnen Fünfecke und Sechsecke ebenso groß sind wie die in c) und d)?

III. Der Rauminhalt von Prismen

1. Prismen

Ein **Prisma** (Bild 37) ist ein Körper, der aus einer Grundfläche, einer Deckfläche und aus drei oder mehr Seitenflächen besteht. Grundfläche und Deckfläche sind kongruent und zueinander parallel; diese Flächen können Dreiecke, Vierecke, Fünfecke usw. sein. Die Seitenflächen sind stets Rechtecke.

Der Abstand h der Grundfläche von der Deckfläche heißt Höhe des Prismas. Alle Kanten, die nicht in der Grundfläche oder in der Deckfläche liegen, haben diese Länge h.

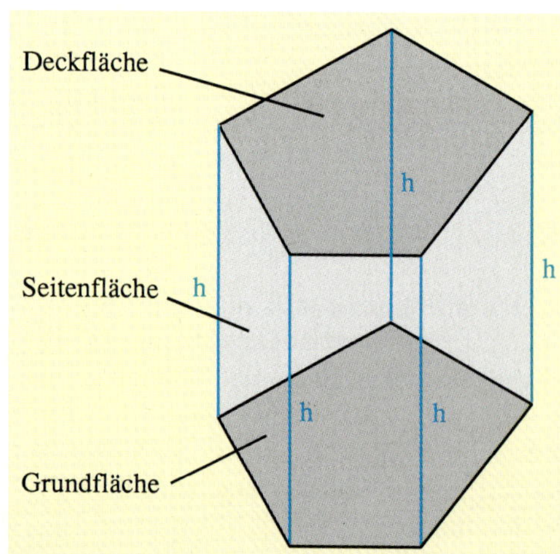

Bild 37

2. Der Rauminhalt eines Quaders

Würfel und Quader sind besondere Prismen; ihre Grund- und Deckflächen sind Quadrate bzw. Rechtecke (Bild 38). Hat ein Quader die Kantenlängen a, b und c, so gilt für seinen Rauminhalt:

$$\mathbf{V = a \cdot b \cdot c.}$$

Dabei ist $A = a \cdot b$ der Flächeninhalt der Grundfläche und der Deckfläche des Quaders. Die Kantenlänge c ist dann gleich der Höhe h des Quaders.

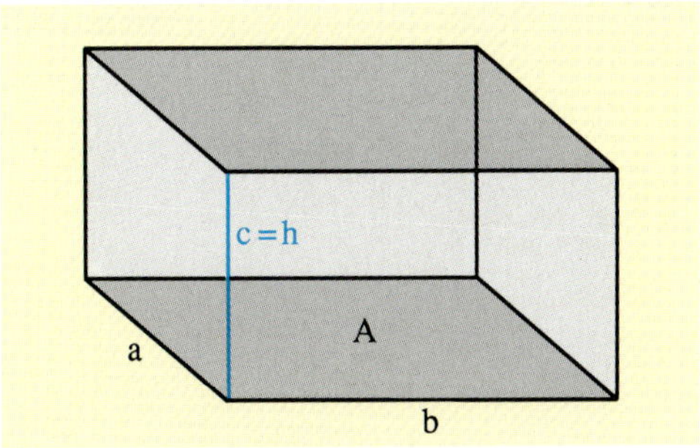

Bild 38

Daher kann man den Rauminhalt eines Quaders auch so schreiben:

$$\mathbf{V = A \cdot h.}$$

Wir wollen untersuchen, ob diese Gleichung auch für andere Prismen gültig ist.

3. Der Rauminhalt eines Prismas

In einfacher Weise können wir nun den Rauminhalt eines beliebigen dreiseitigen Prismas auf den Rauminhalt eines Quaders zurückführen. Wir betrachten zunächst ein dreiseitiges Prisma, dessen Grundfläche ein rechtwinkliges Dreieck ist (Bild 39). Zwei solche rechtwinklige dreiseitige Prismen gleicher Größe kann man zu einem Quader zusammensetzen (Bild 40). Der Rauminhalt V eines solchen Prismas ist deshalb gleich dem halben Rauminhalt V_{Quader} dieses Quaders:

$$V = \tfrac{1}{2} V_{Quader}.$$

Ist A der Flächeninhalt der Grundfläche des Prismas, dann hat die Grundfläche des Quaders den Flächeninhalt 2A. Somit gilt:

$$V = \tfrac{1}{2} V_{Quader} = \tfrac{1}{2}(2A) \cdot h = A \cdot h.$$

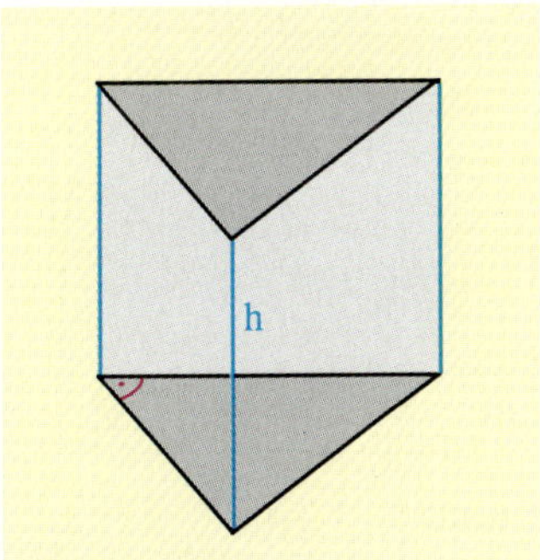

Bild 39

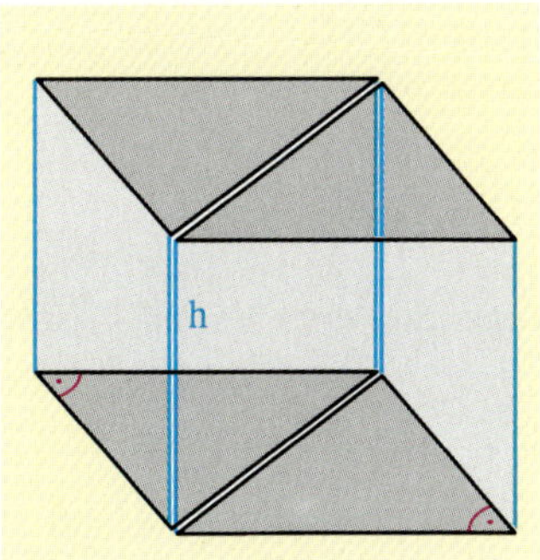

Bild 40

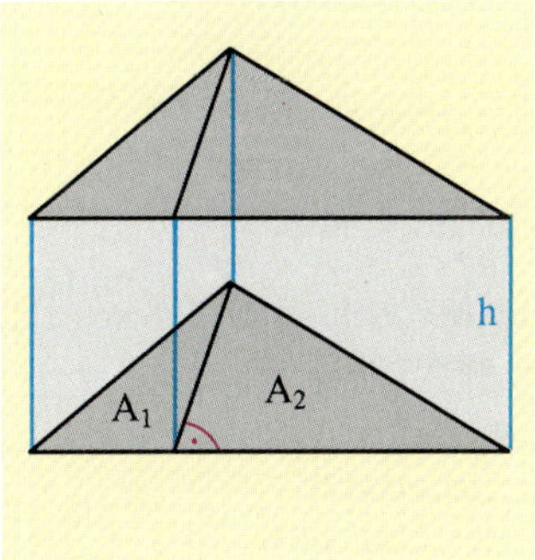

Bild 41

Jedes nicht rechtwinklige dreiseitige Prisma P kann man in zwei rechtwinklige dreiseitige Prismen P_1 und P_2 zerlegen (Bild 41). Es gilt dann:

$$V = V_1 + V_2 = A_1 \cdot h + A_2 \cdot h = (A_1 + A_2) \cdot h = A \cdot h.$$

Jedes beliebige Prisma P kann man in dreiseitige Prismen P_1, P_2, P_3, … unterteilen (Bild 42). Daher gilt für den Rauminhalt des Prismas P:

$$\begin{aligned} V &= V_1 + V_2 + V_3 + \ldots \\ &= A_1 \cdot h + A_2 \cdot h + A_3 \cdot h + \ldots \\ &= (A_1 + A_2 + A_3 + \ldots) \cdot h \\ &= A \cdot h. \end{aligned}$$

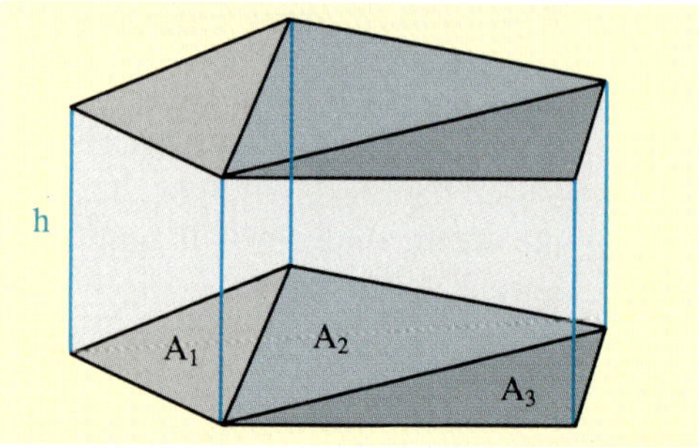

Bild 42

Wir haben damit bewiesen:

Für den Rauminhalt eines beliebigen Prismas gilt: $V = A \cdot h$.

Aufgaben und Beispiele

Zum Einstieg

Die Balkone der Familien Lenze und Schröder sind durch eine Betonplatte voneinander getrennt, die 2,1 m hoch und 10 cm dick ist. Sie ist unten 1,2 m und oben 90 cm breit. Die Abschrägung bildet mit der waagrechten und der senkrechten Kante jeweils einen Winkel von 135°. Wie schwer ist die Platte, wenn Beton 1200 kg je m^3 wiegt?

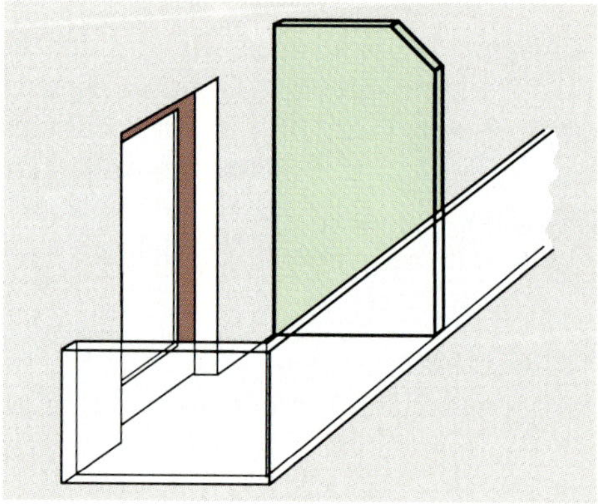
Bild 43

Berechnungen von Volumen und Oberfläche

1. Berechne das Volumen der folgenden dreiseitigen Prismen!

	a)	b)	c)	d)	e)	f)	g)
Grundseite des Dreiecks	7 cm	12 cm	0,8 m	23 cm	55 mm	1,3 m	65 cm
Höhe des Dreiecks	6 cm	5,3 cm	0,6 m	48 cm	24 mm	2,5 m	0,3 m
Höhe des Körpers	14 cm	25 cm	1,2 m	1,1 m	115 mm	12 cm	52 mm

In den Aufgaben 2 – 5 musst du einige benötigte Maße einer Zeichnung entnehmen.

2. Berechne das Volumen der folgenden dreiseitigen Prismen! Die Höhe beträgt in allen Fällen 17 cm. Die Grundfläche ist durch die folgenden Stücke gegeben.

a) $\alpha = 90°$; $b = 4{,}5$ cm; $c = 3$ cm
b) $\beta = 60°$; $a = 7$ cm; $c = 5$ cm
c) $a = b = 8{,}5$ cm; $\gamma = 40°$
d) $a = 4$ cm; $b = 3$ cm; $c = 5$ cm

3. Berechne das Volumen des Prismas!

	Höhe	Grundfläche
a)	6,3 cm	Rechteck mit $a = 2{,}5$ cm und $b = 4{,}2$ cm
b)	3,8 cm	Parallelogramm mit $a = 7$ cm und $h_a = 3{,}4$ cm
c)	2,4 cm	Parallelogramm mit $a = 6$ cm, $b = 4{,}5$ cm und $\alpha = 50°$
d)	7 cm	Dreieck mit $a = b = 4$ cm und $c = 5$ cm
e)	8,7 cm	Dreieck mit $\gamma = 90°$, $a = 2{,}3$ cm und $b = 3{,}5$ cm
f)	5,7 cm	gleichseitiges Dreieck mit $a = 6{,}4$ cm
g)	7,9 cm	Dreieck mit $\alpha = 55°$, $c = 2{,}8$ cm und $a = 5$ cm
h)	4,5 cm	Trapez mit $a = 3{,}4$ cm, $c = 4{,}6$ cm und $h_a = 5{,}1$ cm
i)	5 cm	Trapez mit $\alpha = 70°$, $a = 6$ cm, $b = 4$ cm und $h_a = 2{,}5$ cm

4. Welches Volumen haben die Prismen von Bild 44? Wie groß ist ihre Oberfläche?

Beispiel

Wir untersuchen das Prisma aus Bild 44a).

Berechnung des Volumens: $V = G \cdot h = (\frac{1}{2} \cdot 2\text{ cm} \cdot 2\text{ cm}) \cdot 9\text{ cm} = 18\text{ cm}^3$.

Die Oberfläche besteht aus der dreieckigen Grundfläche, der dreieckigen Deckfläche und aus drei rechteckigen Seitenflächen. Bei den Rechtecken entspricht eine Seitenlänge der Höhe des Prismas, die andere Seite ist genauso lang wie die entsprechende Seite des Dreiecks. Man ermittelt diese Seitenlänge, indem man das Dreieck mit den Originalmaßen zeichnet. Führe dies durch! Man erhält ungefähr 2,8 cm.

Berechnung des Inhalts O der Oberfläche:

$O \approx 2 \cdot \frac{1}{2} \cdot 2\text{ cm} \cdot 2\text{ cm} + 2 \cdot 2\text{ cm} \cdot 9\text{ cm} + 2{,}8\text{ cm} \cdot 9\text{ cm} = 4\text{ cm}^2 + 36\text{ cm}^2 + 25{,}2\text{ cm}^2 = 65{,}2\text{ cm}^2$,
also $O \approx 65{,}2\text{ cm}^2$.

Wir haben das Zeichen $\approx$ verwendet, weil wir eine Seitenlänge nur näherungsweise durch eine Zeichnung ermittelt haben.

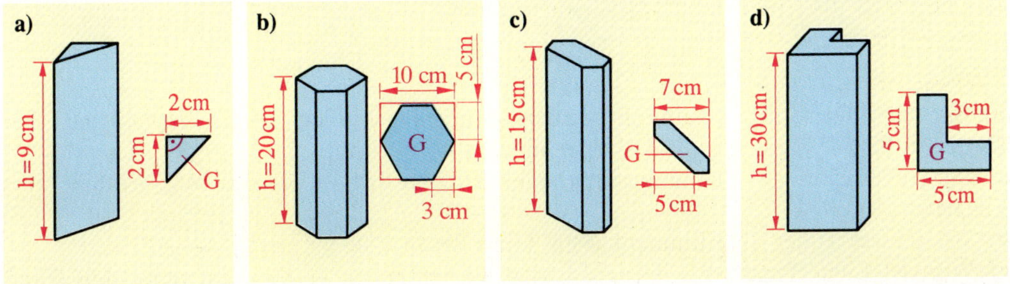

Bild 44

5. Berechne den Rauminhalt und den Oberflächeninhalt eines regelmäßigen achtseitigen Prismas! Die Seiten des Achtecks sind 2 cm lang, und das Prisma ist 7 cm hoch. Beachte, dass man ein Achteck in acht gleichschenklige Dreiecke zerlegen kann!

6. Ein quadratisches Prisma hat eine Oberfläche von $504\,\text{cm}^2$. Die Höhe ist dreimal so lang wie eine Grundseite. Wie lang sind die Kanten? Welches Volumen hat das Prisma?

Anwendungen

Bei den folgenden Aufgaben ist zunächst eine maßstäbliche Zeichnung anzufertigen; dieser Zeichnung kann man weitere benötigte Maße entnehmen.

7. Eine Glasvase hat eine rautenförmige Grundfläche. Die innen gemessenen Kanten sind 15 cm lang, einer der Winkel hat ein Maß von 55°. Der Innenraum der Vase ist 20 cm hoch. Wie viel cm^3 Wasser passen in die Vase, wenn sie bis 4 cm unter den Rand gefüllt ist?

8. In ein Hotel soll ein kleines Schwimmbad eingebaut werden. Es stehen zwei Modelle zur Auswahl (Bild 45). Welches Modell benötigt weniger Wasser, wenn die Becken jeweils bis zum Rand gefüllt werden?

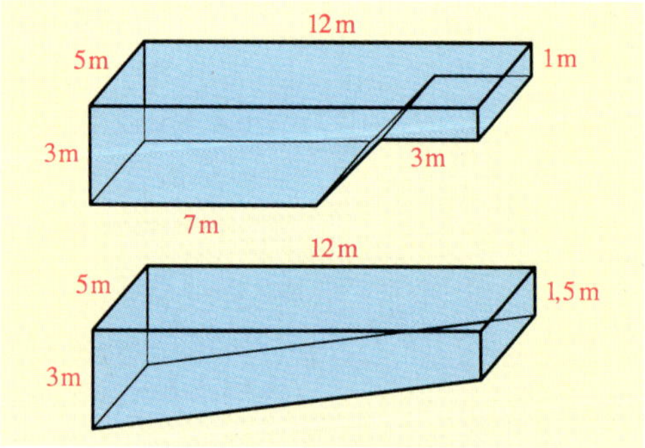

Bild 45

9. Ein Blumenkübel aus Beton hat die Form eines regelmäßigen sechsseitigen Prismas (Bild 46). Innen beträgt die Höhe 40 cm und die Seitenlänge jedes Sechsecks 30 cm. Der Boden des Kübels ist 6 cm dick und die Wände haben eine Dicke von 4 cm.

a) Wie viel Liter Erde passen in den Blumenkübel, wenn er bis 5 cm unter den Rand gefüllt werden soll?

b) Wie schwer ist der leere Blumenkübel, wenn Beton 1200 kg pro m^3 wiegt?

Bild 46

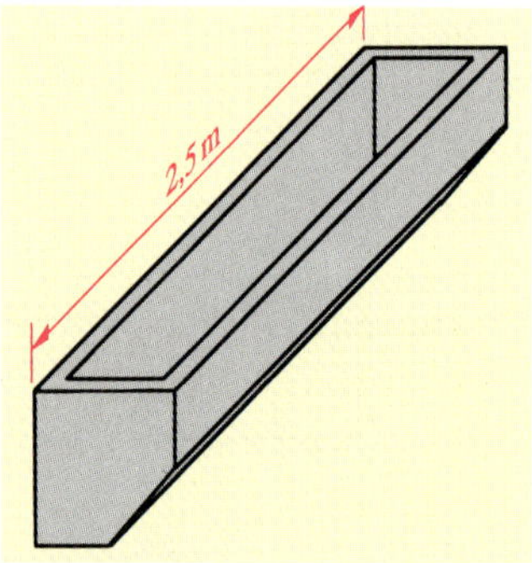

Bild 47

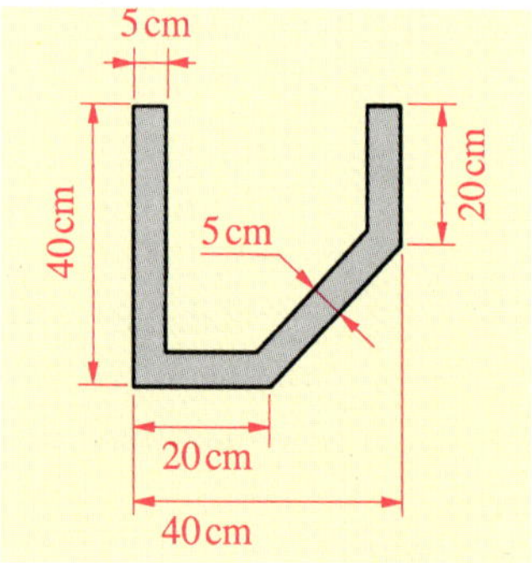

Bild 48

10. In Balkonbrüstungen sind oft größere Blumenkästen aus Beton eingelassen. Der Kasten in Bild 47 hat den in Bild 48 abgebildeten Querschnitt.

a) Die Außenseiten des Blumenkastens sollen frisch gestrichen werden. Wie groß ist diese Fläche?

b) Wie schwer ist der leere Blumenkasten, wenn Beton 1200 kg pro m^3 wiegt?

c) Wie viel Liter Blumenerde passen in den Kasten, wenn er bis 5 cm unter den Rand gefüllt wird?

§ 13 Grundlegende Gesetze der Wahrscheinlichkeitsrechnung

I. Ereignisse

1. Zur Einführung

Beim Spiel „Mensch ärgere Dich nicht“ hat Ute die grünen Figuren. Zwei davon hat sie schon auf den Zielkreisen b und c in Sicherheit, eine Figur steht auf dem letzten Feld vor dem Zielkreis a. Ihre vierte Figur befindet sich noch in den Startkreisen B (Bild 1). Sie hofft beim nächsten Würfeln eine 1, 4 oder 6 zu werfen, damit sie entweder ihre dritte Figur in Sicherheit oder ihre letzte Figur ins Spiel bringen kann.

Wie groß ist die Wahrscheinlichkeit, dass wenigstens eines dieser drei Ergebnisse eintritt?

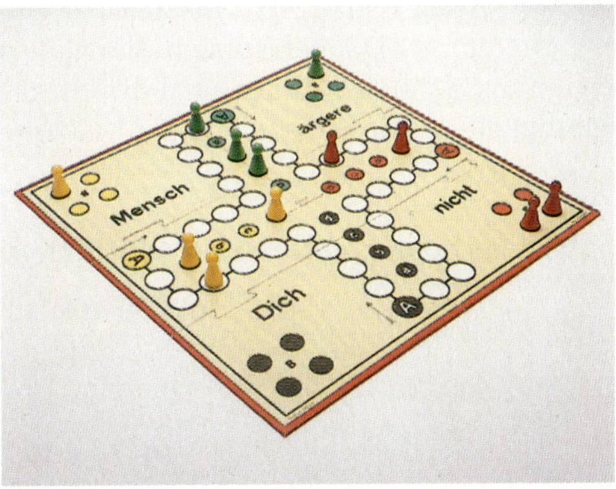

Bild 1

2. Der Begriff des Ereignisses

Alle möglichen Ergebnisse eines Zufallsexperimentes können zu einer Menge zusammengefasst werden. Diese Menge nennt man die **Ergebnismenge** S. Zum Beispiel beim Würfeln ist die Ergebnismenge $S = \{1; 2; 3; 4; 5; 6\}$.
Ute wünscht sich eines der Ergebnisse 1, 4 oder 6. Ihr geht es also nicht um ein bestimmtes Ergebnis, sondern um eines von drei möglichen. Man fasst diese drei Ergebnisse zu einer Menge zusammen: $\{1; 4; 6\}$. Diese Menge von Ergebnissen nennt man ein **Ereignis**. Man sagt: Ute wünscht sich das Ereignis $\{1; 4; 6\}$. Ereignisse bezeichnet man auch mit großen Buchstaben.

Unter einem Ereignis E eines Zufallsexperimentes versteht man eine Menge von Ergebnissen aus der Ergebnismenge S. Ein Ereignis ist also eine Teilmenge der Ergebnismenge.

Beispiele

Das Zufallsexperiment Würfeln hat als Ergebnismenge $S = \{1; 2; 3; 4; 5; 6\}$.

Ereignis	Bezeichnung
Es wird eine gerade Augenzahl gewürfelt.	$G = \{2; 4; 6\}$
Die gewürfelte Augenzahl ist eine Primzahl.	$P = \{2; 3; 5\}$
Die gewürfelte Augenzahl ist eine zusammengesetzte Zahl.	$Z = \{4; 6\}$
Es wird eine 3 gewürfelt.	$D = \{3\}$

Das Beispiel zeigt, dass es auch Ereignisse gibt, die nur **ein** Ergebnis enthalten. Diese Ereignisse nennt man **Elementarereignisse**. Das Elementarereignis $\{3\}$ bedeutet nichts anderes als das Ergebnis 3.

3. Die Wahrscheinlichkeit eines Ereignisses

Wie groß ist die Wahrscheinlichkeit für das Ereignis $\{1; 4; 6\}$?

Man erhält die absolute Häufigkeit für das Ereignis $\{1; 4; 6\}$, indem man zuerst zählt, bei wie vielen Versuchen jeweils das Ergebnis 1, das Ergebnis 4 oder das Ergebnis 6 eingetreten ist. Da bei keinem Versuch mehr als ein Ergebnis auftreten kann, braucht man die absoluten Häufigkeiten der einzelnen Ergebnisse nur zu addieren, um die absolute Häufigkeit des Ereignisses $\{1; 4; 6\}$ zu erhalten. Es gilt also:

$$n(\{1; 4; 6\}) = n(1) + n(4) + n(6).$$

Entsprechend gilt für die relativen Häufigkeiten:

$$h(\{1; 4; 6\}) = \frac{n(\{1; 4; 6\})}{N} = \frac{n(1) + n(4) + n(6)}{N} = \frac{n(1)}{N} + \frac{n(4)}{N} + \frac{n(6)}{N} = h(1) + h(4) + h(6);$$

also ist:

$$h(\{1; 4; 6\}) = h(1) + h(4) + h(6).$$

Die entsprechende Gleichung gilt auch für die zugehörigen Wahrscheinlichkeiten, weil wir diese als die erwarteten relativen Häufigkeiten auffassen können:

$$P(\{1; 4; 6\}) = P(1) + P(4) + P(6) = \frac{1}{6} + \frac{1}{6} + \frac{1}{6} = \frac{3}{6} = \frac{1}{2}.$$

Allgemein gilt:

Die Wahrscheinlichkeit eines Ereignisses ist gleich der Summe der Wahrscheinlichkeiten der Ergebnisse dieses Ereignisses.

Die Wahrscheinlichkeit eines Elementarereignisses ist selbstverständlich gleich der Wahrscheinlichkeit des einzigen Ergebnisses dieses Elementarereignisses.

Beispiel

In einer Urne befinden sich eine rote Kugel (1), zwei gelbe (2; 3), drei blaue (4; 5; 6) und vier weiße Kugeln (7; 8; 9; 10). Es soll eine Kugel gezogen werden.
Die Ergebnismenge ist $S = \{1; 2; 3; 4; 5; 6; 7; 8; 9; 10\}$.
Wegen der Gleichartigkeit der Kugel hat jedes Ergebnis die Wahrscheinlichkeit $\frac{1}{10}$.

Das Ereignis, eine blaue Kugel zu ziehen, ist $\{4; 5; 6\}$. Dann ist

$$P(\{4; 5; 6\}) = P(4) + P(5) + P(6) = \frac{1}{10} + \frac{1}{10} + \frac{1}{10} = \frac{3}{10}.$$

Das Ereignis, eine rote Kugel zu ziehen, ist $\{1\}$. Es ist

$$P(\{1\}) = P(1) = \frac{1}{10}.$$

Aufgaben und Beispiele

Stelle bei den folgenden Experimenten die genannten Ereignisse als Mengen dar und bestimme die zugehörigen Wahrscheinlichkeiten!

1. Claudia wirft einen Würfel. Es fällt
a) die Augenzahl 5, **b)** eine Zahl größer 3, **c)** eine ungerade Zahl.

2. Ein Skatspiel besteht aus 32 Karten. Man unterscheidet die vier Farben Karo, Herz, Pik und Kreuz und die acht Werte 7, 8, 9, 10, Bube, Dame, König, Ass. Norbert zieht verdeckt eine Karte. Es ist
a) ein Ass, **b)** eine Pikkarte, **c)** ein Bild (Bube, Dame, König).

3. Ein Romméspiel besteht aus 52 Karten. Man unterscheidet die vier Farben Karo, Herz, Pik und Kreuz und die 13 Werte 2, 3, 4, 5, 6, 7, 8, 9, 10, Bube, Dame, König, Ass. Norbert zieht verdeckt eine Karte. Es ist
a) ein Bube, **b)** eine Karokarte, **c)** ein Bild (Bube, Dame, König).

4. Herr Matthiesen hat in seiner Hosentasche eine 1-Cent-, eine 2-Cent-, eine 5-Cent-, eine 10-Cent- und eine 50-Cent-Münze. Er nimmt, ohne hinzusehen, eine davon heraus.
a) Es ist die 1-Cent-Münze. **b)** Die gezogene Münze hat einen Wert von mehr als 5 Cent.
c) Es ist weder die 1-Cent-Münze noch die 2-Cent-Münze.

5. In einer Urne liegen eine gelbe, eine blaue, eine rote und eine grüne Kugel. Man entnimmt eine davon. Sie ist
a) blau, **b)** gelb oder grün, **c)** weder rot noch grün.

II. Laplace-Experimente

1. Zur Einführung

Bei einer Lotterie werden 1000000 Lose (Bild 2) verkauft. Der Gewinnplan sieht folgendermaßen aus:

1 Los	mit	1000000 € Gewinn,
2 Lose	mit	500000 € Gewinn,
4 Lose	mit	250000 € Gewinn,
10 Lose	mit	100000 € Gewinn,
50 Lose	mit	10000 € Gewinn,
100 Lose	mit	1000 € Gewinn,
1000 Lose	mit	500 € Gewinn,
5000 Lose	mit	100 € Gewinn.

Wie groß ist die Wahrscheinlichkeit, zu den Gewinnern zu gehören?

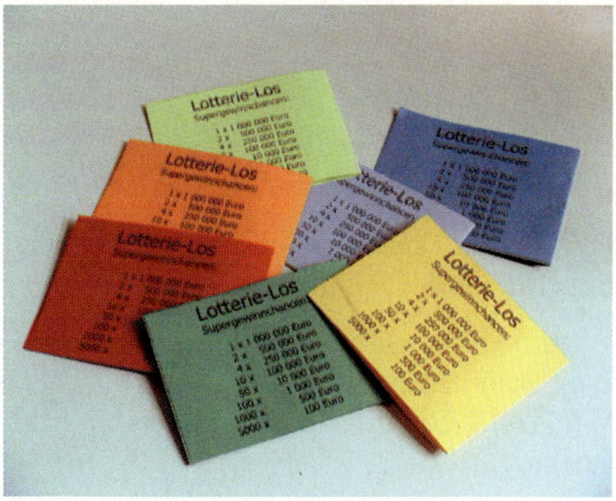

Bild 2

Die Ergebnismenge enthält 1000000 **gleich wahrscheinliche** Ergebnisse. Die Wahrscheinlichkeit, ein bestimmtes Los zu ziehen, ist $\frac{1}{1000000}$. Auf 6167 Lose entfallen Gewinne. Um die Wahrscheinlichkeit für ein Gewinnlos zu bestimmen, muss man die Wahrscheinlichkeiten für die 6167 Gewinnlose addieren. Die Wahrscheinlichkeit für ein Gewinnlos ist also $6167 \cdot \frac{1}{1000000} = \frac{6167}{1000000} = 0{,}006167$.

2. Zufallsexperimente mit gleich wahrscheinlichen Ergebnissen

Zufallsexperimente mit gleich wahrscheinlichen Ergebnissen nennt man **Laplace[1]-Experimente**. Bei einem Laplace-Experiment mit m Ergebnissen ist die Wahrscheinlichkeit für jedes Ergebnis $\frac{1}{m}$. Betrachtet man ein Ereignis E mit g Ergebnissen, so erhält man die Wahrscheinlichkeit von E, indem man g mal die Wahrscheinlichkeit $\frac{1}{m}$ addiert. Also gilt:

$$P(E) = g \cdot \frac{1}{m} = \frac{g}{m}.$$

Die Ergebnisse von E nennt man auch **günstige Ergebnisse**, die von S **mögliche Ergebnisse**.

In einem Laplace-Experiment mit m möglichen Ergebnissen ist die Wahrscheinlichkeit für ein Ereignis E mit g günstigen Ergebnissen:

$$P(E) = \frac{g}{m} = \frac{\text{Anzahl der günstigen Ergebnisse}}{\text{Anzahl der möglichen Ergebnisse}}.$$

Diese Formel haben wir im Band für das 7. Schuljahr bereits aus Stichproben mit großem Umfang zu Laplace-Experimenten abgeleitet.

Beispiel

Zu einem Skatspiel gehören 32 Spielkarten, und zwar je 8 Kreuz-, Pik-, Herz- und Karokarten. Die Wahrscheinlichkeit, aus den verdeckt liegenden Karten eine Bildkarte zu ziehen, ist $\frac{12}{32} = \frac{3}{8}$; denn die Ergebnismenge enthält 32 gleich wahrscheinliche (mögliche) Ergebnisse und das Ereignis, eine Bildkarte zu ziehen, 12 (günstige) Ergebnisse.

3. Rückführung auf Laplace-Experimente

In einer Urne befinden sich eine grüne Kugel (g), drei rote Kugeln (r) und sechs blaue Kugeln (b). Es soll eine Kugel verdeckt gezogen und wieder zurückgelegt werden. Wählt man als Ergebnismenge $S = \{g; r; b\}$, dann sind die Ergebnisse nicht gleich wahrscheinlich. Es handelt sich nicht um ein Laplace-Experiment.

Durch Wahl einer anderen Ergebnismenge kann man das Experiment auf ein Laplace-Experiment zurückführen.

Dazu denken wir uns die Kugeln der Urne nummeriert: die grüne Kugel mit der Nummer 1, die roten Kugeln mit den Nummern 2, 3 bzw. 4 und die blauen Kugeln mit den Nummern 5, 6, 7, 8, 9 bzw. 10. Dann können wir statt der Ergebnismenge $S = \{g; r; b\}$ die Ergebnismenge $S' = \{1; 2; 3; 4; 5; 6; 7; 8; 9; 10\}$ wählen. Die Ergebnisse von S' sind alle gleich wahrscheinlich. Mit dieser Ergebnismenge ist das Zufallsexperiment ein Laplace-Experiment. Die Wahrscheinlichkeit, eine rote Kugel zu ziehen, ist dann die Wahrscheinlichkeit des Ereignisses $R = \{2; 3; 4\}$. Es ist:

$$P(R) = P(\{2; 3; 4\}) = \frac{3}{10}.$$

[1] Pierre Simon Marquis de Laplace (1749–1827), französischer Mathematiker

Beispiel

Wie groß ist die Wahrscheinlichkeit, dass nach dem Drehen des Glücksrades (Bild 3) ein Feld mit 400 unter dem Zeiger stehen bleibt?

Bild 3

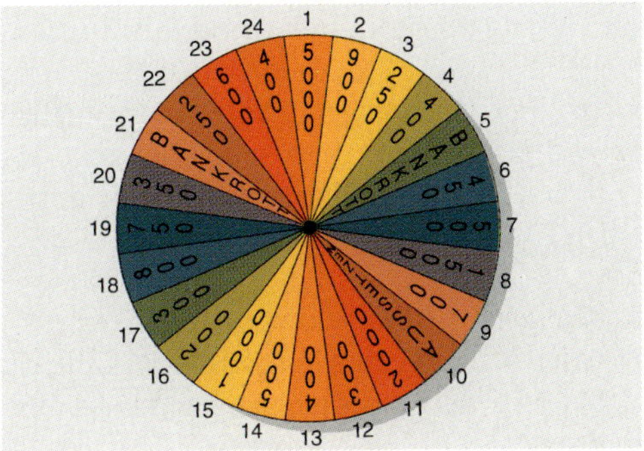

Bild 4

Lösung:
Nimmt man als Ergebnismenge

S = {200; 250; 300; 350; 400; 450; 500; 600; 700; 750; 800; 900; 1000; 1500; 2000; 5000; Bankrott; Aussetzen},

dann ist das Zufallsexperiment kein Laplace-Experiment, weil nicht alle Ergebnisse gleich wahrscheinlich sind; denn 250 kommt z.B. häufiger auf den Feldern des Glücksrades vor als 200.
Denkt man sich die Felder des Glücksrades von dem Feld mit 5000 ausgehend im Uhrzeigersinn mit den Nummern 1 bis 24 versehen (Bild 4), dann ist das Zufallsexperiment mit der Ergebnismenge S′ = {1; 2; 3; …; 24} ein Laplace-Experiment; denn für jedes der 24 Felder ist die Wahrscheinlichkeit, unter dem Zeiger stehen zu bleiben, gleich groß, und zwar $\frac{1}{24}$.
Man hat das Zufallsexperiment auf ein Laplace-Experiment zurückgeführt. Da 400 auf drei Feldern, nämlich Feld 4, 13 und 24 vorkommt, ist die gesuchte Wahrscheinlichkeit

$$P(400) = P(\{4; 13; 24\}) = \frac{3}{24} = \frac{1}{8} = 0{,}125.$$

Aufgaben und Beispiele

Zum Einstieg

Für ein Tischtennisturnier werden die Paarungen ermittelt. Daniels Name wird als erster aus der Urne gezogen. Von seinen möglichen sieben Gegnern schätzt er einen als stärker und vier als weniger stark ein. Mit welcher Wahrscheinlichkeit erhält Daniel einen Teilnehmer zugelost, der **a)** als stärker, **b)** weniger stark, **c)** gleich stark eingeschätzt wird?

Bild 5

1. In einer Lostrommel liegen 250 Lose, darunter 10 Gewinne. Wie groß ist die Wahrscheinlichkeit für eine Niete bzw. einen Gewinn?

2. In einer Klasse sind 15 Mädchen und 12 Jungen. Mit welcher Wahrscheinlichkeit ist ein zufällig ausgewähltes Kind aus dieser Klasse ein Mädchen?

3. In einer Urne liegen 3 rote und 4 weiße Kugeln. Man zieht verdeckt eine Kugel.
a) Wie groß ist die Wahrscheinlichkeit, dass die gezogene Kugel weiß ist?
b) Wie könnte das Experiment verändert werden, damit beide Farben mit gleicher Wahrscheinlichkeit gezogen werden?

4. Wie groß ist die Wahrscheinlichkeit,
a) beim Werfen eines Würfels eine Zahl, die größer als 4 ist, zu erzielen,
b) beim verdeckten Ziehen einer Karte aus einem gut gemischten Skatspiel eine Kreuzkarte zu erhalten,
c) beim verdeckten Ziehen einer Kugel aus einer Urne mit 10 roten und 25 weißen Kugeln eine weiße Kugel zu bekommen?

5. Nicola zieht aus den 52 Karten eines Rommméspiels (siehe Seite 241, Aufgabe 3) verdeckt eine Karte. Mit welcher Wahrscheinlichkeit ist es
a) die Kreuz 5, **b)** eine Karte mit schwarzer Farbe (Pik oder Kreuz),
c) ein Bild (Bube, Dame, König) mit der Farbe Herz?

6. Ein Glücksrad ist in 12 gleich große Sektoren geteilt. Ein Sektor stellt den Hauptgewinn dar, drei einen Nebengewinn, sechs führen zum Verlust des Einsatzes und die übrigen erlauben nochmaliges Drehen des Rades. Das Rad wird einmal gedreht. Wie groß ist die Wahrscheinlichkeit für die Ereignisse E_1, E_2, E_3?
E_1: Man kann noch einmal spielen.
E_2: Man verliert den Einsatz.
E_3: Man erzielt einen Haupt- oder Nebengewinn.

7. Aus dem Wort „SOMMERFERIEN" wird ein Buchstabe zufällig ausgewählt. Mit welcher Wahrscheinlichkeit ist er ein Vokal, wenn die Wahrscheinlichkeit, gewählt zu werden, für alle zwölf Buchstaben gleich groß ist?

8. Von den sieben Wochentagen wird einer zufällig ausgewählt. Mit welcher Wahrscheinlichkeit enthält der Name nicht den Buchstaben „r"?

9. Welche Wahrscheinlichkeit erhält man für das Ereignis aus Aufgabe 8, falls man nicht die Wochentage, sondern die Monate betrachtet?

10. Die Karten Pik 7, Pik 8, Karo 9, Karo 10, Karo Bube, Herz Dame, Herz König und Kreuz Ass werden gemischt. Man zieht aus diesem Stapel eine Karte und betrachtet die Ergebnismenge $S = \{Karo; Herz; Pik; Kreuz\}$.
a) Warum handelt es sich bei diesem Zufallsexperiment nicht um ein Laplace-Experiment? Wähle eine Ergebnismenge, für die das Experiment auf ein Laplace-Experiment zurückgeführt werden kann!
b) Wie groß ist die Wahrscheinlichkeit, dass die gezogene Karte die Farbe Karo (Herz, Pik, Kreuz) hat?

III. Die Summenregel

1. Zur Einführung

Beim Spiel „Mensch ärgere Dich nicht“ hat Ute die grünen, Dieter die roten und ein dritter Mitspieler die gelben Figuren (Bild 6).

Bild 6

Müsste Ute jetzt würfeln, dann würde sie sich das Ereignis

$$A = \{1; 4\}$$

wünschen, um ihre vor dem Ziel stehende Figur in Sicherheit zu bringen, **oder** das Ereignis

$$B = \{6\},$$

um ihre letzte Figur ins Spiel zu bringen. Sie hofft also auf

A **oder** B,

das ist das Ereignis $C = \{1; 4; 6\}$. Dieses Ereignis ist die Vereinigungsmenge von A und B:

$$A \cup B = \{1; 4\} \cup \{6\} = \{1; 4; 6\} = C.$$

Müsste Dieter bei der in Bild 6 dargestellten Situation würfeln, dann würde er sich das Ereignis

$$D = \{1; 2; 3\}$$

wünschen, um seine vor dem Ziel stehende Figur in Sicherheit bringen zu können, **oder** das Ereignis

$$E = \{3; 5\},$$

um eine Figur eines Mitspielers hinauswerfen zu können. Er hofft also auf

D **oder** E.

Das ist das Ereignis $F = \{1; 2; 3; 5\}$. Dieses Ereignis ist die Vereinigungsmenge von D und E:

$$D \cup E = \{1; 2; 3\} \cup \{3; 5\} = \{1; 2; 3; 5\} = F.$$

2. Oder-Ereignisse

Im einführenden Beispiel treten Ereignisse der Form „A oder B“ und „D oder E“ auf. Ein solches Ereignis nennt man **Oder-Ereignis** und schreibt: $A \cup B$ (gelesen: „A oder B“) bzw. $D \cup E$. Ein Oder-Ereignis zweier (oder mehrerer) Ereignisse ist also die Vereinigungsmenge der betreffenden Ereignisse.

Zum Beispiel gilt:

$$A \cup B = \{1; 4\} \cup \{6\} = \{1; 4; 6\} = C \quad \text{und}$$
$$D \cup E = \{1; 2; 3\} \cup \{3; 5\} = \{1; 2; 3; 5\} = F.$$

Wir können also sagen:

Zum Oder-Ereignis $A \cup B$ zweier Ereignisse A und B eines Zufallsexperimentes gehören alle Ergebnisse, die zu A oder zu B oder zu beiden Ereignissen gehören.

Der Unterschied bei der Bildung der beiden Oder-Ereignisse besteht darin, dass im ersten Fall die Ereignisse A und B kein Ergebnis gemeinsam haben; ihre Schnittmenge ist die leere Menge: $A \cap B = \emptyset$. Das bedeutet, dass bei keiner Durchführung des Zufallsexperimentes sowohl A als auch B eintreten kann. Man nennt solche Ereignisse **unvereinbar**.

Im zweiten Fall haben die Ereignisse D und E das Ergebnis 3 gemeinsam; es gilt also $D \cap E = \{3\}$. Hat ein Versuch das Ergebnis 3, so tritt sowohl D als auch E ein; D und E sind also **vereinbar**.

Beispiele

1) Beim Würfeln sei das Ereignis A: Die Augenzahl ist kleiner als 4 und das Ereignis B: Die Augenzahl ist größer als 4. Es ist $A = \{1; 2; 3\}$ und $B = \{5; 6\}$. Die beiden Ereignisse sind unvereinbar; es gilt $A \cap B = \emptyset$.

2) Beim Würfeln sei das Ereignis A: Die Augenzahl ist größer als 1 und das Ereignis B: Die Augenzahl ist kleiner als 4. Es ist dann $A = \{2; 3; 4; 5; 6\}$ und $B = \{1; 2; 3\}$. Die beiden Ereignisse sind vereinbar; es gilt $A \cap B = \{2; 3\} \neq \emptyset$.

3. Die Wahrscheinlichkeit von Oder-Ereignissen

Wir wollen untersuchen, wie die Wahrscheinlichkeit für ein Oder-Ereignis $A \cup B$ mit den Wahrscheinlichkeiten für A und B, wie also $P(A \cup B)$ mit $P(A)$ und $P(B)$ zusammenhängt. Wir bestimmen dazu die Wahrscheinlichkeiten für die beiden Oder-Ereignisse der **Beispiele** des letzten Abschnitts.

1. Für die Ereignisse $A = \{1; 2; 3\}$ und $B = \{5; 6\}$ gilt:

$$A \cup B = \{1; 2; 3; 5; 6\} \quad \text{und}$$

$$P(A \cup B) = \underbrace{P(1) + P(2) + P(3)}_{P(A)} + \underbrace{P(5) + P(6)}_{P(B)} = \frac{5}{6}.$$

Insgesamt gilt also:

$$P(A \cup B) = P(A) + P(B) = \frac{3}{6} + \frac{2}{6} = \frac{5}{6}.$$

2. Für die Ereignisse $A = \{2; 3; 4; 5\}$ und $B = \{1; 2; 3\}$ gilt:

$$A \cup B = \{1; 2; 3; 4; 5\} \quad \text{und} \quad P(A \cup B) = P(1) + P(2) + P(3) + P(4) + P(5) = \frac{5}{6},$$

während

$$P(A) + P(B) = \underbrace{P(2) + P(3) + P(4) + P(5)}_{P(A)} + \underbrace{P(1) + P(2) + P(3)}_{P(B)} = \frac{7}{6}$$

ist.

Man erkennt, dass in $P(A)+P(B)$ die Wahrscheinlichkeiten für die Ergebnisse 2 und 3 doppelt vorkommen, in $P(A \cup B)$ dagegen nur einmal.
Daher ist hier $P(A \cup B) \neq P(A)+P(B)$.

Sind also zwei Ereignisse A und B vereinbar, gilt also $A \cap B \neq \emptyset$, so müssen wir bei der Berechnung von $P(A \cup B)$ die Wahrscheinlichkeiten der Ergebnisse, die sowohl zu A als auch zu B, also zu $A \cap B$ gehören, von $P(A)+P(B)$ einmal wieder abziehen; es gilt also:

$$P(A \cup B) = P(A) + P(B) - P(A \cap B).$$

Wir fassen das Ergebnis in der **Summenregel** zusammen.

1) Sind zwei Ereignisse A und B unvereinbar, ist also $A \cap B = \emptyset$, so gilt:

$$P(A \cup B) = P(A) + P(B).$$

2) Sind zwei Ereignisse A und B vereinbar, ist also $A \cap B \neq \emptyset$, so gilt:

$$P(A \cup B) = P(A) + P(B) - P(A \cap B).$$

Bemerkung: Ist $A \cap B = \emptyset$, dann gilt $P(A \cap B) = P(\emptyset) = 0$. Die Gleichung von 2) geht in diesem Fall in die Gleichung von 1) über. Die Gleichung von 1) ist also ein Sonderfall der Gleichung von 2).

Beispiele

1) Aus den verdeckt liegenden Karten eines Skatspiels soll eine Karte gezogen werden.
A sei das Ereignis, eine schwarze Karte (Kreuz- oder Pikkarte) zu ziehen.
B sei das Ereignis, eine Karokarte zu ziehen.
Die beiden Ereignisse sind unvereinbar. Für das Oder-Ereignis gilt dann also:

$$P(A \cup B) = P(A) + P(B) = \frac{16}{32} + \frac{8}{32} = \frac{24}{32} = \frac{3}{4}.$$

2) Aus den verdeckt liegenden Karten eines Skatspiels soll eine Karte gezogen werden.
A sei das Ereignis, eine Bildkarte zu ziehen.
B sei das Ereignis, eine Pikkarte zu ziehen.
Die beiden Ereignisse sind vereinbar. Sie treten genau dann beide ein, wenn Pik-König, Pik-Dame oder Pik-Bube gezogen wird. Für das Oder-Ereignis gilt dann also

$$P(A \cup B) = P(A) + P(B) - P(A \cap B) = \frac{12}{32} + \frac{8}{32} - \frac{3}{32} = \frac{17}{32}.$$

4. Das sichere Ereignis

Beim Würfeln sei das Ereignis A: Die gewürfelte Zahl ist kleiner als 4 und das Ereignis B: Die gewürfelte Zahl ist größer als 2. Es ist dann $A = \{1; 2; 3\}$ und $B = \{3; 4; 5; 6\}$. Das Oder-Ereignis hierzu ist $A \cup B = \{1; 2; 3; 4; 5; 6\} = S$.

Die Ergebnismenge S ist auch ein Ereignis; das gilt für jedes Zufallsexperiment. Da das Ereignis S bei jedem Versuch eines Zufallsexperimentes eintritt, nennt man S das **sichere Ereignis**.

In jeder Stichprobe ist die absolute Häufigkeit N, mit der S auftritt, gleich dem Umfang N der Stichprobe; demnach ist $h(S) = \frac{N}{N} = 1$ und damit auch $P(S) = 1$.

Aufgaben und Beispiele

Zum Einstieg

Jan mischt die 32 Karten eines Skatspieles gut durch und deckt die oberste Karte auf. Es ist Kreuz-10. Er legt sie offen neben den verdeckten Stapel. Dann hebt er die nächste Karte vom Stapel. Er legt sie auf die schon aufgedeckte Kreuz-10 ab, wenn sie ebenfalls eine Kreuzkarte oder eine 10 ist. Andernfalls legt er diese Karte wieder unter den verdeckten Kartenstapel zurück.

Bild 7

Wie groß ist die Wahrscheinlichkeit, dass die zweite aufgedeckte Karte
a) eine Kreuzkarte, **b)** eine 10, **c)** eine Kreuzkarte oder eine 10 ist?
Wie groß sind diese Wahrscheinlichkeiten beim Aufdecken der ersten Karte?

1. In einer Urne liegen 3 gelbe, 4 grüne und 5 rote Kugeln. Wie groß ist die Wahrscheinlichkeit, bei verdecktem Ziehen eine Kugel zu erhalten, die gelb oder grün ist?

2. Wie groß ist die Wahrscheinlichkeit, beim Werfen eines Würfels
a) die Augenzahl 2, 4 oder 6, **b)** eine Augenzahl kleiner 3 oder größer 5,
c) eine gerade Zahl oder 1 zu erhalten?

3. Warum können die Ereignisse E_1 und E_2 nicht unvereinbar sein, wenn $P(E_1) = \frac{2}{3}$ und $P(E_2) = \frac{3}{4}$ gilt?

4. Sind die Ereignisse E_1 und E_2 unvereinbar oder nicht? Bestimme ihre Wahrscheinlichkeiten und die Wahrscheinlichkeit für das Oder-Ereignis!
a) Aus einer Urne mit 2 roten, 3 weißen und 4 blauen Kugeln wird verdeckt eine Kugel entnommen.
E_1: Die gezogene Kugel ist rot. E_2: Sie ist blau.
b) Man zieht verdeckt eine Karte aus einem Skatspiel.
E_1: Die gezogene Karte ist eine Herzkarte. E_2: Sie ist ein Ass.
c) Man wirft einen Würfel.
E_1: Die geworfene Augenzahl ist gerade. E_2: Sie ist durch 3 teilbar.
d) Man wählt zufällig einen der 12 Monatsnamen.
E_1: Er enthält weniger als 6 Buchstaben. E_2: Er enthält weniger als 2 Konsonanten.

5. Jemand zieht aus einem gutgemischten Skatspiel verdeckt eine Karte. Mit welcher Wahrscheinlichkeit ist es
a) eine Herz- oder Karokarte, **b)** eine Karte mit dem Wert 7, 8 oder 9,
c) eine schwarze Bildkarte oder ein rotes Ass?

6. Von den 28 Schülern einer 8. Klasse haben 7 die Fremdsprachen Latein/Englisch, 6 Englisch/Latein und 15 Englisch/Französisch gewählt. Wie groß ist die Wahrscheinlichkeit, dass ein zufällig ausgewählter Schüler dieser Klasse
a) als erste oder zweite Fremdsprache Latein lernt,
b) als zweite Fremdsprache Latein oder Französisch lernt?

7. Ein Glücksrad ist in fünf gleich große Felder F_1, F_2, F_3, F_4, F_5 geteilt. Feld F_1 bringt den Hauptgewinn, Feld F_5 einen Trostpreis, Feld F_3 ein Freispiel und die übrigen Felder führen zum Verlust des Einsatzes.
Notiere die Ereignisse in der Mengenschreibweise und bestimme die Wahrscheinlichkeiten von E_1 und E_2!
E_1: Ein Spieler erhält den Hauptgewinn oder den Trostpreis.
E_2: Ein Spieler erhält einen Gewinn oder ein Freispiel.

8. In einer Urne liegen 3 rote, 2 grüne und 4 gelbe Kugeln. Man zieht verdeckt eine Kugel.
a) Stelle die folgenden Ereignisse als Mengen dar und bestimme ihre Wahrscheinlichkeiten!
E_1: Die gezogene Kugel ist rot. E_2: Die gezogene Kugel ist grün.
E_3: Die gezogene Kugel ist gelb.
b) Wie lauten die folgenden Ereignisse in Mengenschreibweise und wie groß sind die zugehörigen Wahrscheinlichkeiten?
E_4: Die gezogene Kugel ist rot oder grün. E_5: Die gezogene Kugel ist rot oder gelb.
E_6: Die gezogene Kugel ist rot, grün oder gelb.

9. Auf einem Parkplatz stehen 120 Pkw, darunter 30 rote und 40 blaue. 14 der roten und 22 der blauen Pkw haben ein Schiebedach. Von den übrigen Pkw haben 30 ein Schiebedach. Wie groß ist bei zufälliger Auswahl die Wahrscheinlichkeit für einen Pkw auf diesem Parkplatz, dass er
a) rot oder blau ist,
b) ein Schiebedach hat,
c) rot oder blau ist oder ein Schiebedach hat?

Bild 8

10. Mit welcher Wahrscheinlichkeit ist bei zufälliger Auswahl eine der zweistelligen Zahlen von 10 bis 39
a) durch 6 oder durch 7, **b)** durch 6 oder durch 10, **c)** durch 6 oder durch 12 teilbar?

11. Wie groß ist $P(E_1 \cup E_2)$, wenn für die Ereignisse E_1 und E_2 bei einem Laplace-Experiment mit der Ergebnismenge S gilt:
a) $E_1 \cap E_2 = \emptyset$, $P(E_1) = \frac{1}{3}$, $P(E_2) = \frac{1}{4}$;
b) $E_1 \cap E_2 = \emptyset$, $P(E_1) = \frac{2}{5}$, $P(E_2) = \frac{1}{4}$;
c) $P(E_1 \cap E_2) = \frac{1}{4}$, $P(E_1) = \frac{2}{3}$, $P(E_2) = \frac{2}{5}$;
d) E_1 und E_2 haben von den zwölf Elementen von S zwei Elemente gemeinsam, und es ist $P(E_1) = \frac{1}{3}$ und $P(E_2) = \frac{1}{2}$;
e) S hat zehn Elemente; E_1 enthält vier, E_2 fünf Elemente; E_1 und E_2 haben drei Elemente gemeinsam.

12. Beim Bumm-Spiel nennen Schüler der Reihe nach fortlaufend jeweils eine natürliche Zahl 1, 2, 3, 4 usw. Ist aber diese Zahl durch 7 teilbar oder enthält sie die 7 als Ziffer, so darf die Zahl nicht genannt werden und man sagt statt dessen „Bumm".
a) Notiere für die natürlichen Zahlen von 20 bis 50 die Ereignisse
E_1: Die Zahl ist durch 7 teilbar und E_2: Die Zahl enthält die Ziffer 7!
b) Julia kommt beim Spiel an die Reihe. Da sie nicht aufgepasst hat und die aktuelle Zahl nicht kennt, sagt sie einfach „Bumm". Wie groß ist die Wahrscheinlichkeit, dass sie richtig reagiert hat, wenn es um eine Zahl von 20 bis 50 geht?

13. Zwei Väter und zwei Söhne gehen zusammen spazieren. Insgesamt sind das aber nur drei Personen. Wie groß ist die Wahrscheinlichkeit, dass eine zufällig ausgewählte Person von diesen dreien **a)** Vater, **b)** Sohn, **c)** Vater und Sohn, **d)** Vater oder Sohn ist?

IV. Wahrscheinlichkeiten von Ereignis und Gegenereignis

1. Zur Einführung

In einer Urne sind zehn Kugeln, die mit 1, 2, 3, ..., 10 nummeriert sind. Die Kugel mit der Nummer 1 ist rot, die Kugeln mit den Nummern 2 und 3 sind gelb, die mit den Nummern 4, 5 und 6 sind blau und die restlichen Kugeln sind weiß (Bild 9). Die Ergebnismenge für das verdeckte Ziehen einer Kugel ist $S = \{1; 2; 3; 4; 5; 6; 7; 8; 9; 10\}$. Das Ereignis, eine blaue Kugel zu ziehen, ist

$$E_1 = \{4; 5; 6\}.$$

Bild 9

Das Ereignis E_2, **keine** blaue Kugel zu ziehen, muss dann die Restmenge $S \setminus E_1$ sein:

$$E_2 = S \setminus E_1 = \{1; 2; 3; 7; 8; 9; 10\}.$$

Man nennt E_2 das **Gegenereignis** von E_1 oder das **entgegengesetzte Ereignis** von E_1.

2. Gegenereignisse

Ist E ein Ereignis eines Zufallsexperimentes, dann bezeichnet man das Gegenereignis von E mit $\bar{E}$ (gelesen: „E quer"). Es ist $\bar{E} = S \setminus E$.

Ist E ein Ereignis eines Zufallsexperimentes mit der Ergebnismenge S, so versteht man unter dem **Gegenereignis** von E das Ereignis $\bar{E} = S \setminus E$.

Beispiele

1) Beim Münzwurf hat das Ereignis $E = \{W\}$ das Gegenereignis $\bar{E} = S \setminus E = \{Z\}$.

2) Beim Würfeln hat das Ereignis $E = \{1; 3\}$ das Gegenereignis $\bar{E} = S \setminus E = \{2; 4; 5; 6\}$. Es gilt:

$$E \cup \bar{E} = \{1; 2; 3; 4; 5; 6\} = S \quad \text{und} \quad E \cap \bar{E} = \emptyset.$$

Dieser Zusammenhang zwischen einem Ereignis und seinem Gegenereignis gilt allgemein.

Ist $\bar{E}$ Gegenereignis von E, dann gilt: $E \cup \bar{E} = S$ und $E \cap \bar{E} = \emptyset$.

Beim obigen Beispiel 2) ist $\bar{E} = \{2; 4; 5; 6\}$ das Gegenereignis von $E = \{1; 3\}$. Bilden wir das Gegenereignis von $\bar{E}$, dann erhalten wir:

$$S \setminus \bar{E} = \{1; 2; 3; 4; 5; 6\} \setminus \{2; 4; 5; 6\} = \{1; 3\} = E.$$

Das Gegenereignis von $\bar{E}$ ist also das ursprüngliche Ereignis E.

Allgemein gilt:

Wenn $\bar{E}$ Gegenereignis von E ist, dann ist auch E Gegenereignis von $\bar{E}$.

Man kann also sagen, dass E und $\bar{E}$ wechselseitig Gegenereignisse (voneinander) sind. Mit $\bar{E} = S \setminus E$ ist also auch $E = S \setminus \bar{E}$.

3. Der Satz vom Gegenereignis

Wir wissen, dass für das Gegenereignis $\bar{E}$ zu E gilt: $E \cap \bar{E} = \emptyset$ und $E \cup \bar{E} = S$.

Daraus ergibt sich:

$$P(E \cup \bar{E}) = P(S) = 1 \quad \text{(Wahrscheinlichkeit des sicheren Ereignisses)} \quad \text{und}$$
$$P(E \cup \bar{E}) = P(E) + P(\bar{E}) \quad \text{(Summenregel für unvereinbare Ereignisse).}$$

Daher gilt:

$$P(E) + P(\bar{E}) = 1.$$

Daraus folgt:

$$P(\bar{E}) = 1 - P(E) \quad \text{und} \quad P(E) = 1 - P(\bar{E}).$$

Beispiel

Beim Würfeln ist das Ereignis $\bar{E}$, keine 6 zu werfen, Gegenereignis zu dem Ereignis E, eine 6 zu werfen. Also gilt:

$$P(\bar{E}) = 1 - P(E) = 1 - \frac{1}{6} = \frac{5}{6}.$$

Satz vom Gegenereignis
Sind die Ereignisse E und $\bar{E}$ eines Zufallsexperimentes Gegenereignisse, dann gilt:

$$P(\bar{E}) = 1 - P(E) \quad \text{und} \quad P(E) = 1 - P(\bar{E}).$$

Beispiel

Wie groß ist bei dem Zufallsexperiment, eine Kugel aus einer Urne mit einer roten Kugel, zwei gelben, drei blauen und vier weißen Kugeln zu ziehen, die Wahrscheinlichkeit, keine weiße Kugel zu ziehen?

Lösung:

Das Ereignis $\overline{W}$, keine weiße Kugel zu ziehen, ist Gegenereignis des Ereignisses W, eine weiße Kugel zu ziehen.

Da $P(W) = \frac{4}{10} = \frac{2}{5}$ ist, ist $P(\overline{W}) = 1 - \frac{2}{5} = \frac{3}{5}$.

4. Anwendung des Satzes vom Gegenereignis

In manchen Fällen ist es einfacher, die Wahrscheinlichkeit für $\bar{E}$ als die für E zu ermitteln.

Beispiel

In einer Urne befinden sich 100 Kugeln, die von 1 bis 100 nummeriert sind.
Wie groß ist die Wahrscheinlichkeit des Ereignisses E, eine Kugel zu ziehen, auf der die Ziffer 0 nicht vorkommt?

Lösung:

Statt die Anzahl der Kugeln zu bestimmen, auf denen die Ziffer 0 nicht vorkommt, ist es einfacher zu ermitteln, auf wie vielen Kugeln die Ziffer 0 vorkommt; das sind nämlich die Kugeln mit den Nummern 10, 20, …, 100, also 10 Kugeln.
Die Wahrscheinlichkeit des Gegenereignisses $\bar{E}$: eine Kugel zu ziehen, auf der die Ziffer 0 vorkommt, ist also

$$P(\bar{E}) = \frac{10}{100} = \frac{1}{10}.$$

Daher gilt:

$$P(E) = 1 - P(\bar{E}) = 1 - \frac{1}{10} = \frac{9}{10}.$$

Aufgaben und Beispiele

Zum Einstieg

Aus einem Skatspiel wird verdeckt eine Karte gezogen. Ein Spieler, der die Farbe der gezogenen Karte richtig vorhersagt, erhält einen Gewinn. Andernfalls geht sein Einsatz an den Spielleiter verloren.
Wie groß ist die Wahrscheinlichkeit für den Gewinn **a)** bei einem Spieler, **b)** bei dem Spielleiter?
In welcher Beziehung stehen die zugehörigen Ereignisse und die Wahrscheinlichkeiten zueinander?

Bild 10

Bestimme bei den Zufallsexperimenten in den Aufgaben 1 bis 5 jeweils die Wahrscheinlichkeit des angegebenen Ereignisses E!
Suche dann das Gegenereignis und berechne die Wahrscheinlichkeit des Gegenereignisses mit Hilfe von P(E)!

1. Man wirft einen Würfel.
E: Es fällt eine Zahl größer 4.

2. Man zieht aus einer Urne mit 3 roten und 4 blauen Kugeln zufällig eine heraus.
E: Die gezogene Kugel ist rot.

3. Aus einer Menge von 3 Vokalen und 5 Konsonanten wird zufällig ein Buchstabe gezogen.
E: Der gezogene Buchstabe ist ein Vokal.

4. Eine zweistellige Zahl wird ausgelost. Auf jeder Stelle kann jede der 10 Ziffern auftreten.
E: Die Ziffer 0 kommt nicht vor.

5. Aus einem Skatspiel wird verdeckt eine Karte gezogen.
E: Die Karte ist ein Ass oder ein König.

6. Von 750 Schülern einer Schule wohnen 180 weniger als 2 km von der Schule entfernt. 350 müssen einen Weg von 2 km bis zu 5 km und die übrigen einen von mehr als 5 km zurücklegen. Wie groß ist die Wahrscheinlichkeit, dass ein zufällig ausgewählter Schüler mindestens 2 km von der Schule entfernt wohnt?

Bild 11

7. Untersuche, ob die Aussage wahr ist! Begründe sie gegebenenfalls oder widerlege sie durch ein Gegenbeispiel!
a) Gegenereignisse sind stets unvereinbar.
b) Wenn zwei Ereignisse unvereinbar sind, dann sind sie Gegenereignisse.

8. Bestimme die Wahrscheinlichkeit auf zwei Arten, zunächst mit Hilfe der Berechnungsformel für Laplace-Experimente (siehe Seite 242) und anschließend mit Hilfe des Gegenereignisses!
Mit welcher Wahrscheinlichkeit ist eine zufällig unter den Zahlen von 10 bis 29 ausgewählte Zahl
a) weder durch 3 noch durch 5,
b) weder durch 2 noch durch 7,
c) weder durch 4 noch durch 6 teilbar?

§ 14 Die Pfadregel und ihre Anwendungen

I. Mehrstufige Zufallsexperimente. Die Pfadregel

1. Zur Einführung

In einer Urne befinden sich zwei weiße (w) und drei rote (r) Kugeln (Bild 1). Eine Kugel wird gezogen, die Farbe notiert und die Kugel in die Urne zurückgelegt. Nach dem Mischen der Kugeln wird erneut eine Kugel gezogen und die Farbe notiert.
Man spricht in einem solchen Fall vom zweimaligen **Ziehen mit Zurücklegen**.

Bild 1

Wie groß ist die Wahrscheinlichkeit, zuerst eine weiße und dann eine rote Kugel zu ziehen?

Wir schreiben das Ergebnis, dessen Wahrscheinlichkeit wir suchen, als Paar: (w|r).

Die Ergebnismenge des Zufallsexperimentes ist die Menge aller möglichen Paare:

$$S = \{(r|r); (r|w); (w|r); (w|w)\}.$$

Es ist nicht zu erwarten, dass die Ergebnisse gleich wahrscheinlich sind. Da mehr rote als weiße Kugeln in der Urne sind, wird das Ergebnis (r|r) häufiger auftreten als das Ergebnis (w|w). Deshalb lassen sich die Wahrscheinlichkeiten der Ergebnisse nicht unmittelbar berechnen.

2. Mehrstufige Zufallsexperimente

Wir können die Wahrscheinlichkeiten der einzelnen Ergebnisse des in der Einführung dargestellten Zufallsexperimentes aber auf einem anderen Weg berechnen. Dazu denken wir uns das Zufallsexperiment aus zwei Stufen zusammengesetzt. In der ersten Stufe wird eine erste Kugel gezogen und deren Farbe notiert; in der zweiten Stufe wird nach Zurücklegen der ersten Kugel eine zweite Kugel gezogen und deren Farbe notiert. Das Ergebnis wird als Paar dargestellt. Ein solches Zufallsexperiment nennt man ein **zweistufiges Zufallsexperiment**.

Es gibt auch **dreistufige Zufallsexperimente**.

Beispiel

Eine Münze wird dreimal nacheinander geworfen. Liegt bei den beiden ersten Würfen Wappen und beim dritten Wurf Zahl oben, dann schreibt man das Ergebnis als:

$$(W|W|Z).$$

Allgemein spricht man von **mehrstufigen Zufallsexperimenten**.

Die verschiedenen Stufen eines mehrstufigen Zufallsexperimentes müssen nicht wie in den bisher betrachteten Fällen jeweils die gleichen Zufallsexperimente sein.

Beispiel

In einer Unterhaltungssendung soll ein Kandidat einen Schatz suchen. Er muss sich zunächst entscheiden, ob er durch eine Tür 1 oder durch eine Tür 2 geht. In jedem der beiden Fälle befindet er sich vor drei Schatzkisten, die mit A, B bzw. C bezeichnet sind.

Das Ergebnis (2|A) ist eingetreten, wenn der Kandidat durch die Tür 2 geht und dann die Schatzkiste A auswählt.

Die Ergebnismenge ist in diesem Beispiel:

$$S = \{(1|A); (1|B); (1|C); (2|A); (2|B); (2|C)\}.$$

3. Ergebnisbäume

Die Ergebnisse eines Zufallsexperimentes kann man durch einen **Ergebnisbaum** veranschaulichen. Bild 2 zeigt, wie man die Ergebnismenge des Zufallsexperimentes Würfeln $S = \{1; 2; 3; 4; 5; 6\}$ durch einen Ergebnisbaum darstellt.

Die Vorteile von Ergebnisbäumen zeigen sich vor allem bei mehrstufigen Zufallsexperimenten.

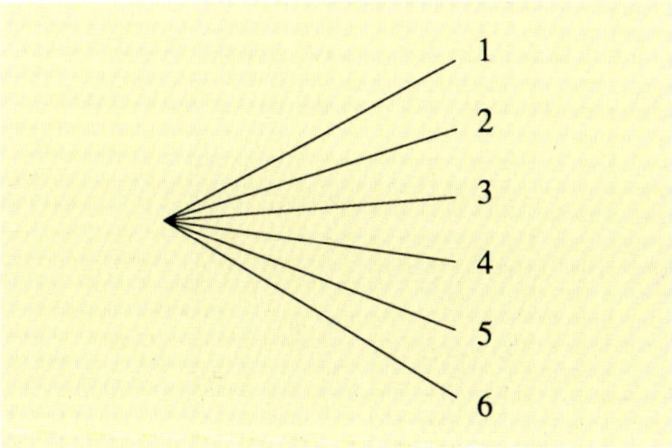

Bild 2

Beispiele

1) Aus einer Urne mit drei roten und zwei weißen Kugeln wird zweimal eine Kugel mit Zurücklegen gezogen. Bild 3 zeigt den Ergebnisbaum, an dem man die Teilergebnisse der beiden Stufen und die Elemente der Ergebnismenge ablesen kann.

2) Eine Münze wird dreimal geworfen. Bild 4 zeigt den Ergebnisbaum.

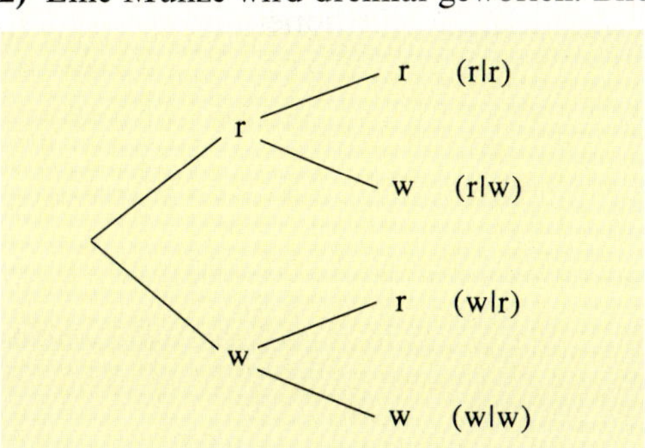

Bild 3

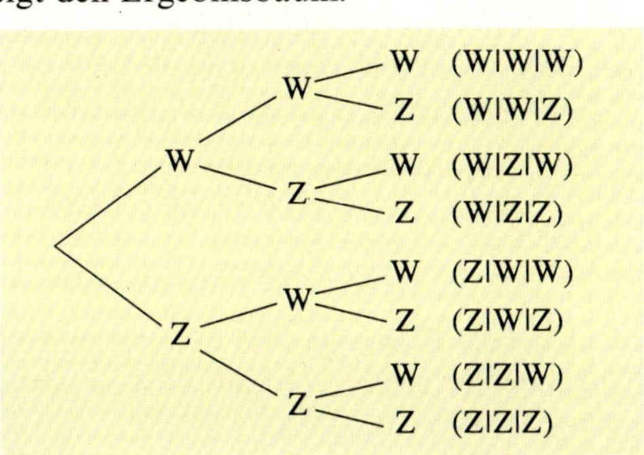

Bild 4

4. Beispiel zur Pfadregel

Im Einführungsbeispiel hatten wir aus einer Urne mit drei roten und zwei weißen Kugeln zweimal eine Kugel mit Zurücklegen gezogen.

Wir hatten nach P((w | r)) gefragt.

Zur Beantwortung dieser Frage tragen wir in den Ergebnisbaum dieses Zufallsexperimentes (Bild 3) die Wahrscheinlichkeiten für die einzelnen Schritte der beiden Stufen ein (Bild 5).

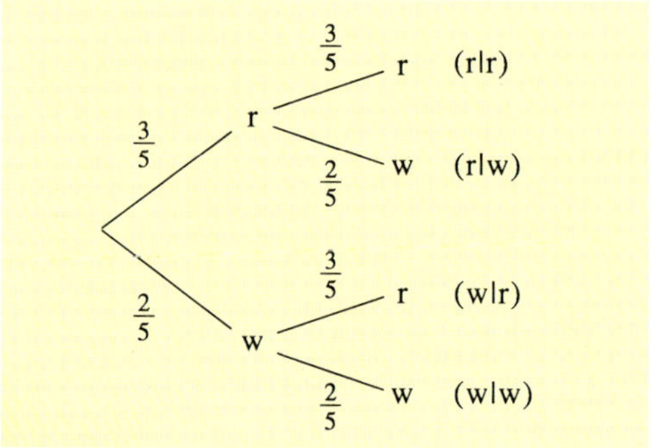

Bild 5

Da die gezogene Kugel jeweils in die Urne zurückgelegt wird, sind die Wahrscheinlichkeiten, eine weiße (bzw. eine rote) Kugel zu ziehen, auf allen Stufen gleich groß. Sie betragen für eine weiße Kugel $\frac{2}{5}$, für eine rote Kugel $\frac{3}{5}$; das heißt: Auf lange Sicht erwarten wir in $\frac{2}{5}$ (bzw. in $\frac{3}{5}$) aller Fälle, dass eine weiße (bzw. eine rote) Kugel gezogen wird.

Das bedeutet, dass auf lange Sicht in $\frac{2}{5} \cdot \frac{3}{5}$ aller Versuche zuerst eine weiße, dann eine rote Kugel zu erwarten ist. Es gilt also:

$$P((w \mid r)) = \frac{2}{5} \cdot \frac{3}{5} = \frac{6}{25}.$$

Da die Wahrscheinlichkeiten auf allen Stufen dieselben sind, gilt auch:

$$P((r \mid w)) = \frac{3}{5} \cdot \frac{2}{5} = \frac{6}{25}.$$

5. Die Pfadregel

Wenn bei einem mehrstufigen Zufallsexperiment die Wahrscheinlichkeiten für die einzelnen Stufen bekannt sind, kann man die Wahrscheinlichkeiten einzelner Ergebnisse des Experimentes stets wie beim letzten Beispiel bestimmen.

Es gilt die **Pfadregel**:

> Die Wahrscheinlichkeit für ein Ergebnis eines mehrstufigen Zufallsexperimentes findet man im Ergebnisbaum folgendermaßen:
> Man sucht den Weg vom Anfangspunkt des Ergebnisbaumes zum Punkt für das Ergebnis.
> Das Produkt der Wahrscheinlichkeiten der Teilwege dieses Weges gibt die Wahrscheinlichkeit des Ergebnisses an.

Mit Hilfe der Pfadregel sind in unserem einführenden Beispiel (Bild 5) auch die Wahrscheinlichkeiten der weiteren Ergebnisse zu bestimmen:

$$P((r \mid r)) = \frac{3}{5} \cdot \frac{3}{5} = \frac{9}{25} \quad \text{und} \quad P((w \mid w)) = \frac{2}{5} \cdot \frac{2}{5} = \frac{4}{25}.$$

Beispiel

Wir führen das Beispiel „Schatzsuche" von Seite 255 fort.

Der Kandidat muss durch eine der Türen 1 oder 2 gehen und anschließend eine der Schatzkisten A, B oder C auswählen. Er weiß nicht, dass sich der Schatz in der Kiste A befindet und diese sich nur öffnet, wenn er zuvor durch die Tür 2 gegangen ist.

a) Zeichne den Ergebnisbaum!

b) Berechne die Wahrscheinlichkeit, dass der Kandidat den Schatz findet!

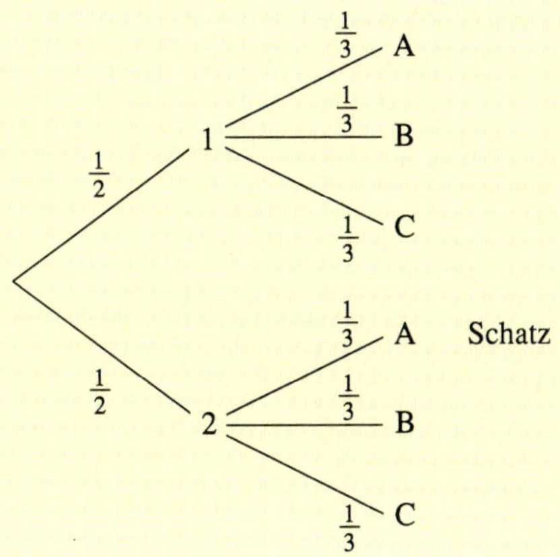

Bild 6

Lösungen:

a) Bild 6 zeigt den Ergebnisbaum.

b) Man kann davon ausgehen, dass bei der Wahl der Türen und der Schatzkisten, für die sich der Kandidat entscheiden muss, Gleichwahrscheinlichkeit besteht. Die Wahrscheinlichkeit für die Teilwege des Weges zum Schatz sind daher $\frac{1}{2}$ und $\frac{1}{3}$. Also ist die Wahrscheinlichkeit, den Schatz zu finden, $\frac{1}{2} \cdot \frac{1}{3} = \frac{1}{6}$.

6. Experimentelle Überprüfung der Pfadregel

Die Pfadregel überprüfen wir an einer Stichprobe für das einführende Beispiel. Es wird aus einer Urne mit drei roten und zwei weißen Kugeln zweimal eine Kugel mit Zurücklegen gezogen. Die berechneten Wahrscheinlichkeiten sind:

$$P((r|r)) = \frac{9}{25} = 36\,\%; \quad P((r|w)) = P((w|r)) = \frac{6}{25} = 24\,\%; \quad P((w|w)) = \frac{4}{25} = 16\,\%.$$

Eine Stichprobe vom Umfang 2000 ergibt die folgende Häufigkeitsliste.

e	(r|r)	(r|w)	(w|r)	(w|w)	Umfang
n(e)	725	464	501	310	2000
h(e)	36,25%	23,20%	25,05%	15,50%	

Alle relativen Häufigkeiten weichen weniger als 2 Prozentpunkte von den berechneten Wahrscheinlichkeiten ab. Aufgrund dieser Stichprobe lehnen wir die Pfadregel nicht ab.

7. Ziehen ohne Zurücklegen

Bisher haben wir beim mehrmaligen Ziehen von Kugeln aus einer Urne vor dem erneuten Ziehen die zuletzt gezogene Kugel zurückgelegt. Wir untersuchen jetzt das **Ziehen ohne Zurücklegen**.

Beispiel

Aus einer Urne mit zwei weißen und drei roten Kugeln wird eine Kugel gezogen. Anschließend wird eine zweite Kugel gezogen, ohne dass die erste Kugel zurückgelegt wurde.

Bild 7 zeigt den Ergebnisbaum.

Die Wahrscheinlichkeiten der Teilwege der ersten Stufe sind die gleichen wie in Bild 6. An den Teilwegen zur zweiten Stufe ändern sich die Wahrscheinlichkeiten.

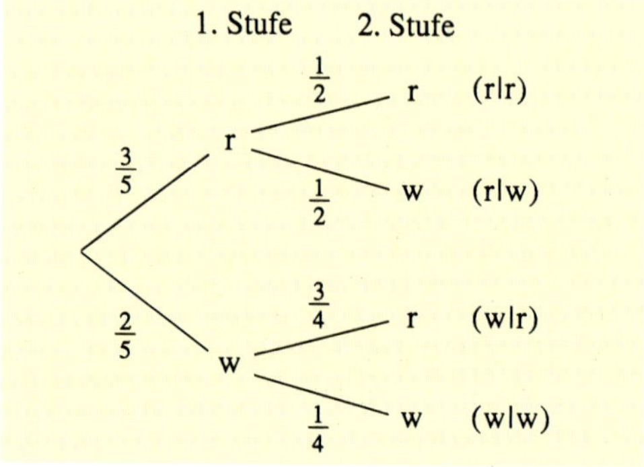

Bild 7

Ist in der ersten Stufe eine rote Kugel gezogen worden, dann befinden sich noch zwei rote und zwei weiße Kugeln in der Urne. Die Wahrscheinlichkeit, eine rote Kugel zu ziehen, ist also $\frac{2}{4} = \frac{1}{2}$. Auch für das Ziehen einer weißen Kugel ist die Wahrscheinlichkeit $\frac{1}{2}$. Ist in der ersten Stufe eine weiße Kugel gezogen worden, dann befinden sich in der Urne noch eine weiße und drei rote Kugeln. Die Wahrscheinlichkeit, eine rote Kugel zu ziehen, ist dann $\frac{3}{4}$ und die, eine weiße zu ziehen, $\frac{1}{4}$.

Es gilt: $P((r|r)) = \frac{3}{5} \cdot \frac{1}{2} = \frac{3}{10}$; $P((r|w)) = \frac{3}{5} \cdot \frac{1}{2} = \frac{3}{10}$;
$P((w|r)) = \frac{2}{5} \cdot \frac{3}{4} = \frac{3}{10}$; $P((w|w)) = \frac{2}{5} \cdot \frac{1}{4} = \frac{1}{10}$.

Beispiel

Eine Umfrage unter den 20 Anwohnern einer Straße ergab, dass sich 18 für (f) und 2 gegen (g) eine Tempo-30-Zone aussprechen. Unter den Anwohnern werden 3 zufällig ausgewählt.

a) Wie groß ist die Wahrscheinlichkeit für das Ergebnis (g|f|g)?

b) Wie groß ist die Wahrscheinlichkeit, zwei Gegner und einen Befürworter auszuwählen?

Lösungen:

Zunächst wird der Ergebnisbaum des Zufallsexperimentes gezeichnet (Bild 8). An die Teilwege werden die Wahrscheinlichkeiten geschrieben.

a) $P((g|f|g)) = \frac{1}{10} \cdot \frac{18}{19} \cdot \frac{1}{18} = \frac{1}{190} \approx 0{,}53\%$

b) Das Ereignis, zwei Gegner und einen Befürworter auszuwählen, ist:

$E = \{(g|g|f); (g|f|g); (f|g|g)\}$.

$P(E) = \frac{1}{10} \cdot \frac{1}{19} \cdot 1 + \frac{1}{10} \cdot \frac{18}{19} \cdot \frac{1}{18} + \frac{9}{10} \cdot \frac{2}{19} \cdot \frac{1}{18}$
$= \frac{1}{190} + \frac{1}{190} + \frac{1}{190} = \frac{3}{190} \approx 1{,}58\%$.

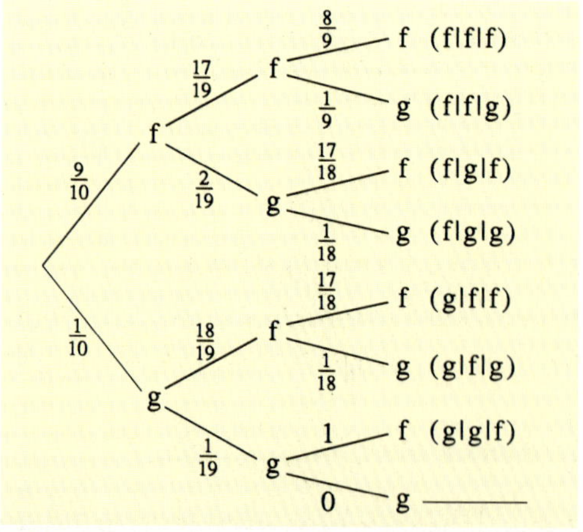

Bild 8

Aufgaben und Beispiele

Zum Einstieg

Das Bild 9 zeigt ein Labyrinth, vor dessen Eingang eine Maus sitzt. Vier der 16 Wege durch das Labyrinth führen zu einem Stück Käse; an den übrigen Ausgängen wartet eine Katze. Beim Versuch, zum Käse zu gelangen, muss sich die Maus viermal entscheiden, ob sie links oder rechts abbiegen soll.

a) Mit welcher Wahrscheinlichkeit gelangt die Maus zu einem Stück Käse, wenn sie die Entscheidung über die Richtung vom Zufall abhängig macht und beide Möglichkeiten gleich wahrscheinlich sind?

b) Die Wege durch das Labyrinth lassen sich mit Hilfe der Zahlen 0 und 1 beschreiben. Dabei bedeutet 0: Biege nach links ab und 1: Biege nach rechts ab! Die Zahl 0110 beschreibt dementsprechend den Weg: Biege an der 1. Gabelung nach links, an der 2. und 3. Gabelung nach rechts und an der 4. wieder nach links ab!
Notiere die möglichen Wege mit Hilfe solcher vierstelligen Zahlen!

c) Welche Eigenschaft haben alle Wege, die zu einem Stück Käse führen, gemeinsam? Welche einfache Verhaltensregel für das Links- und Rechtsabbiegen kann man der Maus daher mit auf den Weg geben, um zu einem Stück Käse zu gelangen?

Bild 9

Ergebnisbäume und Pfadregel

Notiere bei den Aufgaben 1. bis 6. die Ergebnismenge, zeichne einen Ergebnisbaum und färbe die Wege, die zu dem Ereignis E führen, rot! Wie groß ist die Wahrscheinlichkeit von E?

1. Man wirft zweimal eine Münze.
E: Genau einmal fällt Zahl.

2. Man zieht dreimal verdeckt einen Stein aus einer Urne mit einem weißen und einem schwarzen Mühlestein. Nach jeder Ziehung wird der Stein wieder zurückgelegt.
E: Es wird dreimal ein weißer Stein gezogen.

3. Man wirft dreimal einen Würfel.
E: Man erhält zweimal eine gerade (g) und einmal eine ungerade (u) Augenzahl.

4. Man wirft dreimal eine Münze.
E: Mindestens einmal fällt Wappen.

5. Aus einer Urne mit einer roten, einer blauen und einer weißen Kugel wird zweimal verdeckt (mit Zurücklegen) eine Kugel gezogen.
E: Beide Kugeln haben die gleiche Farbe.

6. Ein Glücksrad hat vier gleich große Sektoren, die mit den Zahlen 1, 2, 3 bzw. 4 beschriftet sind. Man dreht das Rad zweimal.
E: Beim zweiten Drehen erreicht man eine größere Zahl als beim ersten Durchgang.

7. Beim Eishockey-Play-Off in Deutschland wird nach dem System „Best of Five" gespielt. Zwischen zwei Mannschaften wird der Sieger in mindestens drei und höchstens fünf Spielen ermittelt, die abwechselnd auf den Plätzen der beiden Mannschaften ausgetragen werden. Unentschiedene Spiele gibt es nicht; notfalls wird verlängert, bis ein Sieger feststeht. Hat eine Mannschaft dreimal gewonnen, so kommt sie eine Runde weiter und der Verlierer scheidet aus.

Bild 10

Man kann den Ablauf solcher Begegnungen festhalten, indem man bei jeder Partie den Sieger notiert. Spielen etwa die Mannschaften A und B gegeneinander, so bedeutet BABB, dass Mannschaft B das 1., 3. und 4. Spiel gewonnen und das 2. verloren hat. B ist damit eine Runde weitergekommen.
Bestimme alle möglichen Spielverläufe! Stelle die Situation in einem Ergebnisbaum dar!

8. Zeichne einen Ergebnisbaum, schreibe an jeden Zweig die zugehörige Wahrscheinlichkeit und berechne dann die Wahrscheinlichkeit des Ereignisses E mit Hilfe der Pfadregel!
a) Eine Münze wird zweimal geworfen. E: Es fällt zweimal Zahl.
b) Eine Münze wird dreimal geworfen. E: Es fällt (W|Z|W).
c) Aus einer Urne mit einer roten und zwei weißen Kugeln wird zweimal verdeckt (mit Zurücklegen) eine Kugel gezogen. E: Beide gezogenen Kugeln sind weiß.

9. Jan wirft zweimal einen Würfel. Wie groß ist die Wahrscheinlichkeit, dass
a) beide Augenzahlen durch 3 teilbar sind,
b) beim ersten Wurf eine Augenzahl größer 1 und beim zweiten eine größer 3 fällt?

10. In einer Urne liegen vier weiße und zwei schwarze Mühlesteine. Man zieht dreimal verdeckt (mit Zurücklegen) einen Stein. Mit welcher Wahrscheinlichkeit erhält man **a)** drei weiße Steine, **b)** drei schwarze Steine, **c)** zuerst zwei weiße Steine und dann einen schwarzen Stein?

11. Man entnimmt einem Skatspiel zweimal verdeckt (mit Zurücklegen) eine Karte. Wie groß ist die Wahrscheinlichkeit, **a)** zwei Kreuzkarten, **b)** zwei Bauern, **c)** zuerst eine Bildkarte und dann ein Ass zu erhalten?

12. In einer Urne A liegen 3 weiße und 2 blaue Kugeln; in einer Urne B liegen 2 weiße und 4 blaue Kugeln. Man nimmt verdeckt zuerst aus A und dann aus B eine Kugel. Wie groß ist die Wahrscheinlichkeit, dass **a)** beide Kugeln weiß sind, **b)** beide Kugeln blau sind, **c)** die erste Kugel weiß und die zweite blau ist?

13. Ein Glücksrad besteht aus 24 gleich großen Sektoren, die von 1 bis 24 durchnummeriert sind. Man dreht das Rad zweimal. Mit welcher Wahrscheinlichkeit bleibt es **a)** zweimal auf einer ungeraden Zahl, **b)** zweimal auf einer Zahl größer 20, **c)** beim ersten Drehen auf einer ungeraden Zahl und beim zweiten Drehen auf einer Zahl größer 20 stehen?

14. a) Wie groß ist die Wahrscheinlichkeit, dass in einer Familie mit vier Kindern zunächst drei Mädchen und dann ein Junge geboren werden, wenn man voraussetzt, dass die Wahrscheinlichkeiten für eine Jungen- oder Mädchengeburt gleich groß sind?
b) Aufgrund von Stichproben mit sehr großem Umfang weiß man, dass weltweit unter 1000 Neugeborenen 514 Jungen und 486 Mädchen sind. Wie groß ist die Wahrscheinlichkeit, dass in einer Familie mit drei Kindern alle drei Mädchen sind?

15. Bei einem Wurfspiel soll auf jede von drei Kreisscheiben ein Hartgummiball geworfen werden. Da die Scheiben unterschiedlich groß sind, ist die Trefferwahrscheinlichkeit für jede Scheibe verschieden. Norbert trifft die große Scheibe mit $P = \frac{2}{3}$, die mittlere mit $P = \frac{1}{2}$ und die kleine mit $P = \frac{1}{4}$. Er wirft zunächst auf die große, dann auf die mittlere und zuletzt auf die kleine Scheibe. Bei einem Treffer notiert er 1, bei einem Fehlwurf 0. Die Ergebnisse sind dann dreistellige Ziffernfolgen mit den Ziffern 0 oder 1. „010“ bedeutet z. B.: Scheibe 2 wurde getroffen, Scheibe 1 und Scheibe 3 nicht.
Berechne die Wahrscheinlichkeiten für alle möglichen Ergebnisse mit der Pfadregel und stelle fest, in welchen Fällen die Wahrscheinlichkeit am größten ist!

Wahrscheinlichkeiten beim Ziehen ohne Zurücklegen

16. Man entnimmt einem Skatspiel zweimal verdeckt eine Karte. Mit welcher Wahrscheinlichkeit zieht man zwei Kreuzkarten, wenn die erste Karte **a)** zurückgelegt, **b)** nicht zurückgelegt wird?

17. Aus einer Urne mit 3 roten und 5 weißen Kugeln werden verdeckt (ohne Zurücklegen) 3 Kugeln gezogen.
a) Stelle die Situation in einem Ergebnisbaum dar und schreibe an jeden Zweig die zugehörige Wahrscheinlichkeit!
b) Berechne mit der Pfadregel die Wahrscheinlichkeit der folgenden Ereignisse!
E_1: Alle gezogenen Kugeln sind rot.
E_2: Alle gezogenen Kugeln sind weiß.
E_3: Man zieht zunächst eine rote und dann zwei weiße Kugeln.

18. Iris bestimmt durch ein Laplace-Experiment eine zweistellige Zahl, bei der die beiden Ziffern verschieden sind. Jede der 10 Ziffern kann auf jeder Stelle vorkommen. Mit welcher Wahrscheinlichkeit sind bei dieser Zahl beide Ziffern ungerade?

19. In einer Klasse sind 30 Kinder, darunter 18 Jungen. Man lost durch ein Zufallsexperiment (Ziehen ohne Zurücklegen) drei Kinder aus. Mit welcher Wahrscheinlichkeit sind das **a)** drei Jungen, **b)** drei Mädchen?

II. Bernoulli-Experimente

1. Zur Einführung

Ein Spieler setzt beim Roulettspiel (Bild 11) auf das erste Dutzend, also auf das Ereignis

E = {1; 2; 3; 4; 5; 6; 7; 8; 9; 10; 11; 12}.

Ihn interessiert bei diesem Spiel nur, ob das Ereignis E eintritt oder nicht, ob also E oder $\bar{E}$ eintritt.

Es ist in diesem Fall sinnvoll, nicht von der ursprünglichen Ergebnismenge

S = {0; 1; 2; 3; …; 36}

Bild 11

auszugehen, sondern von der einfacheren Ergebnismenge

$S' = \{E; \bar{E}\}$.

E und $\bar{E}$ werden in diesem Fall als Ergebnisse aufgefasst. Es ist

$$P(E) = \frac{12}{37} \quad \text{und} \quad P(\bar{E}) = \frac{25}{37}.$$

2. Der Begriff des Bernoulli-Experimentes

Interessiert bei einem Zufallsexperiment mit der Ergebnismenge S nur, ob ein Ereignis E eintritt oder nicht, ob also E oder $\bar{E}$ eintritt, dann betrachtet man das Zufallsexperiment mit der Ergebnismenge $S' = \{E; \bar{E}\}$.
Ein solches Zufallsexperiment nennt man **Bernoulli[1]-Experiment**. Ist P(E) = p, dann ist $P(\bar{E}) = 1 - p = q$.

Unter einem **Bernoulli-Experiment** versteht man ein Zufallsexperiment, dessen Ergebnismenge genau zwei Elemente, nämlich E und $\bar{E}$ enthält.

Beispiel

In einer Urne liegen zwei rote Kugeln mit den Nummern 1 bzw. 2, drei blaue mit den Nummern 3, 4 bzw. 5 und vier grüne Kugeln mit den Nummern 6, 7, 8 bzw. 9.
Für das Ziehen mit Zurücklegen sei die Ergebnismenge S = {1; 2; 3; 4; 5; 6; 7; 8; 9}.
Interessiert man sich nur dafür, ob eine blaue Kugel gezogen wird oder nicht, also für die Ereignisse

$$E = \{3; 4; 5\} \quad \text{und} \quad \bar{E} = \{1; 2; 6; 7; 8; 9\},$$

dann ist das Ziehen mit Zurücklegen mit der Ergebnismenge $S' = \{E; \bar{E}\}$ ein Bernoulli-Experiment mit $p = P(E) = \frac{1}{3}$ und $q = P(\bar{E}) = \frac{2}{3}$.

[1] Jakob Bernoulli (1654 – 1705), schweizer. Mathematiker

3. Beispiel einer Bernoulli-Kette

Beim Spiel „Mensch ärgere Dich nicht“ wartet Dieter auf eine 6, um eine weitere rote Figur ins Spiel bringen zu können (Bild 12). Er hat schon 12-mal gewürfelt, ohne dass eine 6 gefallen ist.

Dieter fragt sich, wie groß die Wahrscheinlichkeit ist, 12-mal nacheinander zu würfeln, ohne dass eine 6 fällt. Um die Frage zu beantworten, geht Dieter von dem Bernoulli-Experiment Würfeln mit der Ergebnismenge $S' = \{6; \bar{6}\}$ aus.

Dieses Experiment soll mehrfach durchgeführt werden. Bild 13 zeigt den Ergebnisbaum für die ersten drei Stufen.

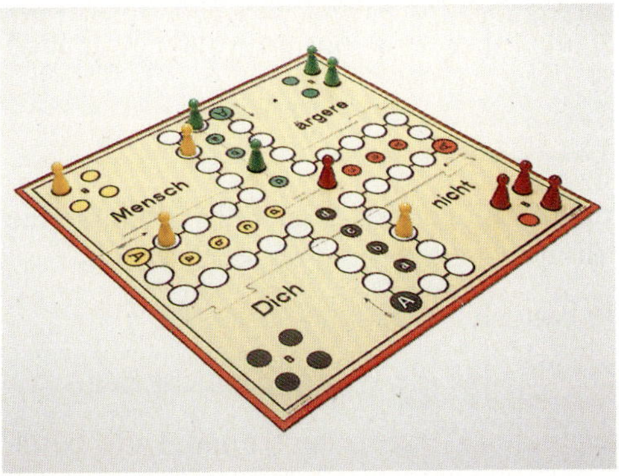

Bild 12

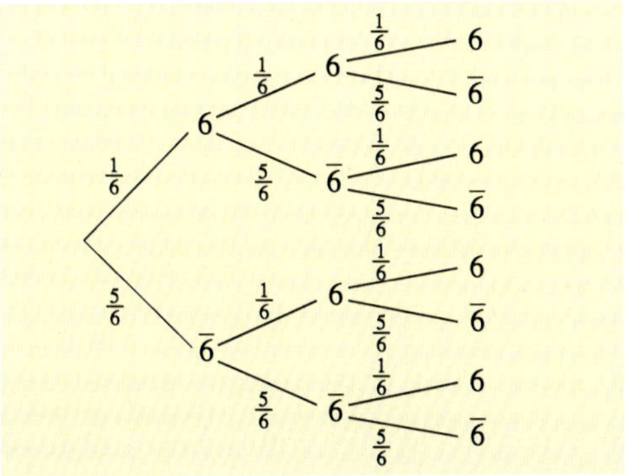

Bild 13

Am Ergebnisbaum kann man nach der Pfadregel ablesen:

Die Wahrscheinlichkeit, dass beim ersten Wurf keine 6 fällt, ist

$$\frac{5}{6} \approx 0{,}83.$$

Die Wahrscheinlichkeit, dass bei den ersten zwei Würfen keine 6 fällt, ist

$$\frac{5}{6} \cdot \frac{5}{6} = \left(\frac{5}{6}\right)^2 = \frac{25}{36} \approx 0{,}69.$$

Die Wahrscheinlichkeit, dass bei den ersten drei Würfen keine 6 fällt, ist

$$\frac{5}{6} \cdot \frac{5}{6} \cdot \frac{5}{6} = \left(\frac{5}{6}\right)^3 = \frac{125}{216} \approx 0{,}58.$$

Entsprechend ist die Wahrscheinlichkeit, dass bei 12 Würfen nacheinander keine 6 fällt,

$$\left(\frac{5}{6}\right)^{12} \approx 0{,}11.$$

Das Ergebnis zeigt, dass es gar nicht **so** selten ist, dass 12-mal nacheinander keine 6 fällt. In mehr als 10% der Fälle muss man mit einer solchen Pechsträhne rechnen.

4. Der Begriff der Bernoulli-Kette

Beim vorstehenden Beispiel „Warten auf die erste 6“ wird ein Bernoulli-Experiment mehrfach nacheinander ausgeführt; man spricht daher von einer Bernoulli-Kette. Allgemein können wir sagen:

Führt man ein wiederholbares Bernoulli-Experiment 2-mal (3-mal, 4-mal, ...) nacheinander aus, dann nennt man das entstehende Zufallsexperiment eine **Bernoulli-Kette** der Länge 2 (3, 4, ...).

Im Ergebnisbaum einer Bernoulli-Kette gehen von jedem Verzweigungspunkt zwei Teilwege aus, an denen die Wahrscheinlichkeiten p und $q = 1 - p$ des zugrunde liegenden Bernoulli-Experimentes stehen.

Beispiel

In einer Urne liegen 9 rote Kugeln (r) und eine blaue Kugel (b). Man zieht dreimal eine Kugel mit Zurücklegen. Die Ergebnismenge des Bernoulli-Experimentes sei $S = \{r; b\}$.

a) Begründe, dass es sich um eine Bernoulli-Kette handelt!

b) Zeichne den Ergebnisbaum und schreibe an die Teilwege die Wahrscheinlichkeiten!

c) Wie groß ist die Wahrscheinlichkeit des Ereignisses E, wenigstens einmal die blaue Kugel zu ziehen?

Lösungen:

a) Es handelt sich um eine Bernoulli-Kette, weil auf jeder Stufe dasselbe Bernoulli-Experiment mit den beiden Ergebnissen r und b und den zugehörigen Wahrscheinlichkeiten $p = \frac{9}{10}$ und $q = 1 - p = \frac{1}{10}$ durchgeführt wird.

b) Bild 14 zeigt den Ergebnisbaum mit den zugehörigen Wahrscheinlichkeiten.

c) Man berechnet die gesuchte Wahrscheinlichkeit von E am einfachsten, indem man die Wahrscheinlichkeit des Gegenereignisses $\bar{E}$ berechnet. Das Gegenereignis $\bar{E}$ ist: keinmal eine blaue Kugel zu ziehen.

Es gilt:

$$P(\bar{E}) = \frac{9}{10} \cdot \frac{9}{10} \cdot \frac{9}{10} = \frac{729}{1000}$$

und somit

$$P(E) = 1 - P(\bar{E}) = 1 - \frac{729}{1000} = \frac{271}{1000}.$$

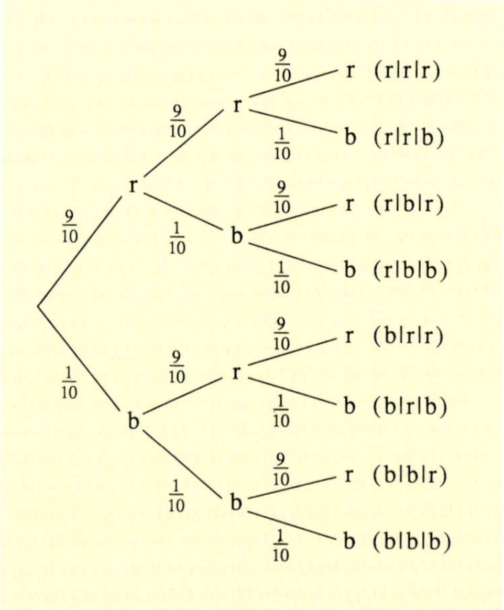

Bild 14

5. Bernoulli-Ketten und binomische Formeln (1)

Wir betrachten zunächst ein

Beispiel:

Mit einem Spielwürfel wird zweimal nacheinander gewürfelt. Wie groß sind die Wahrscheinlichkeiten, **1)** zweimal, **2)** genau einmal und **3)** keinmal eine 6 zu werfen?
Wir gehen aus von dem Zufallsexperiment Würfeln mit den Ergebnissen: Es wird eine 6 geworfen (6) und: Es wird keine 6 geworfen ($\bar{6}$). Es handelt sich um ein Bernoulli-Experiment mit den Wahrscheinlichkeiten $P(6) = \frac{1}{6}$ und $P(\bar{6}) = \frac{5}{6}$.
Bild 15 zeigt den Ergebnisbaum der Bernoulli-Kette dieses Experimentes mit der Länge 2.

Zu 1): Die Wahrscheinlichkeit, zweimal eine 6 zu werfen, ist: $\frac{1}{6} \cdot \frac{1}{6} = \frac{1}{36}$.

Zu 2): Zwei Wege des Ergebnisbaumes führen zu den Ergebnissen, dass genau eine 6 geworfen wird. Die Wahrscheinlichkeiten sind $\frac{1}{6} \cdot \frac{5}{6}$ bzw. $\frac{5}{6} \cdot \frac{1}{6}$, also ist die Wahrscheinlichkeit, genau einmal eine 6 zu werfen:

$$\frac{1}{6} \cdot \frac{5}{6} + \frac{5}{6} \cdot \frac{1}{6} = \frac{5}{36} + \frac{5}{36} = \frac{10}{36} = \frac{5}{18}.$$

Zu 3): Ein Zweig des Ergebnisbaumes führt zu dem Ergebnis, dass keine 6 geworfen wird.
Die Wahrscheinlichkeit ist: $\frac{5}{6} \cdot \frac{5}{6} = \frac{25}{36}$.

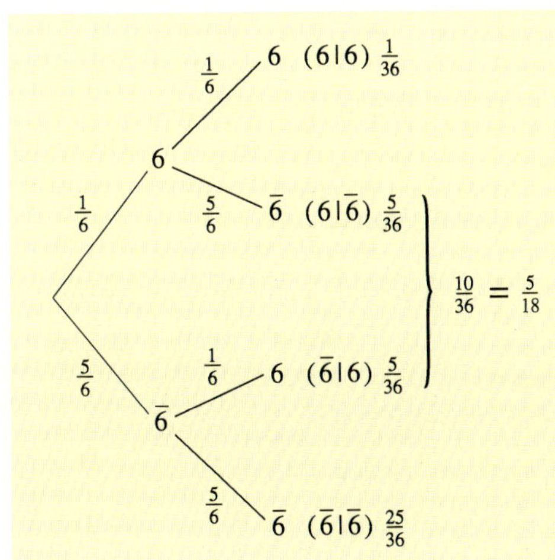

Bild 15

In Bild 16 ist für ein Bernoulli-Experiment mit der beliebigen Wahrscheinlichkeit $P(E) = p$ und $P(\bar{E}) = q = 1 - p$ der Ergebnisbaum einer Bernoulli-Kette der Länge 2 dargestellt.
Die Wahrscheinlichkeit, dass E zweimal eintritt, ist $p \cdot p = p^2$,
dass E genau einmal eintritt, ist
$p \cdot q + q \cdot p = 2pq$,
dass E keinmal eintritt, ist $q \cdot q = q^2$.
Man kann sich die Einzelwahrscheinlichkeiten merken als die Summanden in der binomischen Formel

$$(p + q)^2 = p^2 + 2pq + q^2.$$

Die Summe ist die Gesamtwahrscheinlichkeit; sie hat wegen $p + q = 1$ in der Tat den Wert 1.

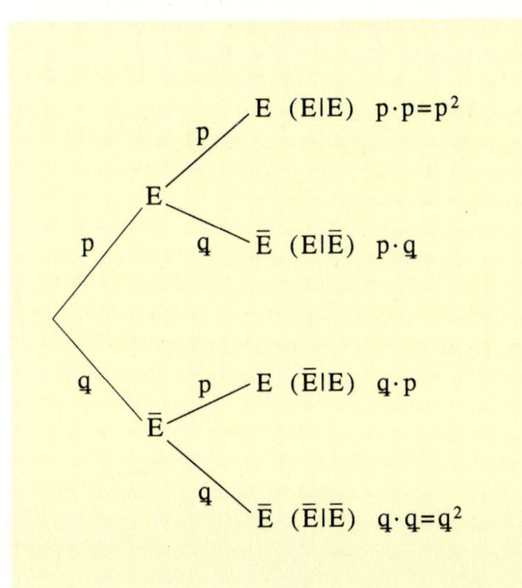

Bild 16

Beispiel

Petra hat zu ihrem Geburtstag 10 Schülerinnen und Schüler ihrer Klasse eingeladen. Unter ihren Gästen will sie einen Kugelschreiber und einen Schlüsselanhänger verlosen. Dazu hat sie 10 Zettel mit den Namen ihrer Gäste geschrieben, sie zusammengerollt, in eine Schüssel gelegt und gemischt. Ein Mitschüler zieht einen Zettel aus der Schüssel. Der Gast, dessen Name auf dem Zettel steht, hat den Kugelschreiber gewonnen. Dann wird der gezogene Zettel wieder zusammengerollt, in die Schüssel zurückgegeben, und die Zettel werden erneut gemischt. Eine Mitschülerin zieht erneut einen Zettel, durch den der Gewinner des Schlüsselanhängers ermittelt wird.
Wie groß ist die Wahrscheinlichkeit, dass Petras Freundin Inge, die zu den 10 Gästen gehört, genau eines der beiden Geschenke gewinnt?

Lösung:
Das Ziehen des Zettels mit Inges Namen aus 10 Zetteln ist ein Bernoulli-Experiment mit der Trefferwahrscheinlichkeit $p = \frac{1}{10}$. Das zweimalige Ziehen mit Zurücklegen ist eine Bernoulli-Kette der Länge 2. Bild 17 zeigt den Ergebnisbaum.

Die Wahrscheinlichkeit, dass Inges Zettel genau einmal gezogen wird, ist

$$2pq = 2 \cdot \frac{1}{10} \cdot \frac{9}{10} = \frac{9}{50}.$$

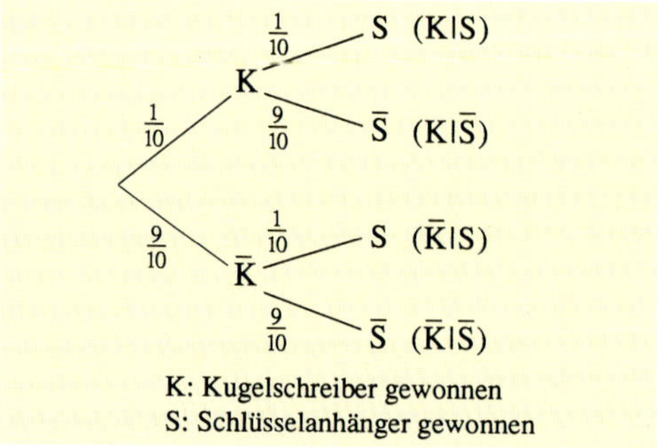

Bild 17

6. Bernoulli-Ketten und binomische Formeln (2)

Wir betrachten allgemein ein Bernoulli-Experiment mit der Ergebnismenge $S = \{E; \bar{E}\}$ und den Wahrscheinlichkeiten $P(E) = p$ und $P(\bar{E}) = q = 1 - p$. Mit diesem Bernoulli-Experiment bilden wir eine Bernoulli-Kette der Länge 3. Bild 18 zeigt den Ergebnisbaum.

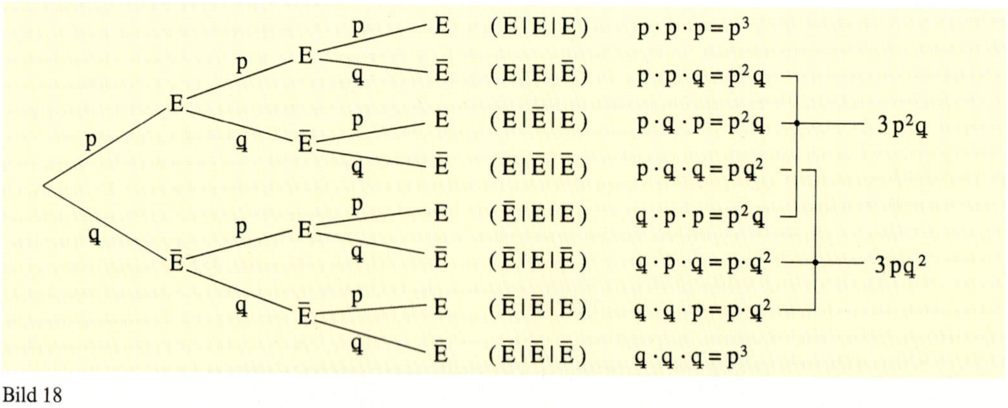

Bild 18

An diesem Ergebnisbaum können wir ablesen, wie groß die Wahrscheinlichkeiten sind, dass das Ergebnis E dreimal, genau zweimal, genau einmal oder keinmal eintritt.

Die Wahrscheinlichkeit,

dass E dreimal eintritt, ist	p^3,
dass E genau zweimal eintritt, ist	$p^2 q + p^2 q + p^2 q = 3p^2 q$,
dass E genau einmal eintritt, ist	$pq^2 + pq^2 + pq^2 = 3pq^2$,
dass E keinmal eintritt, ist	q^3.

Auch in diesem Fall kann man sich die Wahrscheinlichkeiten der Ereignisse als Summanden der binomischen Formel (Seite 174, Aufgabe 17) merken:

$$(p+q)^3 = p^3 + 3p^2 q + 3pq^2 + q^3 = 1.$$

Die Summe stellt auch hier die Gesamtwahrscheinlichkeit dar.

Beispiel

Beim Würfelspiel „Kniffel" wird mit 5 Würfeln gleichzeitig geworfen. Dabei sind 13 Aufgaben zu lösen. Eine davon ist der „Viererpasch", bei dem wenigstens vier der fünf Würfel die gleiche Augenzahl zeigen müssen. Bei jeder Aufgabe darf man bis zu dreimal würfeln; günstig gefallene Würfel darf man nach den ersten beiden Würfen liegen lassen.
Ein Spieler hat nur noch den Viererpasch zu würfeln. Nach zwei Würfen zeigen zwei Würfel die Augenzahl 6. Wie groß ist die Wahrscheinlichkeit, dass beim letzten Wurf mit den drei übrigen Würfeln noch wenigstens zweimal die Augenzahl 6 fällt?

Lösung:
Wir gehen aus von dem Bernoulli-Experiment Würfeln mit den Ergebnissen: Es fällt eine 6 (6) und: Es fällt keine 6 ($\overline{6}$). Es ist $P(6) = p = \frac{1}{6}$ und $P(\overline{6}) = q = \frac{5}{6}$.

Wir bilden mit diesem Experiment eine Bernoulli-Kette der Länge 3 (Bild 19).

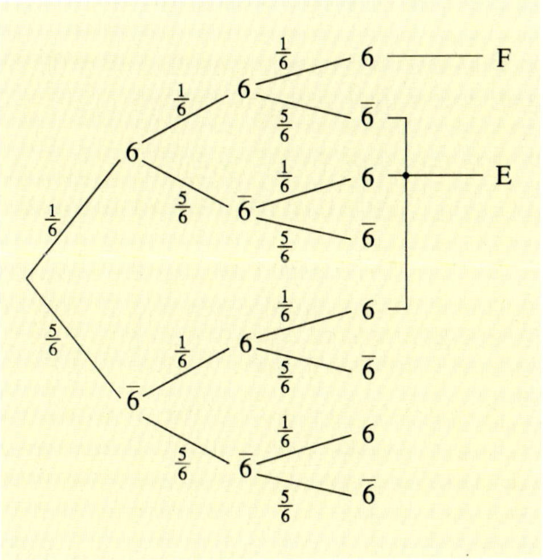

Bild 19

Eine 6 fällt mindestens zweimal, wenn sie entweder genau zweimal (E) oder dreimal (F) fällt.

Das Ergebnis E hat die Wahrscheinlichkeit:

$$P(E) = 3p^2 q = 3 \cdot \left(\frac{1}{6}\right)^2 \cdot \frac{5}{6} = 3 \cdot \frac{1}{36} \cdot \frac{5}{6} = \frac{1}{12} \cdot \frac{5}{6} = \frac{5}{72}.$$

Das Ereignis F hat die Wahrscheinlichkeit:

$$P(F) = p^3 = \left(\frac{1}{6}\right)^3 = \frac{1}{216}.$$

Das Ereignis, es fällt mindestens zweimal die 6, ist $E \cup F$. Da E und F unvereinbare Ereignisse sind, gilt nach der Summenregel für unvereinbare Ereignisse:

$$P(E \cup F) = P(E) + P(F) = \frac{5}{72} + \frac{1}{216} = \frac{15}{216} + \frac{1}{216} = \frac{16}{216} = \frac{2}{27}.$$

Die Wahrscheinlichkeit, mit drei Würfeln mindestens zweimal 6 zu werfen, ist $\frac{2}{27}$.

Aufgaben und Beispiele

Zum Einstieg

Birgit und Klaus vereinbaren folgendes Spiel: Birgit wirft fünf und Klaus sechs Würfel gleichzeitig. Wer dabei genau einmal Augenzahl 6 erzielt, erhält einen Punkt. Die Punkte werden am Schluss addiert und der Gewinner wird ermittelt. Wer hat die größere Gewinnwahrscheinlichkeit?

Bild 20

Zeichne zu den Aufgaben 1 bis 4 den Ergebnisbaum! Schreibe die Wahrscheinlichkeiten an die Zweige! Berechne die Wahrscheinlichkeiten für jeden Pfad und bestimme schließlich die Wahrscheinlichkeit für das genannte Ereignis! Löse die anderen Aufgaben mit Hilfe der betreffenden binomischen Formel!

Bernoulli-Ketten der Länge 2

1. Ein Würfel wird zweimal geworfen. Es fallen nur Zahlen, die größer sind als 2.

2. Aus einer Urne mit 2 roten und 3 blauen Kugeln wird zweimal verdeckt (mit Zurücklegen) eine Kugel gezogen. Beide Kugeln sind blau.

3. Ein Glücksrad hat 12 gleich große Sektoren, von denen 9 rot gefärbt sind. Man dreht das Rad zweimal. In beiden Fällen bleibt es auf einem roten Feld stehen.

4. In einer Urne liegen drei weiße und vier schwarze Mühlesteine. Man zieht verdeckt (mit Zurücklegen) zweimal einen Stein. Wie groß ist die Wahrscheinlichkeit, **a)** nur schwarze Steine, **b)** nur weiße Steine, **c)** einen weißen und einen schwarzen Stein zu erhalten?

5. Aus einem Skatspiel wird zweimal verdeckt (mit Zurücklegen) eine Karte gezogen. Wie groß ist die Wahrscheinlichkeit, **a)** zwei Buben, **b)** genau eine Herzkarte, **c)** keine 7, 8 oder 9 zu ziehen?

6. Man ermittelt mit einem Laplace-Experiment zweimal einen der 26 Buchstaben des deutschen Alphabetes. (Die Umlaute ä, ö, ü werden also nicht berücksichtigt.) Mit welcher Wahrscheinlichkeit erhält man einen Konsonanten und einen Vokal?

Bernoulli-Ketten der Länge 3

7. Wie groß ist die Wahrscheinlichkeit, beim Werfen von drei Münzen **a)** keinmal Wappen, **b)** genau einmal Wappen, **c)** genau zweimal Wappen, **d)** dreimal Wappen zu erzielen?

8. Mit welcher Wahrscheinlichkeit fällt bei dreimaligem Werfen eines Würfels keine 6?

9. Lutz zieht dreimal verdeckt (mit Zurücklegen) eine Karte aus einem Skatspiel.
Wie groß ist die Wahrscheinlichkeit, **a)** genau einmal eine Bildkarte zu ziehen, **b)** genau zweimal eine Bildkarte zu ziehen?

10. Eine Kugel wird in ein Gefäß gegeben (Bild 21) und fällt durch die Öffnung auf ein Hindernis, so dass sie mit $p = 0{,}5$ nach links bzw. rechts abgelenkt wird. Auf ihrem Wege zum Boden des Gefäßes prallt sie erneut auf ein Hindernis und wird wiederum mit $p = 0{,}5$ nach links bzw. rechts abgelenkt. Das geschieht insgesamt dreimal.

a) Wir notieren *l* für „links“ und *r* für „rechts“. Wie lassen sich dann die möglichen Wege einer Kugel beschreiben? Stelle die Situation in einem Ergebnisbaum dar und bestimme zu jedem Weg die Wahrscheinlichkeit!

b) Am Boden des Gefäßes fällt die Kugel in eine der vier Kammern (Bild 21). Mit welcher Wahrscheinlichkeit endet der Weg in Kammer 1 (2; 3; 4)?

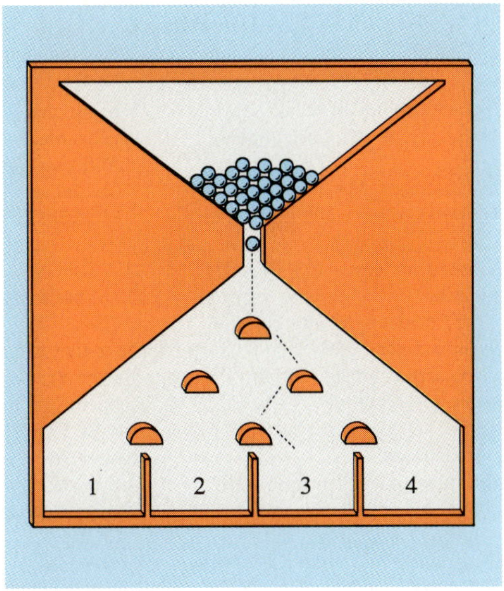

Bild 21

11. Beim Roulettspiel sind 18 der 37 Felder rot und ebenso viele schwarz gefärbt. Ein Feld ist weiß. Mit welcher Wahrscheinlichkeit fällt bei dreimaligem Spiel die Kugel **a)** dreimal in ein rotes Feld, **b)** genau zweimal in ein rotes Feld, **c)** genau einmal in ein rotes Feld, **d)** keinmal in ein rotes Feld?

12. Ein Glücksspielapparat hat drei Räder, die aus 12 gleich großen Sektoren bestehen. Jeweils 5 davon sind rot, die übrigen weiß. Durch einen Knopfdruck werden die Räder in Bewegung gesetzt und nach etwa 10 Sekunden wieder gestoppt. Zeigen anschließend alle Räder gleiche Farbe, so wird ein Gewinn ausgegeben, im anderen Fall der Einsatz einbehalten.
Wie groß ist die Wahrscheinlichkeit für einen Gewinn?

13. Frau Bertram kann mit zwei Buslinien in die Stadt fahren. Beide Linien halten in zehnminütigem Abstand an ihrer Haltestelle, die Linie A jeweils 2, 12, 22, … Minuten, die Linie B jeweils 9, 19, 29, … Minuten nach der vollen Stunde. Da Frau Bertram ihre Abfahrtszeiten nicht vorausplanen kann, hängt es vom Zufall ab, welche der beiden Linien sie erreicht.

a) Wie groß ist die Wahrscheinlichkeit, dass Frau Bertram bei drei Fahrten beim ersten Mal die Linie A, beim zweiten Mal die Linie B und beim dritten Mal wieder die Linie A erreicht?

b) Wie groß ist die Wahrscheinlichkeit, dass Frau Bertram unabhängig von der Reihenfolge einmal die Linie A und zweimal die Linie B erreicht?

Stichwortverzeichnis

Bildnachweis

Archiv für Kunst und Geschichte, Berlin: S. 88
Anima Berten, Hamburg: S. 16, 19, 24, 37, 80, 85, 87, 92, 101 (Bild 11), 106, 109, 121, 122 (Bilder 49 und 50), 128, 130, 133, 163, 190, 196, 199
Chris Berten, Berlin: S. 262
Henrik Pohl, Berlin: S. 43, 78, 79, 83, 84 (Bild 7), 93, 94, 99, 101 (Bild 12), 122 (Bild 48), 123, 161, 169, 175, 191 (Bilder 2 und 4); 212, 214, 215, 217 (Bilder 27, 29–32), 221, 222, 230, 233, 239, 241, 245, 248, 252, 263
Roland Siemoneit, Berlin: S. 243
World Gold Council, München: S. 84 (Bild 8)
Zefa, Düsseldorf: S. 217 (Bild 28)
Volkswagen AG, Wolfsburg: S. 249
Werbeagentur Wündrich-Meissen GmbH, Leonberg: S. 234
Fotoagentur Zentralbild GmbH, Berlin: S. 39, 165, 191 (Bild 5), 260